基于 Spring Boot 实现
Java 分布式中间件
开发入门与实战

钟林森 / 著

人民邮电出版社
北京

图书在版编目（CIP）数据

基于SpringBoot实现：Java分布式中间件开发入门与实战 / 钟林森著. -- 北京：人民邮电出版社，2020.6
 ISBN 978-7-115-53560-3

Ⅰ. ①基… Ⅱ. ①钟… Ⅲ. ①JAVA语言－程序设计 Ⅳ. ①TP312.8

中国版本图书馆CIP数据核字(2020)第052638号

内 容 提 要

本书主要是围绕构建分布式系统架构的"中间件"开发实战展开。开篇介绍了分布式系统架构的相关知识要点，包括其功能、作用以及演进历程，并由此引出了分布式中间件的相关介绍；紧接着是重点介绍了目前在实际生产环境中应用比较广泛的几款 Java 中间件，包括缓存中间件 Redis、消息中间件 RabbitMQ、统一协调管理中间件 ZooKeeper 以及综合中间件 Redisson 等，详尽介绍了这几款中间件的基本概念、典型应用场景以及相应的功能组件。值得一提的是，在介绍这几款中间件的理论知识时，本书还以微框架 Spring Boot 作为基础，整合相关中间件的依赖，结合作者的实际项目业务场景进行代码实战。

本书以代码实战为主，理论为辅，特别适用于初次接触中间件的开发者；而对于有一定 Java 应用开发经验的工程师而言，通过本书也能了解中间件在构建企业级应用系统的过程中所提供的解决方案和思路。

◆ 著　　钟林森
  责任编辑　赵 轩
  责任印制　王 郁　马振武

◆ 人民邮电出版社出版发行　北京市丰台区成寿寺路 11 号
  邮编　100164　电子邮件　315@ptpress.com.cn
  网址　https://www.ptpress.com.cn
  固安县铭成印刷有限公司印刷

◆ 开本：787×1092　1/16
  印张：36.25　　　　　　2020 年 6 月第 1 版
  字数：666 千字　　　　2025 年 2 月河北第 2 次印刷

定价：99.00 元

读者服务热线：(010)81055410　印装质量热线：(010)81055316
反盗版热线：(010)81055315

前言 Foreword

在如今微服务、分布式系统架构盛行的时代，企业大部分的应用系统或者应用程序都将面临着重构、升级的可能，在这一过程中，作为微服务、分布式系统架构必不可少的得力助手，分布式中间件将充当重要的角色。

Java 软件研发工程师，掌握 Spring Boot 以及相关分布式中间件的使用方法，将在重构、升级企业应用系统带来很大的助力，特别是当下 Java 程序员几乎都要掌握 Spring Boot 和中间件。

从另外的角度来看，作为一名 IT 行业的从业人员，特别是 Java 软件开发人员，从普通研发工程师到系统架构师的成长之路，分布式中间件是绕不过去的，正所谓"兵来将挡，水来土掩"，既然绕不过去，那何不现在沉下心来，认真学习分布式中间件。

本书作者钟林森（网络 ID：修罗 debug），曾在阿里游戏子公司担任高级后端开发工程师，也是"程序员实战基地"的创始人，长期扎根于一线编码开发与系统架构设计，拥有丰富的实战经验，目前是一名互联网行业的创业者。

钟林森还是 CSDN、51CTO 学院、CSDN 学院、网易云课堂等教育平台的知名讲师，教授学生上万人，拥有大量原创博客，博客访问量达百万人次。

目录

第1章 走进分布式中间件 ... 01

1.1 分布式系统概述 ... 01
- 1.1.1 分布式系统定义 ... 02
- 1.1.2 分布式系统发展历程 ... 02
- 1.1.3 分布式系统特性 ... 05
- 1.1.4 分布式系统常见问题 ... 06

1.2 分布式中间件概述 ... 06
- 1.2.1 分布式中间件简介 ... 06
- 1.2.2 常见中间件介绍 ... 07

1.3 本书核心知识要点 ... 08
1.4 本书实战要求与建议 ... 09

第2章 搭建 Spring Boot 微服务项目 ... 11

2.1 Spring Boot 概述 ... 11
- 2.1.1 什么是 Spring Boot ... 11
- 2.1.2 Spring Boot 的优势 ... 12
- 2.1.3 Spring Boot 的特性 ... 13

2.2 搭建规范与搭建流程 ... 14
- 2.2.1 Spring Boot 项目的搭建规范 ... 14
- 2.2.2 Spring Boot 项目的搭建流程 ... 15
- 2.2.3 写个"Hello World"吧 ... 30

2.3 总结 ... 33

第3章 缓存中间件 Redis ... 34

3.1 Redis 概述与典型应用场景介绍 ... 34
3.2 Redis 的使用 ... 36
- 3.2.1 快速安装 Redis ... 36

3.2.2　在 Windows 环境使用 Redis 38
　　3.2.3　Spring Boot 项目整合 Redis 41
　　3.2.4　Redis 自定义注入 Bean 组件配置 42
　　3.2.5　RedisTemplate 实战 44
　　3.2.6　StringRedisTemplate 实战 49
3.3　Redis 常见数据类型实战 52
　　3.3.1　字符串 52
　　3.3.2　列表 55
　　3.3.3　集合 57
　　3.3.4　有序集合 58
　　3.3.5　哈希存储 61
　　3.3.6　Key 失效与判断是否存在 65
3.4　Redis 实战场景之缓存穿透 68
　　3.4.1　什么是缓存穿透 68
　　3.4.2　缓存穿透的解决方案 69
　　3.4.3　实战过程 70
　　3.4.4　其他典型的问题介绍 79
3.5　总结 80

第4章　Redis 典型应用场景实战之抢红包系统 81

4.1　整体业务流程介绍 81
　　4.1.1　抢红包系统业务流程 82
　　4.1.2　业务流程分析 82
　　4.1.3　业务模块划分 84
4.2　数据库设计与环境搭建 85
　　4.2.1　数据库设计 85
　　4.2.2　开发环境搭建 88
　　4.2.3　开发流程介绍 103
4.3　"红包金额"随机生成算法实战 107
　　4.3.1　随机数算法 108
　　4.3.2　红包随机金额生成算法要求 109
　　4.3.3　二倍均值法简介 109
　　4.3.4　红包随机金额生成算法实战 111

4.3.5　红包随机金额生成算法自测 113
4.4　"发红包"模块实战 115
　　4.4.1　业务模块分析 115
　　4.4.2　整体流程实战 117
　　4.4.3　业务模块自测 127
4.5　"抢红包"模块实战 129
　　4.5.1　业务模块分析 129
　　4.5.2　整体流程实战 130
　　4.5.3　业务模块自测 135
　　4.5.4　小结 139
4.6　JMeter 压测高并发抢红包 140
4.7　问题分析与优化方案实战 146
　　4.7.1　问题分析 147
　　4.7.2　优化方案介绍 148
　　4.7.3　优化方案之 Redis 分布式锁实战 148
　　4.7.4　不足之处 152
4.8　总结 153

第5章　消息中间件 RabbitMQ 154

5.1　RabbitMQ 概述 154
　　5.1.1　认识 RabbitMQ 155
　　5.1.2　典型应用场景介绍 156
　　5.1.3　RabbitMQ 后端控制台介绍 162
　　5.1.4　基于 Spring 的事件驱动模型实战 164
5.2　Spring Boot 项目整合 RabbitMQ 169
　　5.2.1　RabbitMQ 相关词汇介绍 170
　　5.2.2　Spring Boot 项目整合 RabbitMQ 171
　　5.2.3　自定义注入配置 Bean 相关组件 172
　　5.2.4　RabbitMQ 发送和接收消息实战 177
　　5.2.5　其他发送和接收消息方式实战 184
5.3　RabbitMQ 多种消息模型实战 191
　　5.3.1　基于 FanoutExchange 的消息模型实战 191
　　5.3.2　基于 DirectExchange 的消息模型实战 201

  5.3.3 基于 TopicExchange 的消息模型实战 209
 5.4 RabbitMQ 确认消费机制 218
  5.4.1 消息高可用和确认消费机制 218
  5.4.2 常见确认消费模式介绍 221
  5.4.3 基于自动确认消费模式实战 223
  5.4.4 基于手动确认消费模式实战 232
 5.5 典型应用场景实战之用户登录成功写日志 240
  5.5.1 整体业务流程介绍与分析 241
  5.5.2 数据库设计 242
  5.5.3 开发环境搭建 254
  5.5.4 基于 TopicExchange 构建日志消息模型 259
  5.5.5 异步发送和接收登录日志消息实战 261
  5.5.6 整体业务模块自测实战 267
 5.6 总结 270

第6章 死信队列实战 271

 6.1 死信队列概述 271
  6.1.1 死信队列简介与作用 271
  6.1.2 典型应用场景介绍 274
 6.2 RabbitMQ 死信队列实战 275
  6.2.1 死信队列专有词汇介绍 276
  6.2.2 死信队列消息模型实战 277
  6.2.3 死信队列延迟发送和接收消息实战 284
 6.3 典型应用场景实战之商城平台订单支付超时 292
  6.3.1 整体业务场景介绍 292
  6.3.2 整体业务流程分析 294
  6.3.3 数据库设计 294
  6.3.4 构建 RabbitMQ 死信队列消息模型 307
  6.3.5 Controller 层开发生成并失效用户下单功能 312
  6.3.6 "用户下单支付超时"延迟发送和接收实战 320
  6.3.7 "用户下单支付超时"整体功能自测 326
 6.4 总结 331

第7章 分布式锁实战 333

7.1 分布式锁概述 333
7.1.1 锁机制 334
7.1.2 分布式锁登场 342
7.1.3 典型应用场景介绍 344
7.1.4 小结 347

7.2 基于数据库实现分布式锁 347
7.2.1 乐观锁简介 347
7.2.2 乐观锁实战 349
7.2.3 JMeter 高并发测试乐观锁 364
7.2.4 悲观锁简介 371
7.2.5 悲观锁实战 372
7.2.6 JMeter 高并发测试悲观锁 376
7.2.7 小结 377

7.3 基于 Redis 实现分布式锁 378
7.3.1 Redis 温故而知新 378
7.3.2 分布式锁的实现流程与原理分析 380
7.3.3 基于 Redis 实战实现分布式锁 381
7.3.4 JMeter 高并发测试 394
7.3.5 小结 398

7.4 基于 ZooKeeper 实现分布式锁 399
7.4.1 ZooKeeper 简介与作用 399
7.4.2 分布式锁的实现流程与原理分析 401
7.4.3 Spring Boot 整合 ZooKeeper 403
7.4.4 基于 ZooKeeper 实战实现分布式锁 407
7.4.5 JMeter 高并发测试 410
7.4.6 小结 412

7.5 典型应用场景之书籍抢购模块设计与实战 412
7.5.1 整体业务流程介绍与分析 412
7.5.2 数据表设计与用例设计 414
7.5.3 书籍抢购核心业务逻辑开发实战 420
7.5.4 Jmeter 重现"库存超卖"的问题 426
7.5.5 基于分布式锁实战解决相关问题 427
7.5.6 小结 433

7.6 总结 434

第8章 综合中间件 Redisson 435

8.1 Redisson 概述 436
- 8.1.1 Redisson 简介与作用 436
- 8.1.2 Redisson 的功能特性 438
- 8.1.3 典型应用场景介绍之布隆过滤器与主题 439
- 8.1.4 典型应用场景介绍之延迟队列与分布式锁 444
- 8.1.5 Spring Boot 整合 Redisson 447

8.2 Redisson 常见功能组件实战 453
- 8.2.1 布隆过滤器 453
- 8.2.2 发布-订阅式主题 458
- 8.2.3 数据类型之映射 Map 466
- 8.2.4 数据类型之集合 Set 473
- 8.2.5 队列 Queue 实战 480
- 8.2.6 死信队列实战 486
- 8.2.7 延迟队列实战 496

8.3 分布式锁实战 503
- 8.3.1 重温分布式锁 503
- 8.3.2 分布式锁之一次性实战 505
- 8.3.3 分布式锁之可重入实战 511

8.4 总结 518

第9章 Redisson 典型应用场景实战之高性能点赞 520

9.1 整体业务流程介绍与分析 520
- 9.1.1 业务背景介绍 521
- 9.1.2 业务流程介绍与分析 522
- 9.1.3 业务模块划分与数据库设计 525

9.2 "点赞"与"取消点赞"操作模块实战 533
- 9.2.1 "点赞"与"取消点赞"业务流程分析 533
- 9.2.2 Controller 层接收请求信息 536
- 9.2.3 Service 层插入、更新并缓存记录信息 540
- 9.2.4 业务模块自测 552

9.3 "点赞排行榜"业务模块实战 554

9.3.1	"点赞排行榜"业务流程分析	555
9.3.2	接收前端请求并触发缓存点赞排行榜	556
9.3.3	业务模块自测	560
9.4	**总结**	**564**

第10章 总结与回顾 566

第1章 走进分布式中间件

对于"分布式系统",初学者的第一感觉大多是遥不可及,犹如金庸先生武侠小说中提及的"降龙十八掌""独孤九剑"等武林绝学一般。就算没有亲眼见过,但也应略有耳闻。

分布式系统凭借其高吞吐、强扩展、高并发、低延迟以及部署灵活等特点,大大促进了互联网的飞速发展,给企业带来了很可观的收益。而作为分布式系统中关键的组件,分布式中间件,也起到了必不可少的作用。分布式中间件是一种独立的基础系统软件或者服务程序,处于操作系统软件与用户的应用软件中间,可作为独立的软件系统运转。

随着业务的发展和用户访问量的上升,人们对互联网系统或者服务程序提出了新的要求。其中,高吞吐、高并发、强扩展、部署灵活以及低延迟等俨然成为急待满足的需求。为此,作为枢纽的中间件也从"集中式"发展为"分布式",如基于 Redis 的分布式缓存、基于 RabbitMQ 的分布式消息中间件、基于 Elasticsearch 的分布式全文搜索引擎、基于 ZooKeeper 的分布式锁、统一协调服务管理等。

从另一个角度来看,作为一名 IT 行业的从业人员,在从普通研发工程师到系统架构师的成长之路上,分布式中间件是绕不过去的。既然绕不过去,那就应该从现在开始认真地学习分布式中间件。

本章涉及的知识点如下。

- 分布式系统概述、发展历程、特性以及常见问题。
- 分布式中间件概述、常见中间件及其典型应用场景介绍。
- 快速介绍本书涉及的核心知识要点,并对读者提出几点实战的要求和建议。

1.1 分布式系统概述

虽然分布式系统在初学者看来是触不可及的,但当你接触并认真实战过分布式系统相关技术要点后,会发现分布式系统其实也很简单。回望分布式系统的发展历史,我们会发现其并非一开始就是"分布式"的，而是随着业务的发展与用户访问量的上升，应运而生并由此带动相关技术发展的。

本节我们将一起来认识分布式系统这一庞然大物以及由其孕育的中间件的产生与发展。

1.1.1 分布式系统定义

关于分布式系统的定义，简单来说，可以从以下方面进行理解。

- 分布式系统整体比较强大，其内部有多台计算机，类似于一个综合的"机器中心"，是由一组独立的计算机组成的计算机集群。
- 对于用户来说，这个机器中心却像是单个相关系统，用户根本感觉不到计算机集群的存在。

从程序的角度来看，程序 A 与程序 B 分别运行在两台计算机上，它们相互协作形成某种功能，这两个程序所组成的系统，就可以称为分布式系统。当然，这两个程序可以是不同的程序，也可以是相同的程序。如果是相同的程序，我们又可以称之为集群。

1.1.2 分布式系统发展历程

在分布式系统出现之前，市面上几乎所有的软件系统都是集中式的，即所谓的单机系统。软件、硬件以及各种组件高度耦合组成了单机系统的系统架构，在很长一段时间内，这种系统架构着实起到了很大的作用，给企业带来了诸多收益。后来随着业务的发展以及用户访问量的上升，这种系统架构也随之进行了演进。以 Web 应用的系统架构为例，其主要的发展历程有以下 5 个。

（1）单点集中式 Web 应用

早期很多中小型企业的大部分项目都是基于这样的系统架构，如图 1.1 所示。

此种系统架构总体上来看还是比较简单的，一般以后台管理应用为主，比如客户关系管理（Customer Relationship Management，CRM）系统、办公自动化（Office Automation，OA）系统等。这种系统架构有一个很明显的特点就是数据库（比如 MySQL）以及 Web 应用都是部署在同一台服务器上的，文件存储也部署在该服务器。

这种系统架构的优点是适用于小型的项目，发布便捷，运维的工作量也比较小。缺点在于若是该服务器宕机了，整个应用将无法访问。

（2）Web 应用与数据库以及文件服务单独拆分

随着时间的推移，数据库（Database，DB）以及文件的数据量越来越大，由于服务器的容量是有限的，原有系统架构已经不足以支撑，此时我们需要将 Web 应用、数据库、文件服务单独拆分出来作为独立的服务，以避免瓶颈的产生，如图 1.2 所示。

■ 图 1.1 单点集中式 Web 应用　　■ 图 1.2 Web 应用与数据库以及文件服务单独拆分

这种系统架构的一个很明显的特点是 3 个服务独立部署，某台服务器宕机了，其他的仍然可以使用。

（3）引入缓存与集群改善系统整体性能

当并发请求量增加，而单台 Web 应用服务器（如 Tomcat）不足以支撑应用的时候，我们通常会考虑引入缓存以及集群来改善系统的整体性能，此种系统架构如图 1.3 所示。

■ 图 1.3 引入缓存与集群改善系统整体性能

- 引入缓存：把大量用户的读请求引导至缓存（如 Redis）中，而写操作仍然直接写到数据库中。这一性能上的优化可以将数据库的一部分数据或者系统经常需要访问的数据（如热点数据）放入缓存中，减少了数据库的访问压力，提高用户并发请求性能。

- 引入集群：目的在于减少单台Web应用服务器的压力。可以通过部署多台Tomcat来减少单台Web服务器的压力，常见手段是Nginx+LVS，最终多台Web服务器构成了负载均衡，减少了单台Web服务器的负载压力（需要注意的是，对于用户的Session，需要调整为使用Redis或者Spring Session进行管理）。

（4）数据库读写分离并提供反向代理以及CDN加速访问服务

经过调查发现，在大多数互联网应用系统中，用户的读请求数量往往大于写请求数量。它们会相互竞争，在这个时候往往写操作会受到影响，导致数据库出现存储瓶颈（可以参考春运"抢票"高峰期12306网站的访问情况），因此我们会对数据库采取读写分离措施，从而提高数据库的存储性能。

除此之外，为了加快网站的访问速度，尤其是加速静态资源的访问，我们会将系统的大部分静态资源存放到内容分发网络（Content Delivery Network，CDN），并加入反向代理的配置，从而减少用户访问网站时直接去服务器读取静态数据的次数。

DB的读写分离将有效地提高数据库的存储性能，而加入CDN与反向代理将可以加快系统的访问速度，此种系统架构如图1.4所示。

■ 图1.4 数据库读写分离并提供反向代理以及CDN加速访问服务

（5）分布式文件系统与分布式数据库

经过统计与监测发现，系统对于某些数据表有大量的访问请求，此时为了减少DB的压力，我们会进行分库分表措施，即根据业务来拆分数据库，此种系统架构如图1.5所示。

图 1.5 分布式文件系统与分布式数据库

1.1.3 分布式系统特性

在很长的一段时期，单机系统通过不断升级程序或者相关硬件就能满足不断增长的性能需求。然而，随着互联网的飞速发展，高吞吐、高并发、低延迟逐渐成为刚需，单机系统单凭生硬地不断升级已不能满足性能需求，于是分布式系统应需求而生。总体来说，分布式系统具有以下 5 个特性。

- 内聚性和透明性：分布式系统是建立在网络之上的软件系统，所以具有高度的内聚性和透明性。

- 可扩展性：分布式系统可以随着业务的增长动态扩展自己的系统组件，从而提高系统整体的处理能力。扩展通常有两种方式：其一，优化系统的性能或者升级硬件，即垂直扩展；其二，增加计算单元（如服务器等）以扩展系统的规模，即水平扩展。

- 可靠性与可用性：简单来说，可靠性量化的指标是给定周期内系统无故障运行的平均时间，而可用性量化的指标是给定周期内系统无故障运行的总时间。一个是"平均"时间，一个是"总"时间。

- 高性能：不管是单机系统还是分布式系统，性能始终是关键指标，不同的系统对性能的衡量指标是不同的，最常见的有"高并发"，即单位时间内处理的任务越多越好；"低延迟"，即每个任务的平均处理时间越少越好。分布式系统的设计初衷便是利用更多的服务器，实现更强大的计算、存储能力，即实现高性能。

- 一致性：分布式系统为了提高可靠性和可用性，一般会引入冗余（副本）。为了保证各个节点上的状态一致，分布式系统必须解决一致性问题。其实简单来说，就是在多个节点集群部署下，如何保证多个节点在给定的时间内，操作或者存储的数据只有一份。

1.1.4　分布式系统常见问题

分布式系统虽然看似很强大，但是在实际的应用环境中，由于一些人力难以控制或者根本就不可控制的因素，导致系统整体上十分脆弱，典型的常见问题包括以下两个。

- 网络并没有那么可靠

分布式系统中，节点间是通过网络进行通信的，而网络有些时候并没有那么可靠。常见的网络问题有网络延迟、丢包、消息丢失等。

- 节点故障无法避免

当分布式系统的节点数达到一定数目后，整个系统出现故障的概率将变高。而分布式系统需要保证故障发生时，系统仍然是可用的，即在某个或者某些节点发生故障的情况下，需要将该节点所负责的计算、存储任务转移到其他节点。

总而言之，分布式系统在给互联网企业带来诸多好处的同时，也带来了诸多挑战和不确定性，可谓一把"双刃剑"。

1.2　分布式中间件概述

作为分布式系统中必不可少的组件，分布式中间件在分布式系统的发展历程中起到了关键性的作用，特别是针对高并发、高吞吐、低延迟等普遍性的需求，通过中间件能够得到很好的解决。

本节我们来一起认识中间件的相关概念、常见的中间件及其常见的典型应用场景。

1.2.1　分布式中间件简介

中间件是一种独立的基础系统软件或者服务程序，处于操作系统软件与用户的应用软件之间，具有很好的独立性，可作为独立的软件系统运转。

或许你听说过 Redis、RabbitMQ、ZooKeeper、Elasticsearch、Nginx、Kafka、Elastic-Job、Dubbo、Quartz 等中的一种——它们都是常用的中间件。通过这些中间件，可实现缓存、消息队列、锁 / 服务协调管理、全文搜索、负载均衡、消息通信、分布式任务调度、服务调度以及定时任务调度等功能。

随着互联网的飞速发展，高吞吐、高并发、低延迟和负载均衡已成为普遍性的需求，作为枢纽的中间件也从单点的"集中式"发展为"分布式"，如常见的基于 Redis 的分布式缓存、基于 RabbitMQ 的分布式消息中间件、基于 ZooKeeper 的分布式锁，以及基于 Elasticsearch 的分布式全文搜索引擎等。

1.2.2　常见中间件介绍

目前比较常见以及常用的中间件包括 Redis、Redisson、RabbitMQ、ZooKeeper、Elasticsearch、Kafka、Etcd、Nginx 等。由于笔者阅历有限，本书仅重点介绍与实战 Redis、Redisson、RabbitMQ 以及 ZooKeeper 等。对于其他的中间件，各位读者如果感兴趣可以通过互联网自行学习相关的技术要点。

- Redis

Redis 是一个开源（BSD 许可）的、基于内存存储、采用键值对（Key-Value）格式存储的内存数据库，支持多种数据类型，包括字符串、哈希表、列表、集合、位图等。

本书我们将重点介绍 Redis 在缓存层面的相关技术要点，并采用典型的实际案例来实战 Redis。

- Redisson

Redisson 是架设在 Redis 基础上的一个 Java 常驻内存数据网络（In-Memory Data Grid），可以简单地理解为 Redisson 是 Redis 的一个升级版，它充分利用了 Redis 采用键值对格式存储的内存数据库提供的一系列优势，为用户提供了一系列具有分布式特性的常用工具类。

Redisson 的出现使得原本作为协调单机多线程并发程序的工具包获得了协调分布式多机多线程并发系统的能力，大大降低了设计和研发大规模分布式系统的难度，同时也简化了分布式环境中程序之间的协作。

Redis 在分布式系统应用过程中可能出现的诸多问题，通过 Redisson 能够得到很好的解决。如关于分布式锁的处理，Redisson 的处理方式更为安全、稳定与高效，对此本书将在 Redisson 的实战章节中有所介绍。

- RabbitMQ

RabbitMQ 是一款目前应用相当广泛、开源的消息中间件，可用于实现消息异步分发、模块解耦、接口限流等功能。特别是在处理分布式系统高并发的业务场景时，RabbitMQ 能够起到很好的作用，如接口限流，从而降低应用服务器的压力；如消息异步分发，从而缩短系统的整体响应时间。

在后续相关实战章节中，将对 RabbitMQ 拥有的这些特性与功能一一进行介绍。

- ZooKeeper

ZooKeeper 是一个开源的、可以为分布式应用程序提供一致性协调服务的软件，简称 ZK。其提供的功能包括配置维护、域名服务、分布式同步等，提供的接口包括分布式独享锁、选举、队列的接品等。

本书将介绍基于 ZooKeeper 的分布式锁在处理分布式系统中出现的高并发问题。

1.3 本书核心知识要点

本书将着重介绍目前比较流行的中间件，包括其相关技术要点。本书首先会讲解中间件相关的基础概念，让各位读者对其有初步的认识；之后会采用实际的典型应用案例实战中间件，真正地将中间件应用到实际的业务场景中，从而让各位读者掌握中间件的核心技术。

工欲善其事，必先利其器。在实战本书相关技术要点之前，笔者首先会带领各位读者采用目前比较流行的微服务框架 Spring Boot 搭建企业级的微服务项目，然后一步一步地引入中间件的配置与相关依赖，从而实战相关的技术要点。

首当其冲的中间件是分布式缓存中间件 Redis。本书将会介绍 Redis 的相关基础概念、安装与简单使用，以代码实战 Redis 支持的各种常见数据类型，并以典型的业务场景缓存穿透巩固 Redis 的相关知识点，最后以典型的案例"抢红包系统的设计与实战"真刀真枪地实战巩固 Redis 在实际项目中的应用。

接着会介绍目前应用相当广泛的分布式消息中间件 RabbitMQ。本书将会介绍 RabbitMQ 的相关基础概念、作用以及常见的业务场景，认识 RabbitMQ 涉及的专用词汇，以实际代码实战 RabbitMQ 的几种消息模型，并帮助读者掌握如何采用 RabbitTemplate 组件发送消息、@RabbitListener 接受消息等，最后以典型应用场景"用户操作异步写日志"帮助读者巩固 RabbitMQ 相关知识点。

在某些业务场景下，需要实现延时、延迟发送文件或者消息等功能，此时 RabbitMQ 的死信队列即可派上用场。本书将会介绍 RabbitMQ 死信队列相关基础概念、作用以及常见的应用场景，带领读者认识死信队列 DLX、DLK、TTL 等相关专用词汇，并以代码实战实现死信队列的消息模型，最后以典型应用场景"商城平台订单支付超时"为实战案例帮助读者进行巩固。

介绍完 Redis 与 RabbitMQ，本书将进入一个小插曲，即采用 Redis 和 RabbitMQ 实战典型的应用场景"商城高并发抢单"，介绍商城高并发抢单的整体业务流程以及如何采用 Redis 和 RabbitMQ 的相关技术实战实现高并发抢单的核心业务。

在分布式系统中，高并发所产生的诸多问题是很常见的，其中比较典型的问题是高并发抢占共享资源导致并发安全的问题。为了解决这个问题，本书采用一章介绍了分布式锁，包括其相关概念、作用与常见的应用场景的介绍，并基于实际的典型应用场景"秒杀系统设计与实战"，以多种实现方式（数据库乐观锁和悲观锁、Redis 原子操作、ZooKeeper 分布式锁以及 Redisson 分布式锁）配备实际代码实战实现分布式锁。

打铁需趁热，在本书的最后，将采用两章介绍 Redisson 及其分布式锁，包括其相关基础概念和作用，并基于实际的应用场景"高性能点赞和评论模块设计与实战"，带领各位读者对该案例展开业务流程分析、数据表设计以及项目的整合搭建，最终以代码的形式实战实现高性能的点赞与评论功能。

1.4 本书实战要求与建议

师父领进门，修行靠个人。在笔者带领各位读者步入中间件的殿堂之后，后续的巩固提升以及代码实战就得靠各位自己了。在这里笔者给大家提 4 点实战方面的要求与建议。

（1）读者需具备 Java 以及 Spring Boot 方面的基础知识，因为本书的代码实战是基于微服务框架 Spring Boot 的，整合相关依赖从而实现中间件的相关技术要点。

（2）读者需自行在自己的计算机上安装最基本的软件，如 JDK（1.7 或者 1.8 版本）、

MySQL（5.6 或者 5.7 版本）、Maven（3.3.x 或者更高版本）等，毕竟要进行代码实战，这些可以说是最基本的要求了。（笔者采用的是 JDK 1.8、MySQL 5.6、Maven 3.3.9）

（3）由于本书大部分内容采用代码实战以及实际的案例为驱动，故而强烈建议各位读者一定要多动手、多写代码，只有代码写多了，才能知道可能会出现的问题以及如何解决这些问题，才能将所学之物转化为自己的经验。

（4）最后一点是笔者送给各位读者的 7 个词：沉下心、坚持、多动手、多反思、多做笔记、享受代码、享受 Bug！

衷心地希望笔者的这本书能给各位读者打开一扇通往系统架构师的门！

第2章 搭建 Spring Boot 微服务项目

在开始实战分布式中间件之前,我们需要准备相关的开发工具、软件以及核心框架。其中典型的开发工具包括 IntelliJ IDEA、Navicat Premium 以及 Postman 等,开发软件包括 JDK、MySQL、Maven 等。核心框架则有很多,本书将采用当前比较流行的微服务框架 Spring Boot 作为核心的开发组件,一步一个脚印带领各位读者搭建微服务项目,一起实战分布式中间件。

本章涉及的知识点如下。

- 简述 Spring Boot,包括 Spring Boot 的优势以及特性。
- 介绍微服务项目的搭建规范以及搭建流程。
- 基于搭建的微服务项目实战 Hello World。

2.1 Spring Boot 概述

Spring Boot 是由 Pivotal 团队提供的全新框架,是 Spring 家族的一个成员,可用于快速开发扩展性强、微小的项目,业界亲切地称之为"微框架"。毋庸置疑,Spring Boot 的诞生不仅给传统的企业级项目与系统架构带来了全面改进以及升级的可能,同时也给 Java 程序员带来了诸多益处,可谓 Java 程序员的一大利器。

从本节开始,我们将一起认识 Spring Boot,一起了解 Spring Boot 在开发层面给开发者带来了哪些益处。

2.1.1 什么是 Spring Boot

Spring Boot 的设计目的是用来简化 Spring 应用烦琐的搭建以及开发过程。通过它只需要使用极少的配置,就可以快速得到一个可正常运行的应用程序,开发人员从此不再需要定义样板化的配置。

而实际上，对于像笔者这样拥有多年 Spring Boot 实战经验的 Java 程序员而言，Spring Boot 其实并不能被称为"新框架"，它只是默认配置了很多常用框架（这在后文会提及，称为"起步依赖"）。就像一个 Maven 项目的 pom.xml 整合了所有的 Jar 包一样，Spring Boot 整合了大部分常用的框架（包括它们的使用方式以及常用配置）。

可以说，Spring Boot 的诞生给企业快速开发微小的项目提供了可能，同时也给传统系统架构的改进以及升级带来了诸多方便。而随着近些年互联网经济的快速发展、微服务和分布式系统架构的流行，Spring Boot 的出现使得 Java 项目的开发变得更为简单、方便和快速，极大地提高了相关项目的开发和部署效率，给企业带来了更多收益。

2.1.2　Spring Boot 的优势

Spring Boot 作为广大 Java 程序员偏爱的微框架，着实给程序员的开发工作带来了诸多便利，特别是在改进传统 Spring 应用的烦琐搭建以及开发上做出了巨大的贡献。概括地讲，Spring Boot 给开发者带来的优势主要有以下 5 个。

- 从搭建的角度看，Spring Boot 可以帮助开发者快速搭建企业级应用，借助开发工具如 IntelliJ IDEA，几乎只需要几个步骤就能简单构建一个项目。
- 从整合第三方框架的角度看，传统的 Spring 应用如果需要整合第三方框架，则需要加入大量的 XML 配置文件，并配置很多晦涩难懂的参数；而对于 Spring Boot 而言，只需要加入 Spring Boot 内置的针对第三方框架的"起步依赖"，即内置的 Jar 包即可，不再需要编写大量的样板代码、注释和进行烦琐的 XML 配置。
- 从项目运行的角度看，Spring Boot 由于内置了 Servlet 容器（如 Tomcat），其搭建的项目可以直接打成 Jar 包，在安装有 Java 运行环境的服务器上直接运行，省去了额外安装以及配置 Servlet 容器的步骤，可以说非常方便。Spring Boot 还能对运行中的应用进行状态的监控。
- 从开发与部署的角度看，使用 Spring Boot 搭建项目的代码和配置文件更少了，不需要再对第三方框架的配置而烦恼了。项目整体来看也更加精简、扩展性也变得更强，可更大地节约开发和维护成本。
- 由于 Spring Boot 是 Spring 家族的一员，所以对于 Spring Boot 应用而言，其与 Spring 家族的其他成员如 Spring ORM、Spring JDBC、Spring Data、Spring Security

等的集成非常方便、容易；再加上 Spring Boot 的设计者崇尚"习惯优于配置"的理念，使得 Spring Boot 应用集成主流框架极为方便、快速，开发者可以更加专注于应用本身的业务逻辑。

总体来说，Spring Boot 的出现使得项目的构建不再需要烦琐的 XML 配置以及大量重复性的样板代码，整合第三方框架以及集成 Spring 家族的其他成员变得更加简单与方便，大大提高了开发效率。

2.1.3　Spring Boot 的特性

Spring Boot 的诞生着实给传统的企业级 Spring 应用带来了许多好处，特别是在应用的扩展以及系统架构的升级上带来了强有力的帮助。概括地讲，Spring Boot 在目前应用开发中提供了以下 4 个好处。

- 使代码更加简单。
- 简化了配置。
- 使部署更加便捷。
- 使应用的监控变得更加简单和方便。

而 Spring Boot 带来的这些好处主要还是源于其天生具有的特性，总体来说，其具有以下 6 个特性。

- Spring Boot 遵循"习惯优于配置"的理念，即使用 Spring Boot 开发项目时，我们只需要进行很少的配置，大多情况下使用默认配置即可。
- Spring Boot 可以帮助开发者快速地搭建应用，并自动整合主流框架和大部分的第三方框架，即"自动装配"。
- 对于应用可以不需要使用 XML 配置，而只需要采用自动配置或采用 Java Config 配置相关组件。
- Spring Boot 可以采用内置的 Servlet 容器，并采用简单的命令直接执行项目，可以不需要借助外置的容器便可运行。
- 整合主流框架或大部分的第三方框架时，只需要直接引入 Spring Boot 内置的 Start Jar 即可，这个特性称为"起步依赖"，可以很方便地进行包管理。
- Spring Boot 内置了监控组件 Actuator，只需要引入相应的起步依赖，就可以基于 HTTP、SSH、Telnet 等方式对运行中的应用进行监控。

而随着 Pivotal 团队对 Spring Boot 不断地优化、升级，目前其版本由 1.x 升级到了 2.x，所拥有的特性以及优势不断增加。但是不管怎么优化、升级，笔者相信 Spring Boot 上述的几个特性会一直被保留，因为这些特性对于开发者以及企业应用系统而言都是强有力的助手。而这些特性在本书后续讲解搭建 Spring Boot 微服务项目时将一点点地体现出来。

2.2 搭建规范与搭建流程

从本节开始，我们将借助 IntelliJ IDEA 开发工具搭建 Spring Boot 微服务项目，并用于实战后续章节中间件的相关技术要点。而在介绍实际生产环境中微服务项目的搭建流程之前，笔者将会给各位读者介绍搭建微服务项目的搭建规范。

2.2.1 Spring Boot 项目的搭建规范

规范地搭建微服务项目将有助于应用的开发、维护以及代码的理解。项目的整体目录结构如果规划设计得当，将有助于管理整个应用涉及的 Java 对象，甚至可以通过实际的业务模块直截了当地找到项目某个具体的 Java 对象的位置。

目前应用比较广泛的项目搭建规范主要是"基于 Maven 构建多模块"的方式，这种方式搭建的每个模块各司其职，负责应用中不同的功能，同时每个模块采用层级依赖的方式，最终构成一个聚合型的 Maven 项目。图 2.1 是搭建 Spring Boot 微服务多模块项目的经典模式。

图 2.1　搭建 Spring Boot 微服务多模块项目的经典模式

图2.1中"父模块"聚合了多个子模块，包括api、model以及server模块（当然在实际项目中可以有更多的模块，而且模块的命名可以有所不同）。这3个模块的依赖层级关系为：server依赖model，model依赖api。最终构成了典型的Maven聚合型多模块项目。

每个模块的作用在图2.1中已经有所介绍，在这里就不再赘述。各模块的作用将在下一节Spring Boot多模块项目的搭建流程中体现出来。

2.2.2 Spring Boot 项目的搭建流程

按照上一节中介绍的Spring Boot微服务项目的搭建规范，这一节我们将借助IntelliJ IDEA开发工具搭建一个聚合型的Maven项目，具体操作步骤如下。

（1）打开开发工具IntelliJ IDEA，然后选择菜单栏中"File"的"New"命令，进入"New Project"，即创建新项目的界面，如图2.2和图2.3所示。

图2.2　Spring Boot 项目的搭建流程（1）

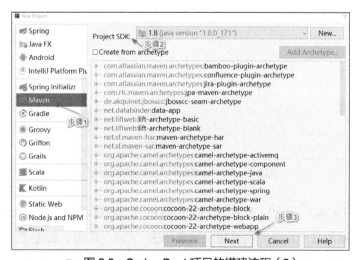

图2.3　Spring Boot 项目的搭建流程（2）

（2）单击图2.3中的"Next"按钮，进入Maven多模块项目的命名界面，在这里笔者建议Maven项目的命名尽量简洁、规范，单击"Next"按钮进入下一步，如图2.4所示。

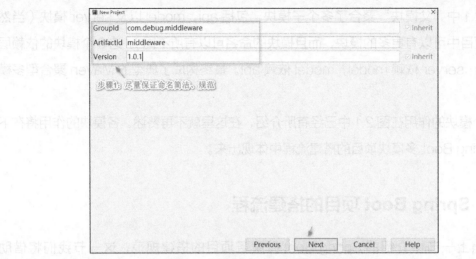

图 2.4　Spring Boot 项目的搭建流程（3）

（3）选择项目的存储目录，在这里笔者建议存储的文件目录中不要含有中文或者其他特殊符号，如图 2.5 所示。

图 2.5　Spring Boot 项目的搭建流程（4）

（4）单击"Finish"按钮，如果项目的存储目录是新建的，则会弹出一个对话框，询问是否创建一个新的文件目录，在这里只需要单击"OK"即可，如图 2.6 所示。

（5）紧接着进入项目的初始界面，这个 pom.xml 即为父模块的依赖配置文件，在这里我们指定整个项目资源的编码以及项目编译时采用的是 JDK 版本，如图 2.7 所示。

图 2.6 Spring Boot 项目的搭建流程（5）

图 2.7 Spring Boot 项目的搭建流程（6）

其中，上面这段项目整体资源的编码以及 JDK 版本的配置信息如下。

```
<properties>
    <!--定义项目整体资源的编码为 UTF-8 以及 JDK 的版本为 1.8-->
    <project.build.sourceEncoding>UTF-8</project.build.sourceEncoding>
    <java.version>1.8</java.version>
    <maven.compiler.source>${java.version}</maven.compiler.source>
    <maven.compiler.target>${java.version}</maven.compiler.target>
</properties>
```

（6）接下来开始创建各个子模块以及每个子模块最基本的依赖配置信息，首先是创建子模块 api，然后直接单击"Next"按钮，之后命名子模块为 api，如图 2.8、图 2.9 和图 2.10 所示。

图 2.8　Spring Boot 项目的搭建流程（7）

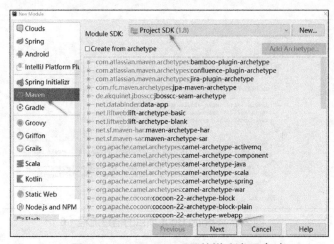

图 2.9　Spring Boot 项目的搭建流程（8）

图 2.10　Spring Boot 项目的搭建流程（9）

（7）最终即可成功创建子模块 api，并自动初始化生成相应的配置信息。在这里我们加入整个项目所有模块都将共用的依赖配置，即 Lombok 与 Jackson "解析依赖"，如图 2.11 所示。

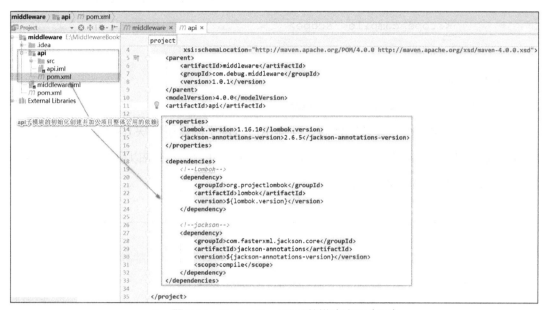

图 2.11　Spring Boot 项目的搭建流程（10）

图 2.11 中 pom.xml 加入的项目整体公用的依赖配置信息如下。

```
<properties>
    <lombok.version>1.16.10</lombok.version>
    <jackson-annotations-version>2.6.5</jackson-annotations-version>
</properties>
<dependencies>
    <!--lombok-->
    <dependency>
        <groupId>org.projectlombok</groupId>
        <artifactId>lombok</artifactId>
        <version>${lombok.version}</version>
    </dependency>
    <!--jackson-->
```

```xml
        <dependency>
            <groupId>com.fasterxml.jackson.core</groupId>
            <artifactId>jackson-annotations</artifactId>
            <version>${jackson-annotations-version}</version>
            <scope>compile</scope>
        </dependency>
    </dependencies>
```

（8）上面创建 api 子模块的步骤，同样也可以用于创建子模块 model。右键单击项目名，选择"New"命令，创建子模块 model，并添加 api 子模块以及 Spring-MyBatis 的依赖，如图 2.12 与图 2.13 所示。

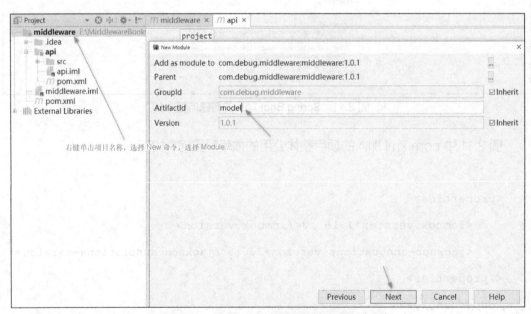

■ 图 2.12　Spring Boot 项目的搭建流程（11）

其中子模块 model 添加的依赖配置信息如下。

```xml
<properties>
    <mybatis-spring-boot.version>1.1.1</mybatis-spring-boot.version>
    <mybatis-pagehelper.version>4.1.2</mybatis-pagehelper.version>
</properties>
```

```xml
<dependencies>
    <!--api-->
    <dependency>
        <groupId>com.debug.middleware</groupId>
        <artifactId>api</artifactId>
        <version>${project.parent.version}</version>
    </dependency>
    <!--spring-mybatis-->
    <dependency>
        <groupId>org.mybatis.spring.boot</groupId>
        <artifactId>mybatis-spring-boot-starter</artifactId>
        <version>${mybatis-spring-boot.version}</version>
    </dependency>
</dependencies>
```

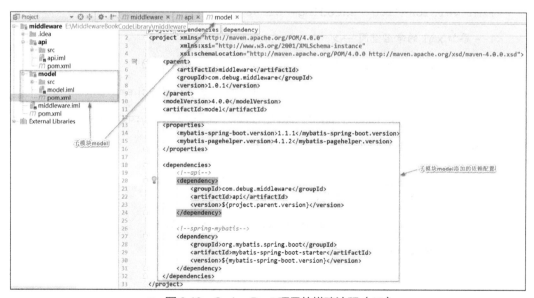

图 2.13　Spring Boot 项目的搭建流程（12）

（9）按照同样的方式创建最后一个模块，即核心的 server 模块，可以说一个项目或者服务的大部分业务逻辑代码都将在这个模块中完成。最终新建完成的 server 模块如图 2.14 所示。

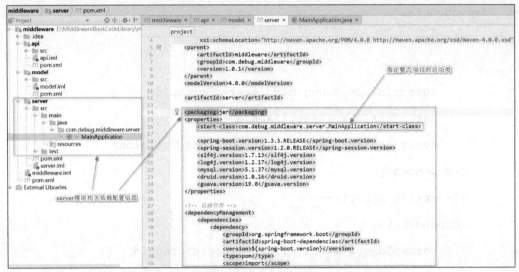

图 2.14 Spring Boot 项目的搭建流程（13）

其中，在 server 模块中加入的相关依赖包括 Spring Boot 的依赖、日志 Log4j 以及 MySQL、Druid 等最基本的依赖配置，详细信息如下。

```xml
<?xml version="1.0" encoding="UTF-8"?>
<!-- 添加 xml 的命名空间 -->
<project xmlns="http://maven.apache.org/POM/4.0.0"
         xmlns:xsi="http://www.w3.org/2001/XMLSchema-instance"
         xsi:schemaLocation="http://maven.apache.org/POM/4.0.0 http://maven.apache.org/xsd/maven-4.0.0.xsd">
    <parent>
        <artifactId>middleware</artifactId>
        <groupId>com.debug.middleware</groupId>
        <version>1.0.1</version>
    </parent>
    <modelVersion>4.0.0</modelVersion>
    <artifactId>server</artifactId>
    <packaging>jar</packaging>
    <properties>
        <start-class>com.debug.middleware.server.MainApplication</
```

```xml
start-class>
            <spring-boot.version>1.3.3.RELEASE</spring-boot.version>
            <spring-session.version>1.2.0.RELEASE</spring-session.version>
            <mysql.version>5.1.37</mysql.version>
            <druid.version>1.0.16</druid.version>
            <guava.version>19.0</guava.version>
    </properties>
    <!-- 依赖管理 -->
    <dependencyManagement>
        <dependencies>
            <dependency>
                <groupId>org.springframework.boot</groupId>
                <artifactId>spring-boot-dependencies</artifactId>
                <version>${spring-boot.version}</version>
                <type>pom</type>
                <scope>import</scope></dependency></dependencies>
    </dependencyManagement>
    <dependencies>
        <!-- 日志 -->
        <dependency>
            <groupId>org.springframework.boot</groupId>
            <artifactId>spring-boot-starter-log4j</artifactId>
        </dependency>
        <!--model-->
        <dependency>
            <groupId>com.debug.middleware</groupId>
            <artifactId>model</artifactId>
            <version>${project.parent.version}</version>
        </dependency>
        <!--guava-->
```

```xml
<dependency>
    <groupId>com.google.guava</groupId>
    <artifactId>guava</artifactId>
    <version>${guava.version}</version>
</dependency>
<!--mysql-->
<dependency>
    <groupId>mysql</groupId>
    <artifactId>mysql-connector-java</artifactId>
    <version>${mysql.version}</version>
</dependency>
<!--druid-->
<dependency>
    <groupId>com.alibaba</groupId>
    <artifactId>druid</artifactId>
    <version>${druid.version}</version>
</dependency>
<!--spring-->
<dependency>
    <groupId>org.springframework.boot</groupId>
    <artifactId>spring-boot-starter-web</artifactId>
    <version>${spring-boot.version}</version>
    <exclusions>
        <exclusion>
            <groupId>ch.qos.logback</groupId>
            <artifactId>logback-classic</artifactId>
        </exclusion>
        <exclusion>
            <groupId>org.slf4j</groupId>
            <artifactId>log4j-over-slf4j</artifactId>
```

```xml
                </exclusion>
            </exclusions>
        </dependency>
        <!--for test-->
        <dependency>
            <groupId>org.springframework.boot</groupId>
            <artifactId>spring-boot-starter-test</artifactId>
            <scope>test</scope>
        </dependency>
    </dependencies>
    <build>
        <finalName>book_middleware_${project.parent.version}</finalName>
        <plugins>
            <plugin>
                <groupId>org.springframework.boot</groupId>
                <artifactId>spring-boot-maven-plugin</artifactId>
                <version>${spring-boot.version}</version>
                <executions>
                    <execution>
                        <goals>
                            <goal>repackage</goal>
                        </goals></execution></executions>
            </plugin>
            <plugin>
                <groupId>org.apache.maven.plugins</groupId>
                <artifactId>maven-war-plugin</artifactId>
                <version>2.4</version>
                <configuration>
                    <failOnMissingWebXml>false</failOnMissingWebXml>
                </configuration>
```

```xml
            </plugin>
        </plugins>
        <resources>
            <resource>
                <directory>src/main/resources</directory>
                <filtering>true</filtering>
            </resource>
        </resources>
    </build>
</project>
```

（10）至此，项目的各个子模块已经初步搭建好了，其中在 server 模块中指定了整个项目的启动类（也称为应用的入口）MainApplication。为了能使用 Spring Boot 内置容器将整个项目跑起来，需要对 MainApplication 进行改造，代码如下。

```java
package com.debug.middleware.server;
import org.springframework.boot.SpringApplication;
import org.springframework.boot.autoconfigure.SpringBootApplication;
import org.springframework.boot.builder.SpringApplicationBuilder;
import org.springframework.boot.context.web.SpringBootServletInitializer;
@SpringBootApplication
public class MainApplication extends SpringBootServletInitializer{
    @Override
    protected SpringApplicationBuilder configure(SpringApplicationBuilder builder) {
        return super.configure(builder);
    }
    public static void main(String[] args) {
        SpringApplication.run(MainApplication.class,args);
    }
}
```

其中，注解 @SpringBootApplication 用于表示被注解的类为整个应用的启动类，到时候只需要单击该类左边的运行按钮即可将整个应用运行起来。

（11）为了最终能将项目完整发布，我们为项目引入 application.properties 配置文件，并将其放置在 server 模块的 resources 目录下（后续应用相关的配置文件将置于此目录）。同时采用 Navicat Premium 在本地创建一个没有任何表的数据库 db_middleware，并将其相关配置信息放置在 application.properties 中。最终 application.properties 的初步配置信息如下。

```
#profile
#spring.profiles.active=productions
#spring.profiles.active=local
# 指定应用访问的上下文以及端口
server.context-path=/middleware
server.port=8087
#logging 日志配置
logging.path=/srv/dubbo/middleware/logs
logging.file=middleware
logging.level.org.springframework = INFO
logging.level.com.fasterxml.jackson = INFO
logging.level.com.debug.middleware = DEBUG
#JSON 日期格式化
spring.jackson.date-format=yyyy-MM-dd HH:mm:ss
spring.jackson.time-zone=GMT+8
spring.datasource.initialize=false
spring.jmx.enabled=false
# 数据库访问配置
spring.datasource.url=jdbc:mysql://localhost:3306/db_middleware?useUnicode=true&amp;characterEncoding=utf-8
spring.datasource.username=root
spring.datasource.password=linsen
```

```
#MyBatis 配置
mybatis.config-location=classpath:mybatis-config.xml
mybatis.checkConfigLocation = true
mybatis.mapper-locations=classpath:mappers/*.xml
```

（12）在上面 application.properties 配置文件中，我们引入了 Spring ORM（对象关系映射）框架 MyBatis 的配置文件 mybatis-config.xml。这个文件可以通过单击 resources 目录，右击选择"New"命令，并选择 mybatis-config 来创建，配置内容如下。

```xml
<?xml version="1.0" encoding="UTF-8"?>
<!DOCTYPE configuration  PUBLIC "-//mybatis.org//DTD Config 3.0//EN"
        "http://mybatis.org/dtd/mybatis-3-config.dtd">
<configuration>
    <settings>
        <!--允许使用缓存配置 -->
        <setting name="cacheEnabled" value="true"/>
        <!--SQL 执行语句的默认响应超时时间 -->
        <setting name="defaultStatementTimeout" value="3000"/>
        <!--允许驼峰命名的配置 -->
        <setting name="mapUnderscoreToCamelCase" value="true"/>
        <!--允许执行完 SQL 插入语句后返回主键的配置 -->
        <setting name="useGeneratedKeys" value="true"/>
        <!-- 设置控制台输出 SQL -->
        <!--<setting name="logImpl" value="stdout_logging" />-->
    </settings>
</configuration>
```

（13）最后我们为应用引入日志配置文件 log4j.properties 作为整个应用的日志记录，其配置内容如下。

```
#Console Log
log4j.rootLogger=INFO,console,debug,info,warn,error
LOG_PATTERN=[%d{yyyy-MM-dd HH:mm:ss.SSS}] boot%X{context} - %5p [%t] --- %c{1}: %m%n
# 输出日志到 Console
log4j.appender.console=org.apache.log4j.ConsoleAppender
log4j.appender.console.Threshold=DEBUG
log4j.appender.console.layout=org.apache.log4j.PatternLayout
log4j.appender.console.layout.ConversionPattern=${LOG_PATTERN}
log4j.appender.info=org.apache.log4j.DailyRollingFileAppender
log4j.appender.info.Threshold=INFO
log4j.appender.info.File=${LOG_PATH}/${LOG_FILE}_info.log
log4j.appender.info.DatePattern='.'yyyy-MM-dd
log4j.appender.info.layout = org.apache.log4j.PatternLayout
log4j.appender.info.layout.ConversionPattern=${LOG_PATTERN}
log4j.appender.error=org.apache.log4j.DailyRollingFileAppender
log4j.appender.error.Threshold=ERROR
log4j.appender.error.File=${LOG_PATH}/${LOG_FILE}_error.log
log4j.appender.error.DatePattern='.'yyyy-MM-dd
log4j.appender.error.layout = org.apache.log4j.PatternLayout
log4j.appender.error.layout.ConversionPattern=${LOG_PATTERN}
log4j.appender.debug=org.apache.log4j.DailyRollingFileAppender
log4j.appender.debug.Threshold=DEBUG
log4j.appender.debug.File=${LOG_PATH}/${LOG_FILE}_debug.log
log4j.appender.debug.DatePattern='.'yyyy-MM-dd
log4j.appender.debug.layout = org.apache.log4j.PatternLayout
log4j.appender.debug.layout.ConversionPattern=${LOG_PATTERN}
log4j.appender.warn=org.apache.log4j.DailyRollingFileAppender
log4j.appender.warn.Threshold=WARN
log4j.appender.warn.File=${LOG_PATH}/${LOG_FILE}_warn.log
```

```
log4j.appender.warn.DatePattern='.'yyyy-MM-dd
log4j.appender.warn.layout = org.apache.log4j.PatternLayout
log4j.appender.warn.layout.ConversionPattern=${LOG_PATTERN}
```

（14）最终 server 模块下 resources 目录中的配置文件包含了 3 个核心文件：项目配置文件 application.properties、日志配置文件 log4j.properties 以及 MyBatis 配置文件 mybatis-config.xml，如图 2.15 所示。

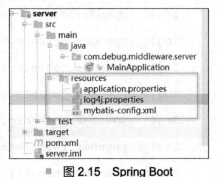

至此，整个应用的搭建可以说是完成了。现在打开 MainApplication 启动类的内容，单击左边的运行按钮，观察控制台输出的日志，你会发现，整个应用已经成功运行起来了！控制台部分日志信息如图 2.16 所示。

图 2.15　Spring Boot 项目的搭建流程（14）

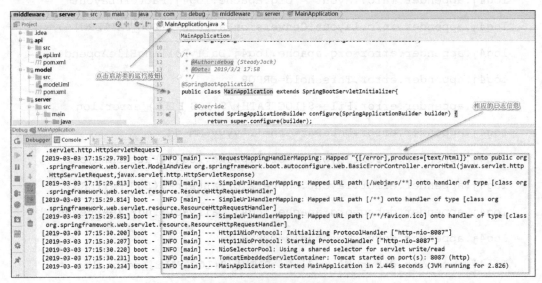

图 2.16　控制台部分日志信息

2.2.3　写个"Hello World"吧

接下来写个"Hello World"，用于检查搭建的项目所发布的服务接口是否能被正常访问。

（1）在 server 模块中创建 controller 包和 entity 包，分别用于存放整个应用接收外部访问请求时的处理器和实体对象信息,并在 controller 包下创建 BookController 类、entity 包下创建 Book 类。其中,BookController 类用于处理跟书籍实体相关的请求,而 Book 类用于封装书籍实体所拥有的相关字段信息,server 模块整体的目录结构如图 2.17 所示。

图 2.17　server 模块整体的目录结构

(2) BookController 类的代码如下。

```
package com.debug.middleware.server.controller;
import com.debug.middleware.server.entity.Book;
import org.slf4j.Logger;
import org.slf4j.LoggerFactory;
import org.springframework.web.bind.annotation.RequestMapping;
import org.springframework.web.bind.annotation.RequestMethod;
import org.springframework.web.bind.annotation.RestController;
@RestController
@RequestMapping("/book")
public class BookController {
    private static final Logger log= LoggerFactory.getLogger(BookController.class);
    /*** 获取书籍对象信息 */
    @RequestMapping(value = "info",method = RequestMethod.GET)
```

```java
public Book info(Integer bookNo,String bookName){
    Book book=new Book();
    book.setBookNo(bookNo);
    book.setName(bookName);
    return book;
}}
```

其中在 BookController 类中开发了 info() 方法，用于接收书籍的编码以及书名信息，最终原样返回书籍对象实体的信息。

（3）实体对象 Book 类的代码如下。

```java
package com.debug.middleware.server.entity;
import lombok.Data;
@Data
public class Book {
    private Integer bookNo;
    private String name;
}
```

（4）单击运行按钮，将应用运行起来，然后打开浏览器或者 Postman，在地址栏输入 "http://localhost:8087/middleware/book/info?bookNo=10010&bookName= 分布式中间件技术入门与实战"，即可得到书籍对象实体的返回信息，如图 2.18 所示。

```
{
    "bookNo": 10010,
    "name": "分布式中间件技术入门与实战"
}
```

图 2.18　书籍对象实体的返回信息

从运行结果以及接口请求的过程来看，上节搭建的项目已经能成功运行，项目发布的接口也能被正常访问。在后续的章节中，我们将采用此项目作为相关技术实战的基础。

2.3 总结

本章主要是为后续章节做铺垫，介绍了当前比较流行的微服务框架 Spring Boot，包括其概念、优势以及特性。不得不说，Spring Boot 的诞生在给 Java 程序员带来诸多方便之时，也给企业传统的 Spring 应用和系统架构带来可升级、可扩展的便利。

除此之外，本章还介绍了搭建微服务项目的规范、如何采用 IntelliJ IDEA 等开发工具一步一个脚印搭建一个完整的项目。在本章的最后，还采用了实际的业务需求，以"获取对象实体信息"作为实战案例，为整个微服务项目的搭建画上圆满的句号。

工欲善其事，必先利其器。现在这个"器"已经准备好了，从下一章开始我们将进入第一个中间件——缓存中间件 Redis 的实战学习。

第3章 缓存中间件 Redis

Redis 是 Remote Dictionary Server 的简称，是一个基于 BSD 开源的项目，同时也是一个基于内存的 Key-Value 结构化存储的存储系统，在实际生产环境中可以将其作为数据库、缓存和消息中间件等使用。

Redis 是如今市面上应用很广泛的缓存中间件，它支持多种数据类型，包括字符串（String）、列表（List）、集合（Set）、有序集合（Sorted Set）和哈希（Hash）等。在实际业务环境中可以实现"热点数据存储""非结构化数据存储""消息分发"等功能。而在如今高并发、低延迟等架构盛行的时代，Redis 的出现可以说是带来了很大的贡献。

本章涉及的知识点如下。

- Redis 概述，包括 Redis 的基本概念、典型应用场景介绍、在 Windows 开发环境的简单使用。
- Spring Boot 整合 Redis，使用 StringRedisTemplate 以及 RedisTemplate 组件实战"Hello World"，初步感受 Redis 在实际微服务项目中的应用。
- 基于微服务项目实战 Redis 各种典型的数据类型。
- 采用一个典型的实际业务场景作为案例实战 Redis，巩固 Redis 在实际互联网项目中的应用。

3.1 Redis 概述与典型应用场景介绍

Redis 是一款开源的、遵循 BSD 协议的高性能结构化存储数据库，可以满足目前企业大部分应用对于高性能数据存储的需求。同时，它也是 NoSQL（Not Only SQL），即非关系型数据库的一种，支持多种数据类型，如字符串（String）、列表（List）、集合（Set）、哈希（Hash）等，可以高效地解决企业应用频繁读取数据库而带来的诸多问题。

Redis 的诞生其实还得追溯到 Web2.0 时代。Web2.0 时代可以说是百花齐放的时代，其中典型之物当属各种基于内容、服务模式的产品的诞生，这些产品的出现，在给人们的生活以及思想带来一定冲击之时，也给企业带来了巨大的用户流量。

在早期 Web1.0 时代，大部分企业还是采用传统的企业级单体应用架构。而一时之间蜂拥而来的巨大用户流量使得此种架构难以支撑下去，此时各种类型的新型互联网架构应势而生，如面向服务的系统架构、分库分表的应用架构、微服务/分布式系统架构，以及基于各种分布式中间件的应用架构等。

在诸多系统架构实施以及对巨大用户流量的分析过程中，发现用户的"读"请求远远多于用户的"写"请求。频繁的读请求在高并发的情况下会增加数据库的压力，导致数据库服务器的整体压力上升，这也是早期很多互联网产品在面对高并发时经常出现的"响应慢""卡住"等现象。

为了解决这些问题，许多架构引入了缓存组件。Redis 即为其中的一种，它可以很好地将用户频繁需要读取的数据存放至缓存中，减少数据库的 I/O（输入/输出）操作以及降低服务器整体的压力。

Redis 由于是基于内存的、采用 Key-Value 结构化存储的 NoSQL 数据库，加上其底层采用单线程和多路 I/O 复用模型，所以处理速度很快。根据 Redis 官方提供的数据，它可以实现的每秒查询次数在 10 万多次，这在某种程度上足以满足大部分的高并发请求。

而随着微服务、分布式系统架构时代的到来，Redis 在如今各大知名互联网产品中也得到了施展之地。比如淘宝、天猫、京东、QQ、新浪微博、今日头条、抖音等应用，其背后系统架构中分布式缓存的实现或多或少都可以见到 Redis 的踪影。概括地讲，Redis 具有以下 4 种典型的应用场景。

1．热点数据的存储与展示

"热点数据"可以理解为大部分用户频繁访问的数据，对于所有的用户来说，访问热点数据将得到同一个结果。如微博热搜，大多用户在同一时刻搜索的内容是一样的，如果采用传统的查询数据库的方法获取热点数据，那将大大地增加数据库的压力，降低数据库的读写性能。

2．最近访问的数据

用户最近访问过的数据记录在数据库中将采用"日期字段"作为标识，频繁查询的实现是采用该日期字段与当前时间做"时间差"的比较查询,这种方式是相当耗时的。而采用 Redis 的 List 作为"最近访问的足迹"的数据类型,将大大地减少数据库的查询请求次数。

3．并发访问

对于高并发访问某些数据的情况,Redis 可以将这些数据预先装载在缓存中,每次出现高并发的请求则可以直接从缓存中获取相应数据,减少高并发访问给数据库带来的压力。

4．排行榜

"排行榜"在很多互联网产品中是比较常见的。采用 Redis 的有序集合（Sorted Set）可以很好地实现用户的排名,可避免传统的基于数据库的 Order By 以及 Group By 关键字查询带来的性能问题。

除此之外,Redis 还有诸多应用场景,如消息队列、分布式锁等。在后面的篇章中,我们将选取几种典型的应用场景结合实际的微服务项目,以代码实战的方式来进行演示。

3.2 Redis 的使用

接下来我们进入实际的微服务项目中,以代码实战 Redis。本节将首先介绍如何在本地开发环境中快速安装 Redis,以及如何使用简单的命令实现 Redis 的相关操作。在前面章节中,已经介绍了如何采用 Spring Boot 搭建了微服务项目,本节将在此基础上整合 Redis,并介绍其在实际项目中两个核心操作组件 StringRedisTemplate 和 RedisTemplate 的自定义注入配置。

3.2.1 快速安装 Redis

工欲善其事,必先利其器。在代码实战之前,需要在本地开发环境安装好 Redis。对于不同的开发环境,Redis 的安装以及配置方式不尽相同,本书将以 Windows 开发环境为例,介绍 Redis 的快速安装与使用。对于在 Linux 和 macOS 开发环境中的安装,各位读者可以访问 Redis 官网或者查找其他资料进行学习。

Pivotal 开发团队考虑到部分开发者是在 Windows 开发环境下使用 Redis，故而发布了一款轻量便捷型的、可在 Windows 下使用的、免安装的开源"绿色版 Redis"。下面进行相关介绍。

（1）打开浏览器，访问 Redis 托管在 Github 开源平台上的下载地址，如图 3.1 所示。

图 3.1　开源平台 Github 上 Redis 的历史发布版本

（2）在这里需要补充一点：由于 Redis 的版本一直都处于迭代式的更新中，故而每隔一段时间发布在 Github 上的最新版本也不尽相同。以图 3.1 为例，选择最新版本 win-3.2.100，下载完成后，将其解压到某个不包含中文或特殊符号的磁盘目录下，如图 3.2 所示。笔者将其放在 D 盘目录下。

打开 Redis 解压后的文件目录，如图 3.2 所示，可以看到 Redis 的一些核心文件。其中 redis-server.exe 文件用于启动 Redis 服务；redis-cli.exe 文件为 Redis 在

图 3.2　解压 Redis 并将其存放到磁盘目录下

Windows 开发环境下的 DOS 客户端，提供给开发者以命令行的方式跟 Redis 服务进行交互；redis-check-aof.exe 文件是 Redis 内置的用于数据持久化备份的工具；redisbenchmark.exe 文件是 Redis 内置的用于测试性能的工具；redis.windows.conf 则是 Redis 在 Windows 下的核心配置文件，主要用于 Redis 的 IP 绑定、数据持久化备份、连接数以及相关操作超时等配置。

（3）双击 redis-server.exe，如果可以看到如图 3.3 所示的界面，即代表 Redis 服务已经启动成功（省去了一步一步安装的过程和其他复杂配置的流程），其中"6379"为 Redis 服务所在的端口号。

图 3.3　Redis 服务界面

至此，Redis 在 Windows 开发环境的"安装"已经完成了。下面继续借助 redis-cli.exe 文件，采用命令行的方式操作 Redis。

3.2.2　在 Windows 环境使用 Redis

双击 redis-cli.exe 文件，如果可以看到如图 3.4 所示的界面，即表示开发者可以以命令行的方式操作本地的 Redis 服务了。

图 3.4　Redis 命令行交互界面

下面简单使用几条命令，初步认识一下 Redis。

（1）查看 Redis 缓存中存储的所有 key，命令为 keys *，如图 3.5 所示。

■ 图 3.5　查看缓存中所有的 key

（2）在缓存中创建一个 key，设置其名字为 redis:order:no:10011（按照自己的习惯取名即可，但是建议最好具有某种含义），设置其值为 10011，命令为 set redis:order:no:10011 10011。设置完之后再查看现有的 key 列表，如图 3.6 所示。

■ 图 3.6　在缓存中创建 key 并查看现有的 key 列表

（3）查看缓存中指定 key 的取值，如获取刚刚创建的 key"redis:order:no:10011"的取值，命令为 get redis:order:no:10011，如图 3.7 所示。

■ 图 3.7　查看缓存中指定 key 的取值

（4）删除缓存中指定的 key，如删除 key"redis:order:no:10011"，命令为 del redis:order:no:10011。执行命令之后，如果返回值为 1，则代表删除成功。此时再执行命令 keys *，查看缓存中现有的 key 列表，可发现刚刚被删除的 key 不见了，如图 3.8 所示。

■ 图 3.8　删除缓存中指定的 key

Redis 提供的命令远远不止前面所介绍的。如果想要了解更多的命令，可以访问 Redis 的官网，找到其命令行一栏，按照其提供的文档即可进行学习。目前 Redis 官网不仅有英文版，也有中文版，界面分别如图 3.9、图 3.10 所示。

■ 图 3.9　Redis 官网界面（英文版）

图 3.10　Redis 官网界面（中文版）

3.2.3　Spring Boot 项目整合 Redis

采用命令行的方式终究是需要人为干预，当在命令行中键入一个命令时，Redis 服务器会返回一个结果，即所谓的"一问一答"。然而在实际生产环境中是很少采用命令行的方式去操作 Redis 的，更多的是将其整合到项目中，结合实际业务的需要以代码的方式操作 Redis。下面基于第 2 章搭建的项目，整合实战 Redis。

（1）需要加入 Redis 的依赖 Jar 包，代码如下。

```xml
<!--Redis 依赖 --> CX
<dependency>
    <groupId>org.springframework.boot</groupId>
    <artifactId>spring-boot-starter-redis</artifactId>
    <version>${spring-boot.version}</version> <!--版本为 1.3.3.Release-->
</dependency>
```

（2）只需要在配置文件 application.properties 加入 Redis 的连接配置即可，如图 3.11 所示。

图 3.11　加入 Redis 的连接配置

配置代码如下。

```
#Redis
# 连接到本地的 Redis 服务，即 127.0.0.1，端口号为 6379
spring.redis.host=127.0.0.1
spring.redis.port=6379
```

至此，Spring Boot 整合 Redis 的工作就完成了，从下一小节开始即可采用实际的代码实战 Redis。

3.2.4　Redis 自定义注入 Bean 组件配置

Spring Boot 有一大特性，被称为"自定义注入 Bean 配置"，即 Java Config Bean 的自定义注入配置，它可以允许特定 Bean 组件的属性自定义为用户指定的取值。在 Spring Boot 项目整合第三方依赖或主流框架时，这一特性几乎随处可见，Redis 也不例外。

对于 Spring Boot 项目整合 Redis，最主要的 Bean 操作组件莫过于 RedisTemplate 和 StringRedisTemplate，后者其实是前者的一种特殊体现。而在项目中使用 Redis 的过程中，一般情况下是需要自定义配置上述两个操作 Bean 组件的，如指定缓存中 Key 与 Value 的序列化策略等配置。自定义注入配置操作组件 RedisTemplate 与 StringRedisTemplate 相关属性的代码如下。

```
package com.coding.fight.server.config;
// 导入包
import org.springframework.beans.factory.annotation.Autowired;
```

```java
import org.springframework.context.annotation.Bean;
import org.springframework.context.annotation.Configuration;
import org.springframework.core.env.Environment;
import org.springframework.data.redis.connection.RedisConnectionFactory;
import org.springframework.data.redis.core.RedisTemplate;
import org.springframework.data.redis.core.StringRedisTemplate;
import org.springframework.data.redis.serializer.JdkSerializationRedisSerializer;
import org.springframework.data.redis.serializer.StringRedisSerializer;
//通用化配置
@Configuration
public class CommonConfig {
    //Redis链接工厂
    @Autowired
    private RedisConnectionFactory redisConnectionFactory;
    //缓存操作组件RedisTemplate的自定义配置
    @Bean
    public RedisTemplate<String,Object> redisTemplate(){
        //定义RedisTemplate实例
        RedisTemplate<String,Object> redisTemplate=new RedisTemplate<String, Object>();
        //设置Redis的链接工厂
        redisTemplate.setConnectionFactory(redisConnectionFactory);
        //TODO: 指定大Key序列化策略为String序列化, Value为JDK自带的序列化策略
        redisTemplate.setKeySerializer(new StringRedisSerializer());
        redisTemplate.setValueSerializer(new JdkSerializationRedisSerializer());
        //TODO: 指定HashKey序列化策略为String序列化（针对Hash存储）
        redisTemplate.setHashKeySerializer(new StringRedisSerializer());
        return redisTemplate;
```

```java
    }
    // 缓存操作组件 StringRedisTemplate
    @Bean
    public StringRedisTemplate stringRedisTemplate(){
        // 采用默认配置即可（后续有自定义配置时则在此处添加即可）
        StringRedisTemplate stringRedisTemplate=new StringRedisTemplate();
        stringRedisTemplate.setConnectionFactory(redisConnectionFactory);
        return stringRedisTemplate;
    }
}
```

上述代码中对于 RedisTemplate 自定义注入配置的属性主要是缓存中 Key 与 Value 的序列化策略。对于 StringRedisTemplate 则采用默认的配置，后续如果有自定义的配置时则可以在此处添加。

值得一提的是，在 Spring Boot 项目中使用 Redis 进行相关业务操作之前，笔者强烈建议将上面这段自定义注入 RedisTemplate 与 StringRedisTemplate 组件的代码加入项目中，避免出现"非业务性"的令人头疼的问题（这毕竟是笔者自身"踩过的坑"）。

3.2.5 RedisTemplate 实战

下面以实际生产环境中两个简单的案例需求实战 RedisTemplate 操作组件。

（1）采用 RedisTemplate 将一字符串信息写入缓存中，并读取输出到控制台。

（2）采用 RedisTemplate 将一对象信息序列化为 JSON 格式字符串后写入缓存中，然后将其读取出来，最后反序列化解析其中的内容并输出到控制台。

对于这两个需求，我们可以直接借助 RedisTemplate 的 ValueOperations 操作组件进行操作，并采用 Java Unit（即 Java 单元测试）查看其运行效果。首先是第 1 个需求案例，其代码如下。

```java
package com.debug.middleware.server;
// 导入包
import org.junit.Test;
```

```java
import org.junit.runner.RunWith;
import org.slf4j.Logger;
import org.slf4j.LoggerFactory;
import org.springframework.beans.factory.annotation.Autowired;
import org.springframework.boot.test.context.SpringBootTest;
import org.springframework.data.redis.core.RedisTemplate;
import org.springframework.data.redis.core.ValueOperations;
import org.springframework.test.context.junit4.SpringJUnit4ClassRunner;
//单元测试类
@RunWith(SpringJUnit4ClassRunner.class)
@SpringBootTest
public class RedisTest {
    //定义日志
    private static final Logger log= LoggerFactory.getLogger(RedisTest.class);
    // 由于之前已经自定义注入RedisTemplate组件,故而在此可以直接自动配置
    @Autowired
    private RedisTemplate redisTemplate;
    //采用RedisTemplate将一字符串信息写入缓存中,并读取出来
    @Test
    public void one(){
        log.info("------开始RedisTemplate操作组件实战----");
        //定义字符串内容以及存入缓存的key
        final String content="RedisTemplate实战字符串信息";
        final String key="redis:template:one:string";
        //Redis通用的操作组件
        ValueOperations valueOperations=redisTemplate.opsForValue();
        //将字符串信息写入缓存中
        log.info("写入缓存中的内容:{} ",content);
        valueOperations.set(key,content);
        //从缓存中读取内容
```

```
Object result=valueOperations.get(key);
log.info(" 读取出来的内容：{} ",result);}}
```

单击单元测试方法左侧的运行按钮，即可看到代码运行输出的结果，运行方式如图 3.12 所示。

■ 图 3.12　运行单元测试方法

运行期间如果没有报错，则可以看到控制台输出的结果，如图 3.13 所示。

■ 图 3.13　运行单元测试方法后控制台输出的结果

至此完成了第 1 个案例需求的实战。对于第 2 个案例需求，我们需要构造一个对象，并采用 JSON 序列化框架对这一对象进行序列化与反序列化，为此需要借助 ObjectMapper 组件提供的 Jackson 序列化框架（JSON 序列化框架的一种）对对象进行序列化与反序列化，这一案例实战代码如下。

```
package com.debug.middleware.server;
// 导入包
import com.debug.middleware.server.entity.User;
import com.fasterxml.jackson.databind.ObjectMapper;
import org.junit.Test;
import org.junit.runner.RunWith;
import org.slf4j.Logger;
import org.slf4j.LoggerFactory;
import org.springframework.beans.factory.annotation.Autowired;
```

```java
import org.springframework.boot.test.context.SpringBootTest;
import org.springframework.data.redis.core.RedisTemplate;
import org.springframework.data.redis.core.ValueOperations;
import org.springframework.test.context.junit4.SpringJUnit4ClassRunner;
//单元测试类
@RunWith(SpringJUnit4ClassRunner.class)
@SpringBootTest
public class RedisTest {
    //定义日志
     private static final Logger log= LoggerFactory.getLogger(RedisTest.class);
    //定义RedisTemplate操作组件
    @Autowired
    private RedisTemplate redisTemplate;
    //定义JSON序列化与反序列化框架类
    @Autowired
    private ObjectMapper objectMapper;
    //采用RedisTemplate将对象信息序列化为JSON格式字符串后写入缓存中
    //然后将其读取出来,最后反序列化解析其中的内容并输出到控制台
    @Test
    public void two() throws Exception{
        log.info("------开始RedisTemplate操作组件实战----");
        //构造对象信息
        User user=new User(1,"debug","阿修罗");
        //Redis通用的操作组件
        ValueOperations valueOperations=redisTemplate.opsForValue();
        //将序列化后的信息写入缓存中
        final String key="redis:template:two:object";
        final String content=objectMapper.writeValueAsString(user);
        valueOperations.set(key,content);
```

```
            log.info("写入缓存对象的信息：{} ",user);
            //从缓存中读取内容
            Object result=valueOperations.get(key);
            if (result!=null){
                User resultUser=objectMapper.readValue(result.toString(),User.class);
                log.info("读取缓存内容并反序列化后的结果：{} ",resultUser);
            }
        }
```

其中，User 实体对象的定义代码如下。

```
package com.debug.middleware.server.entity;/**
//导入包
import lombok.AllArgsConstructor;
import lombok.Data;
import lombok.ToString;
//采用 Lombok 的注解，省去了许多 getter()、setter()、toString() 方法
@Data
@ToString
public class User {
    private Integer id;
    private String userName;
    private String name;
    //空构造方法与所有字段构造方法
    public User() {
    }
    public User(Integer id, String userName, String name) {
        this.id = id;
        this.userName = userName;
```

```
        this.name = name;
    }
}
```

运行代码期间如果没有报错，则可以看到控制台输出的结果，如图 3.14 所示。

```
RedisTest: Started RedisTest in 2.005 seconds (JVM running for 2.586)
RedisTest: ------开始RedisTemplate操作组件实战----
RedisTest: 写入缓存对象的信息：User(id=1, userName=debug, name=阿修罗)
RedisTest: 读取缓存内容并反序列化后的结果：User(id=1, userName=debug, name=阿修罗)
--- GenericWebApplicationContext: Closing org.springframework.web.context
startup date [Wed Mar 13 21:46:44 CST 2019]; root of context hierarchy
```

图 3.14　运行单元测试方法后控制台输出的结果

至此我们完成了第 2 个案例的编码实现。

通过对这两个案例的实战，大家应已了解 RedisTemplate 组件的基本操作。下一小节我们将以同样的案例，采用代码实战 StringRedisTemplate 组件。

3.2.6　StringRedisTemplate 实战

StringRedisTemplate，顾名思义是 RedisTemplate 的特例，专门用于处理缓存中 Value 的数据类型为 String 的数据，包含 String 类型的数据和序列化后为 String 类型的数据。

下面仍然以 3.2.5 节提到的两个需求作为案例，采用 StringRedisTemplate 操作组件实现数据的存储与读取。

（1）采用 StringRedisTemplate 将一字符串信息写入缓存中，并读取出来输出到控制台。其核心代码如下。

```
// 定义 StringRedisTemplate 操作组件
@Autowired
private StringRedisTemplate stringRedisTemplate;
// 采用 StringRedisTemplate 将一字符串信息写入缓存中，并读取出来
@Test
public void three(){
```

```java
log.info("------ 开始StringRedisTemplate操作组件实战----");
//定义字符串内容以及存入缓存的key
final String content="StringRedisTemplate实战字符串信息";
final String key="redis:three";
//Redis通用的操作组件
ValueOperations valueOperations=stringRedisTemplate.opsForValue();
//将字符串信息写入缓存中
log.info(" 写入缓存中的内容：{} ",content);
valueOperations.set(key,content);
//从缓存中读取内容
Object result=valueOperations.get(key);
log.info(" 读取出来的内容：{} ",result);
}
```

单击 StringRedisTemplate 类查看其底层源代码，可以发现其继承了 RedisTemplate 类，所以 StringRedisTemplate 也能通过 opsForValue() 方法获取 ValueOperations 操作组件类，进而实现相关业务操作。图 3.15 为 StringRedisTemplate 的底层代码。

```java
public class StringRedisTemplate extends RedisTemplate<String, String> {
    public StringRedisTemplate() {
        StringRedisSerializer stringSerializer = new StringRedisSerializer();  //指定默认的序列化方式都为String
        this.setKeySerializer(stringSerializer);
        this.setValueSerializer(stringSerializer);
        this.setHashKeySerializer(stringSerializer);
        this.setHashValueSerializer(stringSerializer);
    }

    public StringRedisTemplate(RedisConnectionFactory connectionFactory) {
        this();
        this.setConnectionFactory(connectionFactory);
        this.afterPropertiesSet();
    }

    protected RedisConnection preProcessConnection(RedisConnection connection, boolean existingConnection) {
        return new DefaultStringRedisConnection(connection);
    }
}
```

图 3.15　StringRedisTemplate 的底层代码

单击此单元测试方法左侧的运行按钮，查看控制台的输出结果，如图 3.16 所示。

```
[2019-03-14 08:31:22.533] boot - INFO [main] --- RedisTest: ------开始StringRedisTemplate操作组件实战----
[2019-03-14 08:31:22.535] boot - INFO [main] --- RedisTest: 写入缓存中的内容：StringRedisTemplate实战字符串信息
[2019-03-14 08:31:22.569] boot - INFO [main] --- RedisTest: 读取出来的内容：StringRedisTemplate实战字符串信息
[2019-03-14 08:31:22.572] boot - INFO [Thread-4] --- GenericWebApplicationContext: Closing org.springframework.web.context
.support.GenericWebApplicationContext@3bf7ca37: startup date [Thu Mar 14 08:31:20 CST 2019]; root of context hierarchy
```

图 3.16　运行单元测试方法后控制台输出的结果

至此我们完成了第 1 个案例的 StringRedisTemplate 实战。

（2）采用 StringRedisTemplate 将一对象信息序列化为 JSON 格式字符串后写入缓存中，然后将其读取出来，最后反序列化解析其中的内容并输出到控制台。

同样的道理，采用 StringRedisTemplate 对象的 opsForValue() 方法将对象序列化后的字符串写入缓存中，并从缓存中读取出序列化后的字符串值，最后进行解析得到整个对象的信息，整个过程的核心代码如下。

```
// 采用StringRedisTemplate将一对象信息序列化为JSON格式字符串后写入缓存
// 然后将其读取出来，最后反序列化解析其中的内容并输出到控制台
@Test
public void four() throws Exception{
    log.info("------开始StringRedisTemplate操作组件实战----");
    // 构造对象信息
    User user=new User(2,"SteadyJack","阿修罗");
    //Redis通用的操作组件
    ValueOperations valueOperations=redisTemplate.opsForValue();
    // 将序列化后的信息写入缓存中
    final String key="redis:four";
    final String content=objectMapper.writeValueAsString(user);
    valueOperations.set(key,content);
    log.info(" 写入缓存对象的信息：{} ",user);
    // 从缓存中读取内容
    Object result=valueOperations.get(key);
    if (result!=null){
        User resultUser=objectMapper.readValue(result.toString(),User.
```

```
class);
        log.info("读取缓存内容并反序列化后的结果：{} ",resultUser);
    }
}
```

单击单元测试方法左侧的运行按钮，运行期间如果没有报错，即可以在控制台看到输出结果，如图 3.17 所示。

■ 图 3.17　运行单元测试方法后控制台输出的结果

至此我们也完成了第 2 个案例需求的实战实现。

通过这两个案例的实战，我们可以得出结论：RedisTemplate 与 StringRedisTemplate 操作组件都可以用于操作存储字符串类型的数据信息。当然，对于 RedisTemplate 而言，它还适用于其他的数据类型的存储，如列表（List）、集合（Set）、有序集合（SortedSet）、哈希（Hash）等。

3.3　Redis 常见数据类型实战

Redis 是一个具有高性能的、基于 Key-Value 结构化存储的缓存中间件，支持多种数据类型，包括字符串（String）、列表（List）、集合（Set）、有序集合（SortedSet）以及哈希（Hash）存储等。本节将基于 Spring Boot 整合 Redis 项目，以实际业务场景为案例实战上述各种数据类型，帮助读者真正掌握 Redis 在实际项目中的使用。

3.3.1　字符串

在上一节介绍两大核心操作组件时，我们其实已经实战过了关于字符串类型数据的存储，这一小节将继续巩固关于字符串类型数据的存储与读取。

下面以这样的业务场景为案例：将用户个人信息存储至缓存，实现每次前端请求获取用户个人详情信息时直接从缓存中读取。为了实现这个需求，首先需要建立用户对象实体，里面包含用户的个人信息，包括 id、年龄、姓名、用户名以及住址等，然后采用 RedisTemplate 操作组件将这一用户对象序列化为字符串信息并写入缓存，最后从缓存中读取即可。整个实战过程的代码如下。

```java
package com.debug.middleware.server;
//导入包
import com.debug.middleware.server.entity.Person;
import com.fasterxml.jackson.databind.ObjectMapper;
import org.junit.Test;
import org.junit.runner.RunWith;
import org.slf4j.Logger;
import org.slf4j.LoggerFactory;
import org.springframework.beans.factory.annotation.Autowired;
import org.springframework.boot.test.context.SpringBootTest;
import org.springframework.data.redis.core.RedisTemplate;
import org.springframework.test.context.junit4.SpringJUnit4ClassRunner;
//单元测试类
@RunWith(SpringJUnit4ClassRunner.class)
@SpringBootTest
public class RedisTest2 {
    //定义日志
    private static final Logger log= LoggerFactory.getLogger(RedisTest2.class);
    //定义 RedisTemplate 操作组件
    @Autowired
    private RedisTemplate redisTemplate;
    //Json 序列化与反序列化框架类
```

```java
@Autowired
private ObjectMapper objectMapper;
// 单元测试方法
@Test
public void one() throws Exception{
    // 构造用户实体对象
    Person p=new Person(10013,23,"修罗","debug","火星");
    // 定义 key 与即将存入缓存的 value
    final String key="redis:test:1";
    String value=objectMapper.writeValueAsString(p);
    // 写入缓存
    log.info(" 存入缓存中的用户实体对象信息为：{} ",p);
    redisTemplate.opsForValue().set(key,value);
    // 从缓存中获取用户实体信息
    Object res=redisTemplate.opsForValue().get(key);
    if (res!=null){
        Person resP=objectMapper.readValue(res.toString(),Person.class);
        log.info(" 从缓存中读取信息：{} ",resP);
    }
}
```

运行此单元测试方法，即可看到控制台的输出结果，如图 3.18 所示。

■ 图 3.18　运行单元测试方法后控制台输出的结果

其实，字符串信息的存储在实际项目中的应用还是很广泛的。因为在 Java 世界里"到处都是对象"，甚至从数据库中查询出来的结果都可以封装成 Java 中的对象。而对象又可以通过 ObjectMapper 等 JSON 解析框架进行序列化与反序列化，从而将对象转化为 JSON 格式的字符串或者将序列化后的字符串反序列化解析为对象。

3.3.2 列表

Redis 的列表类型和 Java 的 List 类型很类似，都用于存储一系列具有相同类型的数据。其底层对于数据的存储和读取可以理解为一个"数据队列"，往列表中添加数据时，相当于往队列中的某个位置添加数据（如从队头添加数据）；而从列表获取数据时，相当于从队列中的某个位置中获取数据（如从队尾获取数据）。其底层存储数据类型可以大致地抽象成图 3.19 所示。

图 3.19　Redis 的列表类型的底层存储数据类型

接下来以实际生产环境中的一个案例来实战 Redis 的列表类型，其需求为：将一组已经排好序的用户对象列表存储在缓存中，并按照排名的先后获取出来输出到控制台。对于这样的需求，首先需要定义一个已经排好序的用户对象列表，然后将其存储到 Redis 的列表中，最后按照排名先后将每个用户实体对象获取出来。

整个过程实战的核心代码如下。

```
//列表类型
@Test
public void two() throws Exception{
    //构造已经排好序的用户对象列表
    List<Person> list=new ArrayList<>();
    list.add(new Person(1,21,"修罗", "debug", "火星"));
    list.add(new Person(2,22,"大圣","jack","水帘洞"));
```

```java
list.add(new Person(3,23,"盘古","Lee","上古"));
log.info("构造已经排好序的用户对象列表：{} ",list);
// 将列表数据存储至 Redis 的 List 中
final String key="redis:test:2";
ListOperations listOperations=redisTemplate.opsForList();
for (Person p:list){
    // 往列表中添加数据（从队尾中添加）
    listOperations.leftPush(key,p);
}
// 获取 Redis 中 List 的数据（从队头中遍历获取，直到没有元素为止）
log.info("-- 获取 Redis 中 List 的数据 - 从队头中获取 --");
Object res=listOperations.rightPop(key);
Person resP;
while (res!=null){
    resP= (Person) res;
    log.info(" 当前数据：{} ",resP);
    res=listOperations.rightPop(key);
}
```

运行此单元测试方法，可以在控制台得到输出结果，如图 3.20 所示。

■ 图 3.20 运行单元测试方法后得到的输出结果

从上述代码中可以看出在 Spring Boot 整合 Redis 的项目使用列表类型存储数据时，可以通过 push() 方法添加、pop() 方法获取数据。在实际应用场景中，Redis 的列表类型特别适用于"排名""排行榜""近期访问数据列表"等业务场景，是一种很实用的存储类型。

3.3.3 集合

Redis 的集合类型和高等数学中的集合很类似，都用于存储具有相同类型或特性、不重复的数据，即 Redis 中的集合类型存储的数据是唯一的。其底层的数据类型是通过哈希表来实现的。

下面以实际生产环境中典型的业务场景作为实战案例，需求为：给定一组用户姓名列表，要求剔除具有相同姓名的人员并组成新的集合，存放至缓存中并用于前端访问。对于这个需求，首先需要构造一组用户列表，然后遍历访问，将姓名直接写入 Redis 的集合，集合底层会自动剔除重复的元素。整个实战过程的核心代码如下。

```java
//集合类型
@Test
public void three() throws Exception{
    //构造一组用户姓名列表
    List<String> userList=new ArrayList<>();
    userList.add("debug");
    userList.add("jack");
    userList.add(" 修罗 ");
    userList.add(" 大圣 ");
    userList.add("debug");
    userList.add("jack");
    userList.add("steadyheart");
    userList.add(" 修罗 ");
    userList.add(" 大圣 ");
    log.info(" 待处理的用户姓名列表：{} ",userList);
    //遍历访问，剔除相同姓名的用户并写入集合，最终存入缓存
    final String key="redis:test:3";
    SetOperations setOperations=redisTemplate.opsForSet();
    for (String str:userList){
```

```
        setOperations.add(key,str);
    }
    // 从缓存中获取用户对象集合
    Object res=setOperations.pop(key);
    while (res!=null){
        log.info(" 从缓存中获取的用户集合 - 当前用户：{} ",res);
        res=setOperations.pop(key);
    }
}
```

运行此单元测试方法，可以在控制台得到输出结果，如图 3.21 所示。

```
[2019-03-16 20:45:36.222] boot -  INFO [main] --- RedisTest2: Started RedisTest2 in 2.22 seconds (JVM running for 3.119)
[2019-03-16 20:45:36.257] boot -  INFO [main] --- RedisTest2: 待处理的用户姓名列表：[debug, jack, 修罗, 大圣, debug, jack, steadyheart, 修罗, 大圣]
[2019-03-16 20:45:36.295] boot -  INFO [main] --- RedisTest2: 从缓存中获取的用户集合-当前用户：jack
[2019-03-16 20:45:36.295] boot -  INFO [main] --- RedisTest2: 从缓存中获取的用户集合-当前用户：debug
[2019-03-16 20:45:36.295] boot -  INFO [main] --- RedisTest2: 从缓存中获取的用户集合-当前用户：steadyheart
[2019-03-16 20:45:36.295] boot -  INFO [main] --- RedisTest2: 从缓存中获取的用户集合-当前用户：大圣
[2019-03-16 20:45:36.295] boot -  INFO [main] --- RedisTest2: 从缓存中获取的用户集合-当前用户：修罗
Disconnected from the target VM, address: '127.0.0.1:12230', transport: 'socket'
[2019-03-16 20:45:36.299] boot -  INFO [Thread-4] --- GenericWebApplicationContext: Closing org.springframework.web.context.support
.GenericWebApplicationContext@56673b2c: startup date [Sat Mar 16 20:45:34 CST 2019]; root of context hierarchy
```

■ 图 3.21　运行单元测试方法后得到的输出结果

从上述代码以及运行结果可以看出，Redis 的集合类型确实可以保证存储的数据是唯一、不重复的。在实际互联网应用中，Redis 的集合类型常用于 "解决重复提交" "剔除重复 id" 等业务场景。

3.3.4　有序集合

Redis 的有序集合跟集合具有某些相同的特性，即存储的数据是不重复、无序、唯一的。而这两者的不同之处在于有序集合可以通过底层的 Score（分数 / 权重）值对数据进行排序，实现存储的集合数据既不重复又有序，可以说其包含了列表、集合的特性。

下面以实际业务环境中典型的业务场景作为实战案例，需求为：找出一个星期内手机话费单次充值金额前 6 的用户列表，要求按照充值金额从大到小的顺序进行排序，并存至缓存中。

为了实现这一需求，首先需要构造一组对象列表，其中对象信息包括用户手机号、充值金额，然后需要遍历访问对象列表，将其写入缓存的有序集合中，最终将其获取出来。整个实战过程的核心代码如下。

```java
// 有序集合
@Test
public void four() throws Exception{
    // 构造一组无序的用户手机充值对象列表
    List<PhoneUser> list=new ArrayList<>();
    list.add(new PhoneUser("103",130.0));
    list.add(new PhoneUser("101",120.0));
    list.add(new PhoneUser("102",80.0));
    list.add(new PhoneUser("105",70.0));
    list.add(new PhoneUser("106",50.0));
    list.add(new PhoneUser("104",150.0));
    log.info(" 构造一组无序的用户手机充值对象列表:{}",list);
    // 遍历访问充值对象列表，将信息写入 Redis 的有序集合
    final String key="redis:test:4";
    // 因为 ZSet 在 add 元素进入缓存后，下次就不能进行更新了，故而为了测试方便
    // 进行操作之前先清空该缓存（当然实际生产环境中不建议这么使用）
    redisTemplate.delete(key);
    // 获取有序集合 SortedSet 操作组件 ZSetOperations
    ZSetOperations zSetOperations=redisTemplate.opsForZSet();
    for (PhoneUser u:list){
        // 将元素添加进有序集合中
        zSetOperations.add(key,u,u.getFare());
    }
    // 前端获取访问充值排名靠前的用户列表
    Long size=zSetOperations.size(key);
    // 从小到大排序
    Set<PhoneUser> resSet=zSetOperations.range(key,0L,size);
    // 从大到小排序
```

```
//Set<PhoneUser> resSet=zSetOperations.reverseRange(key,0L,size);
// 遍历获取有序集合中的元素
for (PhoneUser u:resSet){
    log.info("从缓存中读取手机充值记录排序列表，当前记录：{} ",u);
}
}
```

其中，PhoneUser 实体对象信息如下。

```
package com.debug.middleware.server.entity;
// 导入包
import lombok.Data;
import lombok.ToString;
import java.io.Serializable;
// 用户充值对象
@Data
@ToString
public class PhoneUser implements Serializable{
    private String phone;
    private Double fare;
    // 无参构造方法
    public PhoneUser() {
    }
    // 包含所有参数的构造方法
    public PhoneUser(String phone, Double fare) {
        this.phone = phone;
        this.fare = fare;
    }
// 手机号相同，代表充值记录重复（只适用于特殊的排名需要），所以需要重写equals() 和
//hashCode() 方法
```

```java
    @Override
    public boolean equals(Object o) {
        if (this == o) return true;
        if (o == null || getClass() != o.getClass()) return false;
        PhoneUser phoneUser = (PhoneUser) o;
        return phone != null ? phone.equals(phoneUser.phone) :
phoneUser.phone == null;
    }
    @Override
    public int hashCode() {
        return phone != null ? phone.hashCode() : 0;
    }
}
```

运行此单元测试方法，即可在控制台看到输出结果，如图 3.22 所示。

```
[2019-03-16 22:15:37.755] boot -  INFO [main] --- RedisTest2: 构造一组无序的用户手机充值对象列表:[PhoneUser(phone=103, fare=130.0), PhoneUser
(phone=101, fare=120.0), PhoneUser(phone=102, fare=80.0), PhoneUser(phone=105, fare=70.0), PhoneUser(phone=106, fare=50.0), PhoneUser
(phone=104, fare=150.0)]
[2019-03-16 22:15:37.792] boot -  INFO [main] --- RedisTest2: 从缓存中读取手机充值记录排序列表，当前记录：PhoneUser(phone=106, fare=50.0)
[2019-03-16 22:15:37.792] boot -  INFO [main] --- RedisTest2: 从缓存中读取手机充值记录排序列表，当前记录：PhoneUser(phone=105, fare=70.0)
[2019-03-16 22:15:37.792] boot -  INFO [main] --- RedisTest2: 从缓存中读取手机充值记录排序列表，当前记录：PhoneUser(phone=102, fare=80.0)
[2019-03-16 22:15:37.792] boot -  INFO [main] --- RedisTest2: 从缓存中读取手机充值记录排序列表，当前记录：PhoneUser(phone=101, fare=120.0)
[2019-03-16 22:15:37.792] boot -  INFO [main] --- RedisTest2: 从缓存中读取手机充值记录排序列表，当前记录：PhoneUser(phone=103, fare=130.0)
[2019-03-16 22:15:37.792] boot -  INFO [main] --- RedisTest2: 从缓存中读取手机充值记录排序列表，当前记录：PhoneUser(phone=104, fare=150.0)
[2019-03-16 22:15:37.795] boot -  INFO [Thread-4] --- GenericWebApplicationContext: Closing org.springframework.web.context.support
.GenericWebApplicationContext@bcec361: startup date [Sat Mar 16 22:15:36 CST 2019]; root of context hierarchy
```

图 3.22 运行单元测试方法后得到的输出结果

从上述代码以及运行结果可以看到，Redis 的有序集合类型确实可以实现数据元素的有序排列。默认情况下，有序集合的排序类型是根据得分参数 Score 的取值从小到大排序，如果需要倒序排列，则可以调用 reverseRange() 方法。

在实际生产环境中，Redis 的有序集合常用于"充值排行榜""积分排行榜""成绩排名"等应用场景。

3.3.5 哈希存储

Redis 的哈希存储和 Java 的 HashMap 数据类型有点类似，其底层数据类型是由

Key-Value 组成的映射表，而其 Value 又是由 Filed-Value 对构成，特别适用于具有映射关系的数据对象的存储。其底层数据类型可以大致抽象为图 3.23。

图 3.23 哈希存储的底层数据类型

"实战出真知"，下面以图 3.23 中提及的"学生对象列表"和"水果对象列表"存储为例实战 Redis 的哈希存储。整个实战过程的核心代码如下。

```java
//哈希存储
@Test
public void five() throws Exception{
    // 构造学生对象列表和水果对象列表
    List<Student> students=new ArrayList<>();
    List<Fruit> fruits=new ArrayList<>();
    // 往学生集合中添加学生对象
    students.add(new Student("10010","debug","大圣"));
    students.add(new Student("10011","jack","修罗"));
    students.add(new Student("10012","sam","上古"));
    // 往水果集合中添加水果对象
    fruits.add(new Fruit("apple","红色"));
    fruits.add(new Fruit("orange","橙色"));
    fruits.add(new Fruit("banana","黄色"));
    // 分别遍历不同对象列表，并采用哈希存储至缓存
    final String sKey="redis:test:5";
    final String fKey="redis:test:6";
```

```
// 获取哈希存储操作组件HashOperations，遍历获取集合中的对象并添加进缓存
HashOperations hashOperations=redisTemplate.opsForHash();
for (Student s:students){
    hashOperations.put(sKey,s.getId(),s);
}
for (Fruit f:fruits){
    hashOperations.put(fKey,f.getName(),f);
}
// 获取学生对象列表与水果对象列表
Map<String,Student> sMap=hashOperations.entries(sKey);
log.info(" 获取学生对象列表：{} ",sMap);
Map<String,Fruit> fMap=hashOperations.entries(fKey);
log.info(" 获取水果对象列表：{} ",fMap);
// 获取指定的学生对象
String sField="10012";
Student s= (Student) hashOperations.get(sKey,sField);
log.info(" 获取指定的学生对象：{} -> {} ",sField,s);
// 获取指定的水果对象
String fField="orange";
Fruit f= (Fruit) hashOperations.get(fKey,fField);
log.info(" 获取指定的水果对象：{} -> {} ",fField,f);
}
```

其中，学生对象实体信息如下。

```
package com.debug.middleware.server.entity;
// 导入包
import lombok.Data;
import lombok.ToString;
import java.io.Serializable;
```

```java
// 学生对象
@Data
@ToString
public class Student implements Serializable{
    private String id;
    private String userName;
    private String name;
    // 无参构造方法
    public Student() {
    }
    // 包含所有参数的构造方法
    public Student(String id, String userName, String name) {
        this.id = id;
        this.userName = userName;
        this.name = name;
    }
}
```

水果对象信息如下。

```java
package com.debug.middleware.server.entity;
// 导入包
import lombok.Data;
import lombok.ToString;
import java.io.Serializable;
// 水果对象信息
@Data
@ToString
public class Fruit implements Serializable{
    private String name;
```

```
    private String color;
    // 无参构造方法
    public Fruit() {

    }
    // 所有参数的构造方法
    public Fruit(String name, String color) {
        this.name = name;
        this.color = color;
    }
}
```

运行此单元测试方法，即可以在控制台得到输出结果，如图 3.24 所示。

```
[2019-03-16 23:47:03.804] boot -    INFO [main] --- RedisTest2: Started RedisTest2 in 1.895 seconds (JVM running for 2.469)
[2019-03-16 23:47:03.871] boot -    INFO [main] --- RedisTest2: 获取学生对象列表：{10012=Student(id=10012, userName=sam, name=上古),
 10011=Student(id=10011, userName=jack, name=修罗), 10010=Student(id=10010, userName=debug, name=大圣)}
[2019-03-16 23:47:03.872] boot -    INFO [main] --- RedisTest2: 获取水果对象列表：{apple=Fruit(name=apple, color=红色), banana=Fruit
(name=banana, color=黄色), orange=Fruit(name=orange, color=橙色)}
[2019-03-16 23:47:03.872] boot -    INFO [main] --- RedisTest2: 获取指定的学生对象: 10012 -> Student(id=10012, userName=sam, name=上古)
[2019-03-16 23:47:03.873] boot -    INFO [main] --- RedisTest2: 获取指定的水果对象: orange -> Fruit(name=orange, color=橙色)
[2019-03-16 23:47:03.876] boot -    INFO [Thread-4] --- GenericWebApplicationContext: Closing org.springframework.web.context.support
.GenericWebApplicationContext@26794848: startup date [Sat Mar 16 23:47:02 CST 2019]; root of context hierarchy
```

■ 图 3.24　运行单元测试方法后得到的输出结果

通过上述代码以及运行结果可以得知 Redis 的哈希存储特别适用于具有映射关系的对象存储。在实际互联网应用中，当需要存入缓存中的对象信息具有某种共性时，为了减少缓存中 Key 的数量，则会考虑采用哈希存储。

3.3.6　Key 失效与判断是否存在

由于 Redis 本质上是一个基于内存、Key-Value 存储的数据库，故而不管采用何种数据类型存储数据时，都需要提供一个 Key，称为"键"，用来作为缓存数据的唯一标识。而获取缓存数据的方法正是通过这个 Key 来获取到对应的信息，这一点在前面几小节中以代码实战 Redis 各种数据类型时已有所体现。

然而在某些业务场景下，缓存中的 Key 对应的数据信息并不需要永久保留，这个时候我们就需要对缓存中的这些 Key 进行清理。在 Redis 缓存体系结构中，Delete 与

Expire 操作都可以用于清理缓存中的 Key，这两者不同之处在于 Delete 操作需要人为手动触发，而 Expire 只需要提供一个 TTL，即过期时间，就可以实现 Key 的自动失效，也就是过期的 Key 自动被清理。本小节将采用实际的代码实战如何失效缓存中的 Key。

首先介绍第 1 种方法：在调用 SETEX() 方法中指定 Key 的过期时间，代码如下。

```java
//Key 失效一
@Test
public void six() throws Exception{
    // 构造 Key 与 Redis 操作组件 ValueOperations
    final String key1="redis:test:6";
    ValueOperations valueOperations=redisTemplate.opsForValue();
    // 第 1 种方法：在往缓存中放置数据时，提供一个 TTL，表示 TTL 一到，缓存中的 key
    // 将自动失效，即被清理，在这里 TTL 是 10 秒
    valueOperations.set(key1,"expire 操作 ",10L, TimeUnit.SECONDS);
    // 等待 5 秒，判断 key 是否还存在
    Thread.sleep(5000);
    Boolean existKey1=redisTemplate.hasKey(key1);
    Object value=valueOperations.get(key1);
    log.info("等待5秒-判断key是否还存在:{} 对应的值:{}",existKey1,value);

    // 再等待 5 秒，判断 key 是否还存在
    Thread.sleep(5000);
    existKey1=redisTemplate.hasKey(key1);
    value=valueOperations.get(key1);
    log.info("再等待5秒-再判断key是否还存在:{} 对应的值:{}",existKey1,value);
}
```

在上述代码中，为了能直观地看到运行效果，特地加上了 Thread.sleep() 方

法，表示等待特定的时间。运行此单元测试方法，即可在控制台看到输出结果，如图 3.25 所示。

```
[2019-03-17 09:05:20.075] boot - INFO [main] --- RedisTest2: Started RedisTest2 in 2.071 seconds (JVM running for 2.692)
[2019-03-17 09:05:25.134] boot - INFO [main] --- RedisTest2: 等待5秒-判断key是否还存在:true 对应的值:expire操作
[2019-03-17 09:05:30.135] boot - INFO [main] --- RedisTest2: 再等待5秒-再判断key是否还存在:false 对应的值:null
[2019-03-17 09:05:30.138] boot - INFO [Thread-4] --- GenericWebApplicationContext: Closing org.springframework.web.context.support
.GenericWebApplicationContext@302552ec: startup date [Sun Mar 17 09:05:18 CST 2019]; root of context hierarchy
```

■ 图 3.25 运行单元测试方法后得到的输出结果

从上述代码运行结果可以看出，当缓存中的 Key 失效时，对应的值将不存在，即获取的值为 Null。

另外一种方法是采用 RedisTemplate 操作组件的 Expire() 方法，实战代码如下。

```
//Key 失效二
@Test
public void seven() throws Exception{
    // 构造 key 与 Redis 操作组件
    final String key2="redis:test:7";
    ValueOperations valueOperations=redisTemplate.opsForValue();
    // 第 2 种方法：在往缓存中放置数据后，采用 RedisTemplate 的 Expire() 方法
    valueOperations.set(key2,"expire 操作 -2");
    redisTemplate.expire(key2,10L,TimeUnit.SECONDS);
    // 等待 5 秒，判断 key 是否还存在
    Thread.sleep(5000);
    Boolean existKey=redisTemplate.hasKey(key2);
    Object value=valueOperations.get(key2);
    log.info(" 等待 5 秒 - 判断 key 是否还存在 :{} 对应的值 :{}",existKey,value);

    // 再等待 5 秒，判断 key 是否还存在
    Thread.sleep(5000);
    existKey=redisTemplate.hasKey(key2);
    value=valueOperations.get(key2);
```

```
        log.info("再等待 5 秒 - 再判断 key 是否还存在:{} 对应的值:{}",existKey,
value);
    }
```

运行此单元测试方法，在控制台即可看到输出结果，如图 3.26 所示。

```
INFO [main] --- RedisTest2: 等待5秒-判断key是否还存在:true 对应的值:expire操作-2
INFO [main] --- RedisTest2: 再等待5秒-再判断key是否还存在:false 对应的值:null
INFO [Thread-4] --- GenericWebApplicationContext: Closing org.springframework.web.context.support
285d7e: startup date [Sun Mar 17 09:31:23 CST 2019]; root of context hierarchy
```

■ 图 3.26　运行单元测试方法后得到的输出结果

在上述两种方式对应的实战代码中，我们还可以判断缓存中的 Key 是否存在的方法，即通过 redisTemplate.hasKey() 方法，传入一个 Key 的名称参数，即可判断缓存中该 Key 是否仍然存在。

"判断失效缓存中的 Key 是否存在"在实际业务场景下是很常用的，最常见的方法包括以下两种。

（1）将数据库查询得到的数据缓存一定的 TTL，在 TTL 内前端查询访问数据列表时，只需要在缓存中查询即可，从而减轻数据库的查询压力。

（2）将数据压入缓存队列中，并设置一定的 TTL，当触发监听事件，将处理相应的业务逻辑。

3.4　Redis 实战场景之缓存穿透

Redis 缓存的使用极大地提升了应用程序的整体性能和效率，特别是在查询数据方面，大大降低了查询数据库的频率。但同时，它也带来了一些问题，其中比较典型的问题包括缓存穿透、缓存雪崩和缓存击穿等。对于这些问题的处理，目前业界有比较流行的解决方案。在本节我们将以"缓存穿透"作为案例，以代码实战典型的解决方案。

3.4.1　什么是缓存穿透

在介绍什么是缓存穿透之前，首先来看看项目中使用 Redis 缓存查询数据的大致流程，如图 3.27 所示。

图 3.27　使用 Redis 缓存查询数据的大致流程

从图 3.27 可以看出，前端用户要访问获取数据时，后端首先会在 Redis 缓存中查询，如果能查询到数据，则直接将数据返回给用户，流程结束；如果在缓存中没有查询到数据，则前往数据库中查询，此时如果能查询到数据，则将数据返回给用户，同时将数据写入缓存，流程结束；而如果在数据库中没有查询到数据时，则返回 Null，同时流程结束。

这个查询的流程刚开始看倒没有什么问题，但是仔细看最后一个步骤：当查询数据库时如果没有查询到数据，则直接返回 Null 给前端用户，流程结束。如果前端频繁发起访问请求，恶意请求数据库中不存在的 Key，则此时数据库中查询到的数据将永远为 Null，由于 Null 的数据是未存入缓存的，故而每次的访问请求都将查询数据库。如果此时有恶意攻击，发起"洪流"式的查询，则很有可能会对数据库造成极大的压力，甚至"压垮"数据库，这个过程称之为"缓存穿透"，顾名思义，就像是"永远越过了缓存而直接访问数据库"。

3.4.2　缓存穿透的解决方案

目前业界有多种比较成熟的缓存穿透的解决方案，其中比较典型的是改造上节所述流程中的最后一个步骤，即把它改为"当查询数据库时如果没有查询到数据，则将 Null 返回给前端用户，同时将该 Null 数据写入缓存，并对对应的 Key 设置一定的过期时间，流程结束"。Redis 缓存穿透解决方案流程如图 3.28 所示。

图 3.28　Redis 缓存穿透解决方案流程

这种方案在一定程度上可以减轻数据库被频繁查询的压力。

3.4.3　实战过程

本小节将基于 Spring Boot 整合 Redis 的项目，以"商城用户访问某个热销的商品"为实战案例，采用代码实战上述缓存穿透的解决方案。

（1）商城的商品以书为例，首先在数据库中建立数据表，命名为"item"，创建数据表的语句如下。

```
CREATE TABLE 'item' (
    'id' int(11) NOT NULL AUTO_INCREMENT,
    'code' varchar(255) DEFAULT NULL COMMENT '商品编号',
    'name' varchar(255) CHARACTER SET utf8mb4 DEFAULT NULL COMMENT '商品名称',
    'create_time' datetime DEFAULT NULL,
    PRIMARY KEY ('id')
) ENGINE=InnoDB DEFAULT CHARSET=utf8 COMMENT='商品信息表';
```

在数据表中创建一条记录,其中code取值为"book_10010",name取值为"分布式中间件实战",create_time取值为"当前时间"即可。

(2)采用MyBatis的逆向工程生成该实体类对应的Model、Mapper和Mapper.xml,并将这3个文件存放至model模块下不同的目录中,目录结构如图3.29所示。

Item实体类代码如下。

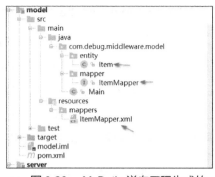

图3.29　MyBatis逆向工程生成的3个核心文件所在目录结构

```java
package com.debug.middleware.model.entity;
// 导入包
import com.fasterxml.jackson.annotation.JsonFormat;
import java.util.Date;
// 商品实体对象
public class Item {
    private Integer id;
    private String code;
    private String name;
    @JsonFormat(pattern = "yyyy-MM-dd HH:mm:ss",timezone = "GMT+8")
    private Date createTime;

    // 此处省略字段的getter()、setter()方法
}
```

在ItemMapper和ItemMapper.xml中开发"根据商品编码获取商品详情"的功能,ItemMapper对应的部分代码如下。

```java
package com.debug.middleware.model.mapper;
// 导入包
import com.debug.middleware.model.entity.Item;
```

```java
import org.apache.ibatis.annotations.Param;
// 定义动态 SQL 执行所在的 Mapper
public interface ItemMapper {
    // 此为 MyBatis 逆向工程自动生成的方法——增删改查
    int deleteByPrimaryKey(Integer id);

    int insert(Item record);

    int insertSelective(Item record);

    Item selectByPrimaryKey(Integer id);

    int updateByPrimaryKeySelective(Item record);

    int updateByPrimaryKey(Item record);

    // 根据商品编码查询商品详情
    Item selectByCode(@Param("code") String code);
}
```

最后是 ItemMapper.xml 文件对应的部分代码,具体如下。

```xml
<mapper namespace="com.debug.middleware.model.mapper.ItemMapper" >
  <!--字段映射 -->
   <resultMap id="BaseResultMap" type="com.debug.middleware.model.entity.Item" >
    <id column="id" property="id" jdbcType="INTEGER" />
    <result column="code" property="code" jdbcType="VARCHAR" />
    <result column="name" property="name" jdbcType="VARCHAR" />
    <result column="create_time" property="createTime" jdbcType="TIMESTAMP" />
  </resultMap>
  <sql id="Base_Column_List" >
    id, code, name, create_time
  </sql>
```

```xml
<!--在这里省略MyBatis逆向工程生成的动态SQL对应的方法 -->

<!-- 根据商品编码查询 -->
<select id="selectByCode" resultType="com.debug.middleware.model.entity.Item">
    select
    <include refid="Base_Column_List" />
    from item
    where code = #{code}
</select>
</mapper>
```

（3）在启动类 MainApplication 加上 @MapperScan 注解，用于扫描 MyBatis 动态 SQL 对应的 Mapper 接口所在的包，即改造后的 MainApplication 类完整代码如下。

```java
@SpringBootApplication
@MapperScan(basePackages = "com.debug.middleware.model")
public class MainApplication extends SpringBootServletInitializer {
    @Override
    protected SpringApplicationBuilder configure(SpringApplicationBuilder builder) {
        return super.configure(builder);
    }
    //Spring Boot 应用程序启动类
    public static void main(String[] args) {
        SpringApplication.run(MainApplication.class,args);
    }
}
```

（4）建立对应的控制层 Controller 与实际业务逻辑处理层 Service，其所在的目录结构如图 3.30 所示。

```
server
└── src
    └── main
        ├── java
        │   └── com.debug.middleware.server
        │       ├── config
        │       │   └── CommonConfig
        │       ├── controller
        │       │   ├── redis
        │       │   │   └── CachePassController
        │       │   └── BookController
        │       ├── entity
        │       │   └── Book
        │       ├── service
        │       │   ├── redis
        │       │   │   └── CachePassService
        │       │   └── Main
        │       └── MainApplication
        └── resources
            ├── application.properties
            ├── log4j.properties
            └── mybatis-config.xml
    └── test
```

图 3.30　Controller 与 Service 层所在的目录结构

（5）其中，CachePassController 用于接收前端用户"获取热销商品信息"的访问请求，代码如下。

```java
package com.debug.middleware.server.controller.redis;
//导入包
import com.debug.middleware.server.service.redis.CachePassService;
import org.slf4j.Logger;
import org.slf4j.LoggerFactory;
import org.springframework.beans.factory.annotation.Autowired;
import org.springframework.web.bind.annotation.RequestMapping;
import org.springframework.web.bind.annotation.RequestMethod;
import org.springframework.web.bind.annotation.RequestParam;
import org.springframework.web.bind.annotation.RestController;
import java.util.HashMap;
import java.util.Map;
//缓存穿透实战controller
@RestController
public class CachePassController {
```

```java
    private static final Logger log= LoggerFactory.getLogger(CachePass
Controller.class);
    private static final String prefix="cache/pass";
    //定义缓存穿透处理服务类
    @Autowired
    private CachePassService cachePassService;
    /**
     * 获取热销商品信息
     * @param itemCode
     * @return
     */
    @RequestMapping(value = prefix+"/item/info",method = RequestMethod.GET)
    public Map<String,Object> getItem(@RequestParam String itemCode){
        //定义接口返回的格式，主要包括 code、msg 和 data
        Map<String,Object> resMap=new HashMap<>();
        resMap.put("code",0);
        resMap.put("msg","成功");
        try {
            //调用缓存穿透处理服务类得到返回结果，并将其添加进结果 Map 中
            resMap.put("data",cachePassService.getItemInfo(itemCode));
        }catch (Exception e){
            resMap.put("code",-1);
            resMap.put("msg","失败"+e.getMessage());
        }
        return resMap;
    }
}
```

（6）CachePassService 则为真正的核心业务逻辑服务类，完整的实战代码如下。

```java
package com.debug.middleware.server.service.redis;
//导入包
import com.debug.middleware.model.entity.Item;
import com.debug.middleware.model.mapper.ItemMapper;
import com.fasterxml.jackson.databind.ObjectMapper;
import org.slf4j.Logger;
import org.slf4j.LoggerFactory;
import org.springframework.beans.factory.annotation.Autowired;
import org.springframework.data.redis.core.RedisTemplate;
import org.springframework.data.redis.core.ValueOperations;
import org.springframework.stereotype.Service;
//缓存穿透service
@Service
public class CachePassService {
    private static final Logger log= LoggerFactory.getLogger(CachePassService.class);
    //定义Mapper
    @Autowired
    private ItemMapper itemMapper;
    //定义Redis操作组件RedisTemplate
    @Autowired
    private RedisTemplate redisTemplate;
    //定义JSON序列化与反序列化框架类
    @Autowired
    private ObjectMapper objectMapper;
    //定义缓存中Key命名的前缀
    private static final String keyPrefix="item:";
    /**
     * 获取商品详情。如果缓存有，则从缓存中获取；如果没有，则从数据库查询，并将查询结果塞入缓存中 */
```

```java
public Item getItemInfo(String itemCode) throws Exception{
    //定义商品对象
    Item item=null;
    //定义缓存中真正的Key：由前缀和商品编码组成
    final String key=keyPrefix+itemCode;
    //定义Redis的操作组件ValueOperations
    ValueOperations valueOperations=redisTemplate.opsForValue();
    if (redisTemplate.hasKey(key)){
        log.info("---获取商品详情-缓存中存在该商品---商品编号为: {} ",itemCode);

        //从缓存中查询该商品详情
        Object res=valueOperations.get(key);
        if (res!=null && !Strings.isNullOrEmpty(res.toString())){
            //如果可以找到该商品，则进行JSON反序列化解析
            item=objectMapper.readValue(res.toString(),Item.class);
        }
    }else{
        //else表示在缓存中没有找到该商品
        log.info("---获取商品详情-缓存中不存在该商品-从数据库中查询---商品编号为: {} ",itemCode);
        //从数据库中获取该商品详情
        item=itemMapper.selectByCode(itemCode);
        if (item!=null){
            //如果数据库中查得到该商品，则将其序列化后并写入缓存中
            valueOperations.set(key,objectMapper.writeValueAsString(item));
        }else{
            //过期失效时间设置为30min，当然实际情况要根据实际业务决定
            valueOperations.set(key,"",30L, TimeUnit.MINUTES);
```

```
            }
            return item;
        }
    }
```

（7）运行 MainApplication 类，即可将整个应用程序运行起来，然后打开 Postman 或者浏览器。首先假设先获取商品编号为 book_10010 的书籍信息，地址为 http://127.0.0.1:8087/middleware/cache/pass/item/info?itemCode=book_10010。由于是首次查询，故而缓存中不存在该商品信息，而是直接从数据库查询获取商品详情信息，控制台输出结果如图 3.31 所示。

```
[2019-03-17 20:06:46.095] boot - INFO [http-nio-8087-exec-2] --- DispatcherServlet: FrameworkServlet 'dispatcherServlet': initialization
 completed in 16 ms
[2019-03-17 20:06:46.143] boot - INFO [http-nio-8087-exec-2] --- CachePassService: ---获取商品详情-缓存中不存在该商品-从数据库中查询---商品编号为
 : book_10010
```

■ 图 3.31　缓存穿透解决方案实战控制台输出结果

此时访问后得到的响应结果则是商品详情，如图 3.32 所示。

接着，再发起 3 次同样的获取商品编号为 book_10010 的访问请求，地址同样为 http://127.0.0.1:8087/middleware/cache/pass/item/info?itemCode=book_10010，再看控制台的输出结果，可以发现以后的所有请求都将从缓存中查询，如图 3.33 所示。

■ 图 3.32　缓存穿透解决方案响应结果

```
[2019-03-17 20:14:11.381] boot - INFO [http-nio-8087-exec-4] --- CachePassService: ---获取商品详情-缓存中存在该商品---商品编号为: book_10010
[2019-03-17 20:14:14.982] boot - INFO [http-nio-8087-exec-1] --- CachePassService: ---获取商品详情-缓存中存在该商品---商品编号为: book_10010
[2019-03-17 20:14:15.957] boot - INFO [http-nio-8087-exec-5] --- CachePassService: ---获取商品详情-缓存中存在该商品---商品编号为: book_10010
```
再发起3次同样的访问请求

■ 图 3.33　缓存穿透解决方案实战控制台输出结果

最后，发起多次获取商品编号为 book_10012 的访问请求，请求访问地址为 http://127.0.0.1:8087/middleware/cache/pass/item/info?itemCode=book_10012。此时由于缓存中不存在这个书籍编号，故而首先会查询数据库；又由于数据库中不存在该书籍记录，所以数据库查询结果为 Null。然后将此结果写入缓存，并设置一定的 TTL，下次再发起同样的请求时则直接查询缓存，控制台输出结果如图 3.34 所示。

```
[2019-03-17 20:23:32.795] boot - INFO [http-nio-8087-exec-1] --- DispatcherServlet: FrameworkServlet 'dispatcherServlet': initialization completed in 15 ms
[2019-03-17 20:23:32.842] boot - INFO [http-nio-8087-exec-1] --- CachePassService: ---获取商品详情-缓存中不存在该商品-从数据库中查询---商品编号为: book_10012
[2019-03-17 20:23:43.459] boot - INFO [http-nio-8087-exec-2] --- CachePassService: ---获取商品详情-缓存中不存在该商品---商品编号为: book_10012
[2019-03-17 20:23:44.759] boot - INFO [http-nio-8087-exec-3] --- CachePassService: ---获取商品详情-缓存中不存在该商品---商品编号为: book_10012
[2019-03-17 20:23:45.866] boot - INFO [http-nio-8087-exec-4] --- CachePassService: ---获取商品详情-缓存中不存在该商品---商品编号为: book_10012
[2019-03-17 20:23:46.757] boot - INFO [http-nio-8087-exec-5] --- CachePassService: ---获取商品详情-缓存中不存在该商品---商品编号为: book_10012
[2019-03-17 20:23:47.462] boot - INFO [http-nio-8087-exec-6] --- CachePassService: ---获取商品详情-缓存中不存在该商品---商品编号为: book_10012
```

图 3.34　缓存穿透解决方案实战控制台输出结果

当然，由于此时数据库不存在该书籍记录，故而响应结果自然为 Null，如图 3.35 所示。

至此，关于 Redis 缓存穿透典型的解决方案已经实战完毕，大家可以按照上述的思路从头到尾亲自将代码实战一遍，实战完后，相信大家会对缓存穿透的应用场景有更深入的理解。

图 3.35　缓存穿透解决方案响应结果

3.4.4　其他典型的问题介绍

Redis 缓存的使用在给应用带来整体性能和效率提升的同时，也带来了一定的问题。本节主要介绍了目前比较典型的问题——缓存穿透，并基于 Spring Boot 整合 Redis 的项目以代码实战缓存穿透中典型的解决方案。除此之外，本节开头也提到了另外两大典型的问题，分别是缓存雪崩和缓存击穿，下面简单介绍这两种典型的问题及其解决方案。

（1）缓存雪崩：指的是在某个时间点，缓存中的 Key 集体过期失效，致使大量查询数据的请求都落在了数据库上，导致数据库负载过高，压力暴增，甚至有可能压垮数据库。

这种问题产生的原因其实主要是大量的 Key 在某个时间点或者某个时间段过期失效，所以为了更好地避免这种情况的发生，一般的做法是为这些 Key 设置不同的、随机的 TTL，从而错开缓存中 Key 的失效时间点，可以在某种程度上减轻数据库的查询压力。

（2）缓存击穿：指的是缓存中某个频繁被访问的 Key（可以称为"热点 Key"），在不停地扛着前端的高并发请求，当这个 Key 突然在某个瞬间过期失效，持续的高并发访问请求就穿破缓存，直接访问数据库，导致数据库压力在某一瞬间暴增，这种现象就像是

"在一张薄膜纸上凿出了一个洞"。

这种问题产生的原因其实主要是热点的 Key 过期失效了。在实际情况下，既然这个 Key 可以被当作"热点"频繁访问，那么就应该设置这个 Key 永不过期，这样前端的高并发请求将几乎永远不会落在数据库上。

不管是缓存穿透、缓存雪崩还是缓存击穿，其实它们最终导致的后果几乎都是一致的，即给数据库造成压力，甚至压垮数据库。它们的解决方案都有一个共性，那就是"加强防线"，尽量让高并发的请求落在缓存中，避免它们直接跟数据库打交道。

关于缓存雪崩与缓存击穿解决方案的实战代码就不做详细介绍，各位读者可以参考前面关于缓存穿透解决方案的实战代码。

3.5 总结

Redis 不仅是一个基于 BSD 开源的项目，同时也是一个基于内存的 Key-Value 结构化存储的数据库，在实际生产环境中具有广泛的应用。

本章的开篇主要介绍了 Redis 的相关概念及其典型的应用场景；之后介绍了如何在本地快速安装 Redis 并采用命令行的形式进行相关命令的使用；紧接着本章还介绍了如何基于 Spring Boot 项目整合 Redis，并实现两大核心操作组件 RedisTemplate、StringRedisTemplate 的自定义注入配置；最后采用 RedisTemplate 操作组件配备各种典型的应用场景实战了各种数据类型，包括字符串（String）、列表（List）、集合（Set）、有序集合（SortedSet）以及哈希（Hash）存储。

本章最后还介绍了 Redis 在应用过程产生的几大典型问题，包括缓存穿透、缓存雪崩和缓存击穿。同时以缓存穿透作为代表，以代码实战缓存穿透典型的解决方案，帮助读者增强对 Redis 的理解及其各种典型数据类型在实际业务场景中对应用的理解。

第4章 Redis 典型应用场景实战之抢红包系统

在微服务、分布式系统架构的时代，Redis 作为一款具有高性能存储特性的缓存中间件，得到了很广泛的应用。特别是在以内容、服务为主要运营模式的互联网产品中，几乎都可以看到 Redis 的踪影。本章将重点介绍 Redis 典型的应用场景——抢红包系统的设计与开发实战，帮助读者加强对 Redis 的各种特性和各种典型数据类型在实际生产环境中对应用的理解。

"抢红包"作为近几年的潮流之物，起初是在微信中兴起并得到普及的，其"发红包"与"抢红包"的业务着实给企业带来了巨大的用户访问量。在本章我们将自主设计一款能抗住用户高并发请求的抢红包系统。

本章涉及的知识点如下。

- 抢红包系统整体业务流程介绍、业务流程分析和业务模块划分。
- 系统整体开发环境的搭建、相关数据表的设计以及整体开发流程介绍。
- "红包金额"随机数算法之二倍均值法的介绍、分析、代码实战和自测。
- "发红包"与"抢红包"业务模块的分析、代码实战和自测，采用 JMeter 工具测试高并发请求下抢红包系统出现的问题。
- 对高并发请求下产生的问题进行分析，并采用分布式锁对整体业务逻辑进行优化。

4.1 整体业务流程介绍

2014 年春节期间，微信上线了红包功能。短短一个月内，微信支付的用户从 3000 万激增到 1 亿，为微信在移动支付领域争得一席之地。"微信红包"成功的原因在本章不会细谈，因为若是从其产品定位、组织架构、用户体验、消费者心理等方面展开讲解，每一个点都值得专业人士花大量的时间去研究。在本章我们将借鉴微信红包的部分业务流以及红包随机金额生成算法的思想，设计一款能"扛"住秒级高并发用户请求的抢红包系统。

本节将介绍自主设计的抢红包系统的整体业务流程，并对该业务流程进行分析、模块划分，为后续的实战做准备。

4.1.1 抢红包系统业务流程

实际生产环境中抢红包系统的架构是相当复杂的，涉及的范围比较广泛。简要了解抢红包系统的运作，无论是对于"技术大牛"还是"小白"，都是大有裨益的，至少能扩展思维深度、增长个人见识。若是能深入研究其中的细节，学习其中的设计哲学，思考其中的优化方案，那将是一件很有意思的事情。概括性地讲，一个抢红包系统主要由以下3大部分组成。

- 信息流：包括用户操作背后的通信请求和红包信息在不同用户与群中的流转等。
- 业务流：包括发红包、点红包和抢红包等业务逻辑。
- 资金流：包括红包背后的资金转账和入账等流程。

由于篇幅有限，在本章我们将重点实战其中的业务流，并借鉴微信红包的一种模式进行实战。此种模式的场景为：用户发出一个固定金额的红包，让若干个人抢。图4.1为这种模式的整体业务流程。

图 4.1　抢红包系统整体业务流程

其中图4.1左边的用例为发红包者，右边的用例为群里其他的抢红包者（当然可以包括发红包者本人）。

4.1.2 业务流程分析

由图4.1可以看出，系统整体业务流程主要由两大业务模块组成："发红包"和"抢红包"。其中"抢红包"又可以拆分为两个小业务,即"用户点红包"和"用户拆红包",相信玩过微信红包或者 QQ 红包的各位读者对此并不陌生。下面介绍这两大业务模块具体的业务流程。

首先是用户发红包流程。用户进入某个群(如微信群、QQ 群),然后点击红包按钮,输入总金额与红包个数,点击"塞钱进红包"按钮,输入支付密码后,将在群里生成一个红包的图样,之后群里的所有成员就可以开始抢红包了。发红包整体业务流程如图 4.2 所示。

图 4.2　发红包整体业务流程

然后是用户抢红包流程。当群里的成员看到红包图样的时候,正常情况下都会点击红包图样,由此便开始了系统的抢红包流程。系统后端接口在接收到前端用户抢红包的请求时,首先应当校验用户账号的合法性(比如当前账号是否已被禁用抢红包等)、是否绑定银行卡等信息的校验,当全部信息通过校验之后,将真正开启抢红包业务逻辑的处理。抢红包整体业务流程如图 4.3 所示。

(1)首先是"用户点红包"业务的逻辑,主要是用于判断缓存系统中红包个数是否大于 0。如果小于等于 0,则意味着红包已经被抢光了;如果红包个数大于 0,则表示缓存系统中还有红包,仍然可以抢。

(2)最后是"用户拆红包"业务的逻辑,主要是从缓存系统的红包随机金额队列中弹出一个随机金额,如果金额不为空,则表示该用户抢到红包了,缓存系统中红包个数减 1,同时异步记录用户抢红包的记录并结束流程;如果金额为空,则意味着用户来晚一步,红包已被抢光（比如用户点开红包后，却迟迟没有拆的情况）。

图 4.3　抢红包整体业务流程

至此我们已经对抢红包系统的整体业务流程进行了分析以及拆分，主要包括发红包和抢红包流程，其中抢红包流程则包括点红包和拆红包流程。基于此，下一节将对抢红包系统的整体业务模块进行划分。

4.1.3　业务模块划分

系统整体业务模块划分的依据主要来源于对系统整体业务流程的分析和拆分。抢红包系统整体业务流程主要包括"发"和"抢"，基于此对系统进行整体业务模块的划分如图 4.4 所示。

由图 4.4 可以看出系统包括两大核心业务模块，即发红包模块和抢红包模块，分别对应发红包业务流程和点红包以及拆红包业务流程。

图 4.4 抢红包系统整体业务模块划分

在系统整体业务操作过程中，将产生各种各样的核心业务数据，这部分数据将由数据操作 DB 模块存储至数据库中。最后是缓存中间件 Redis 模块，主要用于发红包时缓存红包个数和由随机数算法产生的红包随机金额列表，同时将借助 Redis 单线程特性与操作的原子性实现抢红包时的锁操作。

在后面的实战环节中，我们将看到 Redis 的引入给系统带来的诸多贡献：一方面它将大大减少高并发情况下频繁查询数据库的操作，从而减轻数据库的压力；另一方面则是提高系统的整体响应性能和保证数据的一致性。这些操作模块以及 Redis 应用的贡献在后面章节的代码实战中将得到体现。

4.2 数据库设计与环境搭建

依旧是老话：工欲善其事，必先利其器。在进行代码实战之前，首先需要为抢红包系统搭建整体的开发环境，然后根据划分好的业务模块进行数据库设计，最后采用 MyBatis 的逆向工程生成数据表对应的"三剑客"，即实体类 Entity、数据库操作 Mapper 接口以及写动态 SQL 的配置文件 Mapper.xml。

4.2.1 数据库设计

至此已经知道，这个自主研发的抢红包系统主要由两大业务模块构成，基于这两大业务模块下面进行数据库层面数据表的设计。如图 4.5 所示，数据库主要包括 3 个数据表，即发红包记录表、红包随机金额列表以及抢红包记录表。

图 4.5　抢红包系统数据表设计

这 3 个表对应的数据结构的定义（Data Definition Language，DDL）如下所示，其中需要说明的是这 3 个表的主键都是 id 字段，用户账号用 user_id 字段表示。首先是"发红包记录表"，代码如下。

```
CREATE TABLE 'red_record' (
    'id' int(11) NOT NULL AUTO_INCREMENT,
    'user_id' int(11) NOT NULL COMMENT '用户id',
    'red_packet' varchar(255) CHARACTER SET utf8mb4 NOT NULL COMMENT '红包全局唯一标识串',
    'total' int(11) NOT NULL COMMENT '人数',
    'amount' decimal(10,2) DEFAULT NULL COMMENT '总金额（单位为分）',
    'is_active' tinyint(4) DEFAULT '1',
    'create_time' datetime DEFAULT NULL,
    PRIMARY KEY ('id')
) ENGINE=InnoDB AUTO_INCREMENT=11 DEFAULT CHARSET=utf8 COMMENT='发红包记录';
```

紧接着是每个红包对应的红包随机金额列表，代码如下。

```
CREATE TABLE 'red_detail' (
    'id' int(11) NOT NULL AUTO_INCREMENT,
    'record_id' int(11) NOT NULL COMMENT '红包记录id',
    'amount' decimal(8,2) DEFAULT NULL COMMENT '金额（单位为分）',
    'is_active' tinyint(4) DEFAULT '1',
    'create_time' datetime DEFAULT NULL,
    PRIMARY KEY ('id')
) ENGINE=InnoDB AUTO_INCREMENT=83 DEFAULT CHARSET=utf8 COMMENT='红包明细金额';
```

最后是用户抢到红包时的"抢红包记录表"，代码如下。

```
CREATE TABLE 'red_rob_record' (
    'id' int(11) NOT NULL AUTO_INCREMENT,
    'user_id' int(11) DEFAULT NULL COMMENT '用户账号',
    'red_packet' varchar(255) CHARACTER SET utf8mb4 DEFAULT NULL COMMENT '红包标识串',
    'amount' decimal(8,2) DEFAULT NULL COMMENT '红包金额（单位为分）',
    'rob_time' datetime DEFAULT NULL COMMENT '时间',
    'is_active' tinyint(4) DEFAULT '1',
    PRIMARY KEY ('id')
) ENGINE=InnoDB AUTO_INCREMENT=72 DEFAULT CHARSET=utf8 COMMENT='抢红包记录';
```

在这里需要补充一点，为了系统整体实战的方便，这里的金额，包括红包总金额、每个红包随机金额和抢到红包时的金额，在数据表的存储中采用"分"作为存储单位，而1元等于100分，这一点在后续介绍二倍均值法生成随机红包金额时将有所介绍。

当然，在实际生产环境中红包系统涉及的数据表远远不止这3个，本章只是针对红包系统中的一种红包模式及其核心业务进行数据表设计，其他的如日志记录、请求数据记录等也是可以根据实际情况加上去的。

4.2.2 开发环境搭建

接下来，采用 MyBatis 的逆向工程生成这 3 个数据表对应的实体类 Entity、数据库操作 Mapper 接口以及动态 SQL 的配置文件 Mapper.xml。

（1）开发 3 个实体类，RedRecord 类代码如下。

```java
// 导入包
import java.math.BigDecimal;
import java.util.Date;
// 发红包记录实体类
public class RedRecord {
    private Integer id; // 主键 id
    private Integer userId; // 用户 id
    private String redPacket; // 红包全局唯一标识串
    private Integer total; // 红包指定可以抢的总人数
    private BigDecimal amount; // 红包总金额
    private Byte isActive; // 是否有效
    private Date createTime; // 创建时间

    // 这里省略字段的 getter()、setter() 方法
}
```

RedDetail 类代码如下。

```java
// 导入包
import java.math.BigDecimal;
import java.util.Date;
// 红包随机金额明细实体类
public class RedDetail {
    private Integer id; // 主键 id
    private Integer recordId; // 红包记录 id
```

```java
    private BigDecimal amount;   //红包随机金额
    private Byte isActive;    //是否有效
    private Date createTime;    //创建时间

    //此处省略每个字段的getter()、setter()方法
}
```

最后是 RedRobRecord 类，其代码如下。

```java
//导入包
import java.math.BigDecimal;
import java.util.Date;
//抢到红包时金额等相关信息记录表
public class RedRobRecord {
    private Integer id;   //主键id
    private Integer userId;   //用户id
    private String redPacket;   //红包全局唯一标识串
    private BigDecimal amount;   //抢到的红包金额
    private Date robTime;   //抢到时间
    private Byte isActive;   //是否有效
}
```

（2）开发3个Mapper接口，RedDetailMapper接口代码如下。

```java
//导入包
import com.debug.spring.boot.middleware.model.entity.RedDetail;
//Mapper接口
public interface RedDetailMapper {
    int deleteByPrimaryKey(Integer id);   //根据主键id删除
    int insert(RedDetail record);   //插入数据记录
```

```java
    int insertSelective(RedDetail record); // 插入数据记录
    RedDetail selectByPrimaryKey(Integer id); // 根据主键id查询记录
    int updateByPrimaryKeySelective(RedDetail record); // 更新数据记录
    int updateByPrimaryKey(RedDetail record); // 更新数据记录
}
```

RedRecordMapper 接口代码如下。

```java
// 导入包
import com.debug.spring.boot.middleware.model.entity.RedRecord;
public interface RedRecordMapper {
    int deleteByPrimaryKey(Integer id); // 根据主键id删除
    int insert(RedRecord record); // 插入数据记录
    int insertSelective(RedRecord record); // 插入数据记录
    RedRecord selectByPrimaryKey(Integer id); // 根据主键id查询记录
    int updateByPrimaryKeySelective(RedRecord record); // 更新数据记录
    int updateByPrimaryKey(RedRecord record); // 更新数据记录
}
```

最后是 RedRobRecordMapper 接口，其代码如下。

```java
public interface RedRobRecordMapper {
    int deleteByPrimaryKey(Integer id); // 根据主键id删除
    int insert(RedRobRecord record); // 插入数据记录
    int insertSelective(RedRobRecord record); // 插入数据记录
    RedRobRecord selectByPrimaryKey(Integer id); // 根据主键id查询记录
    int updateByPrimaryKeySelective(RedRobRecord record); // 更新数据记录
    int updateByPrimaryKey(RedRobRecord record); // 更新数据记录
}
```

（3）开发动态 SQL 的配置文件 Mapper.xml、RedDetailMapper.xml 的代码如下。

```xml
<!--XML 文件版本、编码、Schema 定义 -->
<?xml version="1.0" encoding="UTF-8" ?>
<!DOCTYPE mapper PUBLIC "-//mybatis.org//DTD Mapper 3.0//EN" "http://mybatis.org/dtd/mybatis-3-mapper.dtd" >
<!--Mapper 接口所在的完整位置 -->
<mapper namespace="com.debug.spring.boot.middleware.model.mapper.RedDetailMapper" >
    <!-- 定义查询结果集映射 -->
    <resultMap id="BaseResultMap" type="com.debug.spring.boot.middleware.model.entity.RedDetail" >
        <id column="id" property="id" jdbcType="INTEGER" />
        <result column="record_id" property="recordId" jdbcType="INTEGER" />
        <result column="amount" property="amount" jdbcType="DECIMAL" />
        <result column="is_active" property="isActive" jdbcType="TINYINT" />
        <result column="create_time" property="createTime" jdbcType="TIMESTAMP" />
    </resultMap>
    <sql id="Base_Column_List" >
        id, record_id, amount, is_active, create_time
    </sql>
    <!-- 根据主键查询数据库记录 -->
    <select id="selectByPrimaryKey" resultMap="BaseResultMap" parameterType="java.lang.Integer" >
        select
        <include refid="Base_Column_List" />
        from red_detail
        where id = #{id,jdbcType=INTEGER}
    </select>
```

```xml
<!-- 根据主键删除数据记录 -->
<delete id="deleteByPrimaryKey" parameterType="java.lang.Integer" >
    delete from red_detail
    where id = #{id,jdbcType=INTEGER}
</delete>
<!-- 新增数据记录（不带判断条件）-->
<insert id="insert" parameterType="com.debug.spring.boot.middleware.model.entity.RedDetail" >
    insert into red_detail (id, record_id, amount,
        is_active, create_time)
    values (#{id,jdbcType=INTEGER}, #{recordId,jdbcType=INTEGER}, #{amount,jdbcType=DECIMAL},
        #{isActive,jdbcType=TINYINT}, #{createTime,jdbcType=TIMESTAMP})
</insert>
<!-- 新增数据记录（带判断条件）-->
<insert id="insertSelective" parameterType="com.debug.spring.boot.middleware.model.entity.RedDetail" >
    insert into red_detail
    <trim prefix="(" suffix=")" suffixOverrides="," >
        <if test="id != null" >
            id,
        </if>
        <if test="recordId != null" >
            record_id,
        </if>
        <if test="amount != null" >
            amount,
        </if>
        <if test="isActive != null" >
            is_active,
```

```xml
      </if>
      <if test="createTime != null" >
        create_time,
      </if>
    </trim>
    <trim prefix="values (" suffix=")" suffixOverrides="," >
      <if test="id != null" >
        #{id,jdbcType=INTEGER},
      </if>
      <if test="recordId != null" >
        #{recordId,jdbcType=INTEGER},
      </if>
      <if test="amount != null" >
        #{amount,jdbcType=DECIMAL},
      </if>
      <if test="isActive != null" >
        #{isActive,jdbcType=TINYINT},
      </if>
      <if test="createTime != null" >
        #{createTime,jdbcType=TIMESTAMP},
      </if>
    </trim>
  </insert>
  <!-- 更新数据记录 -->
  <update id="updateByPrimaryKeySelective" parameterType="com.debug.spring.boot.middleware.model.entity.RedDetail" >
    update red_detail
    <set >
      <if test="recordId != null" >
        record_id = #{recordId,jdbcType=INTEGER},
```

```xml
            </if>
            <if test="amount != null" >
              amount = #{amount,jdbcType=DECIMAL},
            </if>
            <if test="isActive != null" >
              is_active = #{isActive,jdbcType=TINYINT},
            </if>
            <if test="createTime != null" >
              create_time = #{createTime,jdbcType=TIMESTAMP},
            </if>
        </set>
        where id = #{id,jdbcType=INTEGER}
    </update>
    <!-- 更新数据记录 -->
    <update id="updateByPrimaryKey" parameterType="com.debug.spring.boot.middleware.model.entity.RedDetail" >
        update red_detail
        set record_id = #{recordId,jdbcType=INTEGER},
            amount = #{amount,jdbcType=DECIMAL},
            is_active = #{isActive,jdbcType=TINYINT},
            create_time = #{createTime,jdbcType=TIMESTAMP}
        where id = #{id,jdbcType=INTEGER}
    </update>
</mapper>
```

RedRecordMapper.xml 的代码如下。

```xml
<!--SQL 片段的定义相关方法与 RedDetailMapper.xml 配置文件一样 -->
<?xml version="1.0" encoding="UTF-8" ?>
<!DOCTYPE mapper PUBLIC "-//mybatis.org//DTD Mapper 3.0//
```

```xml
EN" "http://mybatis.org/dtd/mybatis-3-mapper.dtd" >
    <mapper namespace="com.debug.spring.boot.middleware.model.mapper.RedRecordMapper" >
        <!-- 定义查询结果集映射 -->
        <resultMap id="BaseResultMap" type="com.debug.spring.boot.middleware.model.entity.RedRecord" >
            <id column="id" property="id" jdbcType="INTEGER" />
            <result column="user_id" property="userId" jdbcType="INTEGER" />
            <result column="red_packet" property="redPacket" jdbcType="VARCHAR" />
            <result column="total" property="total" jdbcType="INTEGER" />
            <result column="amount" property="amount" jdbcType="DECIMAL" />
            <result column="is_active" property="isActive" jdbcType="TINYINT" />
            <result column="create_time" property="createTime" jdbcType="TIMESTAMP" />
        </resultMap>
        <!-- 查询的基本 SQL 片段 -->
        <sql id="Base_Column_List" >
            id, user_id, red_packet, total, amount, is_active, create_time
        </sql>
        <!-- 根据主键 id 查询数据记录 -->
        <select id="selectByPrimaryKey" resultMap="BaseResultMap" parameterType="java.lang.Integer" >
            select
            <include refid="Base_Column_List" />
            from red_record
            where id = #{id,jdbcType=INTEGER}
        </select>
        <!-- 根据主键 id 删除数据记录 -->
        <delete id="deleteByPrimaryKey" parameterType="java.lang.Integer" >
            delete from red_record
```

```xml
        where id = #{id,jdbcType=INTEGER}
    </delete>
    <!-- 插入数据记录 -->
    <insert id="insert" parameterType="com.debug.spring.boot.middleware.model.entity.RedRecord" >
        insert into red_record (id, user_id, red_packet,
            total, amount, is_active,
            create_time)
        values (#{id,jdbcType=INTEGER}, #{userId,jdbcType=INTEGER}, #{redPacket,jdbcType=VARCHAR},
            #{total,jdbcType=INTEGER}, #{amount,jdbcType=DECIMAL}, #{isActive,jdbcType=TINYINT},
            #{createTime,jdbcType=TIMESTAMP})
    </insert>
    <!-- 插入数据记录 -->
    <insert id="insertSelective" useGeneratedKeys="true" keyProperty="id" parameterType="com.debug.spring.boot.middleware.model.entity.RedRecord" >
        insert into red_record
        <trim prefix="(" suffix=")" suffixOverrides="," >
            <if test="id != null" >
                id,
            </if>
            <if test="userId != null" >
                user_id,
            </if>
            <if test="redPacket != null" >
                red_packet,
            </if>
            <if test="total != null" >
                total,
```

```xml
      </if>
      <if test="amount != null" >
        amount,
      </if>
      <if test="isActive != null" >
        is_active,
      </if>
      <if test="createTime != null" >
        create_time,
      </if>
    </trim>
    <trim prefix="values (" suffix=")" suffixOverrides="," >
      <if test="id != null" >
        #{id,jdbcType=INTEGER},
      </if>
      <if test="userId != null" >
        #{userId,jdbcType=INTEGER},
      </if>
      <if test="redPacket != null" >
        #{redPacket,jdbcType=VARCHAR},
      </if>
      <if test="total != null" >
        #{total,jdbcType=INTEGER},
      </if>
      <if test="amount != null" >
        #{amount,jdbcType=DECIMAL},
      </if>
      <if test="isActive != null" >
        #{isActive,jdbcType=TINYINT},
      </if>
```

```xml
            <if test="createTime != null" >
                #{createTime,jdbcType=TIMESTAMP},
            </if>
        </trim>
    </insert>
    <!--根据主键id更新数据记录-->
    <update id="updateByPrimaryKeySelective" parameterType="com.debug.spring.boot.middleware.model.entity.RedRecord" >
        update red_record
        <set >
            <if test="userId != null" >
                user_id = #{userId,jdbcType=INTEGER},
            </if>
            <if test="redPacket != null" >
                red_packet = #{redPacket,jdbcType=VARCHAR},
            </if>
            <if test="total != null" >
                total = #{total,jdbcType=INTEGER},
            </if>
            <if test="amount != null" >
                amount = #{amount,jdbcType=DECIMAL},
            </if>
            <if test="isActive != null" >
                is_active = #{isActive,jdbcType=TINYINT},
            </if>
            <if test="createTime != null" >
                create_time = #{createTime,jdbcType=TIMESTAMP},
            </if>
        </set>
        where id = #{id,jdbcType=INTEGER}
```

```xml
    </update>
    <!-- 更新数据记录 -->
    <update id="updateByPrimaryKey" parameterType="com.debug.spring.boot.middleware.model.entity.RedRecord" >
        update red_record
        set user_id = #{userId,jdbcType=INTEGER},
            red_packet = #{redPacket,jdbcType=VARCHAR},
            total = #{total,jdbcType=INTEGER},
            amount = #{amount,jdbcType=DECIMAL},
            is_active = #{isActive,jdbcType=TINYINT},
            create_time = #{createTime,jdbcType=TIMESTAMP}
        where id = #{id,jdbcType=INTEGER}
    </update>
</mapper>
```

最后是 RedRobRecordMapper.xml，其代码如下。

```xml
<!-- 相关方法与SQL片段的定义与RedDetailMapper.xml配置文件一样 -->
<?xml version="1.0" encoding="UTF-8" ?>
<!DOCTYPE mapper PUBLIC "-//mybatis.org//DTD Mapper 3.0//EN" "http://mybatis.org/dtd/mybatis-3-mapper.dtd" >
<mapper namespace="com.debug.spring.boot.middleware.model.mapper.RedRobRecordMapper" >
    <!-- 定义结果集映射 -->
    <resultMap id="BaseResultMap" type="com.debug.spring.boot.middleware.model.entity.RedRobRecord" >
        <id column="id" property="id" jdbcType="INTEGER" />
        <result column="user_id" property="userId" jdbcType="INTEGER" />
        <result column="red_packet" property="redPacket" jdbcType="VARCHAR" />
        <result column="amount" property="amount" jdbcType="DECIMAL" />
        <result column="rob_time" property="robTime" jdbcType="TIMESTAMP" />
        <result column="is_active" property="isActive" jdbcType="TINYINT" />
```

```xml
        </resultMap>
        <!-- 定义基本的 SQL 片段 -->
        <sql id="Base_Column_List" >
            id, user_id, red_packet, amount, rob_time, is_active
        </sql>
    <!-- 根据主键 id 查询数据记录 -->
        <select id="selectByPrimaryKey" resultMap="BaseResultMap" paramet
erType="java.lang.Integer" >
            select
            <include refid="Base_Column_List" />
            from red_rob_record
            where id = #{id,jdbcType=INTEGER}
        </select>
    <!-- 根据主键 id 删除数据记录 -->
        <delete id="deleteByPrimaryKey" parameterType="java.lang.Integer" >
            delete from red_rob_record
            where id = #{id,jdbcType=INTEGER}
        </delete>
    <!-- 插入数据记录 -->
        <insert id="insert" parameterType="com.debug.spring.boot.middleware.
model.entity.RedRobRecord" >
            insert into red_rob_record (id, user_id, red_packet,
            amount, rob_time, is_active
            )
            values (#{id,jdbcType=INTEGER}, #{userId,jdbcType=INTEGER}, #{red
Packet,jdbcType=VARCHAR},
                #{amount,jdbcType=DECIMAL}, #{robTime,jdbcType=TIMESTAMP}, #{is
Active,jdbcType=TINYINT}
            )
        </insert>
```

```xml
<!-- 插入数据记录 -->
<insert id="insertSelective" parameterType="com.debug.spring.boot.middleware.model.entity.RedRobRecord" >
    insert into red_rob_record
    <trim prefix="(" suffix=")" suffixOverrides="," >
        <if test="id != null" >
            id,
        </if>
        <if test="userId != null" >
            user_id,
        </if>
        <if test="redPacket != null" >
            red_packet,
        </if>
        <if test="amount != null" >
            amount,
        </if>
        <if test="robTime != null" >
            rob_time,
        </if>
        <if test="isActive != null" >
            is_active,
        </if>
    </trim>
    <trim prefix="values (" suffix=")" suffixOverrides="," >
        <if test="id != null" >
            #{id,jdbcType=INTEGER},
        </if>
        <if test="userId != null" >
            #{userId,jdbcType=INTEGER},
```

```xml
        </if>
        <if test="redPacket != null" >
          #{redPacket,jdbcType=VARCHAR},
        </if>
        <if test="amount != null" >
          #{amount,jdbcType=DECIMAL},
        </if>
        <if test="robTime != null" >
          #{robTime,jdbcType=TIMESTAMP},
        </if>
        <if test="isActive != null" >
          #{isActive,jdbcType=TINYINT},
        </if>
      </trim>
    </insert>
    <!-- 更新数据记录 -->
    <update id="updateByPrimaryKeySelective" parameterType="com.debug.spring.boot.middleware.model.entity.RedRobRecord" >
      update red_rob_record
      <set >
        <if test="userId != null" >
          user_id = #{userId,jdbcType=INTEGER},
        </if>
        <if test="redPacket != null" >
          red_packet = #{redPacket,jdbcType=VARCHAR},
        </if>
        <if test="amount != null" >
          amount = #{amount,jdbcType=DECIMAL},
        </if>
        <if test="robTime != null" >
          rob_time = #{robTime,jdbcType=TIMESTAMP},
        </if>
```

```xml
        <if test="isActive != null" >
          is_active = #{isActive,jdbcType=TINYINT},
        </if>
      </set>
      where id = #{id,jdbcType=INTEGER}
    </update>
    <!-- 更新数据库记录 -->
    <update id="updateByPrimaryKey" parameterType="com.debug.spring.boot.middleware.model.entity.RedRobRecord" >
      update red_rob_record
      set user_id = #{userId,jdbcType=INTEGER},
        red_packet = #{redPacket,jdbcType=VARCHAR},
        amount = #{amount,jdbcType=DECIMAL},
        rob_time = #{robTime,jdbcType=TIMESTAMP},
        is_active = #{isActive,jdbcType=TINYINT}
      where id = #{id,jdbcType=INTEGER}
    </update>
</mapper>
```

这几个由逆向工程生成的文件所在的目录结构如图 4.6 所示。

至此已经基本上完成了抢红包系统整体开发环境的搭建，在后面章节便可以根据划分好的业务模块进行代码实战了。

4.2.3 开发流程介绍

在代码实战之前，需要梳理一下系统的整体开发流程，主要目的是为了跟踪用户在前端发起的操

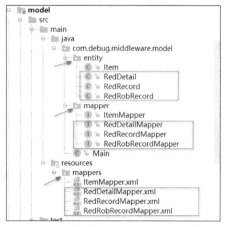

■ 图 4.6 抢红包系统逆向工程生成的文件所在的目录结构

作请求以及由此产生的数据的流向。图 4.7 为抢红包系统处理用户请求的整体过程以及由此产生的数据流向。从图 4.7 中可以看出用户发起的请求主要包括"发红包"和"抢红包"请求。

图 4.7 抢红包系统处理用户请求的过程以及由此产生的数据流向

对于发红包请求的处理，在本系统中后端主要是根据用户输入的红包金额和个数预生成相应的红包随机金额列表，并将红包的总个数以及对应的随机金额列表缓存至 Redis 中，同时将红包的总金额、随机金额列表和红包全局唯一标识串等信息异步记录到相应的数据表中。

而对于抢红包请求的处理，后端接口首先是接收前端用户账号以及红包全局唯一标识串等请求信息并校验合法性，假设用户账号合法性等信息全部校验通过，然后开始处理用户"点红包"的业务逻辑。这个逻辑主要是从缓存系统中获取当前剩余红包的个数，根据红包个数是否大于 0 判断是否还有红包，假设剩余红包个数大于 0，则开始处理用户"拆红包"的业务逻辑。这个逻辑主要是从缓存系统的随机金额队列中弹出一个红包金额，并根据金额是否为 Null 判断是否成功抢到红包。

值得一提的是，为了保证系统整体开发流程的规范性、可扩展性和接口的健壮性，我们约定了处理用户请求信息后将返回统一的响应格式，这种格式主要是借鉴了 HTTP 的响应模型，即响应信息应当包含状态码、状态码的描述信息和响应数据。为此需要在项目的 api 模块引入两个类，分别是 BaseResponse 类和 StatusCode 类。

首先是 BaseResponse 类，其代码如下。

```java
// 导入包
import com.debug.middleware.api.enums.StatusCode;
// 响应信息类
public class BaseResponse<T> {
    private Integer code; // 状态码
    private String msg; // 描述信息
    private T data; // 响应数据，采用泛型表示可以接收通用的数据类型
    public BaseResponse(Integer code, String msg) { // 重载的构造方法一
        this.code = code;
        this.msg = msg;
    }
    public BaseResponse(StatusCode statusCode) { // 重载的构造方法二
        this.code = statusCode.getCode();
        this.msg = statusCode.getMsg();
    }
    public BaseResponse(Integer code, String msg, T data) { // 重载的
```

构造方法三

```java
        this.code = code;
        this.msg = msg;
        this.data = data;
    }
    public Integer getCode() {
        return code;
    }
    public void setCode(Integer code) {
        this.code = code;
    }
    public String getMsg() {
        return msg;
    }
    public void setMsg(String msg) {
        this.msg = msg;
    }
    public T getData() {
        return data;
    }
    public void setData(T data) {
        this.data = data;
    }
}
```

而状态码类 StatusCode 则采用 Enum 类型进行统一封装，其代码如下。

```java
// 通用状态码类
public enum StatusCode {
    // 以下是暂时设定的几种状态码类
```

```
    Success(0,"成功"),
    Fail(-1,"失败"),
    InvalidParams(201,"非法的参数!"),
    InvalidGrantType(202,"非法的授权类型");

    private Integer code; //状态码
    private String msg; //描述信息
    StatusCode(Integer code, String msg) { //重载的构造方法
        this.code = code;
        this.msg = msg;
    }
    public Integer getCode() {
        return code;
    }
    public void setCode(Integer code) {
        this.code = code;
    }
    public String getMsg() {
        return msg;
    }
    public void setMsg(String msg) {
        this.msg = msg;
    }}
```

从下一节开始将真正开启抢红包系统代码实战的步伐，帮助读者一步一个脚印体验抢红包系统背后的核心系统架构。

4.3 "红包金额"随机生成算法实战

在前面小节对抢红包系统整体业务流程的分析过程中，可以看出系统架构的核心部分

主要是"抢红包"业务逻辑的处理,而是否能抢到红包,主要的决定因素在于红包个数和红包随机金额列表,特别是后者将起到决定性的作用。

在本系统中,红包随机金额列表主要是采用"预生成"的方式产生的(这种方式跟微信红包的实时生成方式是不一样),即通过给定红包的总金额 M 和红包的个数 N,采用某种随机数算法生成红包随机金额列表,并将其存至缓存中,用于"拆红包"业务逻辑的处理。

本节内容主要包括随机数生成算法的介绍,包括其基本的概念、要求,二倍均值法的介绍、代码实战和自测等内容。

4.3.1 随机数算法

随机数算法是数学算法中的一种,主要是在算法中引入一个或多个随机因素,通过随机数选择算法的下一步操作,从而产生某种约定范围内的随机数值。

在数学与计算机科学领域存在着多种随机数生成算法,不同的算法各有千秋,适用的场景也不尽相同。下面简单介绍一种在数学与计算机科学领域比较典型的随机数生成算法,即"蒙特卡洛方法"。

蒙特卡洛方法是由著名科学家、"计算机之父"和"博弈论之父"冯·诺依曼提出的,此种方法又可称为统计模拟法、随机抽样技术,是一种以概率和统计理论方法为基础的计算方法。主要是通过将待求解的问题采用相同的概率模型进行求解,并用计算机实现统计模拟或抽样,以获得问题的近似解。蒙特卡洛方法生成随机数的主要步骤如下。

(1)针对实际问题建立一个简单且便于实现的概率统计模型,使所求的量恰好是该模型的概率分布或数字特征。

(2)基于模型的随机变量建立抽样方法,在计算机上进行模拟测试,抽取足够多的随机数。

(3)对模拟实验结果进行统计分析,给出所求解的估计值,这就是最终产生的随机数。

(4)必要时,可以通过改进模型以提高估计精度和减少实验费用,最终提高模拟效率。

简单地理解,这种方法主要是通过建立一个模型,并对模型中的随机变量建立抽样方法,通过计算机反复进行模拟测试,最终得到一个或多个估计值,即随机数列表。

如果想了解更多的关于蒙特卡洛方法或者其他关于数学与计算机科学领域的随机数算法,各位读者可以自行参阅相关资料。

4.3.2 红包随机金额生成算法要求

当用户发出固定总金额为 M、红包个数为 N 的红包后，由于系统后端采用的是预生成的方式，故而将在后端生成 N 个随机金额的小红包并存储至缓存中，等待被抢。小红包随机金额的产生对用户而言是透明的，用户也无需知晓红包随机金额的产生原理与规则，故而对于抢红包系统来说，只需要保证系统后端每次对于总金额 M 和红包个数 N 生成的小红包金额是随机且概率是相等的，即间接性地保证每个用户抢到的红包金额是随机产生且概率是相等的。

除了保证预生成红包金额的随机性和概率相等性之外，抢红包系统后端还需保证如图 4.8 所示的 3 点要求。

图 4.8　抢红包系统设计要求

（1）应保证所有人抢到的红包金额之和等于总金额 M，既不能超，也不能少，这一点是毋庸置疑的。

（2）每个参与抢红包的用户，当抢到红包（即红包金额不为 Null）时，金额应至少是一分钱，即 0.01 元。

（3）应当保证参与抢红包的用户抢到红包金额的概率是相等的，这一点由于是采用预生成的方式，故而可以交给随机数生成算法进行控制。

蒙特卡洛方法的核心思想主要在于构造一个数学模型，并基于若干个随机变量和统计分析的方法求出若干个估计值（随机数），这在某种程度上并不适用于抢红包系统生成随机金额的概率相等、随机金额之和等于总金额等要求。然而我们却可以借助其构造数学模型的思想，将总金额 M 和总个数 N 作为模型变量，从而求得一组红包随机金额。

4.3.3 二倍均值法简介

目前市面上关于红包随机金额的生成算法有许多种，二倍均值法属于其中比较典型的一种。顾名思义，该算法的核心思想是根据每次剩余的总金额 M 和剩余人数 N，执行 M/N 再乘以 2 的操作得到一个边界值 E，然后制定一个从 0 到 E 的随机区间，在这个随机区间内将产生一个随机金额 R，此时总金额 M 将更新为 $M-R$，剩余人数 N 更新为 $N-1$，再继续重复上述的执行流程。以此类推，直至最终剩余人数 $N-1$ 为 0，即代表随机数已经产生完毕。这一算法的执行流程，如图 4.9 所示。

图 4.9　二倍均值法生成红包随机金额的流程

从图中可以看出该算法的执行流程其实是一个 For 循环产生数据的过程，循环终止的条件是 $N-1 \leqslant 0$，即代表随机数已经生成完毕。而对于随机数的生成，主要是在约束的随机区间 $(0, M/N \times 2)$ 中产生，这样可以保证每次数值 R 产生的随机性和概率相等性。除此之外，由于每次总金额 M 的更新采用的是递减的方式，即 $M=M-R$，故而可以保证最终产生的所有随机金额之和等于 M。

4.3.4 红包随机金额生成算法实战

算法的流程在某种程度上是实战代码的直接体现，从二倍均值法生成红包随机金额的算法执行流程可以看出，其核心执行逻辑在于不断地更新总金额 M 和剩余人数 N，并根据 M 和 N 组成一个随机区间，最终在这个区间内产生一个随机金额，如此不断地进行循环迭代，直至 $N-1$ 为 0，此时剩余的金额即为最后一个随机金额。该算法的执行流程对应的源代码如下。

```java
// 导入包
import java.util.ArrayList;
import java.util.List;
import java.util.Random;
/**
 * 二倍均值法的代码实战，封装成工具类
 * @author: debug
 */
public class RedPacketUtil {
    /**
     * 发红包算法，金额参数以分为单位
     * @param totalAmount 红包总金额（单位为分）
     * @param totalPeopleNum 总人数
     * @return
     */
    public static List<Integer> divideRedPackage(Integer totalAmount,
Integer totalPeopleNum) {
        // 用于存储每次产生的小红包随机金额列表，金额单位为分
        List<Integer> amountList = new ArrayList<Integer>();
        // 判断总金额和总人数参数的合法性
        if (totalAmount>0 && totalPeopleNum>0){
            // 记录剩余的总金额，初始化时即为红包的总金额
            Integer restAmount = totalAmount;
```

```java
            // 记录剩余的总人数，初始化时即为指定的总人数
            Integer restPeopleNum = totalPeopleNum;
            // 定义产生随机数的实例对象
            Random random = new Random();
            // 不断循环遍历、迭代更新地产生随机金额，直到N-1≤0
            for (int i = 0; i < totalPeopleNum - 1; i++) {
                // 随机区间：[1，剩余人均金额的两倍)，左闭右开，amount 即为产生的
                // 随机金额 R，单位为分
                int amount = random.nextInt(restAmount / restPeopleNum * 2 - 1) + 1;
                // 更新剩余的总金额 M=M-R
                restAmount -= amount;
                // 更新剩余的总人数 N=N-1
                restPeopleNum--;
                // 将产生的随机金额添加进列表中
                amountList.add(amount);
            }
            // 循环完毕，剩余的金额即为最后一个随机金额，也需要将其添加进列表中
            amountList.add(restAmount);
        }
        // 将最终产生的随机金额列表返回
        return amountList;
    }
}
```

由于二倍均值法在整个抢红包系统中具备一定的通用性，故而在这里将其封装成工具类 RedPacketUtil，将产生随机金额列表的方法封装成静态方法调用，即可以通过 RedPacketUtil. divideRedPackage() 方法直接进行调用，从而产生一组随机金额列表。

值得一提的是，因为随机区间的边界具有"除以 2"的操作，故而为了程序处理的方便，上述实战代码中总金额 M 采用"分"作为单位，在调用该方法时需要注意这一点，

即如果发红包者输入的红包金额为"10 元",则后端接口接收到该参数后,调用该方法时总金额参数需赋值为"1000 分"。

4.3.5 红包随机金额生成算法自测

对于一名程序员而言,良好的编程习惯除了包括写代码前的构思、写代码时的规范之外,还应当包括代码完成后的自测。对于"二倍均值法"的代码实战,在上一小节已经实现了,接下来可以通过 Java 单元测试方法进行测试,代码如下。

```
// 导入包
import com.debug.middleware.server.utils.RedPacketUtil;
import org.junit.Test;
import org.junit.runner.RunWith;
import org.slf4j.Logger;
import org.slf4j.LoggerFactory;
import org.springframework.boot.test.context.SpringBootTest;
import org.springframework.test.context.junit4.SpringJUnit4ClassRunner;
import java.math.BigDecimal;
import java.util.List;
/**
 * @Author:debug (SteadyJack)
 **/
@SpringBootTest
@RunWith(SpringJUnit4ClassRunner.class)
public class RedPacketTest {
    // 定义日志
     private static final Logger log= LoggerFactory.getLogger(RedPacketTest.class);
    // 二倍均值法自测方法
    @Test
    public void one() throws Exception{
```

```java
// 总金额单位为分，在这里假设总金额为1000分，即10元
Integer amout=1000;
// 总人数，即红包总个数，在这里假设为10个
Integer total=10;
// 调用二倍均值法工具类中产生随机金额列表的方法得到小红包随机金额列表
List<Integer> list=RedPacketUtil.divideRedPackage(amout,total);
log.info("总金额={}分，总个数={}个",amout,total);
// 用于统计生成的随机金额之和是否等于总金额
Integer sum=0;
// 遍历输出每个随机金额
for (Integer i:list){
    // 输出随机金额时包括单位为分和单位为元的信息
    log.info("随机金额为：{}分，即 {}元",i,new BigDecimal(i.toString()).divide(new BigDecimal(100)));
    sum += i;
}
log.info("所有随机金额叠加之和={}分",sum);
}
}
```

运行该单元测试方法，在控制台可以看到相应的输出结果，每次运行该测试方法时，将产生一批新的随机金额列表。首先是第1次运行该单元测试方法，输出结果如图4.10所示。

```
boot - INFO [main] --- RedPacketTest: Started RedPacketTest in 2.429 seconds (JVM running for 3.06)
boot - INFO [main] --- RedisTest2: 总金额=1000分，总个数=10个
boot - INFO [main] --- RedisTest2: 随机金额为：18分，即 0.18元
boot - INFO [main] --- RedisTest2: 随机金额为：65分，即 0.65元
boot - INFO [main] --- RedisTest2: 随机金额为：21分，即 0.21元
boot - INFO [main] --- RedisTest2: 随机金额为：218分，即 2.18元
boot - INFO [main] --- RedisTest2: 随机金额为：141分，即 1.41元
boot - INFO [main] --- RedisTest2: 随机金额为：139分，即 1.39元
boot - INFO [main] --- RedisTest2: 随机金额为：19分，即 0.19元
boot - INFO [main] --- RedisTest2: 随机金额为：135分，即 1.35元
boot - INFO [main] --- RedisTest2: 随机金额为：57分，即 0.57元
boot - INFO [main] --- RedisTest2: 随机金额为：187分，即 1.87元
boot - INFO [main] --- RedisTest2: 所有随机金额叠加之和=1000分
boot - INFO [Thread-4] --- GenericWebApplicationContext: Closing org.springframework.web.context.support
text@40005471: startup date [Sat Mar 23 17:28:54 CST 2019]; root of context hierarchy
```

图4.10　第1次运行该单元测试方法的输出结果

接着再运行该单元测试方法，观察控制台的输出结果，可以看到这次产生的随机金额列表跟上一次的几乎完全是不一样的，如图 4.11 所示。

```
boot - INFO [main] --- RedPacketTest: Started RedPacketTest in 2.138 seconds (JVM running for 2.706)
boot - INFO [main] --- RedisTest2: 总金额=1000分，总个数=10个
boot - INFO [main] --- RedisTest2: 随机金额为：103分，即 1.03元
boot - INFO [main] --- RedisTest2: 随机金额为：28分，即 0.28元
boot - INFO [main] --- RedisTest2: 随机金额为：149分，即 1.49元
boot - INFO [main] --- RedisTest2: 随机金额为：145分，即 1.45元
boot - INFO [main] --- RedisTest2: 随机金额为：134分，即 1.34元
boot - INFO [main] --- RedisTest2: 随机金额为：101分，即 1.01元
boot - INFO [main] --- RedisTest2: 随机金额为：70分，即 0.7元
boot - INFO [main] --- RedisTest2: 随机金额为：154分，即 1.54元
boot - INFO [main] --- RedisTest2: 随机金额为：61分，即 0.61元
boot - INFO [main] --- RedisTest2: 随机金额为：55分，即 0.55元
boot - INFO [main] --- RedisTest2: 所有随机金额叠加之和=1000分
boot - INFO [Thread-4] --- GenericWebApplicationContext: Closing org.springframework.web.context.support
ntext@40005471: startup date [Sat Mar 23 17:31:34 CST 2019]; root of context hierarchy
```

图 4.11　第 2 次运行该单元测试方法的输出结果

从运行两次单元测试方法输出的结果来看，可以得出小红包金额的生成满足随机性、概率相等性和所有小红包金额之和等于总金额等特性。

至此我们已经实战完毕抢红包系统红包随机金额的生成算法，接下来便是将其应用到实际的开发环境中，即将其应用到"发红包"模块的业务处理逻辑中。

4.4　"发红包"模块实战

"发红包"业务流程是抢红包系统整个业务流程的开端，用户进入某个群（如微信群、QQ 群），点击红包按钮，输入总金额与红包个数后，点击"塞钱进红包"按钮并输入支付密码，将在群里生成一个红包的图样，之后群里的所有成员就可以开始抢红包了。在这整个业务流程中，系统后端接口需要根据红包个数 *N* 和总金额 *M* 采用二倍均值法生成多个随机金额存至缓存中，并生成红包的全局唯一标识串返回给前端，前端用户发起抢红包请求时将带上这个标识串参数，从而实现后续的"点红包""拆红包"流程。

4.4.1　业务模块分析

"发红包"模块的整体业务流程在这里就不再深入介绍了，各位读者可以参见前面章节即图 4.2 所示的流程自行回顾。

从该业务流程中可以看出"发红包"模块的核心处理逻辑在于接收前端发红包者设定

的红包总金额 M 和总个数 N，后端接口根据这两个参数，采用二倍均值法生成 N 个随机金额的红包，最后将红包个数 N 与随机金额列表存至缓存中，同时将相关数据异步记录到数据库中。

除此之外，后端接口在接收到前端用户"发红包"的请求时，将采用当前的时间戳（纳秒级）作为红包全局唯一标识串，并将这一标识串返回给前端，后续用户发起"抢红包"的请求时，将会带上这一参数，目的是为了给发出的红包作标记，并根据这一标记去缓存中查询红包个数和随机金额列表等数据。发红包业务模块的整体开发流程如图 4.12 所示。

图 4.12　发红包业务模块的整体开发流程

由图 4.12 可以得知，在处理"发红包"的请求时，后端接口需要接收红包总金额和总个数等参数，故而将其封装成实体对象 RedPacketDto，代码如下。

```
// 导入包
import lombok.Data;
import lombok.ToString;
```

```java
import javax.validation.constraints.NotNull;
/**
 * 发红包请求时接收的参数对象
 * @author: debug
 */
@Data
@ToString
public class RedPacketDto {
    private Integer userId; //用户id
    @NotNull
    private Integer total; //红包个数
    @NotNull
    private Integer amount; //总金额，单位为分
}
```

除此之外，在本系统中为了开发的规范性和代码的可读性，我们采用 MVCM 的模式开发相应的代码模块，其中 MVC 分别指的是 M-Model（模型层，即数据表相对应的实体类和业务逻辑处理服务类）、V-View（视图层，在本系统中暂不需要用到）以及 C-Controller（控制层，即接受前端请求参数并执行相应的判断处理逻辑），而最后的 M 指的是 Middleware（中间件层，即采用中间件辅助处理业务逻辑的服务类）。

4.4.2 整体流程实战

基于 MVCM 的开发模式，下面开始抢红包系统中"发红包"业务模块的整体流程实战。

（1）首先是处理发红包请求的 RedPacketController，主要用于接收前端用户"发红包"请求的参数并执行响应的判断处理逻辑，代码如下。

```java
//导入包
import com.debug.middleware.api.enums.StatusCode;
import com.debug.middleware.api.response.BaseResponse;
import com.debug.middleware.server.dto.RedPacketDto;
```

```java
import com.debug.middleware.server.service.IRedPacketService;
import org.slf4j.Logger;
import org.slf4j.LoggerFactory;
import org.springframework.beans.factory.annotation.Autowired;
import org.springframework.http.MediaType;
import org.springframework.validation.BindingResult;
import org.springframework.validation.annotation.Validated;
import org.springframework.web.bind.annotation.*;
import java.math.BigDecimal;
/**
 * 红包处理逻辑Controller
 * @author: debug
 */
@RestController
public class RedPacketController {
    //定义日志
    private static final Logger log= LoggerFactory.getLogger(RedPacketController.class);
    //定义请求路径的前缀
    private static final String prefix="red/packet";
    //注入红包业务逻辑处理接口服务
    @Autowired
    private IRedPacketService redPacketService;
    /**
     * 发红包请求,请求方法为POST,请求参数采用JSON格式进行提交
     */
    @RequestMapping(value = prefix+"/hand/out",method = RequestMethod.POST,consumes = MediaType.APPLICATION_JSON_UTF8_VALUE)
    public BaseResponse handOut(@Validated @RequestBody RedPacketDto dto, BindingResult result){
```

```java
        //参数校验
        if (result.hasErrors()){
            return new BaseResponse(StatusCode.InvalidParams);
        }
        BaseResponse response=new BaseResponse(StatusCode.Success);
        try {
            //核心业务逻辑处理服务,最终返回红包全局唯一标识串
            String redId=redPacketService.handOut(dto);
            //将红包全局唯一标识串返回前端
            response.setData(redId);
        }catch (Exception e){
            //如果报异常则输出日志并返回相应的错误信息
            log.error("发红包发生异常: dto={} ",dto,e.fillInStackTrace());
            response=new BaseResponse(StatusCode.Fail.getCode(),e.getMessage());
        }
        return response;
    }
}
```

"发红包"请求对应的处理方法需要接收红包总金额、个数和发红包者账号参数信息,并要求请求方法为 POST,数据采用 JSON 的格式进行提交。

(2)其中 IRedPacketService 为红包业务逻辑处理接口,主要包括"发红包"与"抢红包"逻辑的处理,其代码如下。

```java
//导入包
import com.debug.middleware.server.dto.RedPacketDto;
import java.math.BigDecimal;
/**
 * 红包业务逻辑处理接口
```

```java
 * @author: debug
 */
public interface IRedPacketService {
    //发红包核心业务逻辑的实现
    String handOut(RedPacketDto dto) throws Exception;
    //抢红包（在下一节中将实现该方法）
    BigDecimal rob(Integer userId,String redId) throws Exception;
}
```

该接口对应的实现类 RedPacketService 主要用于处理真正的业务逻辑，代码如下。

```java
//导入包
import com.debug.middleware.server.dto.RedPacketDto;
import com.debug.middleware.server.service.IRedPacketService;
import com.debug.middleware.server.service.IRedService;
import com.debug.middleware.server.utils.RedPacketUtil;
import com.debug.middleware.server.utils.SnowFlake;
import com.google.common.base.Strings;
import org.slf4j.Logger;
import org.slf4j.LoggerFactory;
import org.springframework.beans.factory.annotation.Autowired;
import org.springframework.data.redis.core.HashOperations;
import org.springframework.data.redis.core.RedisTemplate;
import org.springframework.data.redis.core.ValueOperations;
import org.springframework.stereotype.Service;
import java.math.BigDecimal;
import java.util.List;
import java.util.concurrent.TimeUnit;
/**
```

```java
 * 红包业务逻辑处理接口，实现类
 * @author: debug
 */
@Service
public class RedPacketService implements IRedPacketService {
    //日志
    private static final Logger log= LoggerFactory.getLogger(RedPacketService.class);
    //存储至缓存系统Redis时定义的Key前缀
    private static final String keyPrefix="redis:red:packet:";
    //定义Redis操作Bean组件
    @Autowired
    private RedisTemplate redisTemplate;
    //自动注入红包业务逻辑处理过程数据记录接口服务
    @Autowired
    private IRedService redService;
    /**
     * 发红包
     * @throws Exception
     */
    @Override
    public String handOut(RedPacketDto dto) throws Exception {
        //判断参数的合法性
        if (dto.getTotal()>0 && dto.getAmount()>0){
            //采用二倍均值法生成随机金额列表（在上一节已经采用代码实现了二倍均值法）
            List<Integer> list=RedPacketUtil.divideRedPackage(dto.getAmount(),dto.getTotal());
            //生成红包全局唯一标识串
            String timestamp=String.valueOf(System.nanoTime());
```

```java
            // 根据缓存 Key 的前缀与其他信息拼接成一个新的用于存储随机金额列表的 Key
            String redId = new StringBuffer(keyPrefix).append(dto.
   getUserId()).append(":").append(timestamp).toString();
            // 将随机金额列表存入缓存列表中
            redisTemplate.opsForList().leftPushAll(redId,list);
            // 根据缓存 Key 的前缀与其他信息拼接成一个新的用于存储红包总数的 Key
            String redTotalKey = redId+":total";
            // 将红包总数存入缓存中
            redisTemplate.opsForValue().set(redTotalKey,dto.getTotal());
            // 异步记录红包的全局唯一标识串、红包个数与随机金额列表入数据库
            redService.recordRedPacket(dto,redId,list);
            // 将红包的全局唯一标识串返回给前端
            return redId;
        }else{
            throw new Exception("系统异常-分发红包-参数不合法！");
        }
    }
    /**
     * 抢红包处理逻辑（下一节中将实现该业务逻辑）
     * @throws Exception
     */
    @Override
    public BigDecimal rob(Integer userId,String redId) throws Exception {
        return null;
    }
}
```

（3）其中"红包业务逻辑处理过程数据记录接口"服务类 IRedService 主要用于记录发红包时红包的相关信息与抢红包时用户抢到的红包金额等信息入数据库，代码如下。

```java
// 导入部分包
import com.debug.middleware.server.dto.RedPacketDto;
import java.math.BigDecimal;
import java.util.List;
/**
 * 红包业务逻辑处理过程数据记录接口，异步实现
 * @author: debug
 */
public interface IRedService {
    // 记录发红包时红包的全局唯一标识串、随机金额列表和红包个数等信息入数据库
    void recordRedPacket(RedPacketDto dto, String redId, List<Integer> list) throws Exception;
    // 记录抢红包时用户抢到的红包金额等信息入数据库（在下一节中将有所介绍）
    void recordRobRedPacket(Integer userId, String redId, BigDecimal amount) throws Exception;
}
```

其实现类 RedService 的代码如下。

```java
// 导入包
import com.debug.middleware.model.entity.RedDetail;
import com.debug.middleware.model.entity.RedRecord;
import com.debug.middleware.model.entity.RedRobRecord;
import com.debug.middleware.model.mapper.RedDetailMapper;
import com.debug.middleware.model.mapper.RedRecordMapper;
import com.debug.middleware.model.mapper.RedRobRecordMapper;
import com.debug.middleware.server.dto.RedPacketDto;
import com.debug.middleware.server.service.IRedService;
import org.slf4j.Logger;
import org.slf4j.LoggerFactory;
```

```java
import org.springframework.beans.factory.annotation.Autowired;
import org.springframework.scheduling.annotation.Async;
import org.springframework.scheduling.annotation.EnableAsync;
import org.springframework.stereotype.Service;
import org.springframework.transaction.annotation.Transactional;
import java.math.BigDecimal;
import java.util.Date;
import java.util.List;
/**
 * 红包业务逻辑处理过程数据记录接口，接口实现类
 * @author: debug
 */
@Service
@EnableAsync
public class RedService implements IRedService {
    // 日志
    private static final Logger log= LoggerFactory.getLogger(RedService.class);
    // 发红包时红包全局唯一标识串等信息操作接口 Mapper
    @Autowired
    private RedRecordMapper redRecordMapper;
    // 发红包时随机数算法生成的随机金额列表等信息操作接口 Mapper
    @Autowired
    private RedDetailMapper redDetailMapper;
    // 抢红包时相关数据信息操作接口 Mapper（在下一节中将有所介绍）
    @Autowired
    private RedRobRecordMapper redRobRecordMapper;
    /**
     * 发红包记录，异步的方式
     * @param dto 红包总金额 + 个数
```

```java
 * @param redId 红包全局唯一标识串
 * @param list 红包随机金额列表
 * @throws Exception
 */
@Override
@Async
@Transactional(rollbackFor = Exception.class)
public void recordRedPacket(RedPacketDto dto, String redId, List<Integer> list) throws Exception {
    //定义实体类对象
    RedRecord redRecord=new RedRecord();
    //设置字段的取值信息
    redRecord.setUserId(dto.getUserId());
    redRecord.setRedPacket(redId);
    redRecord.setTotal(dto.getTotal());
    redRecord.setAmount(BigDecimal.valueOf(dto.getAmount()));
    redRecord.setCreateTime(new Date());
    //将对象信息插入数据库
    redRecordMapper.insertSelective(redRecord);
    //定义红包随机金额明细实体类对象
    RedDetail detail;
    //遍历随机金额列表，将金额等信息设置到相应的字段中
    for (Integer i:list){
        detail=new RedDetail();
        detail.setRecordId(redRecord.getId());
        detail.setAmount(BigDecimal.valueOf(i));
        detail.setCreateTime(new Date());
        //将对象信息插入数据库
        redDetailMapper.insertSelective(detail);
    }
```

}
/**
 * 抢红包记录（下一节将有所介绍）
 * @param userId
 * @param redId
 * @param amount
 * @throws Exception
 */
@Override
@Async
public void recordRobRedPacket(Integer userId, String redId, BigDecimal amount) throws Exception {   }}
```

（4）至此，"发红包"业务模块的代码实战已经基本完成了，在将项目运行起来之前，需要将 Redis 服务运行起来，即双击 redis-server 可执行文件即可开启本地的 Redis 服务。项目运行期间查看控制台输出日志，如果没有报错误信息，说明"发红包"业务模块的整体开发流程并没有多大的问题，该业务模块的整体目录结构如图 4.13 所示。

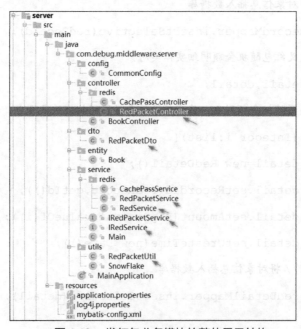

图 4.13　发红包业务模块的整体目录结构
```

4.4.3 业务模块自测

万事俱备，只欠东风。发红包业务模块整体的代码实战已经完成。下面采用 Postman 工具测试抢红包系统中发红包业务模块的整体流程。

运行应用程序的启动类 MainApplication，观察控制台的输出信息，如果没有报错，则表示项目启动成功。打开 Postman，在地址栏输入"发红包"请求对应的地址，即 http://127.0.0.1:8087/middleware/red/packet/hand/out，选择请求方法为 POST，并在请求体中输入请求参数，代码如下所示。

```
{
  "userId":10010,
  "total":10,
  "amount":1000
}
```

其中 userId 表示发红包者的账户 id，total 表示抢红包时设定的总人数，在这里假设为 10 个人，amount 表示红包的总金额，在这里要注意单位为分，即这里的 1000 表示 10 元。单击"Send"按钮即可发起"发红包"的请求，如图 4.14 所示。

图 4.14　Postman 发起发红包请求

其中，响应结果中 data 的值为 redis:red:packet:10010:177565921763957，这个字符串数值代表的是存储至缓存系统中随机金额列表和红包总数 total 对应的 Key 前缀，后续前端发起"抢红包"请求时需要带上这一字符串数值，表示当前用户所抢的红包。值得一提的是，该前缀包含了采用当前时间戳生成的红包全局唯一标识串"177565921763957"。

接着，我们可以看一下数据库中的 red_record 数据表，可以看到发出红包时将会记录其相关信息到数据库中，如图 4.15 所示。

图 4.15　发出的红包的相关信息记录入数据库

最后，再看看数据库中的 red_detail 数据表，可以看到发出红包时生成的小红包随机金额信息，如图 4.16 所示。

图 4.16　发出的红包对应生成的随机金额信息

其中 record_id 字段的取值对应 red_record 表的 id 字段取值；amount 字段的取值即为 10 个小红包的随机金额，单位为分；可以打开数据库管理工具的查询界面，并汇总 amount 字段的取值，看看是否等于 1000 分，汇总查询随机金额之和的 SQL 语句与执行结果如图 4.17 所示。

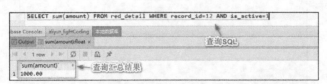

图 4.17　汇总查询随机金额之和的 SQL 语句与执行结果

从该执行结果可以看出，二倍均值法生成的 10 个小红包的随机金额之和等于总金额 1000 分，这 10 个随机金额此时记录在了数据库，同时也存储到了缓存系统 Redis 中。它们将在下一节"抢红包"业务模块实战中被用到。

4.5 "抢红包"模块实战

"抢红包"业务模块是整个抢红包系统的核心，几乎是最为关键的部分。当群里的成员看到有人发红包时，一般都会点击该红包图样，并由此开启了后端处理抢红包请求逻辑的流程。首先后端接口将会接收红包全局唯一标识串和用户 id，从缓存系统中取出红包的个数，判断个数是否大于 0；如果大于 0 则表示缓存中仍然有红包，然后从缓存系统的随机金额列表中弹出一个随机金额，并判断是否为 Null；如果不为 Null，则表示当前用户抢到红包了，此时需要更新缓存系统的红包个数并异步记录相关信息到数据库中。

本节将采用代码实战的方式实现这一模块业务逻辑，为整个抢红包系统的实战初步画上一个圆满的句号。

4.5.1 业务模块分析

"抢红包"模块的整体业务流程在这里就不再深入介绍了，各位读者可以参见前面章节即图 4.3 所示的流程自行回顾。从该业务流程图中可以看出，"抢红包"业务模块相对于"发红包"业务模块而言比较复杂，这点可以从以下 3 个角度分析中得出。

（1）从业务的角度分析，抢红包业务模块需要实现两大业务逻辑，包括点红包业务逻辑和拆红包业务逻辑，通俗地讲，它包含了两大"动作"。

（2）从系统架构的角度分析，抢红包业务模块对应的后端处理逻辑需要保证接口的稳定性、可扩展性和抗高并发性，对于相应接口的设计需要尽可能做到低耦合和服务的高内聚。故而在代码实战过程中，采用的是面向接口、服务进行编程。

（3）从技术的角度分析，抢红包业务模块对应的后端接口需要频繁地访问缓存系统 Redis，用于获取红包剩余个数和随机金额列表，进而用于判断用户点红包、拆红包是否成功。除此之外，在每次用户成功抢到红包之后，后端接口需要及时更新缓存系统中红包的剩余个数、记录相应的信息入数据库等。

图 4.18 为抢红包业务模块的整体开发流程，从该流程图中可以看出，前端用户发起抢红包请求，需要带上红包全局唯一标识串 resId 和当前用户 id 到系统后端接口，其中 redId 即为上一节前端发起"发红包"请求后得到的响应结果中的 data 的数值，后端接口将根据这一数值去缓存系统 Redis 中获取红包剩余个数与随机金额列表。

图 4.18 抢红包业务模块的整体开发流程

除此之外，抢红包业务模块的实战将参考"发红包"业务模块实战过程的相关规范，即同样采用 MVCM 的模式。

4.5.2 整体流程实战

基于 MVCM 的开发模式，下面开始抢红包系统中"抢红包"业务模块的整体流程实战。

（1）开发处理发红包请求的 RedPacketController，这个类文件已经在上一节中建立好了，在这里只需要添加一个处理抢红包请求的方法，代码如下。

```java
/**
 * 处理抢红包请求：接收当前用户id和红包全局唯一标识串参数
 */
@RequestMapping(value = prefix+"/rob",method = RequestMethod.GET)
public BaseResponse rob(@RequestParam Integer userId, @RequestParam String redId){
    //定义响应对象
    BaseResponse response=new BaseResponse(StatusCode.Success);
    try {
        //调用红包业务逻辑处理接口中的抢红包方法，最终返回抢到的红包的金额
        //单位为元（不为Null时则表示抢到了，否则代表已经被抢完了）
        BigDecimal result=redPacketService.rob(userId,redId);
        if (result!=null){
            //将抢到的红包金额返回到前端
            response.setData(result);
        }else{
            //没有抢到红包，即已经被抢完了
            response=new BaseResponse(StatusCode.Fail.getCode(),"红包已被抢完!");
        }
    }catch (Exception e){
        //处理过程如果发生异常，则输出异常信息并返回给前端
        log.error("抢红包发生异常：userId={} redId={}",userId,redId,e.fillInStackTrace());
        response=new BaseResponse(StatusCode.Fail.getCode(),e.getMessage());
    }
    //返回处理结果给前端
```

```
        return response;
    }
```

值得一提的是，为了前端的处理方便，后端接口在处理完成"抢红包"的请求之后，直接将抢到的红包金额单位处理成"元"。这对于前端开发而言，可以直接显示该返回结果，而不需要再经过二次处理。

（2）红包业务逻辑处理接口中的抢红包方法，是定义在 IRedPacketService 接口的 rob() 方法中，相应的实现类为 RedPacketService，这在上一节"发红包"业务模块的实战过程都已经建立好了，只需要实现其中的 rob() 方法逻辑即可，其代码如下。

```
/**
 * 抢红包实际业务逻辑的处理
 * @param userId 当前用户 id
 * @param redid 红包全局唯一标识串
 * @return 返回抢到的红包金额或者抢不到红包金额的 Null
 * @throws Exception
 */
@Override
public BigDecimal rob(Integer userId,String redId) throws Exception {
    // 定义 Redis 操作组件的值操作方法
    ValueOperations valueOperations=redisTemplate.opsForValue();
    // 在处理用户抢红包之前，需要先判断一下当前用户是否已经抢过该红包了
    // 如果已经抢过了，则直接返回红包金额，并在前端显示出来
    Object obj=valueOperations.get(redId+userId+":rob");
    if (obj!=null){
        return new BigDecimal(obj.toString());
    }
    //"点红包"业务逻辑，主要用于判断缓存系统中是否仍然有红包，即
    // 红包剩余个数是否大于 0
```

```java
        Boolean res=click(redId);
        if (res){
            // 表示 res 为 true,则可以进入"拆红包"业务逻辑的处理
            // 首先是从小红包随机金额列表中弹出一个随机金额
            Object value=redisTemplate.opsForList().rightPop(redId);
            if (value!=null){
                //value!=null,表示当前弹出的红包金额不为 Null,即红包金额不为 0,进而
                // 表示当前用户抢到一个红包了,则可以进入后续的更新缓存与记录信息入数据库了
                String redTotalKey = redId+":total";
                // 首先是更新缓存系统中剩余红包个数,即红包个数减 1
                 Integer currTotal=valueOperations.get(redTotalKey)!=null?
(Integer) valueOperations.get(redTotalKey) : 0;
                valueOperations.set(redTotalKey,currTotal-1);
                // 将红包金额返回给用户前,在这里金额的单位设置为"元",如果你不想
                // 设置,则可以直接将 value 返回,但是前端需要作除以 100 的操作,因为
                // 在上一节发红包业务模块的实战过程金额的单位是设置为"分"的
                 BigDecimal  result = new BigDecimal(value.toString()).
divide(new BigDecimal(100));
                // 记录抢到红包时用户的账号信息以及抢到的金额等信息入数据库
                redService.recordRobRedPacket(userId,redId,new BigDecimal
(value.toString()));
                // 将当前抢到红包的用户信息放置进缓存系统中,用于表示当前用户已经抢过红包了
                 valueOperations.set(redId+userId+":rob",result,24L,TimeUnit.
HOURS);
                // 输出当前用户抢到红包的记录信息
                log.info(" 当前用户抢到红包了: userId={} key={} 金额 ={} ",userId,
redId,result);
                // 将结果返回
                return result;
            }
```

```java
        }
        //null 则表示当前用户没有抢到红包
        return null;
    }
    /**
     * 点红包的业务处理逻辑；如果返回 true, 则表示缓存系统 Redis 还有红包，即红包剩余个
数大于 0
     * 否则，意味着红包已经被抢光了
     * @throws Exception
     */
    private Boolean click(String redId) throws Exception{
        // 定义 Redis 的 Bean 操作组件（值操作组件）
        ValueOperations valueOperations=redisTemplate.opsForValue();
        // 定义用于查询缓存系统中红包剩余个数的 Key
        // 这在上一节 "发红包" 业务模块中已经指定过了
        String redTotalKey = redId+":total";
        // 获取缓存系统 Redis 中红包剩余个数
        Object total=valueOperations.get(redTotalKey);
        // 判断红包剩余个数 total 是否大于 0，如果大于 0，则返回 true，表示还有红包
        if (total!=null && Integer.valueOf(total.toString())>0){
            return true;
        }
        // 返回 false，则表示已经没有红包可抢了
        return false;
    }
```

在上述实战代码中，需要注意的是，去缓存系统中查询红包剩余个数 total 和随机金额列表时需要提供 Key，这些 Key 是在发红包业务模块的实战代码中定义的。

（3）当用户抢到红包后，需要记录当前用户的账号信息以及抢到的金额等信息入数据库，这一实现逻辑是通过调用 RedService 实现类的 recordRobRedPacket() 方法实

现的，代码如下。

```java
/**
 * 成功抢到红包时将当前用户账号信息以及对应的红包金额等信息记录进数据库中
 * @param userId 用户id
 * @param redid 红包全局唯一标识串
 * @param amount 抢到的红包金额
 * @throws Exception
 */
@Override
@Async
public void recordRobRedPacket(Integer userId, String redId, BigDecimal amount) throws Exception {
    // 定义记录抢到红包时录入相关信息的实体对象，并设置相应字段的取值
    RedRobRecord redRobRecord=new RedRobRecord();
    redRobRecord.setUserId(userId); // 设置用户id
    redRobRecord.setRedPacket(redId); // 设置红包全局唯一标识串
    redRobRecord.setAmount(amount); // 设置抢到的红包金额
    redRobRecord.setRobTime(new Date()); // 设置抢到的时间
    // 将实体对象信息插入数据库中
    redRobRecordMapper.insertSelective(redRobRecord);
}
```

（4）至此，关于抢红包业务模块的整体实战就基本上完成了，可以看出其核心处理逻辑主要在于 RedPacketService 实现类的 rob() 方法，该方法主要用于实现"点红包"和"拆红包"的业务逻辑。

4.5.3 业务模块自测

接下来我们对"抢红包"业务模块整体的实战流程进行自测。在此之前，需要注意一点就是"抢红包"模块的自测是基于"发红包"业务模块的，也就是说，"要想抢红包，你得先发红包"。自测也是一个道理，故而我们以上一节"发红包"业务模块自测中发出

的红包作为测试数据，即 redId 的取值为 redis:red:packet:10010:177565921763957。

（1）打开 Postman，在地址栏输入"抢红包"请求对应的地址，即 http://127.0.0.1:8087/middleware/red/packet/rob?userId=10010&redId=redis:red:packet:10010:177565921763957，表示当前 id 为 10010 的用户发起了抢红包的请求，单击"Send"即可发起请求操作，查看控制台输出以及 Postman 的响应结果，可以发现当前用户抢到了 0.34 元。控制台输出结果如图 4.19 所示。

■ 图 4.19 抢红包业务模块整体自测控制台输出结果

而 Postman 的响应结果如图 4.20 所示。

■ 图 4.20 抢红包业务模块整体自测 Postman 响应结果

而同时，在 red_rob_record 数据表中可以看到，当前用户抢到的红包金额等信息将插入数据库，如图 4.21 所示。

■ 图 4.21 记录当前用户抢到的红包金额等信息入数据库

（2）如果此时在 Postman 对同一个地址再次发起请求时，即意味着"当前用户再次发起抢红包的请求"，由于此时缓存系统中已经缓存了该用户抢到的红包记录，故而后端会直接将缓存在 Redis 中的该用户抢到的红包金额返回给前端，而不会执行"点红包"和"拆红包"的业务处理逻辑。

（3）我们换一个用户 id 为 10011，而其他参数的取值保持不变的地址 http://127.0.0.1:8087/middleware/red/packet/rob?userId=10011&redId=redis:red:packet:10010:

177565921763957，表示当前用户 10011 也看到了群里有人发出了红包，故而也发起了抢红包的请求。单击"Send"按钮即可发起请求，然后再观察控制台的输出结果和 Postman 的响应结果，可以看到当前用户抢到的红包金额为 0.61 元，控制台输出结果和 Postman 响应结果分别如图 4.22 和图 4.23 所示。

■ 图 4.22 抢红包业务模块整体自测控制台输出结果

■ 图 4.23 抢红包业务模块整体自测 Postman 响应结果

最后是查看数据库中 red_rob_record 表中的记录信息，如图 4.24 所示。

■ 图 4.24 记录当前用户抢到的红包金额等信息入数据库

（4）重复步骤（3）再进行 10 次自测，其中发起请求的地址保持不变，而只需要更改一下 userId 的取值，将其取值设定成 10012、10013、10014、10015、……即可，然后观察控制台的输出结果，如图 4.25 所示。

每次发起请求后再查看 Postman 的响应结果，将可以看到对应的金额信息，同时再查看数据库 red_rob_record 表的记录，可以发现已经成功将抢到红包的用户和其金额等信息记录在了数据表中，如图 4.26 所示。

可以发现此时已经有 10 条记录了，即理论上该红包应当被抢完了，如果此时还有其他用户发起抢红包的请求，那么应当提示"红包已被抢完!"，在 Postman 地址栏输入

http://127.0.0.1:8087/middleware/red/packet/rob?userId=10020&redId=redis:red:packet:10010:177565921763957，即表示 id 为 10020 用户打开群后发现有红包可以抢，点击红包图样发起抢红包的请求，然而此时红包已经被抢光了，如图 4.27 所示。

■ 图 4.25 抢红包业务模块整体自测控制台输出结果

■ 图 4.26 记录当前用户抢到的红包金额等信息入数据库

■ 图 4.27 抢红包业务模块整体自测 Postman 响应结果

最后是打开数据库中两个数据表：red_detail 和 red_rob_record。其中 red_detail 表存储的是"发红包"业务模块中用户发出红包后采用二倍均值法生成的随机金额列表，而 red_rob_record 表存储的是群成员抢到红包时用户账号和抢到的红包金额等信息。很显然，这两个表的数据列表应当是"如出一辙"的，否则就是代码有问题。

这一点可以通过对比这两个数据表的数据记录，特别是 amount 字段的取值信息而得出结论，如图 4.28 所示。

图 4.28 对比 red_detail 和 red_rob_record 两个数据表数据记录

至此,关于"抢红包"业务模块的整体实战流程已经自测完毕。各位读者在自测的过程中需要理解每次在 Postman 发起的请求的含义,以及发起请求后需要时刻观察 IDEA 控制台的输出结果、Postman 的响应信息和数据库中相关数据表的记录等信息并作对比。某种程度上,这也是程序员需要养成的一种良好的习惯。

4.5.4 小结

"抢红包"业务模块是建立在"发红包"业务的基础之上,是整个系统的核心流程。它主要包括两大核心业务,即"点红包"和"拆红包"业务。本节主要是采用代码实战的方式实现这一整块业务逻辑,内容主要包含整体业务模块的分析、代码实战和整体业务模块的自测。经过自测可以得出"抢红包"业务模块基本上没有太多的问题,算是为整个系统的代码实战初步画上一个圆满的句号。

然而,任何事物并非十全十美的,业务模块自测过程也是如此。在这整个自测过程中,缺陷在于 Postman 不断发起的请求几乎并非同一时刻,即这些请求几乎都是串行、有时间间隔的,这并不能达到实际生产环境中秒级高并发请求的要求。所谓的高并发,其实指的就是在同一时刻突然有成千上万甚至上百万、千万数量级的请求到达后端接口。

像春节期间微信群的抢红包活动,当某个成员发出红包后,正常情况下群里的所有成员均会点击该红包图样,发起抢红包的请求,而这些请求中很大一部分是在同一时刻同时到达后端接口的。在当前"抢红包"业务模块的代码实战过程中,并没有考虑高并发抢红包请求的情况。众所周知,高并发请求其实本质上是多线程高并发的。多线程的高并发如果出现抢占共享资源而不加以控制的话,将会带来各种各样的并发安全问题,数据不一致便是其中典型的一种。

既然有这样那样的问题,那就需要寻找解决方案。从下一节开始,我们将重点介绍如何借助高并发压测工具 JMeter 模拟大数据量的并发请求,并观察由此产生的问题和针对出现的问题进行优化与代码实战。

4.6 JMeter 压测高并发抢红包

Apache JMeter 是 Apache 组织开发的基于 Java 的压力测试工具。它可以通过产生来自不同类别的压力,模拟实际生产环境中高并发产生的巨大负载,从而对应用服务器、网络或对象整体性能进行测试,并对最终产生的测试结果进行分析和反馈。

使用 JMeter 压力测试工具之前,需要前往 Apache 官网获取 JMeter 压力测试工具包,如图 4.29 所示。

图 4.29 Apache JMeter 官网

下载完成之后,解压到某个磁盘目录下,然后双击进入该文件夹,接着找到 bin 文件目录,最后双击 jmeter.sh 文件,会弹出一个的 DOS 界面,此时是 JMeter 在做一些初始化的工作，稍微等待一定的时间，即可进入 JMeter 的操作界面。Apache JMeter 的 bin 文件目录如图 4.30 所示。

图 4.30　Apache JMeter 的 bin 文件目录

接下来我们借助 JMeter 压测工具对高并发抢红包请求进行压力测试，首先单击"文件"，新建一个测试计划，然后在该测试计划下新建线程组，最后在线程组下新建"HTTP 请求""CSV 数据文件设置"以及"察看结果树"，整体目录结构如图 4.31 所示。

图 4.31　高并发抢红包请求的整体目录结构

新建的线程组内容如图 4.32 所示，在这里暂时指定 1s 内并发的线程数为 10。

图 4.32　高并发抢红包请求下新建线程组

紧接着是新建的 HTTP 请求的内容设置，包括请求的协议、所在的服务器名称或 IP、端口号、请求方法和请求路径等信息。当然，重点是该 HTTP 请求的参数，其中 userId 的取值将来源于"CSV 数据文件设置"中文件的内容，整体设置如图 4.33 所示。

图 4.33　高并发抢红包请求下新建 HTTP 请求

然后是"CSV 数据文件设置"的内容设置，由于抢红包的高并发主要来源于多个用户同时发起请求，故而需要设定几个固定的用户 id 列表，用于发起高并发请求时从此文件中随机读取用户 id 值，从而赋值给请求参数 userId。在这里我们假设当前用户 id 的取值列表为 10030~10035 共 6 个用户，如图 4.34 所示。

最后是在线程组下新建"察看结果树"选项，目的是为了查看发起请求后系统的响应结果，如图 4.35 所示。

■ 图4.34 高并发抢红包请求下新建CSV数据文件设置

■ 图4.35 高并发抢红包请求下新建察看结果树

至此已经完成了针对系统发起高并发抢红包请求的设置。在进行高并发压力测试之前，因为"抢红包"是建立在"发红包"业务的基础上的，故而需要通过Postman发起"发红包"的请求，从而在缓存系统中生成红包剩余总个数和红包随机金额列表。

下面采用 userId 为 10030、total 为 10、amount 为 500 即总金额为 5 元的测试数据发起"发红包"的请求,请求数据如下。

```
{
    "userId":10030,
    "total":10,
    "amount":500
}
```

单击"Send"按钮发起请求,即可得到响应结果,如图 4.36 所示。

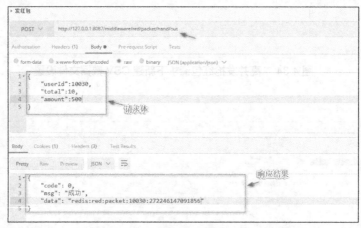

图 4.36　Postman 发起发红包的请求

复制响应结果中 data 的取值,粘贴到前面搭建好的 JMeter 压力测试界面中"HTTP 请求"的请求参数 redId 的取值中,如图 4.37 所示。

图 4.37　将 data 的取值赋给 JMeter 压测 HTTP 请求的请求参数 redId

最后调整线程组中 1 秒并发的线程数为 1000，表示在同一时刻群里将有 1000 个用户同时发起抢红包的请求，如图 4.38 所示。

■ 图 4.38　调整线程组中 1 秒内并发的线程数为 1000

至此，所有的准备工作都已经做好了。单击运行按钮，即可发起高并发抢红包请求，单击 JMeter 的察看结果树，即可看到 1000 个请求对应的响应结果，如图 4.39 所示。

■ 图 4.39　单击察看结果树查看 1000 个请求对应的响应结果

然后再查看 IDEA 控制台的输出结果。由于我们在发起发红包请求时指定的红包个数为 10 个，所以不管高并发的请求量有多少，后端接口在处理相应的业务逻辑过程中，也必须要保证最多有 10 个不同的用户抢到这 10 个小红包。控制台输出结果如图 4.40 所示。

```
[2019-03-24 22:57:39.722] boot  -  INFO [http-nio-8087-exec-12] --- RedPacketService: 当前用户抢到红包了: userId=10030
 key=redis:red:packet:10030:272246147091856 金额=0.12
[2019-03-24 22:57:39.722] boot  -  INFO [http-nio-8087-exec-7]  --- RedPacketService: 当前用户抢到红包了: userId=10034
 key=redis:red:packet:10030:272246147091856 金额=0.37
[2019-03-24 22:57:39.725] boot  -  INFO [http-nio-8087-exec-1]  --- RedPacketService: 当前用户抢到红包了: userId=10033
 key=redis:red:packet:10030:272246147091856 金额=0.22
[2019-03-24 22:57:39.729] boot  -  INFO [http-nio-8087-exec-15] --- RedPacketService: 当前用户抢到红包了: userId=10035
 key=redis:red:packet:10030:272246147091856 金额=0.38
[2019-03-24 22:57:39.729] boot  -  INFO [http-nio-8087-exec-10] --- RedPacketService: 当前用户抢到红包了: userId=10031
 key=redis:red:packet:10030:272246147091856 金额=0.43
[2019-03-24 22:57:39.729] boot  -  INFO [http-nio-8087-exec-11] --- RedPacketService: 当前用户抢到红包了: userId=10032
 key=redis:red:packet:10030:272246147091856 金额=0.95
[2019-03-24 22:57:39.729] boot  -  INFO [http-nio-8087-exec-8]  --- RedPacketService: 当前用户抢到红包了: userId=10035
 key=redis:red:packet:10030:272246147091856 金额=1.5
[2019-03-24 22:57:39.729] boot  -  INFO [http-nio-8087-exec-4]  --- RedPacketService: 当前用户抢到红包了: userId=10031
 key=redis:red:packet:10030:272246147091856 金额=0.25
[2019-03-24 22:57:39.729] boot  -  INFO [http-nio-8087-exec-13] --- RedPacketService: 当前用户抢到红包了: userId=10031
 key=redis:red:packet:10030:272246147091856 金额=0.68
[2019-03-24 22:57:39.729] boot  -  INFO [http-nio-8087-exec-3]  --- RedPacketService: 当前用户抢到红包了: userId=10030
 key=redis:red:packet:10030:272246147091856 金额=0.1
```

图 4.40　高并发请求下查看控制台的输出结果

仔细分析图 4.40 的输出结果，会发现一个很明显的 Bug，即同一个用户竟然抢到了多个不同随机金额的小红包。如 userId 为 10031 的用户抢到了金额为 0.43 元、0.25 元和 0.68 元的小红包，这违背了一个用户只能对若干个随机金额的小红包抢一次的规则。这也可以通过查看数据表 red_rob_record 的数据记录查看到，如图 4.41 所示。

	id	red_packet	user_id	amount	rob_time	is_active
1	97	redis:red:packet:10030:272246147091856	10030	10.00	2019-03-24 22:57:40	1
2	100	redis:red:packet:10030:272246147091856	10030	12.00	2019-03-24 22:57:40	1
3	93	redis:red:packet:10030:272246147091856	10031	68.00	2019-03-24 22:57:40	1
4	95	redis:red:packet:10030:272246147091856	10031	25.00	2019-03-24 22:57:40	1
5	99	redis:red:packet:10030:272246147091856	10031	43.00	2019-03-24 22:57:40	1
6	101	redis:red:packet:10030:272246147091856	10032	95.00	2019-03-24 22:57:40	1
7	94	redis:red:packet:10030:272246147091856	10033	22.00	2019-03-24 22:57:40	1
8	96	redis:red:packet:10030:272246147091856	10034	37.00	2019-03-24 22:57:40	1
9	92	redis:red:packet:10030:272246147091856	10035	38.00	2019-03-24 22:57:40	1
10	98	redis:red:packet:10030:272246147091856	10035	150.00	2019-03-24 22:57:40	1

图 4.41　高并发请求下查看数据表的记录

从技术的层面分析，这其实就是高并发多线程产生的并发安全而导致的。在下一节我们将从代码的角度剖析为何会出现这种问题，以及针对这样的问题介绍相应的解决方案，并最终采用代码进行实战。

4.7　问题分析与优化方案实战

程序员（包括笔者自身）们总会有这样一种错觉：自己明明已经在本地或者测试环境对代码进行了千百遍的测试，为何在实际生产环境中却依旧会出现这样那样的问题呢？其实，这种情况在很大程度上并不能说是代码的核心逻辑有问题，很大一部分原因在于开发者并没有将这份代码置于实际的生产环境中接受考验，导致自己认为自身的代码是完美无瑕的。

对于抢红包系统的"抢红包"业务模块来说也是如此。我们确实已经对业务模块进行了分析、开发流程的梳理、代码的实战和自测等操作，也对产生的数据进行了分析和对比，但是却在模拟实际生产环境的过程中暴露出了问题。原因就在于我们并没有考虑"纳秒级同时并发多线程"的情况，导致最终出现数据不一致或与所预料的相差甚远的结果。

4.7.1　问题分析

"事出必有因"，在本节我们将从代码的角度剖析产生"同一个用户抢到多个红包"的原因。

回顾一下前面章节"抢红包"业务模块的开发实战过程，特别是其后端接口的执行流程，会发现程序首先需要执行"缓存系统中是否有红包"的判断，成功通过之后再继续执行后续的业务流程，如图 4.42 所示。

■　图 4.42　抢红包业务模块后端接口执行流程

当某一时刻同一用户在界面疯狂地点击红包图样时，如果前端不加以控制的话，同一时刻同一个用户将发起多个抢红包的请求。当后端接收到这些请求时，将很有可能同时进行"缓存系统中是否有红包"的判断并成功通过，然后执行后面弹出红包随机金额的业务逻辑，导致最后同一个用户抢到多个红包的记录。

综合图 4.42 的执行流程和上述对产生问题原因的分析，可以得出其实是后端并没有考虑到高并发请求的情况。更深层次地讲，其原因在于当前后端还没有处理完核心业务逻辑之时，另外同样的请求已经到来，导致后端来不及处理重复判断的逻辑。

4.7.2　优化方案介绍

通过上面的分析，基本上可以得知问题产生的原因在于：同一时刻多个并发的线程对共享的资源进行了访问操作，导致最终出现数据不一致或者结果并非自己所预料的。而这其实就是多线程高并发时出现的并发安全问题。

在传统的单体 Java 应用中，为了解决多线程高并发的安全问题，最常见的做法是在核心的业务逻辑代码中加锁操作（同步控制操作），即加 Synchronized 关键字。然而在微服务、分布式系统架构时代，这种做法是行不通的。因为 Synchronized 关键字是和单一服务节点所在的 JVM 相关联的，而分布式系统架构下服务一般是部署在不同的节点（服务器）下的，从而当出现高并发请求时，Synchronized 同步操作将显得力不从心。

故而我们需要寻找一种更为高效的解决方案。这种方案既要保证单一节点核心业务代码的同步控制，也要保证当扩展到多个节点部署时同样能实现核心业务逻辑代码的同步控制，这时就需要"分布式锁"。

分布式锁其实是一种解决方案，而不是一种编程语言，更不是一种新型的组件或框架。它的出现主要是为了解决分布式系统中高并发请求访问共享资源时导致并发安全的问题。目前关于分布式锁的实现方式市面上也有许多种，典型的包括基于数据库级别的乐观锁、悲观锁，基于 Redis 的原子操作实现分布式锁，基于 ZooKeeper 实现分布式锁等。在后续章节中，本书将专门采用一到两章的篇幅介绍实战分布式锁。

下一节我们将基于 Redis 的分布式锁解决抢红包系统中出现的高并发的安全问题。

4.7.3　优化方案之 Redis 分布式锁实战

Redis 作为一款具有高性能存储特性的缓存中间件，给开发者提供了丰富的数据类型和相应的操作。由于 Redis 底层架构是采用单线程进行设计的，故而它提供的这些操作也是单线程的，即其操作具备原子性。而所谓的原子性，指的是同一时刻只能有一个线程处理核心业务逻辑；当有其他线程对应的请求时，如果前面的线程没有处理完毕，那么当前线程将进入等待状态（堵塞），直到前面的线程处理完毕。

对于抢红包系统"抢红包"的业务模块，其核心处理逻辑在于"拆红包"的操作，故而可以通过 Redis 的原子操作 setIfAbsent() 方法对该模块业务逻辑加分布式锁，表示"如果当前的 Key 不存在于缓存中，则设置其对应的 Value，方法的操作结果返回 True；如果当前的 Key 已经存在于缓存中，则设置其对应的 Value 失败，方法的操作结果将返回 False"。由于该方法具备原子性（单线程）操作的特性，故而当多个并发的线程同一时刻调用 setIfAbsent() 时，Redis 的底层是会将线程加入"队列"排队处理的。

下面采用 setIfAbsent() 方法改造"抢红包"业务逻辑对应的代码，改造后的 rob() 方法如下。

```java
/**
 * 加分布式锁的情况
 * 抢红包，分"点"与"抢"处理逻辑
 * @throws Exception
 */
@Override
public BigDecimal rob(Integer userId,String redId) throws Exception {
    // 获取 Redis 的值操作组件
    ValueOperations valueOperations=redisTemplate.opsForValue();
    // 判断用户是否抢过该红包
    Object obj=valueOperations.get(redId+userId+":rob");
    if (obj!=null){
        return new BigDecimal(obj.toString());
    }
    //"点红包"业务逻辑的处理
    Boolean res=click(redId);
    if (res){
        // 加分布式锁：一个红包每个人只能抢到一次随机金额。即要永远保证一对一地
        // 构造缓存中的 Key
```

```java
            final String lockKey=redId+userId+"-lock";
            //调用 setIfAbsent() 方法，间接实现分布式锁
            Boolean lock=valueOperations.setIfAbsent(lockKey,redId);
            //设定该分布式锁的过期时间为 24 小时
            redisTemplate.expire(lockKey,24L,TimeUnit.HOURS);
            try {
                //表示当前线程获取到了该分布式锁
                if (lock) {
                    //开始执行后续的业务逻辑，注释同上一节 rob() 的注释
                    Object value=redisTemplate.opsForList().rightPop(redId);
                    if (value!=null){
                        //红包个数减 1
                        String redTotalKey = redId+":total";
                        Integer currTotal=valueOperations.get(redTotalKey)!=
null? (Integer) valueOperations.get(redTotalKey) : 0;
                        valueOperations.set(redTotalKey,currTotal-1);
                        //将红包金额返回给用户的同时，将抢红包记录存入数据库与缓存
                        BigDecimal result = new BigDecimal(value.toString()).
divide(new BigDecimal(100));
                        redService.recordRobRedPacket(userId,redId,new
BigDecimal(value.toString()));
                        //将当前用户抢到的红包记录存入缓存，表示当前用户已经抢过该
                        //红包了
                        valueOperations.set(redId+userId+":rob",result,24L,
TimeUnit.HOURS);
                        //输出抢到的红包金额信息
                        log.info("当前用户抢到红包了: userId={} key={} 金额=
{} ",userId,redId,result);
                        return result;
                    }}
```

```
            }catch (Exception e){
                throw new Exception(" 系统异常 - 抢红包 - 加分布式锁失败！");
            }
        }
        return null;
    }
```

接下来需要对加了分布式锁后的接口进行压力测试，测试的流程跟前面小节的测试流程是一样的。首先需要调用发红包的接口发出若干个小红包，请求和响应信息如图 4.43 所示。

图 4.43　请求和响应信息

然后将响应结果中的 data 的值复制，粘贴到 JMeter 界面中"HTTP 请求"的 redId 参数的取值中，如图 4.44 所示。

图 4.44　将响应结果中 data 的值赋给 redId 请求参数

其中，"CSV 数据文件设置"中用户 id 存储列表文件保持不变，即用户 id 取值为 10030 到 10035，线程组中 1 秒内并发的线程数也保持不变。最后，单击运行按钮，即可发起高并发请求。观察控制台的输出结果，你会发现，不会再出现"同一用户抢到多个红包金额"的现象，如图 4.45 所示。

```
[2019-03-25 22:06:59.829] boot -  INFO [http-nio-8087-exec-13] --- RedPacketService: 当前用户抢到红包了：userId=10035
 key=redis:red:packet:10050:356507939164216 金额=2.04
[2019-03-25 22:06:59.829] boot -  INFO [http-nio-8087-exec-1]  --- RedPacketService: 当前用户抢到红包了：userId=10031
 key=redis:red:packet:10050:356507939164216 金额=1.49
[2019-03-25 22:06:59.829] boot -  INFO [http-nio-8087-exec-34] --- RedPacketService: 当前用户抢到红包了：userId=10033
 key=redis:red:packet:10050:356507939164216 金额=1.39
[2019-03-25 22:06:59.831] boot -  INFO [http-nio-8087-exec-15] --- RedPacketService: 当前用户抢到红包了：userId=10032
 key=redis:red:packet:10050:356507939164216 金额=0.14
[2019-03-25 22:06:59.831] boot -  INFO [http-nio-8087-exec-16] --- RedPacketService: 当前用户抢到红包了：userId=10030
 key=redis:red:packet:10050:356507939164216 金额=0.79
[2019-03-25 22:06:59.833] boot -  INFO [http-nio-8087-exec-26] --- RedPacketService: 当前用户抢到红包了：userId=10034
 key=redis:red:packet:10050:356507939164216 金额=0.38
```

■ 图 4.45　加分布式锁后高并发请求下控制台的输出结果

最后，再观察数据表 red_rob_record 的数据记录，发现确实没有出现"同一个用户抢到多个红包"的现象，如图 4.46 所示。

id	red_packet	user_id ▲ 1	amount	rob_time	is_active
1 116	redis:red:packet:10050:356507939164216	10030	79.00	2019-03-25 22:07:00	1
2 112	redis:red:packet:10050:356507939164216	10031	149.00	2019-03-25 22:07:00	1
3 117	redis:red:packet:10050:356507939164216	10032	14.00	2019-03-25 22:07:00	1
4 114	redis:red:packet:10050:356507939164216	10033	139.00	2019-03-25 22:07:00	1
5 115	redis:red:packet:10050:356507939164216	10034	38.00	2019-03-25 22:07:00	1
6 113	redis:red:packet:10050:356507939164216	10035	204.00	2019-03-25 22:07:00	1

■ 图 4.46　加分布式锁后高并发请求下的数据表记录

至此，对于抢红包系统高并发请求的优化方案基本上已经实战和自测完毕。在这里笔者强烈建议各位读者仍然需要多自测几遍，并不断地变更红包的个数、总金额、用户 id、列表中的取值和 1 秒内并发的线程数等参数取值的设置，或许你会看到不一样的、更有趣的现象。

4.7.4　不足之处

本节主要是对"抢红包"业务模块发起高并发请求时出现数据不一致的现象进行分析，并得出其产生问题的本质原因在于没有加锁（同步操作）进行控制，从而导致多个线程访问共享资源或操作同一份代码时出现并发安全的现象。为此我们采用了基于 Redis 的分布式锁（原子操作）、并以代码实战的方式对整体的核心业务处理逻辑进行了优化。当然，在实际生产环境中分布式锁的实现方式有许多种。在后续篇章中，我们将对其进行介绍和实战，感兴趣的读者也可以提前前往第 8 章和第 9 章进行阅读。

值得一提的是，目前虽然系统整体的代码处理逻辑没有太多的问题，而且也确实已经能"扛得住"纳秒级高并发的请求。然而，从业务层面的角度上看，这个抢红包系统还是存在着些许问题的，在这里提出其中的一个，当作是各位读者的课后作业。该问题描述如下。

当发出的红包没有被抢完时，请问该如何处理剩下的红包？即，如发出一个固定总金额为 10 元的红包，设定个数为 10 个，但是最终却只有 6 个被抢到，那么剩下的 4 个红包汇总的金额该如何处理？对于目前系统而言，是不能处理这一问题的，算是其中的不足之处吧。对于这个问题的解决，各位读者可以尝试自己去实现。（提示：最终剩下的金额当然得归还给发红包者）

4.8 总结

"抢红包"系统的兴起，着实给互联网企业带来了巨大的用户流量，也给系统的设计和开发者带来了巨大的挑战。本章我们主要借鉴微信红包的一种模式进行实战，自主设计了一款能"扛"住用户高并发请求的抢红包系统。其中，此种模式的场景为：用户发出一个固定金额的红包，让多个人抢。

基于这样的业务场景，我们首先是对系统进行了整体业务流程的梳理，并对其进行分析和模块划分，然后基于划分好的模块进行数据库的设计、开发环境的搭建和整体开发流程的介绍。紧接着，为了保证红包金额产生的随机性和概率相等性，我们介绍并实战了一种随机数生成算法——二倍均值法。值得一提的是，在本系统中我们是采用预生成的方式生成随机金额列表的，这跟微信红包实时产生金额的方式是不一样的（但是算法的核心思想类似）。

最后，是抢红包系统两大核心业务模块的开发流程分析与代码实战，包括"发红包"和"抢红包"两大业务模块。而且，我们采用自测的方式对相应的接口进行了测试。

然而，任何事物都并非十全十美的，业务模块自测过程也是如此。当我们用 JMeter 模拟高并发请求对系统的接口进行压力测试时，会出现预料之外的现象，即"同一个用户会抢到多个红包金额"，这在实际情况中显然是不允许出现的。经分析发现，这是一种多线程高并发时产生的并发安全问题，需要对核心业务处理逻辑加同步控制的操作，即加分布式锁。最后我们基于 Redis 的分布式锁实战解决了上述的问题。

至此，我们基本上已经完成了抢红包系统的设计、开发和性能上的测试。建议各位读者在实战的过程中，一定要多动手、多分析、多自测和多总结。正所谓"实战出真知"，只有经过不断地代码实战、不断地犯错和总结，最终才能积累属于自己的开发经验。

第5章 消息中间件 RabbitMQ

在企业级应用系统架构演进的过程中，中间件起到了不可磨灭的作用。前面章节介绍了缓存中间件 Redis，其主要作用在于提升高并发请求情况下查询的性能，减少查询数据库的次数，从而减轻 DB 服务器的压力。随着用户流量的快速增长，由于传统应用在系统接口和服务处理模块层面仍然沿用高耦合、同步的处理方式，导致接口由于线程堵塞而延长了整体响应时间，即产生了所谓的"高延迟"。

为此消息中间件 RabbitMQ 得到了重用。RabbitMQ 是目前市面上应用相当广泛的分布式消息中间件，在企业级应用、微服务系统中充当着重要的角色。它可以通过异步通信等方式降低应用系统接口层面的整体响应时间。除此之外，RabbitMQ 在一些典型的应用场景和业务模块处理中具有重要的作用，比如业务服务模块解耦、异步通信、高并发限流、超时业务、数据延迟处理等，这些特性与应用场景在本章将有所提及。

本章涉及的知识点如下。
- RabbitMQ 概述，包括其典型应用场景和作用，并在本地安装 RabbitMQ 服务。
- 介绍 RabbitMQ 相关专有词汇，包括消息、队列、交换机、路由和各种典型的消息模型。
- 基于搭建的 Spring Boot 项目整合 RabbitMQ，并自定义注入相关 Bean 配置，采用 RabbitMQ 相关组件以代码实战消息的发送和接收。
- 基于 Spring Boot 整合 RabbitMQ 的项目实战各种典型的消息模型，并介绍 RabbitMQ 的几种消息确认消费机制。
- 采用 RabbitMQ 实战典型的应用场景，即"用户登录成功异步写日志"。

5.1 RabbitMQ 概述

作为市面上为数不多的分布式消息中间件，RabbitMQ 的应用相当广泛。根据目前官方提供的数据，在全球范围内有诸多小型初创企业和大型公司部署了 35000 多个 RabbitMQ 生产节点，给企业的应用系统带来了性能和规模上的提升。

除此之外，RabbitMQ 还是一款开源的、实现了高级消息队列协议（Advanced Message Queuing Protocol，AMQP）的消息中间件；既支持单一节点的部署，同时也支持多个节点的集群部署，在某种程度上完全可以满足目前互联网应用或产品高并发、大规模和高可用性的要求。

本小节将主要从 RabbitMQ 的官方网站入手，一步一步地介绍 RabbitMQ，同时介绍 RabbitMQ 目前在实际生产环境中典型的应用场景。除此之外，我们将会在本地 Windows 操作系统安装 RabbitMQ 的服务，并一起见识 RabbitMQ 面向开发者的后端管理控制台的"容貌"。在本节的最后，我们将介绍传统企业级应用系统如何基于 Spring 的特性和内置组件实现业务服务模块的解耦和消息的异步通信。

5.1.1 认识 RabbitMQ

打开浏览器，进入 RabbitMQ 的官网，如图 5.1 所示。

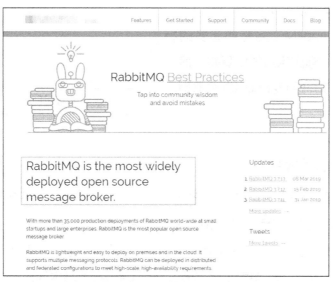

■ 图 5.1 RabbitMQ 的官方介绍

从图 5.1 中可以看出官方对于 RabbitMQ 的介绍还是相当隆重的，声称 RabbitMQ 是目前应用和部署"最"广泛的开源消息代理，并声称在全球范围内有诸多小型初创企业和大型公司部署了 35000 多个生产节点，给企业的应用系统带来了性能和规模上的提升。

虽然 RabbitMQ 可能是现在应用部署最广泛的开源消息中间件，但笔者认为谁也不能保证将来仍旧如此。

官方既然能如此隆重地定义和介绍 RabbitMQ，在某种程度上说明其在企业级系统中应用还是很广泛的。事实也如此，RabbitMQ 在如今盛行的分布式系统中主要起到存储分发消息、异步通信和解耦业务模块等作用，在易用性、扩展性和高可用性等方面均表现不俗。

值得一提的是，RabbitMQ 是一款面向消息而设计的、遵循 AMQP 的分布式消息中间件，其服务端是采用 Erlang 开发的，支持多种编程语言的应用系统调用其提供的 API。

除此之外，RabbitMQ 的开发团队还为其内置了人性化的后端管理控制台，或者称之为"面向开发者的消息客户端"，可以用于实现 RabbitMQ 的队列、交换机、路由、消息和服务节点等的管理，同时也可以用于管理相应的用户（主要是分配相应的操作权限和数据管理权限等）。

5.1.2　典型应用场景介绍

RabbitMQ 作为一款能实现高性能存储分发消息的分布式中间件，具有异步通信、服务解耦、接口限流、消息分发和延迟处理等功能，在实际生产环境中具有很广泛的应用，其特性可以概括为图 5.2 所示。

正是由于 RabbitMQ 拥有如此多的特性，才使得其在实际应用系统中具有一席之地，本小节将主要介绍 RabbitMQ 的典型应用场景。

■ 图 5.2　RabbitMQ 的特性

1．异步通信和服务解耦

以"用户注册"为实际场景，传统的企业级应用处理用户注册的流程，首先是用户在界面上输入用户名、邮箱或手机号等信息，确认无误后，点击"注册"按钮提交相关信息，前端会将这些信息提交到后端相关接口进行处理；后端在接收到这些信息后，会先对这些信息进行最基本的校验，校验成功后会将信息写入到数据库相关数据表；而为了用户注册信息的安全性，后端会调用邮件服务器提供的接口发送一封邮件用于验证用户账号的合法性，或者是调用短信服务的发送短信验证码接口对用户进行验证；验证通过后，才将响应信息返回给前端用户，并提示"注册成功"。整个流程如图 5.3 所示。

图 5.3 传统的企业级应用系统用户注册的流程

从图 5.3 的流程可以看出，用户从点击"注册"提交相关信息之后便需要经历"漫长"的等待，整体的等待时间约等于"写入数据库"+"邮箱验证"或"短信确认"的处理时间之和。在处理的过程中如果发邮件、发短信业务逻辑出现异常，整个流程将会终止——很显然这种处理方式对于当前互联网用户来说几乎不能接受。

仔细分析用户注册的整个流程，不难发现其核心的业务逻辑在于"判断用户注册信息的合法性并将信息写入数据库"。而"发送邮件"和"短信验证"服务在某种程度上并不归属于"用户注册"的核心流程，故而可以将相应的服务从其中解耦出来，并采用消息中间件如 RabbitMQ 进行异步通信，流程如图 5.4 所示。

图 5.4 引入 RabbitMQ 消息中间件后用户注册的流程

可以看到 RabbitMQ 的引入，将"一条线走到底"的业务服务模块进行了解耦，系统接口的整体响应时间也明显缩短了许多，即实现了低延迟。从用户的角度看，这将带来很好的体验。

2. 接口限流和消息分发

以"商城用户抢购商品"为例。商城为了吸引用户流量，会不定期地举办线上商城热门商品的抢购活动。当抢购活动开始之前，用户犹如守株待兔一般盯在屏幕前等待活动的开始；当活动开始之时，由于商品数量有限，所有的用户几乎会在同一时刻点击"抢购"按钮开始进行商品的抢购。整体流程如图 5.5 所示。

图 5.5　商城商品抢购活动传统的处理流程

毫无疑问，在抢购活动开始的那一刻，将会产生巨大的用户抢购请求量，这些请求几乎在同一时间到达后端系统接口。而在正常的情况下，后端系统接口在接收到前端发过来的请求时，会执行如下流程。

首先会校验用户和商品等信息的合法性；当校验通过之后，会判断当前商品的库存是否充足；如果充足，则代表当前用户将能成功抢购到商品，最后将用户抢购成功的相关数据记录存入数据库，并异步通知用户抢购成功、尽快进行付款等。

然而，通过仔细分析发现，后端系统接口在处理用户抢购的整体业务流程太长。而在这整块业务逻辑的处理过程中，存在着先取出库存、再进行判断、最后再进行减一的更新操作。在高并发请求的情况下，这些业务操作会给系统带来诸多的问题，比如"商品超卖""数据不一致""用户等待时间长""系统接口挂掉"等问题。故而这种单一的处理流程只适用于同一时刻前端请求量很少的情况；而对于类似"商城抢购""商品秒杀"等某一时刻产生高并发请求的情况；则显得力不从心。

消息中间件 RabbitMQ 的引入将大大地改善系统的整体业务流程和性能，图 5.6 为引入 RabbitMQ 后系统的整体处理流程。

图 5.6 引入 RabbitMQ 后系统的整体处理流程

由图 5.6 可以看出，RabbitMQ 的引入主要是从以下两个方面优化系统的整体处理流程。

（1）接口限流：前端产生的高并发请求并不会像"无头苍蝇"一样立即到达后端系统接口，而是像每天上班时的地铁限流一样，将这些请求按照"先来后到"的顺序存入 RabbitMQ 的队列，即在某种程度上实现"接口限流"。

（2）消息异步分发：当商品库存充足时，当前抢购的用户将可以抢到该商品，之后会异步地通过发送短信、发送邮件等方式通知用户抢购成功，并告知用户尽快付款，即在某种程度上实现了"消息异步分发"。

3．延迟处理

RabbitMQ 除了可以实现消息实时异步分发之外，在某些业务场景下，还能实现消息的延时、延迟处理。下面以"春运期间 12306 抢票"为例进行说明。"春运抢票"相信读者都不陌生，当我们"抢"到火车票时，12306 官方会提醒用户"请在 30 分钟内付款"，正常情况下用户会立即点击"付款"，然后输入相应的支付密码支付火车票的费用，扣款成功后，12306 官方会发送邮件或者短信通知用户抢票和付款成功等提示信息。

然而，实际情况下却存在着一些特殊情况。比如用户抢到火车票后，由于各种原因而迟迟没有付款，过了 30 分钟后仍然没有支付车票的费用，导致系统自动取消该笔订单。类似这种"需要延迟一定的时间后再进行处理"的业务在实际生产环境中并不少见。传统企业级应用对于这种业务的处理，是采用一个定时器定时去获取没有付款的订单，并判断用户的下单时间距离当前的时间是否已经超过 30 分钟。如果是，则表示用户在 30 分钟内仍然没有付款，系统将自动失效该笔订单并回收该车票。整个业务流程如图 5.7 所示。

图 5.7　抢票成功后 30min 内未付款的传统处理流程

"春运抢票"完全是一个大数据量、高并发请求的场景（全国几乎上千万、上亿的人都在抢）。在某一时刻车票开抢之后，正常情况下将陆续会有用户抢到车票，但是距离车票付款成功是有一定的时间间隔的。在这段时间内，如果定时器频繁地从数据库中获取"未付款"状态的订单，其数据量之大将难以想象；而且如果大批量的用户在 30 分钟内迟迟不付款，那从数据库中获取的数据量将一直增长。当达到一定程度时，将给数据库服务器和应用服务器带来巨大的压力，甚至压垮服务器，导致抢票等业务全线崩溃，带来的直接后果将不堪设想。

早期的很多抢票软件每当遇到春运高峰期时，经常会出现"网站崩溃""单击购买车票却一直没响应"等状况。某种程度上是因为在某一时刻产生的高并发，或者定时频繁从数据库中获取的数据量过大等状况导致内存、CPU、网络和数据库服务等负载过高所引起的。

而消息中间件 RabbitMQ 的引入，不管是从业务层面还是应用的性能层面，都大大地改善了系统的整体业务流程和性能。图 5.8 为引入 RabbitMQ 消息中间件后"抢票成功后 30 分钟内未付款的处理流程"的优化。

■ 图 5.8 抢票成功后 30 分钟内未付款的优化处理流程

从该优化流程中可以看出 RabbitMQ 的引入主要是取消了传统处理流程的"定时器处理逻辑"，取而代之的是采用 RabbitMQ 的延迟队列进行处理。延迟队列，顾名思义，指的是可以延迟一定的时间再处理相应的业务逻辑。

RabbitMQ 的这一特性在某些场景下确实能起到很好的作用，比如上面讲的"成功抢到票后 30 分钟内未付款的处理流程"就是比较典型的一种。除此之外，商城购物时"点击'去付款'而迟迟没有在规定的时间内支付"的流程的处理、点外卖时"下单成功后迟迟没有在规定的时间内付款"的流程的处理等，都是实际生产环境中比较典型的场景。

除了上述所罗列的应用场景外，RabbitMQ 在其他业务场景下也同样具有很广泛的应用，在这里就不再一一列举了。

5.1.3　RabbitMQ 后端控制台介绍

RabbitMQ 作为一款应用相当广泛的分布式中间件，在实际应用系统中具有很重要的"地位"。为了能在项目中使用 RabbitMQ，首先需要在本地安装 RabbitMQ 并能进行简单的使用。RabbitMQ 的安装本书就不做详细介绍了，各位读者可以在网上搜索相关资料进行安装，比如搜索"Windows RabbitMQ 的安装与配置"，然后按照相应的指示进行安装和配置即可（培养自己的动手能力）。

由于 RabbitMQ 是采用 Erlang 开发的、遵循 AMQP 并建立在强大的 Erlang OTP 平台的消息队列，故而在安装 RabbitMQ 服务之前，需要先安装 Erlang。安装过程中，需要同时安装好 RabbitMQ 的管理控制台，即 RabbitMQ 的后端控制台，其提供的人性化界面主要用于更好地管理消息、队列、交换机、路由、通道、消费者实例和用户等信息。

安装完成后，打开浏览器，在地址栏输入 http://127.0.0.1:15672/ 并按回车键，输入 guest/guest（即默认的用户名和密码），单击"Login"，即可进入 RabbitMQ 的后端管理控制台，如图 5.9 所示。

在图 5.9 中可以看到笔者在本地开发环境中使用 RabbitMQ 产生的历史消息队列。单击某条队列，可以看到队列的详情信息，包括名称、绑定的路由和交换机、持久化模式和消费者实例等信息，如图 5.10 所示。

■ 图 5.9　RabbitMQ 的后端管理控制台

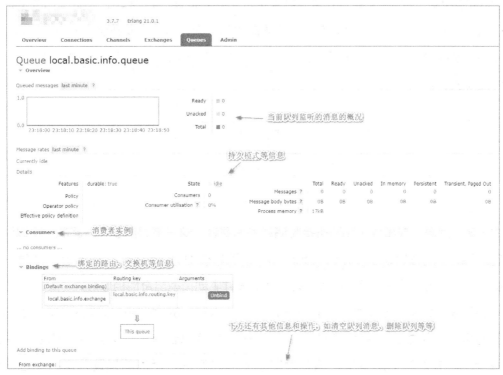

■ 图 5.10　RabbitMQ 的队列详情信息

当然，关于 RabbitMQ 的这些专有词汇各位读者现在可能比较陌生，在第 6 章我们将很快认识并掌握这些词汇的含义与作用。

5.1.4　基于 Spring 的事件驱动模型实战

在真正开始介绍和实战 RabbitMQ 的专有词汇和各种消息模型之前，本小节先来介绍一下传统企业级 Spring 应用系统中是如何构建消息模型、实现消息的异步分发和业务模块的解耦的。众所周知，Spring 作为一款应用很广泛的 Java 核心框架，在目前大部分的 Java Web 应用系统中几乎都可以看到它的踪影。它具有许多强大的功能特性和核心组件，其中比较典型的当属"控制反转 IOC"和"面向切面编程 AOP"两大特性，关于这两大特性的介绍在本书就不作详述了，感兴趣的读者可以参阅其他书籍或者网上搜索相关资料进行学习。本小节重点要介绍的是 Spring 内置的基于 ApplicationEvent 和 ApplicationListener 的事件驱动模型。

Spring 的事件驱动模型，顾名思义，是通过"事件驱动"的方式实现业务模块之间的交互。交互的方式有同步和异步两种。某种程度上，"事件"也可以看作是"消息"。

在传统企业级 Spring 应用系统中，正是通过事件驱动模型实现信息的异步通信和业务模块的解耦的。在后续章节的实战过程中，读者会发现此种模型跟 RabbitMQ 的消息模型有几分相似之处。如果读者对底层源码感兴趣，通过研读会发现这两者确实是有关联的（特别是两者发送、接收消息的方式，几乎是一模一样的）。图 5.11 为基于 Spring 的事件驱动模型。

■ 图 5.11　基于 Spring 的事件驱动模型

从图 5.11 中可以看出，Spring 的事件驱动模型主要由 3 大部分组成，包括发送消息的生产者、消息（或事件）和监听接收消息的消费者。这三者是绑定在一起的，可以说是"形影不离"。而在后续章节介绍 RabbitMQ 的消息模型时，会发现"生产者 + 消息 + 交换机 + 路由对应队列 + 消费者"跟 Spring 的事件驱动模型出奇地相似。

接下来我们将基于前面章节搭建好的项目，以实际的案例和代码实战 Spring 的事件驱动模型。需求为：将用户登录成功后的相关信息封装成实体对象，由生产者采用异步的方式发送给消费者，消费者监听到消息后进行相应的处理并执行其他的业务逻辑。

（1）需要创建用户登录成功后的事件实体类 LoginEvent，该实体类需要继承 ApplicationEvent 并实现序列化机制，代码如下。

```java
// 导入包
import lombok.Data;
import lombok.ToString;
import org.springframework.context.ApplicationEvent;
import java.io.Serializable;
/**
 * 用户登录成功后的事件实体
 * @Author:debug (SteadyJack)
 **/
@Data
@ToString
public class LoginEvent extends ApplicationEvent implements Serializable{
    private String userName; //用户名
    private String loginTime; //登录时间
    private String ip; //所在IP
    //构造方法一
    public LoginEvent(Object source) {
        super(source);
    }
    //构造方法二：这是在继承ApplicationEvent类时需要重载的构造方法
    public LoginEvent(Object source, String userName, String loginTime, String ip) {
        super(source);
        this.userName = userName;
        this.loginTime = loginTime;
        this.ip = ip;
    }
}
```

（2）开发监听消息的消费者 Consumer 类，该类需要实现 ApplicationListener 接口并绑定事件源 LoginEvent，其代码如下。

```java
// 导入包
import org.slf4j.Logger;
import org.slf4j.LoggerFactory;
import org.springframework.context.ApplicationListener;
import org.springframework.scheduling.annotation.Async;
import org.springframework.scheduling.annotation.EnableAsync;
import org.springframework.stereotype.Component;
/**Spring 的事件驱动模型，消费者
 * @Author:debug (SteadyJack)
 **/
@Component     //加入 Spring 的 IOC 容器
@EnableAsync  //允许异步执行
public class Consumer implements ApplicationListener<LoginEvent>{
    //定义日志
    private static final Logger log= LoggerFactory.getLogger(Consumer.class);
    /**
     * 监听消费消息
     * @param loginEvent
     */
    @Override
    @Async
    public void onApplicationEvent(LoginEvent loginEvent) {
        //输出日志信息
        log.info("Spring 事件驱动模型 - 接收消息：{}",loginEvent);

        //TODO:后续为实现自身的业务逻辑，如写入数据库等
    }
}
```

（3）开发用于发送消息或产生事件的生产者 Producer，其主要是通过 Spring 内置的 ApplicationEventPublisher 组件实现消息的发送。代码如下。

```java
// 导入包
import org.slf4j.Logger;
import org.slf4j.LoggerFactory;
import org.springframework.beans.factory.annotation.Autowired;
import org.springframework.context.ApplicationEventPublisher;
import org.springframework.stereotype.Component;
import java.text.SimpleDateFormat;
import java.util.Date;
/**Spring 的事件驱动模型，生产者
 * @Author:debug (SteadyJack)
 **/
@Component
public class Publisher {
    // 定义日志
    private static final Logger log= LoggerFactory.getLogger(Publisher.class);
    // 定义发送消息的组件
    @Autowired
    private ApplicationEventPublisher publisher;
    // 发送消息的方法
    public void sendMsg() throws Exception{
        // 构造登录成功后用户的实体信息
        LoginEvent event=new LoginEvent(this,"debug",new SimpleDateFormat("yyyyy-MM-dd HH:mm:ss").format(new Date()),"127.0.0.1");
        // 发送消息
        publisher.publishEvent(event);
        log.info("Spring 事件驱动模型 - 发送消息：{}",event);
```

    }
}
```

（4）创建 Java 单元测试方法触发消息的发送和接收，其代码如下。

```java
// 导入包
import com.debug.middleware.server.MainApplication;
import com.debug.middleware.server.event.Publisher;
import org.junit.Test;
import org.junit.runner.RunWith;
import org.springframework.beans.factory.annotation.Autowired;
import org.springframework.boot.test.context.SpringBootTest;
import org.springframework.test.context.junit4.SpringJUnit4ClassRunner;
/** 定义 Java 单元测试类
 * @Author:debug (SteadyJack)
 **/
@RunWith(SpringJUnit4ClassRunner.class)
@SpringBootTest
public class EventTest {
    // 自动装配生产者实例
    @Autowired
    private Publisher publisher;
    //Java 单元测试方法
    @Test
    public void test1() throws Exception{
        // 调用发送消息的方法产生消息
        publisher.sendMsg();
    }
}
```
```

至此，基于 Spring 的事件驱动模型的代码实战开发完毕，相关代码文件所在的目录结构如图 5.12 所示。

■ 图 5.12　基于 Spring 的事件驱动模型代码文件所在的目录结构

运行 Java 单元测试方法 test1()，观察控制台的输出结果，如图 5.13 所示。

■ 图 5.13　基于 Spring 的事件驱动模型代码运行结果

至此，基于 Spring 的事件驱动模型的代码实战完成。由于我们采用异步的方式接收消息，故而在控制台的输出结果中，可以看到接收处理消息的方式采用不同于主线程 main 的子线程去执行，这种方式可以达到异步通信和业务模块解耦的目的。

5.2　Spring Boot 项目整合 RabbitMQ

RabbitMQ 作为一款应用相当广泛的分布式消息中间件，目前在企业级应用、微服务应用中充当着重要的角色，特别是在一些典型的应用场景和业务模块中具有重要的作用。之所以其具有如此多的功能、特性和作用，主要还是得益于其内部的相关组件。

本节将主要介绍 RabbitMQ 的相关专有词汇，包括生产者、消费者、消息、队列、交换机和路由等基础组件；同时也将介绍如何基于 Spring Boot 项目整合 RabbitMQ，包括其相关依赖和配置文件；除此之外，本节也将介绍如何在 Spring Boot 项目中自定义注入配置 Bean 相关组件以及如何在 Spring Boot 项目中创建队列、交换机、路由及其绑定；在本节的最后，我们也将介绍如何采用 RabbitTemplate 发送消息、@RabbitListener 接收消息等内容。

5.2.1 RabbitMQ 相关词汇介绍

RabbitMQ 是一款用于接收、存储和转发消息的开源中间件，在实际应用系统中可以实现消息分发、异步通信和业务模块解耦等功能。通过访问 RabbitMQ 的官方网站并阅读其相应的开发手册，可以得知 RabbitMQ 的核心要点其实在于消息、消息模型、生产者和消费者。而 RabbitMQ 的"消息模型"有许多种，包括基于 FanoutExchange 的消息模型、基于 DirectExchange 的消息模型和基于 TopicExchange 的消息模型等。这些消息模型都有一个共性，那就是它们几乎都包含交换机、路由和队列等基础组件。

举个例子，RabbitMQ 就跟邮局类似。寄过邮件的读者想必知道一个邮局的核心要素主要包括邮件、邮件箱子、投递邮件用户、接收邮件用户和邮递员，如图 5.14 所示。

图 5.14 邮局的几大核心要素

其中，投递邮件用户 A 相当于 RabbitMQ 产生消息的生产者，邮件相当于消息，接收邮件用户 B 相当于 RabbitMQ 接收处理消息的消费者，而邮件箱子和邮递员可以分别看作是 RabbitMQ 消息模型中的交换机和队列。接下来便简要介绍一下 RabbitMQ 在实际应用开发中涉及的这些核心基础组件。

- 生产者：用于产生、发送消息的程序。
- 消费者：用于监听、接收、消费和处理消息的程序。

- 消息：可以看作是实际的数据，如一段文字、一张图片和一篇文章等，在 RabbitMQ 底层系统架构中，消息是通过二进制的数据流进行传输的。
- 队列：指的是消息的暂存区或者存储区，可以看作是一个中转站，消息经过这个"中转站"后，便将消息传输到消费者手中。
- 交换机：同样也可以看作是消息的中转站，用于首次接收和分发消息，其中包括 Headers、Fanout、Direct 和 Topic。
- 路由：相当于密钥、地址或者"第三者"，一般不单独使用，而是与交换机绑定在一起，将消息路由分支到指定的队列。

以上介绍的便是 RabbitMQ 的几大核心基础组件。值得一提的是，RabbitMQ 的消息模型主要是由队列、交换机和路由 3 大基础组件组成，如图 5.15 所示。

图 5.15　RabbitMQ 的基本消息模型

5.2.2　Spring Boot 项目整合 RabbitMQ

前面介绍了许多关于 RabbitMQ 的相关概念、应用场景和相关专有词汇，本小节将基于前面章节搭建好的 Spring Boot 项目整合 RabbitMQ，包括 RabbitMQ 的相关依赖和配置，最终以代码实战 RabbitMQ 相关的消息模型和典型的应用场景。

（1）在 server 模块的 pom.xml 加入 RabbitMQ 的起步依赖，代码如下。

```
<!--RabbitMQ 的起步依赖 -->
<dependency>
    <groupId>org.springframework.boot</groupId>
    <artifactId>spring-boot-starter-amqp</artifactId>
    <version>1.3.3.RELEASE</version>
</dependency>
```

加入 RabbitMQ 的 Spring Boot 起步依赖后，如果网络畅通，很快即可将该 Jar 包下载下来。

（2）加入 RabbitMQ 的相关配置，即在 application.properties 配置文件中加入 RabbitMQ 的配置，包括 RabbitMQ 服务器所在的 Host、端口号、用户名和密码等配置，代码如下。

```
#RabbitMQ 配置
spring.rabbitmq.virtual-host=/
#RabbitMQ 服务器所在的 Host，在这里连接本地即可
spring.rabbitmq.host=127.0.0.1
#5672 为 RabbitMQ 提供服务时的端口号
spring.rabbitmq.port=5672
#guest 和 guest 为连接到 RabbitMQ 服务器的用户名和密码
spring.rabbitmq.username=guest
spring.rabbitmq.password=guest
# 这是自定义变量，表示本地开发环境
mq.env=local
```

至此，Spring Boot 项目整合 RaBbitMQ 的准备工作完成。可能各位读者会感到些许诧异和疑惑："不会吧，这么少的步骤？这么少的依赖？不需要加入相关 XML 配置文件吗？"而事实正是如此，这也是前面章节介绍 Spring Boot 时提到的特性：起步依赖和自动装配。即 Spring Boot 本身内置了许多主流或第三方框架的依赖，同时也会提供许多相关的自定义变量配置，开发者只需要很少的步骤即可轻松地构建一个完整的项目。就像 Spring Boot 整合 RabbitMQ、Redis 一样，开发者只需要在本地开发环境安装好相关的服务和配置，然后在项目中加入起步依赖以及在配置文件中加入相关变量配置即可。

5.2.3 自定义注入配置 Bean 相关组件

在 Spring Boot 整合 RabbitMQ 的项目中，为了能方便地使用 RabbitMQ 的相关操作组件并跟踪消息在发送过程中的状态，可以在项目中自定义注入和配置 Bean 相关组

件。下面我们将需要注入自定义配置的 Bean 组件放到 RabbitmqConfig 配置类中，代码如下。

```java
// 类所在的包
package com.debug.middleware.server.config;
// 导入依赖包
import org.slf4j.Logger;
import org.slf4j.LoggerFactory;
import org.springframework.amqp.core.*;
import org.springframework.amqp.rabbit.config.SimpleRabbitListenerContainerFactory;
import org.springframework.amqp.rabbit.connection.CachingConnectionFactory;
import org.springframework.amqp.rabbit.core.RabbitTemplate;
import org.springframework.amqp.rabbit.support.CorrelationData;
import org.springframework.amqp.support.converter.Jackson2JsonMessageConverter;
import org.springframework.beans.factory.annotation.Autowired;
import org.springframework.boot.autoconfigure.amqp.SimpleRabbitListenerContainerFactoryConfigurer;
import org.springframework.context.annotation.Bean;
import org.springframework.context.annotation.Configuration;
import org.springframework.core.env.Environment;
import java.util.HashMap;
import java.util.Map;
/**
 * RabbitMQ 自定义注入配置 Bean 相关组件
 * Created by steadyjack on 2019/3/30.
 */
@Configuration
```

```java
public class RabbitmqConfig {
    //定义日志
    private static final Logger log= LoggerFactory.getLogger(RabbitmqConfig.class);
    //自动设置RabbitMQ的链接工厂实例
    @Autowired
    private CachingConnectionFactory connectionFactory;
    //自动设置消息监听器所在的容器工厂配置类实例
    @Autowired
    private SimpleRabbitListenerContainerFactoryConfigurer factoryConfigurer;
    /**
     * 下面为单一消费者实例的配置
     * @return
     */
    @Bean(name = "singleListenerContainer")
    public SimpleRabbitListenerContainerFactory listenerContainer(){
        //定义消息监听器所在的容器工厂
        SimpleRabbitListenerContainerFactory factory = new SimpleRabbitListenerContainerFactory();
        //设置容器工厂所用的实例
        factory.setConnectionFactory(connectionFactory);
        //设置消息在传输中的格式，在这里采用JSON的格式进行传输
        factory.setMessageConverter(new Jackson2JsonMessageConverter());
        //设置并发消费者实例的初始数量，在这里为1个
        factory.setConcurrentConsumers(1);
        //设置并发消费者实例的最大数量，在这里为1个
        factory.setMaxConcurrentConsumers(1);
        //设置并发消费者实例中每个实例拉取的消息数量，在这里为1个
        factory.setPrefetchCount(1);
```

```java
        return factory;
    }

    /**
     * 下面为多个消费者实例的配置，主要是针对高并发业务场景的配置
     * @return
     */
    @Bean(name = "multiListenerContainer")
    public SimpleRabbitListenerContainerFactory multiListenerContainer(){
        //定义消息监听器所在的容器工厂
        SimpleRabbitListenerContainerFactory factory = new SimpleRabbitListenerContainerFactory();
        //设置容器工厂所用的实例
        factoryConfigurer.configure(factory,connectionFactory);
        //设置消息在传输中的格式,在这里采用JSON的格式进行传输
        factory.setMessageConverter(new Jackson2JsonMessageConverter());
        //设置消息的确认消费模式,在这里为NONE,表示不需要确认消费
        factory.setAcknowledgeMode(AcknowledgeMode.NONE);
        //设置并发消费者实例的初始数量,在这里为10个
        factory.setConcurrentConsumers(10);
        //设置并发消费者实例的最大数量,在这里为15个
        factory.setMaxConcurrentConsumers(15);
        //设置并发消费者实例中每个实例拉取的消息数量,在这里为10个
        factory.setPrefetchCount(10);
        return factory;
    }
    //自定义配置RabbitMQ发送消息的操作组件RabbitTemplate
    @Bean
    public RabbitTemplate rabbitTemplate(){
        //设置"发送消息后进行确认"
```

```java
            connectionFactory.setPublisherConfirms(true);
            //设置"发送消息后返回确认信息"
            connectionFactory.setPublisherReturns(true);
            //构造发送消息组件实例对象
            RabbitTemplate rabbitTemplate = new RabbitTemplate(connectionFactory);
            rabbitTemplate.setMandatory(true);
            //发送消息后，如果发送成功，则输出"消息发送成功"的反馈信息
            rabbitTemplate.setConfirmCallback(new RabbitTemplate.ConfirmCallback() {
                public void confirm(CorrelationData correlationData, boolean ack, String cause) {
                    log.info("消息发送成功:correlationData({}),ack({}),cause({})", correlationData,ack,cause);
                }
            });
            //发送消息后，如果发送失败，则输出"消息丢失"的反馈信息
            rabbitTemplate.setReturnCallback(new RabbitTemplate.ReturnCallback() {
                public void returnedMessage(Message message, int replyCode, String replyText, String exchange, String routingKey) {
                    log.info("消息丢失:exchange({}),route({}),replyCode({}),replyText({}),message:{}",exchange,routingKey,replyCode,replyText,message);
                }
            });
            //最终返回RabbitMQ的操作组件实例RabbitTemplate
            return rabbitTemplate;
        }
    }
```

从该自定义配置类的代码中可以得知，当 RabbitMQ 需要处理高并发的业务场景时，可以通过配置"多消费者实例"的方式来实现。而在正常的情况下，对消息不需要并发监听消费处理时，则只需要配置"单一消费者实例"的容器工厂即可。关于容器工厂的使用，在后面小节中将进行介绍。

5.2.4 RabbitMQ 发送和接收消息实战

至此，一切准备工作都已经就绪，接下来进入代码实战环节，即在基于 Spring Boot 整合 RabbitMQ 的项目中创建队列、交换机、路由及其绑定，并采用多种方式实现消息的发送和接收。

在图 5.15 中，可以得知一个基本的 RabbitMQ 的消息模型是由队列、交换机和路由组成，共流程为生产者生产消息并发送到该消息模型中，同时，消费者监听该消息模型中的队列，如果有消息到来，则由消费者进行监听消费处理。下面以"生产者发送一串简单的字符串信息到基本的消息模型中，并由消费者进行监听消费处理"为案例进行代码实战。

（1）在 RabbitmqConfig 类中创建队列、交换机、路由及其绑定，代码如下。

```
// 定义读取配置文件的环境变量实例
@Autowired
private Environment env;

/** 创建简单消息模型：队列、交换机和路由 **/
// 创建队列
@Bean(name = "basicQueue")
public Queue basicQueue(){
    return new Queue(env.getProperty("mq.basic.info.queue.name"),true);
}
// 创建交换机，在这里以 DirectExchange 为例，在后面章节中我们将继续详细介绍这种
// 消息模型
@Bean
public DirectExchange basicExchange(){
```

```
        return new DirectExchange(env.getProperty("mq.basic.info.exchange.name"),true,false);
}
// 创建绑定
@Bean
public Binding basicBinding(){
        return BindingBuilder.bind(basicQueue()).to(basicExchange()).with(env.getProperty("mq.basic.info.routing.key.name"));
}
```

其中环境变量实例 env 读取的相关变量是配置在配置文件 application.properties 中的，相应的取值见如下代码。

```
# 定义基本消息模型中队列、交换机和路由的名称
mq.basic.info.queue.name=${mq.env}.middleware.mq.basic.info.queue
mq.basic.info.exchange.name=${mq.env}.middleware.mq.basic.info.exchange
mq.basic.info.routing.key.name=${mq.env}.middleware.mq.basic.info.routing.key
```

（2）创建发送消息的生产者 BasicPublisher，在这里指定待发送的消息为一串字符串值，代码如下。

```
// 导入依赖包
import com.fasterxml.jackson.databind.ObjectMapper;
import org.assertj.core.util.Strings;
import org.slf4j.Logger;
import org.slf4j.LoggerFactory;
import org.springframework.amqp.core.Message;
import org.springframework.amqp.core.MessageBuilder;
```

```java
import org.springframework.amqp.rabbit.core.RabbitTemplate;
import org.springframework.amqp.support.converter.Jackson2JsonMessageConverter;
import org.springframework.beans.factory.annotation.Autowired;
import org.springframework.core.env.Environment;
import org.springframework.stereotype.Component;
/**
 * 基本消息模型（生产者）
 * @Author:debug (SteadyJack)
 **/
@Component
public class BasicPublisher {
    //定义日志
    private static final Logger log= LoggerFactory.getLogger(BasicPublisher.class);
    //定义JSON序列化和反序列化实例
    @Autowired
    private ObjectMapper objectMapper;
    //定义RabbitMQ消息操作组件RabbitTemplate
    @Autowired
    private RabbitTemplate rabbitTemplate;
    //定义环境变量读取实例
    @Autowired
    private Environment env;
    /** 发送消息
     * @param message 待发送的消息为一串字符串值
     */
    public void sendMsg(String message){
        //判断字符串值是否为空
        if (!Strings.isNullOrEmpty(message)){
```

```java
        try {
            // 定义消息传输的格式为 JSON 字符串格式
            rabbitTemplate.setMessageConverter(new Jackson2Json
MessageConverter());
            // 指定消息模型中的交换机
            rabbitTemplate.setExchange(env.getProperty("mq.basic.
info.exchange.name"));
            // 指定消息模型中的路由
            rabbitTemplate.setRoutingKey (env. getProperty("mq.
basic.info.routing.key.name"));
            // 将字符串值转化为待发送的消息,即一串二进制的数据流
            Message msg=MessageBuilder.withBody(message.getBytes
("utf-8")).build();
            // 转化并发送消息
            rabbitTemplate.convertAndSend(msg);
            // 输出日志信息
            log.info("基本消息模型-生产者-发送消息:{} ",message);
        }catch (Exception e){
            log.error("基本消息模型-生产者-发送消息发生异常:{} ",message,
e.fillInStackTrace());
        }
    }
}
```

(3)创建监听并接收消费处理消息的消费者实例 BasicConsumer,代码如下。

```java
// 导入依赖包
import com.fasterxml.jackson.databind.ObjectMapper;
import org.slf4j.Logger;
```

```java
import org.slf4j.LoggerFactory;
import org.springframework.amqp.rabbit.annotation.RabbitListener;
import org.springframework.beans.factory.annotation.Autowired;
import org.springframework.messaging.handler.annotation.Payload;
import org.springframework.stereotype.Component;
/**
 * 基本消息模型（消费者）
 * @Author:debug (SteadyJack)
 **/
@Component
public class BasicConsumer {
    //定义日志
    private static final Logger log= LoggerFactory.getLogger (BasicConsumer.class);
    //定义JSON序列化和反序列化实例
    @Autowired
    public ObjectMapper objectMapper;
    /**
     * 监听并接收消费队列中的消息，在这里采用单一容器工厂实例即可
     */
    @RabbitListener(queues = "${mq.basic.info.queue.name}",containerFactory = "singleListenerContainer")
    //由于消息本质上是一串二进制数据流，故而监听接收的消息采用字节数组类型接收
    public void consumeMsg(@Payload byte[] msg){
        try {
            //将字节数组的消息转化为字符串并输出
            String message=new String(msg,"utf-8");
            log.info("基本消息模型-消费者-监听消费消息：{} ",message);
        }catch (Exception e){
            log.error("基本消息模型-消费者-发生异常：",e.fillInStackTrace());
```

           }
       }
}

RabbitMQ 基本消息模型实战目录结构如图 5.16 所示。

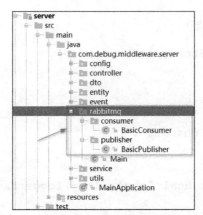

图 5.16 RabbitMQ 基本消息模型实战目录结构

（4）创建 Java 单元测试类 RabbitmqTest，并在该类中开发用于触发上述基本消息模型中生产者发送消息的方法，代码如下。

```
// 导入依赖包
import com.debug.middleware.server.rabbitmq.publisher.BasicPublisher;
import com.fasterxml.jackson.databind.ObjectMapper;
import org.junit.Test;
import org.junit.runner.RunWith;
import org.slf4j.Logger;
import org.slf4j.LoggerFactory;
import org.springframework.beans.factory.annotation.Autowired;
import org.springframework.boot.test.context.SpringBootTest;
import org.springframework.test.context.junit4.SpringJUnit4ClassRunner;
/**RabbitMQ 的 Java 单元测试类
 * @Author:debug (SteadyJack)
```

```java
**/
@RunWith(SpringJUnit4ClassRunner.class)
@SpringBootTest
public class RabbitmqTest {
    //定义日志
    private static final Logger log= LoggerFactory.getLogger(RabbitmqTest.class);
    //定义JSON序列化和反序列化实例
    @Autowired
    private ObjectMapper objectMapper;
    //定义基本消息模型中发送消息的生产者实例
    @Autowired
    private BasicPublisher basicPublisher;
    //用于发送消息的测试方法
    @Test
    public void test1() throws Exception{
        //定义字符串值
        String msg="~~~~这是一串字符串消息~~~~";
        //生产者实例发送消息
        basicPublisher.sendMsg(msg);
    }
}
```

运行该 Java 单元测试类中的方法，观察控制台的输出结果。可以看到消息已经成功发送，并进入基本消息模型中的交换机，最终由指定的路由传输至队列，被消费者监听消费处理，如图 5.17 所示。

从该输出结果中可以得知，该基本消息模型已经成功创建，消息也能在该消息模型中进行传输和监听消费处理，通过访问地址：http://127.0.0.1:15672，输入账号密码登录 RabbitMQ 的后端控制台，可以看到在 RabbitMQ 的后端也已经成功创建了队列、交换机、路由及其绑定，如图 5.18 所示。

图 5.17 RabbitMQ 基本消息模型单元测试方法运行结果

图 5.18 在 RabbitMQ 后端控制台查看创建的基本消息模型

5.2.5 其他发送和接收消息方式实战

RabbitMQ 在实际的应用系统中，除了可以采用上述所讲的发送字节型（通过 getBytes() 方法或者序列化方法）的消息和采用 @RabbitListener 接收字节数组类型的消息之外，还可以通过发送、接收对象类型的方式实现消息的发送和接收。下面以"生产者发送人员对象信息到基本的消息模型中，并由消费者进行监听消费处理"为案例进行代码实战。

（1）在 server 模块下建立一个用于 RabbitMQ 操作的消息对应的实体对象包目录 com.debug.middleware.server.rabbitmq.entity，并在该包目录下建立 Person 信息实体类，代码如下。

```java
// 导入依赖包
import lombok.Data;
import lombok.ToString;
import java.io.Serializable;
/**Person 信息实体类
 * @Author:debug (SteadyJack)
**/
@Data
@ToString
public class Person implements Serializable{
    private Integer id; //人员id
    private String name; //人员姓名
    private String userName; //用户名
    //默认构造方法
    public Person() {
    }
    //所有参数的构造方法
    public Person(Integer id, String name, String userName) {
        this.id = id;
        this.name = name;
        this.userName = userName;
    }
}
```

（2）在 RabbitmqConfig 配置类中创建用于发送对象类型消息的队列、交换机、路由及其绑定，代码如下。

```java
/** 创建简单消息模型——对象类型：队列、交换机和路由 **/
// 创建队列
@Bean(name = "objectQueue")
public Queue objectQueue(){
    return new Queue(env.getProperty("mq.object.info.queue.name"),true);
}
// 创建交换机，在这里以 DirectExchange 为例，在后面章节中我们将继续详细介绍这种
// 消息模型
@Bean
public DirectExchange objectExchange(){
    return new DirectExchange(env.getProperty("mq.object.info.exchange.name"),true,false);
}
// 创建绑定
@Bean
public Binding objectBinding(){
    return BindingBuilder.bind(objectQueue()).to(objectExchange()).with(env.getProperty("mq.object.info.routing.key.name"));
}
```

其中，读取环境变量的实例 env 所读取的参数是配置在配置文件 application.properties 中的，代码如下。

```
#基本消息模型——对象消息
#下面3行代码分别表示"队列名称""交换机名称"和"路由名称"
mq.object.info.queue.name=${mq.env}.middleware.mq.object.info.queue
mq.object.info.exchange.name=${mq.env}.middleware.mq.object.info.exchange
mq.object.info.routing.key.name=${mq.env}.middleware.mq.object.info.routing.key
```

（3）开发用于发送对象类型消息的功能（生产者），在这里将该功能放在 BasicPublisher 类中，代码如下。

```
/**
* 发送对象类型的消息
* @param p
*/
public void sendObjectMsg(Person p){
// 判断对象是否为 Null
    if (p!=null){
        try {
            // 设置消息在传输过程中的格式，在这里指定为 JSON 格式
            rabbitTemplate.setMessageConverter(new Jackson2JsonMessageConverter());
            // 指定发送消息时对应的交换机
            rabbitTemplate.setExchange(env.getProperty("mq.object.info.exchange.name"));
            // 指定发送消息时对应的路由
    rabbitTemplate.setRoutingKey(env.getProperty("mq.object.info.routing.key.name"));
            // 采用 convertAndSend() 方法即可发送消息
            rabbitTemplate.convertAndSend(p, new MessagePostProcessor() {
                @Override
                public Message postProcessMessage(Message message) throws AmqpException {
                    // 获取消息的属性
                    MessageProperties messageProperties=message.getMessageProperties();
                    // 设置消息的持久化模式
    messageProperties.setDeliveryMode(MessageDeliveryMode.PERSISTENT);
```

```
                    // 设置消息的类型 (在这里指定消息类型为 Person 类型)
    messageProperties.setHeader(AbstractJavaTypeMapper.DEFAULT_CONTENT_
CLASSID_FIELD_NAME,Person.class);
                    // 返回消息实例
    return message;
            }
        });
        // 输出日志信息
        log.info("基本消息模型-生产者-发送对象类型的消息: {} ",p);
    }catch (Exception e){
        log.error("基本消息模型-生产者-发送对象类型的消息发生异常: {} ",p,e.
fillInStackTrace());
    }
}
```

从上述代码中可以得知,如果需要发送对象类型的消息,则需要借助 RabbitTemplate 的 convertAndSend() 方法。该方法通过 MessagePostProcessor 实现类直接指定待发送消息的类型,如上述代码中指定消息为 Person 类型。

(4) 开发用于监听消费处理消息的消费者功能,同样的道理,我们在 BasicConsumer 类中添加该功能对应的方法,代码如下。

```
/**
 * 监听并消费队列中的消息,监听消费处理对象信息,在这里采用单一容器工厂实例即可
 */
@RabbitListener(queues = "${mq.object.info.queue.name}",container
Factory = "singleListenerContainer")
public void consumeObjectMsg(@Payload Person person){
    try {
        log.info("基本消息模型-监听消费处理对象信息-消费者-监听消费到消息:
```

```
{} ",person);
    }catch (Exception e){
        log.error("基本消息模型-监听消费处理对象信息-消费者-发生异常：",e.fillInStackTrace());
    }
}
```

从该代码中可以得知，消费者监听消费消息的功能对应的方法也可以实现直接接收对象类型的参数。当然，前提是需要生产者在发送消息时指定消息的类型，代码如下。

```
messageProperties.setHeader(AbstractJavaTypeMapper.DEFAULT_CONTENT_CLASSID_FIELD_NAME,Person.class);
```

（5）创建 Java 单元测试方法用于触发生产者发送消息。我们将该测试方法对应的代码放在 RabbitmqTest 类中，代码如下。

```
@Test
public void test2() throws Exception{
    //构建人员实体对象信息
    Person p=new Person(1,"大圣","debug");
    basicPublisher.sendObjectMsg(p);
}
```

运行该单元测试方法，可以看到控制台的输出结果，如图 5.19 所示。

```
[2019-03-31 16:54:50.770] boot - INFO [main] --- BasicPublisher: 基本消息模型-生产者-发送对象类型的消息：Person(id=1, name=大圣, userName=debug)
[2019-03-31 16:54:50.775] boot - INFO [AMQP Connection 127.0.0.1:5672] --- RabbitmqConfig: 消息发送成功:correlationData(null),ack(true),cause(null)
[2019-03-31 16:54:50.775] boot - INFO [Thread-4] --- GenericWebApplicationContext: Closing org.springframework.web.context.support.GenericWebApplicationContext@2362f559: startup date [Sun Mar 31 16:54:47 CST 2019]; root of context hierarchy
[2019-03-31 16:54:50.777] boot - INFO [Thread-4] --- DefaultLifecycleProcessor: Stopping beans in phase 2147483647
[2019-03-31 16:54:50.780] boot - INFO [Thread-4] --- SimpleMessageListenerContainer: Waiting for workers to finish.
[2019-03-31 16:54:50.796] boot - INFO [SimpleAsyncTaskExecutor-1] --- BasicConsumer: 基本消息模型-监听消费处理对象信息-消费者-监听消费到消息：Person(id=1, name=大圣, userName=debug)
[2019-03-31 16:54:51.640] boot - INFO [Thread-4] --- SimpleMessageListenerContainer: Successfully waited for workers to finish.
[2019-03-31 16:54:51.642] boot - INFO [Thread-4] --- SimpleMessageListenerContainer: Waiting for workers to finish.
[2019-03-31 16:54:51.798] boot - INFO [Thread-4] --- SimpleMessageListenerContainer: Successfully waited for workers to finish.
[2019-03-31 16:54:51.798] boot - INFO [Thread-4] --- DefaultLifecycleProcessor: Stopping beans in phase -2147482648
```

图 5.19　运行单元测试方法后控制台的输出结果

同时，打开浏览器输入地址：http://127.0.0.1:15672 并按回车键，输入账号名和密码后登录 RabbitMQ 的后端控制台，可以查看新创建的队列信息，如图 5.20 所示。

■ 图 5.20　进入 RabbitMQ 后端控制台查看队列信息

单击新创建的队列 local.middleware.mq.object.info.queue，即可查看该队列的详细信息，如图 5.21 所示。

■ 图 5.21　在 RabbitMQ 后端控制台查看队列详情

至此，关于 RabbitMQ 在应用系统中采用其他发送和接收消息的方式实战完毕。其中值得一提的是，在构建队列、交换机、路由及其绑定的消息模型过程中，我们采用了基于 DirectExchange 交换机进行构建，这是属于 RabbitMQ 的一种消息模型，在后续小节中将继续对之进行深入介绍和代码实战。

5.3 RabbitMQ 多种消息模型实战

前面小节我们介绍了 RabbitMQ 的核心基础组件，其中除了包括主要的专有名词之外，还包括由队列、交换机和路由构成的消息模型。而在 RabbitMQ 的核心组件体系中，主要有 4 种典型的消息模型，即基于 HeadersExchange 的消息模型、基于 FanoutExchange 的消息模型、基于 DirectExchange 的消息模型以及基于 TopicExchange 的消息模型。在实际生产环境中，应用最广泛的是后 3 种消息模型。

RabbitMQ 的每种消息模型的内在构成、作用和使用场景各不相同。由于基于 Headers Exchange 的消息模型目前在实际应用系统中几乎很少使用，故而在本节将主要介绍后面 3 种消息模型，并以实际业务场景进行代码实战。

5.3.1 基于 FanoutExchange 的消息模型实战

FanoutExchange 是交换机的一种，具有广播消息的作用。即当消息进入这个中转站时，交换机会检查哪个队列跟自己是绑定在一起的，找到相应的队列后，将消息传输到相应的绑定队列，并最终由队列对应的消费者进行监听消费处理。

细心的读者可能会问"查找绑定的队列时不是还应该需要根据所在的路由进行判断吗？"，答案是"不需要"。因为此种交换机具有广播消息的作用，纵然为其绑定了路由，也是不起作用的。所以，严格意义上，基于 FanoutExchange 的消息模型不能称之为真正的"消息模型"，但是该消息模型中仍旧含有交换机、队列和隐形的路由，故而在这里我们也将其当作消息模型中的一种。这一点，读者无需在意。图 5.22 为基于 FanoutExchange 的消息模型的结构。

从图 5.22 中可以得知，生产者生产的消息将首先进入交换机，并由交换机中转至绑定的 N 条队列中，其中 N>=1，最终由队列所对应的消费者进行监听接收消费处理。

下面进入代码实战环节。业务场景为：将一个实体对象当作消息，并发送到基于 FanoutExchange 的消息模型中，最终由绑定的多条队列（本实战中为 2 条队列）对应的消费者进行监听接收消费处理。图 5.23 是基于 FanoutExchange 的消息模型的实战代码目录结构。

■ 图 5.22 基于 FanoutExchange 的消息模型的结构

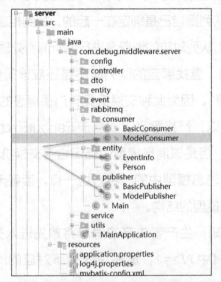

■ 图 5.23 基于 FanoutExchange 消息模型的实战代码目录结构

（1）在自定义注入配置类 RabbitmqConfig 中创建交换机、多条队列及其绑定，代码如下。

```
/** 创建消息模型 FanoutExchange **/
// 创建队列 1
```

```java
    @Bean(name = "fanoutQueueOne")
    public Queue fanoutQueueOne(){
        return new Queue(env.getProperty("mq.fanout.queue.one.name"),true);
    }
    // 创建队列 2
    @Bean(name = "fanoutQueueTwo")
    public Queue fanoutQueueTwo(){
        return new Queue(env.getProperty("mq.fanout.queue.two.name"),true);
    }
    // 创建交换机 fanoutExchange
    @Bean
    public FanoutExchange fanoutExchange(){
        return new FanoutExchange(env.getProperty("mq.fanout.exchange.name"),true,false);
    }
    // 创建绑定 1
    @Bean
    public Binding fanoutBindingOne(){
        return BindingBuilder.bind(fanoutQueueOne()).to(fanoutExchange());
    }
    // 创建绑定 2
    @Bean
    public Binding fanoutBindingTwo(){
        return BindingBuilder.bind(fanoutQueueTwo()).to(fanoutExchange());
    }
```

其中，读取环境变量实例 env 读取的变量是配置在配置文件 application.properties 中的，其变量取值如下。

```
# 消息模型 FanoutExchange
# 创建队列 1、队列 2 和 FanoutExchange 交换机
```

```
mq.fanout.queue.one.name=${mq.env}.middleware.mq.fanout.one.queue
mq.fanout.queue.two.name=${mq.env}.middleware.mq.fanout.two.queue
mq.fanout.exchange.name=${mq.env}.middleware.mq.fanout.exchange
```

（2）创建实体对象信息 EventInfo，将其放置在 com.debug.middleware.server.rabbitmq.entity 包目录下，代码如下。

```
//导入依赖包
import lombok.Data;
import lombok.ToString;
import java.io.Serializable;
/**
 * 实体对象信息
 * @Author:debug (SteadyJack)
 **/
@Data
@ToString
public class EventInfo implements Serializable{
    private Integer id; //id标识
    private String module; //模块
    private String name; //名称
    private String desc; //描述
    //空的默认构造方法
    public EventInfo() {
    }
    //包含全部参数的构造方法
     public EventInfo(Integer id, String module, String name, String desc) {
        this.id = id;
        this.module = module;
```

```
        this.name = name;
        this.desc = desc;
    }
}
```

（3）开发生产消息的生产者 ModelPublisher 类，代码如下。

```
//导入依赖包
import com.debug.middleware.server.rabbitmq.entity.EventInfo;
import com.fasterxml.jackson.databind.ObjectMapper;
import org.assertj.core.util.Strings;
import org.slf4j.Logger;
import org.slf4j.LoggerFactory;
import org.springframework.amqp.core.Message;
import org.springframework.amqp.core.MessageBuilder;
import org.springframework.amqp.rabbit.core.RabbitTemplate;
import org.springframework.amqp.support.converter.Jackson2JsonMessageConverter;
import org.springframework.beans.factory.annotation.Autowired;
import org.springframework.core.env.Environment;
import org.springframework.stereotype.Component;
/** 消息模型（生产者）
 * @Author:debug (SteadyJack)
 **/
@Component
public class ModelPublisher {
    //定义日志
    private static final Logger log= LoggerFactory.getLogger(ModelPublisher.class);
    //JSON 序列化和反序列化组件
```

```java
@Autowired
private ObjectMapper objectMapper;
// 定义发送消息的操作组件 RabbitTemplate 实例
@Autowired
private RabbitTemplate rabbitTemplate;
// 定义读取环境变量的实例
@Autowired
private Environment env;
/**
 * 发送消息
 * @param info
 */
public void sendMsg(EventInfo info){
    // 判断是否为 Null
    if (info!=null){
        try {
            // 定义消息的传输格式，在这里为 JSON
            rabbitTemplate.setMessageConverter(new Jackson2JsonMessageConverter());
            // 设置广播式交换机 FanoutExchange
            rabbitTemplate.setExchange(env.getProperty("mq.fanout.exchange.name"));
            // 创建消息实例
            Message msg= MessageBuilder.withBody(objectMapper.writeValueAsBytes(info)).build();
            // 发送消息
            rabbitTemplate.convertAndSend(msg);
            // 输出日志
            log.info(" 消息模型 fanoutExchange-生产者-发送消息: {} ", info);
```

```
            }catch (Exception e){
                log.error("消息模型 fanoutExchange-生产者-发送消息发生异
常：{} ",info,e.fillInStackTrace());
            }
        }
    }
}
```

（4）开发用于监听接收消费处理消息的消费者类 ModelConsumer。在该消费者类中，将开发两条队列分别对应的监听消费方法，代码如下。

```
// 导入依赖包
import com.debug.middleware.server.rabbitmq.entity.EventInfo;
import com.fasterxml.jackson.databind.ObjectMapper;
import org.slf4j.Logger;
import org.slf4j.LoggerFactory;
import org.springframework.amqp.rabbit.annotation.RabbitListener;
import org.springframework.beans.factory.annotation.Autowired;
import org.springframework.messaging.handler.annotation.Payload;
import org.springframework.stereotype.Component;
/**
 * 消息模型（消费者）
 * @Author:debug (SteadyJack)
 **/
@Component
public class ModelConsumer {
    // 定义日志
    private static final Logger log= LoggerFactory.getLogger(ModelConsumer.class);
    //JSON 序列化和反序列化组件
```

```java
        @Autowired
        public ObjectMapper objectMapper;
        /**
         * 监听并消费队列中的消息 fanoutExchange-one，这是第 1 条队列对应的消费者
         */
        @RabbitListener(queues = "${mq.fanout.queue.one.name}",container
Factory = "singleListenerContainer")
        public void consumeFanoutMsgOne(@Payload byte[] msg){
            try {
                // 监听消费队列中的消息，并进行解析处理
                EventInfo info=objectMapper.readValue(msg, EventInfo.class);
                log.info("消息模型 fanoutExchange-one-消费者-监听消费到消息: {} ",
info);
            }catch (Exception e){
                log.error("消息模型-消费者-发生异常：",e.fillInStackTrace());
            }
        }
        /**
         * 监听并消费队列中的消息 fanoutExchange-two，这是第 2 条队列对应的消费者
         */
        @RabbitListener(queues = "${mq.fanout.queue.two.name}",containerF
actory = "singleListenerContainer")
        public void consumeFanoutMsgTwo(@Payload byte[] msg){
            try {
                // 监听消费队列中的消息，并进行解析处理
                EventInfo info=objectMapper.readValue(msg, EventInfo.
class);
                log.info("消息模型 fanoutExchange-two-消费者-监听消费到消息:
{} ",info);
            }catch (Exception e){
```

```
            log.error("消息模型-消费者-发生异常：",e.fillInStackTrace());
        }
    }
}
```

（5）至此，基于 FanoutExchange 的消息模型的代码实战开发完毕。最后，在 Java 单元测试类 RabbitmqTest 中开发单元测试方法，用于触发生产者发送消息，代码如下。

```
@Test
public void test3() throws Exception{
    //创建对象实例
    EventInfo info=new EventInfo(1,"增删改查模块","基于fanoutExchange的消息模型","这是基于fanoutExchange的消息模型");
    //触发生产者发送消息
    modelPublisher.sendMsg(info);
}
```

运行该单元测试类的方法 test3()，查看控制台的输出结果。可以看到生产者已经成功生产消息并由 RabbitTemplate 操作组件发送成功，如图 5.24 所示。

```
[2019-03-31 22:11:24.614] boot - INFO [main] --- RabbitmqTest: Started RabbitmqTest in 2.674 seconds (JVM running for 3.408)
[2019-03-31 22:11:24.678] boot - INFO [main] --- ModelPublisher: 消息模型fanoutExchange-生产者-发送消息: EventInfo(id=1, module=增删改查模块, name=基于fanoutExchange的消息模型, desc=这是基于fanoutExchange的消息模型)
[2019-03-31 22:11:24.682] boot - INFO [Thread-4] --- GenericWebApplicationContext: Closing org.springframework.web.context.support.GenericWebApplicationContext@4c178a76: startup date [Sun Mar 31 22:11:22 CST 2019]; root of context hierarchy
[2019-03-31 22:11:24.683] boot - INFO [Thread-4] --- DefaultLifecycleProcessor: Stopping beans in phase 2147483647
[2019-03-31 22:11:24.684] boot - INFO [AMQP Connection 127.0.0.1:5672] --- RabbitmqConfig: 消息发送成功:correlationData(null),ack(true),cause(null)
```

■ 图 5.24　基于 FanoutExchange 消息模型代码实战生产者输出结果

同时，由于该 FanoutExchange 绑定了两条队列，故而两条队列分别对应的消费者将监听接收到相应的消息，如图 5.25 所示。

```
[2019-03-31 22:13:48.961] boot - INFO [SimpleAsyncTaskExecutor-1] --- ModelConsumer: 消息模型fanoutExchange-two-消费者-监听消费到消息: EventInfo(id=1, module=增删改查模块, name=基于fanoutExchange的消息模型, desc=这是基于fanoutExchange的消息模型)
[2019-03-31 22:13:48.961] boot - INFO [SimpleAsyncTaskExecutor-1] --- ModelConsumer: 消息模型fanoutExchange-one-消费者-监听消费到消息: EventInfo(id=1, module=增删改查模块, name=基于fanoutExchange的消息模型, desc=这是基于fanoutExchange的消息模型)
```
两条和FanoutExchange绑定在一起的队列都监听消费到该消息

■ 图 5.25　基于 FanoutExchange 消息模型代码实战消费者输出结果

打开浏览器，在地址栏输入：http://127.0.0.1:15672 并按回车键，输入账号密码进入 RabbitMQ 的后端控制台，即可查看相应的队列和交换机列表。图 5.26 为创建的交换机列表信息。

■ 图 5.26　RabbitMQ 后端控制台交换机列表信息

单击图 5.26 中指定的交换机（该交换机即为本小节所创建的），即可查看该交换机的详细信息，包括其名称、绑定等，如图 5.27 所示。

■ 图 5.27　RabbitMQ 后端控制台交换机详情

从图 5.26 和图 5.27 中可以看出，基于 FanoutExchage 消息模型主要的核心组件是交换机和队列。一个交换机可以对应并绑定多个队列，从而对应多个消费者。

单击 RabbitMQ 后端控制台的 Queues，可以查看历史创建的队列列表，如图 5.28 所示。

其中包含了本小节创建的与 FanoutExchange 绑定的两个队列。单击任意一个队列，可以查看该队列的详情，包括其队列名称、绑定等信息，如图 5.29 所示。

至此，基于 FanoutExchange 消息模型的介绍和代码实战完成。此种消息模型适用于"业务数据需要广播式传输"的场景，如用户操作写日志。

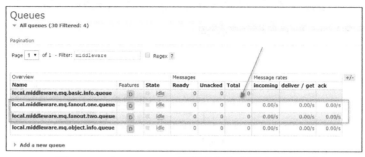

■ 图 5.28 在 RabbitMQ 后端控制台查看队列列表信息

■ 图 5.29 在 RabbitMQ 后端控制台查看队列详情

当用户在系统中进行了某种操作之后，需要在本身业务系统中记录用户的操作内容入数据库，同时也需要单独将用户的操作内容传输到专门的日志系统进行存储（以便后续系统进行日志分析等）。这个时候，可以将"用户操作的日志"封装成实体对象，并将其序列化后的 JSON 数据充当消息，最终采用广播式传输的交换机，即基于 FanoutExchange 的消息模型进行发送、接收和处理，从而实现相应的业务功能。

5.3.2 基于 DirectExchange 的消息模型实战

DirectExchange 也是 RabbitMQ 的一种交换机，具有直接传输消息的作用。即当消息进入这个中转站时，交换机会检查哪个路由跟自己绑定在一起，并根据生产者发送消息指定的路由进行匹配。如果能找到对应的绑定模型，则将消息直接路由传输到指定的队列，最终由队列对应的消费者进行监听消费。

此种模型在 RabbitMQ 诸多消息模型中可以说是"正规军"。这是因为它需要严格意义上的绑定,即需要且必须要指定特定的交换机和路由,并绑定到指定的队列。或许是由于这种严格意义上的要求,基于 DirectExchange 的消息模型在实际生产环境中具有很广泛的应用。图 5.30 为这种消息模型的结构。

■ 图 5.30 基于 DirectExchange 消息模型结构

下面进入代码实战环节。场景为:将实体对象信息当作消息,并发送到基于 DirectExchange 构成的消息模型中,根据绑定的路由将消息路由至对应绑定的队列,最终由对应的消费者进行监听消费处理。

(1) 在 RabbitmqConfig 配置文件中创建基于 DirectExchange 的消息模型,即创建队列、交换机和路由。在这里,为了展示该消息模型的特性,我们创建了一个交换机、两个路由和对应绑定的两条队列,如图 5.30 所示,下面为相应的代码。

```
/** 创建消息模型 directExchange **/
// 创建交换机 directExchange
@Bean
public DirectExchange directExchange(){
    return new DirectExchange(env.getProperty("mq.direct.exchange.name"),
true,false);
}
// 创建队列 1
@Bean(name = "directQueueOne")
```

```java
public Queue directQueueOne(){
    return new Queue(env.getProperty("mq.direct.queue.one.name"),true);
}
// 创建队列 2
@Bean(name = "directQueueTwo")
public Queue directQueueTwo(){
    return new Queue(env.getProperty("mq.direct.queue.two.name"),true);
}
// 创建绑定 1
@Bean
public Binding directBindingOne(){
    return BindingBuilder.bind(directQueueOne()).to(directExchange()).with(env.getProperty("mq.direct.routing.key.one.name"));
}
// 创建绑定 2
@Bean
public Binding directBindingTwo(){
    return BindingBuilder.bind(directQueueTwo()).to(directExchange()).with(env.getProperty("mq.direct.routing.key.two.name"));}
```

其中，读取环境变量实例 env 读取的变量是配置在配置文件 application.properties 中的，其变量取值如下。

```
# 消息模型 directExchange
# 创建交换机
mq.direct.exchange.name=${mq.env}.middleware.mq.direct.exchange
# 创建两个路由
mq.direct.routing.key.one.name=${mq.env}.middleware.mq.direct.routing.key.one
mq.direct.routing.key.two.name=${mq.env}.middleware.mq.direct.
```

```
routing.key.two
# 创建两条队列
mq.direct.queue.one.name=${mq.env}.middleware.mq.direct.one.queue
mq.direct.queue.two.name=${mq.env}.middleware.mq.direct.two.queue
```

（2）开发用于生产消息的生产者，其对应的方法放在 ModelPublisher 类中。在这里由于我们创建了两个路由、队列的绑定，故而为了测试方便，我们开发了两个用于发送消息的生产者方法，代码如下。

```
/**
 * 发送消息——基于 DirectExchange 消息模型（one）
 * @param info
 */
public void sendMsgDirectOne(EventInfo info){
    // 判断对象是否为 Null
    if (info!=null){
        try {
            // 设置消息传输的格式为 JSON
            rabbitTemplate.setMessageConverter(new Jackson2JsonMessageConverter());
            // 设置交换机
            rabbitTemplate.setExchange(env.getProperty("mq.direct.exchange.name"));
            // 设置路由 1
            rabbitTemplate.setRoutingKey(env.getProperty ("mq.direct.routing.key.one.name"));
            // 创建消息
            Message msg= MessageBuilder.withBody(objectMapper.writeValueAsBytes(info)).build();
            // 发送消息
```

```java
                rabbitTemplate.convertAndSend(msg);
                //输出日志
                log.info(" 消息模型 DirectExchange-one- 生产者 - 发送消息: {} ",info);
            }catch (Exception e){
                log.error(" 消息模型 DirectExchange-one- 生产者 - 发送消息发生异常: {} ",info,e.fillInStackTrace());
            }
        }
    }
    /**
     * 发送消息——基于 DirectExchange 消息模型（two）
     * @param info
     */
    public void sendMsgDirectTwo(EventInfo info){
        //判断对象是否为 Null
        if (info!=null){
            try {
                //设置消息传输的格式为 JSON
                rabbitTemplate.setMessageConverter(new Jackson2JsonMessageConverter());
                //设置交换机
                rabbitTemplate.setExchange(env.getProperty("mq.direct.exchange.name"));
                //设置路由 2
                rabbitTemplate.setRoutingKey(env.getProperty ("mq.direct.routing.key.two.name"));
                //创建消息
                Message msg= MessageBuilder.withBody(objectMapper.writeValueAsBytes(info)).build();
                //发送消息
```

```java
            rabbitTemplate.convertAndSend(msg);
            //输出日志
            log.info("消息模型DirectExchange-two-生产者-发送消息: {} ",info);
        }catch (Exception e){
            log.error("消息模型DirectExchange-two-生产者-发送消息发生异常: {} ",info,e.fillInStackTrace());
        }
    }
}
```

（3）开发用于监听消费消息的消费者方法。由于我们创建了两个路由、队列及其绑定，故而需要开发两个消费者方法，用于监听不同队列中的消息。同时为了区分消息是由不同消费者方法监听消费的，我们需要在代码中加入不同的日志输出信息，代码如下。

```java
/** 这是第一个路由绑定对应的队列的消费者方法
 * 监听并消费队列中的消息——基于DirectExchange消息模型（one）
 */
@RabbitListener(queues = "${mq.direct.queue.one.name}",containerFactory = "singleListenerContainer")
public void consumeDirectMsgOne(@Payload byte[] msg){
    try {
        //监听消费消息并进行JSON反序列化解析
        EventInfo info=objectMapper.readValue(msg, EventInfo.class);
        //输出日志消息
        log.info("消息模型directExchange-one-消费者-监听消费到消息: {} ",info);
    }catch (Exception e){
        log.error("消息模型directExchange-one-消费者-监听消费发生异常: ",e.fillInStackTrace());
    }
}
```

```java
/** 这是第 2 个路由绑定对应的队列的消费者方法
 * 监听并消费队列中的消息——基于 DirectExchange 消息模型（two）
 */
@RabbitListener(queues = "${mq.direct.queue.two.name}",containerFactory = "singleListenerContainer")
public void consumeDirectMsgTwo(@Payload byte[] msg){
    try {
        // 监听消费消息并进行 JSON 反序列化解析
        EventInfo info=objectMapper.readValue(msg, EventInfo.class);
        // 输出日志消息
        log.info("消息模型 directExchange-two-消费者-监听消费到消息: {} ",info);
    }catch (Exception e){
        log.error("消息模型 directExchange-two-消费者-监听消费发生异常: ",e.fillInStackTrace());
    }
}
```

（4）在 Java 单元测试 RabbitmqTest 类中开发单元测试方法，用于触发生产者发送消息，代码如下。

```java
@Test
public void test4() throws Exception{
    // 构造第 1 个实体对象
    EventInfo info=new EventInfo(1,"增删改查模块-1","基于 directExchange 消息模型-1","directExchange-1");
    // 第 1 个生产者发送消息
    modelPublisher.sendMsgDirectOne(info);
    // 构造第 2 个实体对象
    info=new EventInfo(2,"增删改查模块-2","基于 directExchange 消息模型-2","directExchange-2");
```

```
    // 第 2 个生产者发送消息
    modelPublisher.sendMsgDirectTwo(info);
}
```

至此，基于 DirectExchange 消息模型的代码实战开发完成。运行该单元测试方法 test4()，观察控制台的输出信息，可以看到两个生产者发送出了不同的消息，如图 5.31 所示。

```
rabbitConnectionFactory#b72e59e:0/SimpleConnection@1e8b41c4 [delegate=amqp://guest@127.0.0.1:5672/, localPort= 4509]
[2019-04-01 21:27:48.811] boot - INFO [main] --- RabbitmqTest: Started RabbitmqTest in 2.458 seconds (JVM running for 3.053)
[2019-04-01 21:27:48.874] boot - INFO [main] --- ModelPublisher: 消息模型DirectExchange-one-生产者-发送消息. EventInfo(id=1, module=增删改查模块
 -1, name=基于directExchange消息模型-1, desc=directExchange-1)
[2019-04-01 21:27:48.875] boot - INFO [main] --- ModelPublisher: 消息模型DirectExchange-two-生产者-发送消息. EventInfo(id=2, module=增删改查模块
 -2, name=基于directExchange消息模型-2, desc=directExchange-2)
[2019-04-01 21:27:48.876] boot - INFO [AMQP Connection 127.0.0.1:5672] --- RabbitmqConfig: 消息发送成功:correlationData(null),ack(true),cause
 (null)
```

■ 图 5.31　基于 DirectExchange 消息模型代码实战生产者发送消息输出结果

之后，便可以立即看到 RabbitTemplate 输出"消息发送成功"的日志信息。与此同时，两个队列对应的消费者也监听消费到了各自的消息，如图 5.32 所示。

```
[2019-04-01 21:27:48.881] boot - INFO [Thread-4] --- DefaultLifecycleProcessor: Stopping beans in phase 2147483647
[2019-04-01 21:27:48.883] boot - INFO [Thread-4] --- SimpleMessageListenerContainer: Waiting for workers to finish.
[2019-04-01 21:27:48.899] boot - INFO [SimpleAsyncTaskExecutor-1] --- ModelConsumer: 消息模型directExchange-two-消费者-监听消费到消息:
 EventInfo(id=2, module=增删改查模块-2, name=基于directExchange消息模型-2, desc=directExchange-2)
[2019-04-01 21:27:48.900] boot - INFO [SimpleAsyncTaskExecutor-1] --- ModelConsumer: 消息模型directExchange-one-消费者-监听消费到消息:
 EventInfo(id=1, module=增删改查模块-1, name=基于directExchange消息模型-1, desc=directExchange-1)
[2019-04-01 21:27:49.794] boot - INFO [Thread-4] --- SimpleMessageListenerContainer: Successfully waited for workers to finish.
[2019-04-01 21:27:49.796] boot - INFO [Thread-4] --- SimpleMessageListenerContainer: Waiting for workers to finish.
[2019-04-01 21:27:49.798] boot - INFO [Thread-4] --- SimpleMessageListenerContainer: Successfully waited for workers to finish.
[2019-04-01 21:27:49.798] boot - INFO [Thread-4] --- SimpleMessageListenerContainer: Waiting for workers to finish.
```

■ 图 5.32　基于 DirectExchange 消息模型代码实战消费者监听消费消息输出结果

打开浏览器，在地址栏输入 http://127.0.0.1:15672 并按回车键，输入账号密码进入 RabbitMQ 的后端控制台，即可查看相应的队列和交换机列表。图 5.33 为基于 DirectExchange 消息模型创建的两个队列。

■ 图 5.33　在 RabbitMQ 后端控制台查看队列列表信息

单击其中一条队列，即可查看其详细信息，包括其队列名称、持久化策略和绑定信息，如图 5.34 所示。

图 5.34　在 RabbitMQ 后端控制台查看队列详细信息

至此，基于 DirectExchange 消息模型的介绍和代码实战完成。此种消息模型适用于"业务数据需要直接传输并被消费"的场景，如业务服务模块之间的信息交互。一般业务服务模块之间的通信是直接、实时的，故而可以借助基于 DirectExchange 消息模型进行通信。事实上，在实际应用系统中，几乎 90% 的业务场景，凡是需要 RabbitMQ 实现消息通信的，都可以采用 DirectExchange 消息模型实现，这或许是它被称之为"正规军"的缘由。

5.3.3　基于 TopicExchange 的消息模型实战

最后，介绍 RabbitMQ 的另外一种消息模型，即基于 TopicExchange 的消息模型。TopicExchange 也是 RabbitMQ 交换机的一种，是一种"发布 - 主题 - 订阅"式的交换机，在实际生产环境中同样具有很广泛的应用。

此种消息模型同样是由交换机、路由和队列严格绑定构成。它和前面介绍的另外两种消息模型相比，最大的不同之处在于此种消息模型支持通配式的路由，即可以通过为路由的名称指定特定的通配符 * 和 #，从而绑定到不同的队列。其中通配符 * 表示一个特定的单词，而通配符 # 则可以表示任意的单词（可以是一个，也可以是多个，也可以没有）。某种程度上通配符 # 表示的路由范围大于等于通配符 * 表示的路由范围，即前者可以包含后者。

如果说基于 DirectExchange 的消息模型在 RabbitMQ 诸多消息模型中属于"正规军",那么基于 TopicExchange 的消息模型则可以号称"王牌军",可以"统治正规军"。而事实上也正是如此,这主要是因为其"通配符"起到的效果:当这种消息模型的路由名称包含 * 时,由于 * 相当于一个单词,故而此时此种消息模型降级为"基于 DirectExchange 的消息模型";当路由名称包含 # 时,由于 # 相当于 0 个或者多个单词,故而此时此种消息模型相当于"基于 FanoutExchange 的消息模型",即此时绑定的路由将不起作用了(哪怕进行了绑定,也不再起作用)。

在上一小节介绍的基于 DirectExchange 消息模型代码实战时,指定了两个路由,如下为路由 1 的名称。

```
mq.direct.routing.key.one.name=local.middleware.mq.direct.routing.key.one
```

如下为路由 2 的名称。

```
mq.direct.routing.key.two.name=local.middleware.mq.direct.routing.key.two
```

而在 TopicExchange 消息模型看来,这两种路由可以统一为一种,即路由 1 和路由 2 的命名最终可以统一如下。

```
mq.direct.routing.key.name=local.middleware.mq.direct.routing.key.*
```

即采用通配符 * 即可进行匹配。图 5.35 为基于 TopicExchange 消息模型的结构。

图 5.35　基于 TopicExchange 消息模型结构

下面进入代码实战环节。场景为:将一串字符串信息当作消息,并发送到基于 TopicExchange 构成的消息模型中,根据绑定的路由将消息路由至绑定的队列,最终由对应的消费者进行监听消费处理,其中路由的命名将采用 *、# 进行创建(当然,实际应用生产环境中可以不指定）。

（1）在 RabbitmqConfig 配置文件中创建基于 TopicExchange 的消息模型，即创建队列、交换机和路由。在这里，为了展示该消息模型的特性，我们创建了一个交换机、两个分别包含通配符 * 和 # 的路由、队列及其绑定，代码如下。

```
/** 创建消息模型 topicExchange **/
// 创建交换机 topicExchange
@Bean
public TopicExchange topicExchange(){
    return new TopicExchange(env.getProperty("mq.topic.exchange.name"),true,false);
}
// 创建队列 1
@Bean(name = "topicQueueOne")
public Queue topicQueueOne(){
    return new Queue(env.getProperty("mq.topic.queue.one.name"),true);
}
// 创建队列 2
@Bean(name = "topicQueueTwo")
public Queue topicQueueTwo(){
    return new Queue(env.getProperty("mq.topic.queue.two.name"),true);
}
// 创建绑定，含通配符 * 的路由
@Bean
public Binding topicBindingOne(){
    return BindingBuilder.bind(topicQueueOne()).to(topicExchange()).with(env.getProperty("mq.topic.routing.key.one.name"));
}
// 创建绑定，含通配符 # 的路由
@Bean
```

```java
public Binding topicBindingTwo(){
    return BindingBuilder.bind(topicQueueTwo()).to(topicExchange()).
with(env.getProperty("mq.topic.routing.key.two.name"));
}
```

其中，读取环境变量实例 env 读取的变量是配置在配置文件 application.properties 中的，其变量取值如下。

```
# 消息模型 topicExchange
# 定义交换机
mq.topic.exchange.name=${mq.env}.middleware.mq.topic.exchange
# 定义两个路由，分别包含通配符 * 和 #
mq.topic.routing.key.one.name=${mq.env}.middleware.mq.topic.routing.*.key
mq.topic.routing.key.two.name=${mq.env}.middleware.mq.topic.routing.#.key
# 定义两条队列
mq.topic.queue.one.name=${mq.env}.middleware.mq.topic.one.queue
mq.topic.queue.two.name=${mq.env}.middleware.mq.topic.two.queue
```

（2）开发用于发送消息的生产者，其对应的方法放在 ModelPublisher 类中。在这里我们将"路由"参数开放出来，调用者调用时可指定该参数值，目的是用于测试两个通配符所起的作用，代码如下。

```java
/**
 * 发送消息，基于 TopicExchange 消息模型
 * @param msg
 */
public void sendMsgTopic(String msg,String routingKey){
    // 判断是否为 Null
```

```java
        if (!Strings.isNullOrEmpty(msg) && !Strings.isNullOrEmpty(routingKey)){
            try {
                // 设置消息的传输格式为 JSON
                rabbitTemplate.setMessageConverter(new Jackson2JsonMessageConverter());
                // 指定交换机
                rabbitTemplate.setExchange(env.getProperty("mq.topic.exchange.name"));
                // 指定路由的实际取值,根据不同取值,RabbitMQ 将自行进行匹配通配符,
                // 从而路由到不同的队列中
                rabbitTemplate.setRoutingKey(routingKey);
                // 创建消息
                Message message= MessageBuilder.withBody(msg.getBytes("utf-8")).build();
                // 发送消息
                rabbitTemplate.convertAndSend(message);
                // 输出日志
                log.info("消息模型 TopicExchange-生产者-发送消息: {}  路由: {} ",msg,routingKey);
            }catch (Exception e){
                log.error(" 消息模型 TopicExchange-生产者-发送消息发生异常: {} ",msg,e.fillInStackTrace());
            }
        }
    }
```

(3)开发用于监听消费消息的消费者方法。在这里由于我们创建了两个路由、队列及其绑定,故而需要开发两个消费者方法,用于监听不同队列中的消息。同时为了区分消息是由不同消费者方法监听消费的,我们需要在代码中加入不同的日志输出信息,代

码如下。

```java
/**
 * 监听并消费队列中的消息——TopicExchange（通配符 *）
 */
@RabbitListener(queues = "${mq.topic.queue.one.name}",containerFactory = "singleListenerContainer")
public void consumeTopicMsgOne(@Payload byte[] msg){
    try {
        //监听消费消息并进行解析
        String message=new String(msg,"utf-8");
        log.info("消息模型topicExchange-*-消费者-监听消费到消息: {} ",message);
    }catch (Exception e){
        log.error("消息模型topicExchange-*-消费者-监听消费发生异常: ",e.fillInStackTrace());
    }
}

/**
 * 监听并消费队列中的消息——TopicExchange（通配符 #）
 */
@RabbitListener(queues = "${mq.topic.queue.two.name}",containerFactory = "singleListenerContainer")
public void consumeTopicMsgTwo(@Payload byte[] msg){
    try {
        //监听消费消息并进行解析
        String message=new String(msg,"utf-8");
        log.info("消息模型topicExchange-#-消费者-监听消费到消息: {} ",message);
    }catch (Exception e){
        log.error("消息模型topicExchange-#-消费者-监听消费发生异常: ",e.fillInStackTrace());
```

        }
    }

（4）在 Java 单元测试文件 RabbitmqTest 类中开发相应的单元测试方法，用于触发生产者发送消息，代码如下。

```
@Test
public void test5() throws Exception{
    // 定义待发送的消息，一串字符串值
    String msg=" 这是 TopicExchange 消息模型的消息 ";
    // 此时相当于 *，即 java 替代了 * 的位置
    // 当然由于 # 表示任意单词，故而也将路由分发到含有通配符 # 的路由和对应的队列中
    String routingKeyOne="local.middleware.mq.topic.routing.java.key";
    // 此时相当于 #，即 php.python 替代了 # 的位置
     String routingKeyTwo="local.middleware.mq.topic.routing.php.python.key";
    // 此时相当于 #，即 0 个单词
    String routingKeyThree="local.middleware.mq.topic.routing.key";
    // 下面分批进行测试，以便能看出运行效果
    modelPublisher.sendMsgTopic(msg,routingKeyOne);
    //modelPublisher.sendMsgTopic(msg,routingKeyTwo);
    //modelPublisher.sendMsgTopic(msg,routingKeyThree);
}
```

至此，基于 TopicExchange 消息模型代码实战完成。首先，先测试第一种路由值的运行情况，即设置 Java 单元测试方法中发送消息的代码如下。

```
// 此时相当于 *，即 java 替代了 * 的位置
// 当然由于 # 表示任意单词，故而也将路由分发到含有通配符 # 的路由和对应的队列中
String routingKeyOne="local.middleware.mq.topic.routing.java.key";
modelPublisher.sendMsgTopic(msg,routingKeyOne);
```

运行该单元测试方法，在控制台即可看到相应的输出结果。首先是生产者成功发送出了消息，如图 5.36 所示。

```
[2019-04-01 23:14:48.361] boot -  INFO [main] --- DefaultLifecycleProcessor: Starting beans in phase -2147482648
[2019-04-01 23:14:48.361] boot -  INFO [main] --- DefaultLifecycleProcessor: Starting beans in phase 2147483647
[2019-04-01 23:14:48.495] boot -  INFO [SimpleAsyncTaskExecutor-1] --- CachingConnectionFactory: Created new connection:
 rabbitConnectionFactory#5db03341:0/SimpleConnection@7d64e087 [delegate=amqp://guest@127.0.0.1:5672/, localPort= 15545]
[2019-04-01 23:14:48.538] boot -  INFO [main] --- RabbitmqTest: Started RabbitmqTest in 2.846 seconds (JVM running for 3.463)
[2019-04-01 23:14:48.581] boot -  INFO [main] --- ModelPublisher: 消息模型TopicExchange-生产者-发送消息，这是TopicExchange消息模型的消息
路由: local.middleware.mq.topic.routing.java.key
```

■ 图 5.36　基于 TopicExchange 消息模型单元测试生产者输出结果

之后，可以看到两个路由所绑定的消费者都监听消费到了该消息，这是由于通配符 # 包含了通配符 * 所表示的范围，如图 5.37 所示。

```
[2019-04-01 23:17:40.996] boot -  INFO [SimpleAsyncTaskExecutor-1] --- ModelConsumer: 消息模型topicExchange-#-消费者-监听消费到消息：这是
TopicExchange消息模型的消息
[2019-04-01 23:17:40.996] boot -  INFO [SimpleAsyncTaskExecutor-1] --- ModelConsumer: 消息模型topicExchange-*-消费者-监听消费到消息：这是
TopicExchange消息模型的消息
[2019-04-01 23:17:41.000] boot -  INFO [AMQP Connection 127.0.0.1:5672] --- RabbitmqConfig: 消息发送成功:correlationData(null),ack(true),
 cause(null)
[2019-04-01 23:17:41.928] boot -  INFO [Thread-4] --- SimpleMessageListenerContainer: Successfully waited for workers to finish.
[2019-04-01 23:17:41.930] boot -  INFO [Thread-4] --- SimpleMessageListenerContainer: Waiting for workers to finish.
[2019-04-01 23:17:41.930] boot -  INFO [Thread-4] --- SimpleMessageListenerContainer: Successfully waited for workers to finish.
[2019-04-01 23:17:41.931] boot -  INFO [Thread-4] --- SimpleMessageListenerContainer: Waiting for workers to finish.
```

■ 图 5.37　基于 TopicExchange 消息模型单元测试消费者输出结果

接着，测试第 2 种路由值的运行情况，即需要设置 Java 单元测试方法中发送消息的代码如下。

```
// 此时相当于 #，即 php.python 替代了 # 的位置
String routingKeyTwo="local.middleware.mq.topic.routing.php.python.key";
modelPublisher.sendMsgTopic(msg,routingKeyTwo);
```

运行该单元测试方法，在控制台即可看到相应的输出结果。首先是生产者成功发送出了消息，如图 5.38 所示。

```
[2019-04-01 23:21:15.143] boot -  INFO [SimpleAsyncTaskExecutor-1] --- CachingConnectionFactory: Created new connection:
 rabbitConnectionFactory#343267fb:0/SimpleConnection@402349c6 [delegate=amqp://guest@127.0.0.1:5672/, localPort= 16190]
[2019-04-01 23:21:15.196] boot -  INFO [main] --- RabbitmqTest: Started RabbitmqTest in 2.892 seconds (JVM running for 3.494)
[2019-04-01 23:21:15.236] boot -  INFO [main] --- ModelPublisher: 消息模型TopicExchange-生产者-发送消息，这是TopicExchange消息模型的消息
路由: local.middleware.mq.topic.routing.php.python.key
```

■ 图 5.38　基于 TopicExchange 消息模型单元测试生产者输出结果

之后，可以看到只有通配符 # 表示的路由所绑定的消费者监听消费到了该消息，这是由于通配符 # 表示任意单词，而通配符 * 只能表示一个单词。消费者方法监听消费消息如图 5.39 所示。

```
[2019-04-01 23:21:15.240] boot - INFO [Thread-4] --- GenericWebApplicationContext: Closing org.springframework.web.context.support
.GenericWebApplicationContext@3bd82cf5: startup date [Mon Apr 01 23:21:12 CST 2019]; root of context hierarchy
[2019-04-01 23:21:15.241] boot - INFO [Thread-4] --- DefaultLifecycleProcessor: Stopping beans in phase 2147483647
[2019-04-01 23:21:15.243] boot - INFO [SimpleAsyncTaskExecutor-1] --- ModelConsumer: 消息模型topicExchange-#-消费者-监听消费到消息：这是
TopicExchange消息模型的消息
[2019-04-01 23:21:15.243] boot - INFO [Thread-4] --- SimpleMessageListenerContainer: Waiting for workers to finish.
[2019-04-01 23:21:15.246] boot - INFO [AMQP Connection 127.0.0.1:5672] --- RabbitmqConfig: 消息发送成功:correlationData(null),ack(true),
cause(null)
[2019-04-01 23:21:16.175] boot - INFO [Thread-4] --- SimpleMessageListenerContainer: Successfully waited for workers to finish.
[2019-04-01 23:21:16.176] boot - INFO [Thread-4] --- SimpleMessageListenerContainer: Waiting for workers to finish.
[2019-04-01 23:21:16.178] boot - INFO [Thread-4] --- SimpleMessageListenerContainer: Successfully waited for workers to finish.
[2019-04-01 23:21:16.178] boot - INFO [Thread-4] --- SimpleMessageListenerContainer: Waiting for workers to finish.
```

图 5.39　基于 TopicExchange 消息模型单元测试消费者输出结果

最后，测试最后一种路由值的运行情况，即需要设置 Java 单元测试方法中发送消息的代码如下。

```
// 此时相当于 #，即 0 个单词
String routingKeyThree="local.middleware.mq.topic.routing.key";
modelPublisher.sendMsgTopic(msg,routingKeyThree);
```

运行该单元测试方法，在控制台即可看到相应的输出结果。首先是生产者成功发送出了消息，如图 5.40 所示。

```
[2019-04-01 23:26:14.075] boot - INFO [main] --- SimpleUrlHandlerMapping: Mapped URL path [/**/favicon.ico] onto handler of type [cl
org.springframework.web.servlet.resource.ResourceHttpRequestHandler]
[2019-04-01 23:26:14.357] boot - INFO [main] --- DefaultLifecycleProcessor: Starting beans in phase -2147482648
[2019-04-01 23:26:14.358] boot - INFO [main] --- DefaultLifecycleProcessor: Starting beans in phase 2147483647
[2019-04-01 23:26:15.268] boot - INFO [SimpleAsyncTaskExecutor-1] --- CachingConnectionFactory: Created new connection:
rabbitConnectionFactory#ef25a55:0/SimpleConnection@6d2efdb3 [delegate=amqp://guest@127.0.0.1:5672/, localPort= 16702]
[2019-04-01 23:26:15.311] boot - INFO [main] --- RabbitmqTest: Started RabbitmqTest in 3.552 seconds (JVM running for 4.172)
[2019-04-01 23:26:15.347] boot - INFO [main] --- ModelPublisher: 消息模型TopicExchange-生产者-发送消息：这是TopicExchange消息模型的消息
路由: local.middleware.mq.topic.routing.key
```

图 5.40　基于 TopicExchange 消息模型单元测试生产者输出结果

之后，可以看到只有通配符 # 表示的路由所绑定的消费者监听消费到了该消息，这是由于 # 通配符表示任意单词（包括 0 个单词），而 * 通配符只能表示一个单词。消费者方法监听消费消息的结果如图 5.41 所示。

```
[2019-04-01 23:26:15.350] boot - INFO [Thread-4] --- GenericWebApplicationContext: Closing org.springframework.web.context.support
.GenericWebApplicationContext@3bd82cf5: startup date [Mon Apr 01 23:26:12 CST 2019]; root of context hierarchy
[2019-04-01 23:26:15.351] boot - INFO [Thread-4] --- DefaultLifecycleProcessor: Stopping beans in phase 2147483647
[2019-04-01 23:26:15.353] boot - INFO [Thread-4] --- SimpleMessageListenerContainer: Waiting for workers to finish.
[2019-04-01 23:26:15.354] boot - INFO [SimpleAsyncTaskExecutor-1] --- ModelConsumer: 消息模型topicExchange-#-消费者-监听消费到消息：这是
TopicExchange消息模型的消息
[2019-04-01 23:26:15.369] boot - INFO [AMQP Connection 127.0.0.1:5672] --- RabbitmqConfig: 消息发送成功:correlationData(null),ack(true)
cause(null)
[2019-04-01 23:26:16.296] boot - INFO [Thread-4] --- SimpleMessageListenerContainer: Successfully waited for workers to finish.
[2019-04-01 23:26:16.298] boot - INFO [Thread-4] --- SimpleMessageListenerContainer: Waiting for workers to finish.
[2019-04-01 23:26:17.296] boot - INFO [Thread-4] --- SimpleMessageListenerContainer: Successfully waited for workers to finish.
[2019-04-01 23:26:17.296] boot - INFO [Thread-4] --- SimpleMessageListenerContainer: Waiting for workers to finish.
```

图 5.41　基于 TopicExchange 消息模型单元测试消费者输出结果

至此，基于 TopicExchange 消息模型的介绍和代码实战完成。此种消息模型适用于"发布 - 订阅 - 主题"式场景。在实际应用系统中，几乎适用于所有的业务场景。而且从上述的代码实战中，我们也可以得知，TopicExchange 消息模型包含了 FanoutExchange 消息模型和 DirectExchange 消息模型的功能特性。即凡是其他两种消息模型适用的业务场景，基于 TopicExchange 的消息模型也适用。从某种程度上，此种模型是一种强有力的、具有普适性的消息模型。

5.4 RabbitMQ 确认消费机制

RabbitMQ 之所以能被称为高性能、高可用的分布式消息中间件，不仅仅是因为它拥有异步通信、服务解耦、接口限流、消息分发、延迟处理等多种功能特性，更多的是因为 RabbitMQ 在消息的发送、传输和接收的过程中，可以保证消息成功发送、不会丢失和被确认消费。

对于"消息成功发送"，这主要是针对生产者的生产确认机制（即 Publisher 的 Confirm 机制）而言的；而对于"消息不丢失"和"被确认消费"，则主要是面向消费者的确认消费机制而言的。本节将主要介绍并实战 RabbitMQ 消息的高可用和几种确认消费机制。

5.4.1 消息高可用和确认消费机制

事物并非都十全十美，分布式消息中间件也不例外。使用过 RabbitMQ 的读者对此可能不会陌生，即 RabbitMQ 在实际项目的应用过程中，如果配置和使用不当，则会出现各种令人头疼的问题，下面列举 3 个。

（1）不知道发送出去的消息到底有没有发送成功。即采用 RabbitTemplate 操作组件发送消息时，开发者自认为消息已经发送出去了，然而在某些情况下（比如交换机、路由和队列以及绑定构成的消息模型不存在时）却很有可能是发送失败的。

（2）由于某些特殊的原因，RabbitMQ 服务出现了宕机或崩溃等问题，导致其需要执行重启操作，如果此时队列中仍然有大量的消息还未被消费，则很有可能在重启 RabbitMQ 服务的过程中发生消息丢失的现象。

（3）消费者在监听消费处理消息的时候，可能会出现监听失败或者有时服务器会直接崩溃掉等问题，导致消息所在的队列找不到对应的消费者而不断地重新入队列，最终出现消息被重复消费的现象。

针对这些常见的问题，RabbitMQ 其实也提供给了相应的策略，而这些策略在某种程度上其实就是为了保证消息的高可用和能被确认消费。

（1）针对第一种情况，RabbitMQ 会要求生产者在发送完消息之后进行"发送确认"，当确认成功时即代表消息已经成功发送出去了。我们在之前的章节中开发的 RabbitmqConfig 配置类中其实就已经实现了这一策略，代码如下。

```java
/**
 * RabbitMQ 发送消息的操作组件实例
 * @return
 */
@Bean
public RabbitTemplate rabbitTemplate(){
    // 设置消息发送确认机制，生产确认
    connectionFactory.setPublisherConfirms(true);
    // 设置消息发送确认机制，发送成功时返回反馈信息
    connectionFactory.setPublisherReturns(true);
    // 定义 RabbitMQ 消息操作组件实例
    RabbitTemplate rabbitTemplate = new RabbitTemplate(connectionFactory);
    rabbitTemplate.setMandatory(true);
    // 设置消息发送确认机制，即发送成功时输出日志
    rabbitTemplate.setConfirmCallback(new RabbitTemplate.ConfirmCallback() {
        public void confirm(CorrelationData correlationData, boolean ack, String cause) {
            log.info(" 消息发送成功 :correlationData({}),ack({}),cause({})",correlationData,ack,cause);
        }
    });
    // 设置消息发送确认机制，即发送完消息后输出反馈信息，如消息是否丢失等
    rabbitTemplate.setReturnCallback(new RabbitTemplate.ReturnCallback() {
        public void returnedMessage(Message message, int replyCode, String replyText, String exchange, String routingKey) {
            log.info(" 消息丢失 :exchange({}),route({}),replyCode({}),replyText({}),message:{}",exchange,routingKey,replyCode,replyText,message);
```

```
            });
        // 返回操作实例
        return rabbitTemplate;
    }
```

（2）针对第二种情况，即如何保证 RabbitMQ 队列中的消息不丢失。RabbitMQ 强烈建议开发者在创建队列、交换机时设置其持久化模式参数为 true，即 durable 参数取值为 true。图 5.42 为前面章节实战基本消息模型时所创建的队列、交换机和路由及其绑定。

```
/**创建简单消息模型: 队列、交换机和路由 **/
// 创建队列                                     创建队列、交换机时设置其持久化模式参数为true
@Bean(name = "basicQueue")
public Queue basicQueue() { return new Queue(env.getProperty("mq.basic.info.queue.name"), durable: true); }

// 创建交换机: 在这里以DirectExchange为例，在后面章节中我们将继续详细介绍这种消息模型
@Bean
public DirectExchange basicExchange(){
    return new DirectExchange(env.getProperty("mq.basic.info.exchange.name"), durable: true, autoDelete: false);
}

// 创建绑定
@Bean
public Binding basicBinding(){
    return BindingBuilder.bind(basicQueue()).to(basicExchange()).with(env.getProperty("mq.basic.info.routing.key.name"));
}
```

■ 图 5.42　创建队列、交换机时设置持久化模式参数为 true

除此之外，在创建消息时，RabbitMQ 强烈要求设置消息的持久化模式为 true，从而保证 RabbitMQ 服务器不出现崩溃，并且执行重启操作之后队列、交换机仍旧存在而且消息不会丢失，如图 5.43 所示。

```
/**
 * 发送消息
 * @param message                                        设置消息的持久化模式
 */
public void sendMsg(String message){
    if (!Strings.isNullOrEmpty(message)){
        try {
            rabbitTemplate.setMessageConverter(new Jackson2JsonMessageConverter());
            rabbitTemplate.setExchange(env.getProperty("mq.basic.info.exchange.name"));
            rabbitTemplate.setRoutingKey(env.getProperty("mq.basic.info.routing.key.name"));

            Message msg=MessageBuilder.withBody(message.getBytes( charsetName: "utf-8"))
                    .setDeliveryMode(MessageDeliveryMode.PERSISTENT).build();

            rabbitTemplate.convertAndSend(msg);

            Log.info("基本消息模型-生产者-发送消息: {} ",message);
        }catch (Exception e){
            Log.error("基本消息模型-生产者-发送消息发生异常: {} ",message,e.fillInStackTrace());
        }
    }
}
```

■ 图 5.43　创建消息时设置持久化模式

（3）而针对第三种情况，即如何保证消息能够被准确消费、不重复消费。RabbitMQ 提供了消息确认机制，即 ACK 模式。RabbitMQ 的消息确认机制有 3 种，分别是 NONE（无需确认）、AUTO（自动确认）和 MANUAL（手动确认）。不同的确认机制，其底层的执行逻辑和实际的应用场景是不相同的。

在实际生产环境中，为了提高消息的高可用、防止消息重复消费，一般都会使用消息的确认机制。而只有当消息被确认消费后，消息才会从队列中被移除，这也是避免消息被重复消费的实现方式。图 5.44 为 RabbitMQ 提供的 3 种确认消费机制。

```
package org.springframework.amqp.core;

public enum AcknowledgeMode {
    NONE,
    MANUAL,                        RabbitMQ的3种确认消费机制：无需确认、手动确认、自动确认
    AUTO;

    private AcknowledgeMode() {
    }

    public boolean isTransactionAllowed() { return this == AUTO || this == MANUAL; }

    public boolean isAutoAck() { return this == NONE; }

    public boolean isManual() { return this == MANUAL; }
}
```

■ 图 5.44　RabbitMQ 提供的 3 种确认消费机制

由于"生产者生产确认"和"消息、队列、交换机的持久化"已经在前面章节中以实际的代码实战过了，故而在后面小节，我们将重点介绍 RabbitMQ 其中两种确认消费机制，即基于自动确认的 ACK 模式和基于手动确认的 ACK 模式。

5.4.2　常见确认消费模式介绍

正如上一小节所介绍的，RabbitMQ 的消息"确认消费"模式有 3 种。它们定义在 AcknowledgeMode 枚举类中，分别是 NONE、AUTO 和 MANUAL。这 3 种模式的含义、作用和应用场景是不尽相同的。

首先是 NONE 模式，指的是无需确认机制。即生产者将消息发送至队列、消费者监听到该消息时，无需发送任何反馈信息给 RabbitMQ 服务器。这就和"用户禁止某个 App 的通知提醒"是一个道理，当 App 有重大更新信息时，虽然 App 后端会给用户异步推送消息，但是由于用户进行了相关设置，故而虽然消息已经发送出去了，但却迟迟得不到用户的"查看"或者"确认"等反馈信息，好像消息"石沉大海了一般"。此种确认消费模式的大概流程如图 5.45 所示。

(3) 而为演绎三个产品，即动机分别是自动确认模式、RabbitMQ
提供了方便多做！中间。即 AUTO 模式下，RabbitMQ 队列是否从机必从中，会因基
NONE（无需消费者发送任何反馈信息给 RabbitMQ 服务器而将消息从队列中删除，
RabbitMQ 基本消息模型还是默认的，就是这种模式从消费的处理）。

图 5.45　RabbitMQ 确认消费模式 NONE，无需确认消费

紧接着是 AUTO 模式，指的是自动确认机制。即生产者将消息发送至队列、消费者监听到该消息时，需要发送一个 AUTO ACK 的反馈信息给 RabbitMQ 服务器，之后该消息将在 RabbitMQ 的队列中被移除。其中，这种发送反馈信息的行为是 RabbitMQ "自动触发"的，即 RabbitMQ 内置的相关组件实现自动发送确认反馈信息。此种确认消费模式的大概流程如图 5.46 所示。

图 5.46　RabbitMQ 确认消费模式 AUTO，自动确认消费

最后要介绍的是 MANUAL 模式，它是一种手动确认消费机制。即生产者将消息发送至队列、消费者监听到该消息时，需要手动地、"以代码的形式"发送一个 ACK 的反馈信息给 RabbitMQ 服务器，之后该消息将在 RabbitMQ 的队列中被移除；同时告知生产者，消息已经被成功发送并且已经成功被消费者监听消费了。此种确认消费模式的大概流程如图 5.47 所示。

这 3 种确认消费模式在实际生产环境中具有不同的应用场景。其中，比较典型常见的当属基于 AUTO 和基于 MANUAL 机制的模式。由于 NONE 模式类似于 "泼出去的水就收不回来"，发送完了之后就不需要再去理会，故而此种模式从严格意义上讲是不够严谨的，在实际业务场景中比较少见，笔者也建议各位读者尽量少用。

图 5.47 RabbitMQ 确认消费模式 MUNUAL，手动确认消费

而对于一些在消息、业务数据传输方面要求比较严格的场景，如"手机话费充值业务中的话费数据""电商平台支付过程中的支付金额""游戏应用冲金币过程中的金币"等，NONE 消费模式将显得力不从心；毫无疑问，此时应当使用基于 AUTO 或者基于 MANUAL 机制的模式辅助实现，从而保证数据不丢失、核心业务处理逻辑只做一次等。想象一下，在手机话费充值过程中，如果在"充值"业务逻辑处理中出现消息丢失（如话费数据获取不到等状况），那最终导致的后果将是难以想象的。

在后面小节中，我们将重点介绍如何基于 Spring Boot 项目，以实际的代码实战基于 AUTO 和基于 MANUAL 的确认消费模式。

5.4.3 基于自动确认消费模式实战

基于 AUTO 机制的自动确认消费模式其实是 RabbitMQ 提供的一种默认确认消费。由于其使用起来比较简单，故而在实际的生产环境中具有很广泛的应用。下面以简单的消息模型为例，采用实际代码进行实战，其中相关的实体类文件存放的目录结构如图 5.48 所示。

（1）首先是 KnowledgeInfo 类的相关信息。该实体类主要包括消息标识 id、采用的模式名称 mode 和对应编码 code 等字段信息，主要用于充当"消息"进行传输，代码如下。

```
//导入包
import lombok.Data;
```

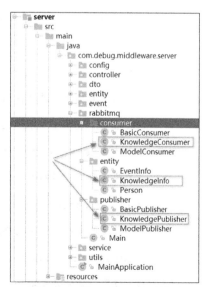

图 5.48 基于 AUTO 机制的自动确认消费模式实战类文件目录结构

```java
import lombok.ToString;
import java.io.Serializable;
/**
 * 确认消费实体对象信息
 * @Author:debug (SteadyJack)
 **/
@Data
@ToString
public class KnowledgeInfo implements Serializable{
    private Integer id; //id 标识
    private String mode;// 模式名称
    private String code;// 对应编码
}
```

（2）在 RabbitmqConfig 配置类中创建相应的队列、交换机、路由及其绑定；同时，再创建一个基于自动确认消费模式的"监听器容器工厂"实例，目的是用于指定特定的队列对应的消费者采用"自动确认消费"的模式。代码如下。

```java
/** 单一消费者，确认模式为 AUTO */
@Bean(name = "singleListenerContainerAuto")
public SimpleRabbitListenerContainerFactory listenerContainerAuto(){
    // 创建消息监听器所在的容器工厂实例
    SimpleRabbitListenerContainerFactory factory = new SimpleRabbitListenerContainerFactory();
    // 为容器工厂实例设置链接工厂
    factory.setConnectionFactory(connectionFactory);
    // 设置消息在传输中的格式为 JSON
    factory.setMessageConverter(new Jackson2JsonMessageConverter());
    // 设置消费者并发实例，在这里采用单一的模式
    factory.setConcurrentConsumers(1);
```

```java
        // 设置消费者并发最大数量的实例
        factory.setMaxConcurrentConsumers(1);
        // 设置消费者每个并发的实例预拉取的消息数据量
        factory.setPrefetchCount(1);
        // 设置确认消费模式为自动确认消费
        factory.setAcknowledgeMode(AcknowledgeMode.AUTO);
        // 返回监听器容器工厂实例
        return factory;
    }
    // 创建队列
    @Bean(name = "autoQueue")
    public Queue autoQueue(){
        // 创建并返回队列实例
        return new Queue(env.getProperty("mq.auto.knowledge.queue.name"),true);
    }

    // 创建交换机
    @Bean
    public DirectExchange autoExchange(){
        // 创建并返回交换机实例
        return new DirectExchange(env.getProperty("mq.auto.knowledge.exchange.name"),true,false);
    }
    // 创建绑定
    @Bean
    public Binding autoBinding(){
        // 创建并返回队列交换机和路由的绑定实例
        return BindingBuilder.bind(autoQueue()).to(autoExchange()).with(env.getProperty("mq.auto.knowledge.routing.key.name"));
    }
```

其中，读取环境变量实例 env 读取的变量是配置在配置文件 application.properties 中的，其变量取值如下。

```
# 确认消费模式，自动确认机制
# 定义队列名称
mq.auto.knowledge.queue.name=${mq.env}.middleware.auto.knowledge.queue
# 定义交换机名称
mq.auto.knowledge.exchange.name=${mq.env}.middleware.auto.knowledge.exchange
# 定义路由名称
mq.auto.knowledge.routing.key.name=${mq.env}.middleware.auto.knowledge.routing.key
```

（3）开发用于生产消息的生产者 KnowledgePublisher 的相关功能，代码如下。

```
// 导入依赖包
import com.debug.middleware.server.rabbitmq.entity.KnowledgeInfo;
import com.fasterxml.jackson.databind.ObjectMapper;
import org.slf4j.Logger;
import org.slf4j.LoggerFactory;
import org.springframework.amqp.core.Message;
import org.springframework.amqp.core.MessageBuilder;
import org.springframework.amqp.core.MessageDeliveryMode;
import org.springframework.amqp.rabbit.core.RabbitTemplate;
import org.springframework.amqp.support.converter.Jackson2JsonMessageConverter;
import org.springframework.beans.factory.annotation.Autowired;
import org.springframework.core.env.Environment;
import org.springframework.stereotype.Component;
```

```java
/**
 * 确认消费模式——生产者
 * @Author:debug (SteadyJack)
 **/
@Component
public class KnowledgePublisher {
    //定义日志
    private static final Logger log= LoggerFactory.getLogger(KnowledgePublisher.class);
    //定义JSON序列化和反序列化组件实例
    @Autowired
    private ObjectMapper objectMapper;
    //定义读取环境变量的实例
    @Autowired
    private Environment env;
    //定义RabbitMQ操作组件实例
    @Autowired
    private RabbitTemplate rabbitTemplate;
    /**
     * 基于AUTO机制,生产者发送消息
     * @param info
     */
    public void sendAutoMsg(KnowledgeInfo info){
        try {
            //判断对象是否为Null
            if (info!=null){
                //设置消息的传输格式为JSON
                rabbitTemplate.setMessageConverter(new Jackson2JsonMessageConverter());
                //设置交换机
```

```java
                        rabbitTemplate.setExchange(env.getProperty ("mq.auto.
knowledge.exchange.name"));
                        // 设置路由
                        rabbitTemplate.setRoutingKey(env.getProperty ("mq.auto.
knowledge.routing.key.name"));
                        // 创建消息，其中对消息设置了持久化模式
                        Message message= MessageBuilder.withBody(objectMapper.
writeValueAsBytes(info))
                                .setDeliveryMode(MessageDeliveryMode.PERSISTENT)
                                .build();
                        // 发送消息
                        rabbitTemplate.convertAndSend(message);
                        log.info("基于AUTO机制-生产者发送消息-内容为：{} ",info);
            }
        }catch (Exception e){
            log.error("基于AUTO机制-生产者发送消息-发生异常：{} ",info,e.
fillInStackTrace());
        }
    }}
```

（4）开发用于监听消费消息的消费者 KnowledgeConsumer 的相关功能，代码如下。

```java
// 导入依赖包
import com.debug.middleware.server.rabbitmq.entity.KnowledgeInfo;
import com.fasterxml.jackson.databind.ObjectMapper;
import org.slf4j.Logger;
import org.slf4j.LoggerFactory;
import org.springframework.amqp.rabbit.annotation.RabbitListener;
import org.springframework.beans.factory.annotation.Autowired;
import org.springframework.messaging.handler.annotation.Payload;
```

```java
import org.springframework.stereotype.Component;
/**
 * 确认消费模式——消费者
 * @Author:debug (SteadyJack)
 **/
@Component
public class KnowledgeConsumer {
    //定义日志
    private static final Logger log= LoggerFactory.getLogger(KnowledgeConsumer.class);
    //定义JSON序列化和反序列化组件
    @Autowired
    private ObjectMapper objectMapper;
    /**
     * 基于AUTO的确认消费模式——消费者，其中：
     * queues指的是监听的队列
     * containerFactory指的监听器所在的容器工厂，这在RabbitmqConfig中已经进行了AUTO确认消费模式的配置
     * @param msg
     */
    @RabbitListener(queues = "${mq.auto.knowledge.queue.name}",containerFactory = "singleListenerContainerAuto")
    public void consumeAutoMsg(@Payload byte[] msg){
        try {
            //监听消费解析消息体
            KnowledgeInfo info=objectMapper.readValue(msg, KnowledgeInfo.class);
            //输出日志
            log.info("基于AUTO的确认消费模式-消费者监听消费消息-内容为：{} ",info);
```

```
            }catch (Exception e){
                log.error("基于AUTO的确认消费模式-消费者监听消费消息-发生异
常:",e.fillInStackTrace());
            }
        }
    }
```

其中，在监听消费消息方法 consumeAutoMsg() 的 @RabbitListener 注解中，我们配置了当前消费者所采用的监听器容器工厂实例，即 singleListenerContainerAuto。这个实例是在步骤（2）中 RabbitmqConfig 配置类中创建的，如图 5.49 所示。

```
/**
 * 单一消费者-确认模式为AUTO
 * @return
 */
@Bean(name = "singleListenerContainerAuto")
public SimpleRabbitListenerContainerFactory listenerContainerAuto(){
    SimpleRabbitListenerContainerFactory factory = new SimpleRabbitListenerContainerFactory();
    factory.setConnectionFactory(connectionFactory);
    factory.setMessageConverter(new Jackson2JsonMessageConverter());
    factory.setConcurrentConsumers(1);
    factory.setMaxConcurrentConsumers(1);
    factory.setPrefetchCount(1);
    //设置确认消费模式为自动确认消费-AUTO
    factory.setAcknowledgeMode(AcknowledgeMode.AUTO);
    return factory;
}
```

■ 图 5.49　基于 AUTO 机制的自动确认消费模式消费者容器工厂实例配置

（5）在 Java 单元测试类 RabbitmqTest 中开发 Java 单元测试方法 test6()，用于触发生产者发送消息，代码如下。

```
@Test
public void test6() throws Exception{
    //定义实体类对象实例，用于充当即将发送的消息
    KnowledgeInfo info=new KnowledgeInfo();
    info.setId(10010);
    info.setCode("auto");
    info.setMode("基于AUTO的消息确认消费模式");
    //调用生产者发送消息的方法
    knowledgePublisher.sendAutoMsg(info);
}
```

运行该 Java 单元测试方法，观察控制台的输出结果。可以看到生产者已经成功发送消息、消费者已经成功监听消费该消息，如图 5.50 所示。

■ 图 5.50　基于 AUTO 的确认消费模式控制台输出结果

打开浏览器，在地址栏输入 http://127.0.0.1:15672 并按回车键，输入账号密码进入 RabbitMQ 的后端控制台，即可查看相应的队列列表。单击在上述代码中创建的队列，即可看到该队列的详细信息，如图 5.51 所示。

■ 图 5.51　基于 AUTO 的确认消费模式队列详情

至此，基于 AUTO 机制的确认消费模式的代码实战完成。细心的读者可能早已发现，此种确认消费模式的实现其实只需要在 RabbitmqConfig 配置类中创建监听器容器工厂实例，并在该实例中指定消息的确认消费模式为 AUTO 即可，而其他的如发送消息、监听消费消息的流程则没有多大的变化。

在 Spring Boot 整合 RabbitMQ 的项目中，除了采用这种方式指定消费者的确认消费模式之外，还可以通过在配置文件 application.properties 中配置全局的消息确认消费模式，其配置如下。

全局设置队列的确认消费模式；如果队列对应的消费者没有指定消费确认模式，则将默认指定全局

配置的 auto 模式
spring.rabbitmq.listener.simple.acknowledge-mode=auto

以上提供的这两种方式都可以实现消费者监听消费消息时采用自动确认消费的模式。而在实际开发环境中，如果是选择基于 AUTO 机制实现消费者的确认消费模式，则一般在配置文件中进行全局配置。因为很明显，这种方式很便捷，只需一行配置代码即可。

5.4.4 基于手动确认消费模式实战

基于 MANUAL 的手动确认消费模式相对于基于 AUTO 的自动确认消费模式而言则比较复杂。因为其需要在"消费者处理完消息的逻辑"之后，手动编写代码进行确认消费，最终将该消息从队列中移除，从而避免消息被重复投放入队列而被重复消费。

下面仍然以简单的消息模型为例，采用实际代码进行实战，其中相关的实体类文件存放的目录结构如图 5.52 所示。

（1）需要在 RabbitmqConfig 配置类中创建队列、交换机和路由及其绑定，同时需要创建"基于 MANUAL 手动确认消费模式"对应的消费者所在的监听器容器工厂实例，目的是用于设置消息的确认消费模式为 MANUAL，代码如下。

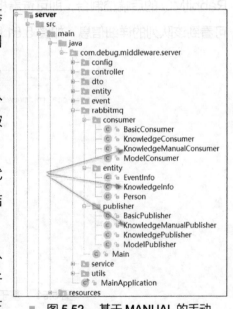

图 5.52　基于 MANUAL 的手动确认消费模式实战代码目录结构

```
/**
 * 单一消费者，确认模式为 MANUAL
 * @return
 */
```

```java
// 创建队列
@Bean(name = "manualQueue")
public Queue manualQueue(){
    // 创建并返回队列实例
    return new Queue(env.getProperty("mq.manual.knowledge.queue.name"), true);
}
// 创建交换机
@Bean
public TopicExchange manualExchange(){
    // 创建并返回交换机实例
    return new TopicExchange(env.getProperty("mq.manual.knowledge.exchange.name"),true,false);
}
// 创建绑定
@Bean
public Binding manualBinding(){
    // 创建并返回队列交换机和路由的绑定实例
    return BindingBuilder.bind(manualQueue()).to(manualExchange()).with(env.getProperty("mq.manual.knowledge.routing.key.name"));
}
// 定义手动确认消费模式对应的消费者监听器实例
@Autowired
private KnowledgeManualConsumer knowledgeManualConsumer;
/**
 * 创建消费者监听器容器工厂实例，确认模式为MANUAL，并指定监听的队列和消费者
 * @param manualQueue
 * @return
 */
@Bean(name = "simpleContainerManual")
```

```java
public SimpleMessageListenerContainer simpleContainer(@Qualifier("manualQueue") Queue manualQueue){
    // 创建消息监听器容器工厂实例
    SimpleMessageListenerContainer container=new SimpleMessageListenerContainer();
    // 设置链接工厂
    container.setConnectionFactory(connectionFactory);
    // 设置消息的传输格式为JSON
    container.setMessageConverter(new Jackson2JsonMessageConverter());
    // 单一消费者实例配置
    container.setConcurrentConsumers(1);
    container.setMaxConcurrentConsumers(1);
    container.setPrefetchCount(1);

    //TODO：设置消息的确认消费模式，采用手动确认消费机制
    container.setAcknowledgeMode(AcknowledgeMode.MANUAL);
    // 指定该容器中监听的队列
    container.setQueues(manualQueue);
    // 指定该容器中消息监听器，即消费者
    container.setMessageListener(knowledgeManualConsumer);
    // 返回容器工厂实例
    return container;
}
```

（2）开发消息监听器（即消费者）KnowledgeManualConsumer 的相关功能，由于其采用人为手动确认消费的模式，故而该监听器需要实现"RabbitMQ 通道确认消息监听器"，即 ChannelAwareMessageListener 接口，并实现 onMessage() 方法。在该方法体中实现相应的业务逻辑，并在执行完业务逻辑之后，手动地调用 channel.basicAck()、channel.basicReject() 等方法确认消费队列中的消息，最终将该消息从队列中移除。代码如下。

```java
// 导入依赖包
import com.debug.middleware.server.rabbitmq.entity.KnowledgeInfo;
import com.fasterxml.jackson.databind.ObjectMapper;
import com.rabbitmq.client.Channel;
import org.slf4j.Logger;
import org.slf4j.LoggerFactory;
import org.springframework.amqp.core.Message;
import org.springframework.amqp.core.MessageProperties;
import org.springframework.amqp.rabbit.core.ChannelAwareMessageListener;
import org.springframework.beans.factory.annotation.Autowired;
import org.springframework.stereotype.Component;
/**
 * 确认消费模式——手动确认消费（监听器）
 * @Author:debug (SteadyJack)
 **/
@Component("knowledgeManualConsumer")
public class KnowledgeManualConsumer implements ChannelAwareMessageListener{
    // 定义日志
    private static final Logger log= LoggerFactory.getLogger(KnowledgeManualConsumer.class);
    // 定义JSON序列化和反序列化组件实例
    @Autowired
    private ObjectMapper objectMapper;
    /**
     * 监听消费消息
     * @param message 消息实体
     * @param channel 通道实例
     * @throws Exception
     */
```

```java
@Override
public void onMessage(Message message, Channel channel) throws Exception {
    // 获取消息属性
    MessageProperties messageProperties=message.getMessageProperties();
    // 获取消息分发时的全局唯一标识
    long deliveryTag=messageProperties.getDeliveryTag();
    // 捕获异常
    try {
        // 获得消息体
        byte[] msg=message.getBody();
        // 解析消息体
        KnowledgeInfo info=objectMapper.readValue(msg, KnowledgeInfo.class);
        // 输出日志信息
        log.info("确认消费模式-手动确认消费-监听器监听消费消息-内容为: {} ",info);

        // 执行完业务逻辑后,手动进行确认消费,其中第1个参数:消息的分发标识(全局唯一);第2个参数:是否允许批量确认消费(在这里设置为true)
        channel.basicAck(deliveryTag,true);
    }catch (Exception e){
        log.info("确认消费模式-手动确认消费-监听器监听消费消息-发生异常: ",e.fillInStackTrace());

        // 如果在处理消息的过程中发生了异常,则照样需要人为手动确认消费该消息
        // 否则该消息将一直留在队列中,从而将导致消息的重复消费
        channel.basicReject(deliveryTag,false);
```

            }
        }}

从上述该代码中可以看到,"基于手动确认消费模式"需要在执行完实际的业务逻辑之后,手动调用相关的方法进行确认消费。哪怕是在处理的过程中发生了异常,也需要照样执行"确认消费",避免消息一直留在队列从而出现重复消费的现象。

(3)开发用于发送消息的生产者 KnowledgeManualPublisher,代码如下。

```
// 导入依赖包
import com.debug.middleware.server.rabbitmq.entity.KnowledgeInfo;
import com.fasterxml.jackson.databind.ObjectMapper;
import org.slf4j.Logger;
import org.slf4j.LoggerFactory;
import org.springframework.amqp.core.Message;
import org.springframework.amqp.core.MessageBuilder;
import org.springframework.amqp.core.MessageDeliveryMode;
import org.springframework.amqp.rabbit.core.RabbitTemplate;
import org.springframework.amqp.support.converter.Jackson2JsonMessageConverter;
import org.springframework.beans.factory.annotation.Autowired;
import org.springframework.core.env.Environment;
import org.springframework.stereotype.Component;
/**
 * 确认消费模式——手动确认消费(生产者)
 * @Author:debug (SteadyJack)
 **/
@Component
public class KnowledgeManualPublisher {
    //定义日志
    private static final Logger log= LoggerFactory.getLogger(Knowledge
```

```java
ManualPublisher.class);
    // 定义JSON序列化和反序列化组件实例
    @Autowired
    private ObjectMapper objectMapper;
    // 定义读取环境变量实例
    @Autowired
    private Environment env;
    // 定义RabbitMQ操作组件实例
    @Autowired
    private RabbitTemplate rabbitTemplate;
    /**
     * 基于MANUAL机制,生产者发送消息
     * @param info
     */
    public void sendAutoMsg(KnowledgeInfo info){
        // 捕获异常
        try {
            // 判断对象是否为Null
            if (info!=null){
                // 设置消息传输的格式为JSON
                rabbitTemplate.setMessageConverter(new Jackson2JsonMessageConverter());
                // 设置交换机
                rabbitTemplate.setExchange(env.getProperty("mq.manual.knowledge.exchange.name"));
                // 设置路由
                rabbitTemplate.setRoutingKey(env.getProperty("mq.manual.knowledge.routing.key.name"));
                // 创建消息
                Message message=MessageBuilder.withBody(object
```

```
Mapper.writeValueAsBytes(info)).setDeliveryMode(MessageDeliveryMode.
PERSISTENT).build();
                    //发送消息
                    rabbitTemplate.convertAndSend(message);
                    //输出日志
                    log.info("基于MANUAL机制-生产者发送消息-内容为：{} ",info);
                }
            }catch (Exception e){
                log.error("基于MANUAL机制-生产者发送消息-发生异常：{} ",info,
e.fillInStackTrace());
            }
        }
    }
```

（4）在Java单元测试类RabbitmqTest中开发单元测试方法，用于触发生产者发送消息，代码如下。

```
@Test
public void test7() throws Exception{
    //定义实体对象
    KnowledgeInfo info=new KnowledgeInfo();
    //设置字段id取值
    info.setId(10011);
    //设置字段code取值
    info.setCode("manual");
    //设置字段mode取值
    info.setMode("基于MANUAL的消息确认消费模式");
    //调用生产者发送消息
    knowledgeManualPublisher.sendAutoMsg(info);
}
```

运行该单元测试方法,观察控制台的输出结果。可以看到生产者已经成功发送消息、消费者也已经成功监听消费了该消息,如图 5.53 所示。

```
rabbitConnectionFactory#5f2cc4b3:0/SimpleConnection@45c6220b [delegate=amqp://guest@127.0.0.1:5672/, localPort= 21366]
[2019-04-07 14:20:31.184] boot - INFO [main] --- RabbitmqTest: Started RabbitmqTest in 4.099 seconds (JVM running for 5.153)
[2019-04-07 14:20:31.254] boot - INFO [main] --- KnowledgeManualPublisher: 基于MANUAL机制-生产者发送消息-内容为: KnowledgeInfo(id=10011, mode=基于MANUAL的消息确认消费模式, code=manual)
[2019-04-07 14:20:31.258] boot - INFO [Thread-4] --- GenericWebApplicationContext: Closing org.springframework.web.context.support.GenericWebApplicationContext@7770f470: startup date [Sun Apr 07 14:20:27 CST 2019]; root of context hierarchy
[2019-04-07 14:20:31.260] boot - INFO [Thread-4] --- DefaultLifecycleProcessor: Stopping beans in phase 2147483647
[2019-04-07 14:20:31.260] boot - INFO [AMQP Connection 127.0.0.1:5672] --- RabbitmqConfig: 消息发送成功:correlationData(null),ack(true), cause(null)
[2019-04-07 14:20:31.264] boot - INFO [Thread-4] --- SimpleMessageListenerContainer: Waiting for workers to finish.
[2019-04-07 14:20:31.285] boot - INFO [simpleContainerManual-1] --- KnowledgeManualConsumer: 确认消费模式-人为手动确认消费-监听器监听消费消息-内容为: KnowledgeInfo(id=10011, mode=基于MANUAL的消息确认消费模式, code=manual)
[2019-04-07 14:20:31.286] boot - INFO [Thread-4] --- SimpleMessageListenerContainer: Successfully waited for workers to finish.
[2019-04-07 14:20:31.288] boot - INFO [Thread-4] --- SimpleMessageListenerContainer: Waiting for workers to finish.
```

■ 图 5.53 基于 MANUAL 的手动确认消费模式控制台输出结果

打开浏览器,在地址栏输入 http://127.0.0.1:15672 并按回车键,输入账号密码进入 RabbitMQ 的后端控制台,即可查看相应的队列列表。单击在上述代码中创建的队列,即可看到该队列的详细信息,如图 5.54 所示。

■ 图 5.54 基于 MANUAL 的手动确认消费模式队列详情

至此,基于手动确认消费模式实战完毕。虽然这种确认消费模式相对于其他几种模式而言,实战起来比较复杂,但是在实际生产环境中,特别是在一些对消息、业务数据的传输有严格要求的业务场景里,此种确认消费模式是能起到很大的作用。如它可避免消息被重复消费等状况,最终保证数据能成功到达消费端(即处理业务数据的某个地方)。

5.5 典型应用场景实战之用户登录成功写日志

RabbitMQ 作为一款具有高性能存储、分发消息功能的分布式消息中间件,具有接口限流、服务解耦、异步通信、消息分发、延迟处理等功能特性,在实际生产环境中具有很广泛的应用。本节将基于前面搭建好的 Spring Boot 整合 RabbitMQ 的项目，以"用户登录成功写日志"为业务场景，采用实际代码进行实战。

同时，借此业务场景为案例，巩固理解并掌握前面小节介绍的 RabbitMQ 的专有名词、消息模型、消息高可用设置以及消息的发送、接收方式等知识要点。

5.5.1 整体业务流程介绍与分析

相信各位读者对用户登录操作并不陌生。用户只需要在界面上相关位置输入用户名、密码等信息，并点击登录，即可完成一次用户登录业务流程的执行。有时候有些应用为了跟踪用户的登录、操作轨迹，需要记录每次用户登录成功之后的登录信息入数据库，以便用于相关的日志分析，其中登录成功后的信息包括用户登录所在的 IP、登录时间、用户名以及密码等信息。

而在这整个业务流程中，用户登录是主业务流程；记录用户登录轨迹是辅助业务流程。故而在实际业务开发过程中，辅助业务流程的处理不应当影响主业务流程的执行，即记录用户登录轨迹业务应当独立出来并采用异步线程进行处理。整体的业务流程如图 5.55 所示。

图 5.55 "用户登录成功写日志"整体业务流程

从图 5.55 中可以看出，整体的业务流程包含两大模块，即"用户登录"模块和"日志记录"模块。两大模块相互独立、互不干扰，而且为了不影响主模块的执行效率，"日志记录"模块应当异步于"用户登录"模块执行。

5.5.2 数据库设计

从上述对整个业务流程的分析，可以得知整体业务流程主要由两大模块构成，即"用户登录"和"日志记录"模块。基于这两个模块，我们进行相应数据表的设计。

（1）进行用户信息表的设计，主要包含用户 id、用户名、密码等字段，其创建数据表语句如下。

```sql
CREATE TABLE 'user' (
    'id' int(11) NOT NULL AUTO_INCREMENT COMMENT '用户id',
    'user_name' varchar(255) NOT NULL COMMENT '用户名',
    'password' varchar(255) NOT NULL COMMENT '密码',
    'create_time' datetime DEFAULT NULL COMMENT '创建时间',
    PRIMARY KEY ('id'),
    UNIQUE KEY 'idx_user_name' ('user_name') USING BTREE
) ENGINE=InnoDB AUTO_INCREMENT=4 DEFAULT CHARSET=utf8 COMMENT='用户信息表';
```

（2）进行日志记录表的设计，主要包含用户 id、用户操作所属模块、操作数据、备注等字段，其创建数据表语句如下。

```sql
CREATE TABLE 'sys_log' (
    'id' int(11) NOT NULL AUTO_INCREMENT,
    'user_id' int(11) DEFAULT '0' COMMENT '用户id',
    'module' varchar(255) DEFAULT NULL COMMENT '用户操作所属模块',
    'data' varchar(5000) CHARACTER SET utf8mb4 DEFAULT NULL COMMENT '操作数据',
    'memo' varchar(500) CHARACTER SET utf8mb4 DEFAULT NULL COMMENT '备注',
    'create_time' datetime DEFAULT NULL COMMENT '创建时间',
```

```
    PRIMARY KEY ('id')
) ENGINE=InnoDB AUTO_INCREMENT=3 DEFAULT CHARSET=utf8 COMMENT='日志记录表';
```

（3）采用 MyBatis 逆向工程生成这两个表对应的实体类、Mapper 操作接口和对应的 SQL 所在的配置文件 Mapper.xml。

用户实体类 User 代码如下。

```
import java.util.Date;
/**
** 用户实体信息
**/
public class User {
    private Integer id; // 用户 id
    private String userName; // 用户名
    private String password; // 密码
    private Date createTime; // 创建时间

    // 此处省略所有字段的 getter()、setter() 方法
}
```

系统日志记录类 SysLog 代码如下。

```
import java.util.Date;
/**
** 操作日志实体信息
**/
public class SysLog {
    private Integer id; // 主键 id
    private Integer userId; // 用户 id
```

```java
        private String module;  // 用户操作所属模块
        private String data;    // 操作数据
        private String memo;    // 备注
        private Date createTime; // 操作时间

        // 此处省略所有字段的getter()、setter()方法
}
```

紧接着是用户实体类 User 对应的 Mapper 操作接口。在这里开发一个查询功能，即根据用户名和密码查询的方法，代码如下。

```java
// 导入依赖包
import com.debug.middleware.model.entity.User;
import org.apache.ibatis.annotations.Param;
/**
** 用户实体对象对应的Mapper操作接口
**/
public interface UserMapper {
    // 根据用户id删除
    int deleteByPrimaryKey(Integer id);
    // 插入用户信息
    int insert(User record);
    // 插入用户实体信息
    int insertSelective(User record);
    // 根据用户id查询
    User selectByPrimaryKey(Integer id);
    // 更新用户实体信息
    int updateByPrimaryKeySelective(User record);
    // 更新用户实体信息
    int updateByPrimaryKey(User record);
```

```java
    // 根据用户名和密码查询
    User selectByUserNamePassword(@Param("userName") String userName, @Param("password") String password);
}
```

该 UserMapper 操作接口对应的 SQL 配置文件 UserMapper.xml 的代码如下。

```xml
<!--XML 文件头部定义 -->
<?xml version="1.0" encoding="UTF-8" ?>
<!DOCTYPE mapper PUBLIC "-//mybatis.org//DTD Mapper 3.0//EN" "http://mybatis.org/dtd/mybatis-3-mapper.dtd" >
<!--UserMapper 操作类所在的命名空间定义 -->
<mapper namespace="com.debug.middleware.model.mapper.UserMapper" >
    <!-- 查询得到的结果集映射配置 -->
    <resultMap id="BaseResultMap" type="com.debug.middleware.model.entity.User" >
        <id column="id" property="id" jdbcType="INTEGER" />
        <result column="user_name" property="userName" jdbcType="VARCHAR" />
        <result column="password" property="password" jdbcType="VARCHAR" />
        <result column="create_time" property="createTime" jdbcType="TIMESTAMP" />
    </resultMap>
    <!-- 用于查询的 SQL 片段 -->
    <sql id="Base_Column_List" >
      id, user_name, password, create_time
    </sql>
    <!-- 根据用户 id 查询用户实体信息 -->
    <select id="selectByPrimaryKey" resultMap="BaseResultMap" parameterType="java.lang.Integer" >
        select
```

```xml
      <include refid="Base_Column_List" />
      from user
      where id = #{id,jdbcType=INTEGER}
    </select>
    <!-- 根据用户 id 删除用户实体信息记录 -->
    <delete id="deleteByPrimaryKey" parameterType="java.lang.Integer" >
      delete from user
      where id = #{id,jdbcType=INTEGER}
    </delete>
    <!-- 插入用户实体信息 -->
    <insert id="insert" parameterType="com.debug.middleware.model.entity.User" >
      insert into user (id, user_name, password,
        create_time)
      values (#{id,jdbcType=INTEGER}, #{userName,jdbcType=VARCHAR}, #{password,jdbcType=VARCHAR},
        #{createTime,jdbcType=TIMESTAMP})
    </insert>
    <!-- 插入用户实体信息 -->
    <insert id="insertSelective" parameterType="com.debug.middleware.model.entity.User" >
      insert into user
      <trim prefix="(" suffix=")" suffixOverrides="," >
        <if test="id != null" >
          id,
        </if>
        <if test="userName != null" >
          user_name,
        </if>
        <if test="password != null" >
```

```xml
        password,
      </if>
      <if test="createTime != null" >
        create_time,
      </if>
    </trim>
    <trim prefix="values (" suffix=")" suffixOverrides="," >
      <if test="id != null" >
        #{id,jdbcType=INTEGER},
      </if>
      <if test="userName != null" >
        #{userName,jdbcType=VARCHAR},
      </if>
      <if test="password != null" >
        #{password,jdbcType=VARCHAR},
      </if>
      <if test="createTime != null" >
        #{createTime,jdbcType=TIMESTAMP},
      </if>
    </trim>
  </insert>
  <!-- 更新用户实体信息 -->
  <update id="updateByPrimaryKeySelective" parameterType="com.debug.middleware.model.entity.User" >
    update user
    <set >
      <if test="userName != null" >
        user_name = #{userName,jdbcType=VARCHAR},
      </if>
      <if test="password != null" >
```

```xml
        password = #{password,jdbcType=VARCHAR},
      </if>
      <if test="createTime != null" >
        create_time = #{createTime,jdbcType=TIMESTAMP},
      </if>
    </set>
    where id = #{id,jdbcType=INTEGER}
  </update>
  <!-- 更新用户实体信息 -->
  <update id="updateByPrimaryKey" parameterType="com.debug.middleware.model.entity.User" >
    update user
    set user_name = #{userName,jdbcType=VARCHAR},
      password = #{password,jdbcType=VARCHAR},
      create_time = #{createTime,jdbcType=TIMESTAMP}
    where id = #{id,jdbcType=INTEGER}
  </update>

  <!-- 根据用户名、密码查询用户实体信息 -->
   <select id="selectByUserNamePassword" resultType="com.debug.middleware.model.entity.User">
      SELECT <include refid="Base_Column_List"/>
      FROM user WHERE user_name=#{userName} AND password=#{password}
   </select>
</mapper>
```

最后是系统日志实体类 SysLog 对应的 Mapper 操作接口，代码如下。

```java
// 导入依赖包
import com.debug.middleware.model.entity.SysLog;
```

```java
/**
** 日志记录实体对象对应的Mapper操作接口
**/
public interface SysLogMapper {
    // 根据用户id删除用户记录
    int deleteByPrimaryKey(Integer id);
    // 插入用户实体信息
    int insert(SysLog record);
    // 插入用户实体信息
    int insertSelective(SysLog record);
    // 根据用户id查询
    SysLog selectByPrimaryKey(Integer id);
    // 更新用户实体信息
    int updateByPrimaryKeySelective(SysLog record);
    // 更新用户实体信息
    int updateByPrimaryKey(SysLog record);
}
```

该SysLogMapper对应的SQL配置文件SysLogMapper.xml的代码如下。

```xml
<?xml version="1.0" encoding="UTF-8" ?>
<!--XML 头部定义 -->
<!DOCTYPE mapper PUBLIC "-//mybatis.org//DTD Mapper 3.0//EN" "http://mybatis.org/dtd/mybatis-3-mapper.dtd" >
<!--SysLogMapper操作接口所在的命名空间定义 -->
<mapper namespace="com.debug.middleware.model.mapper.SysLogMapper" >
    <!-- 查询得到的结果集映射配置 -->
    <resultMap id="BaseResultMap" type="com.debug.middleware.model.entity.SysLog" >
        <id column="id" property="id" jdbcType="INTEGER" />
```

```xml
        <result column="user_id" property="userId" jdbcType="INTEGER" />
        <result column="module" property="module" jdbcType="VARCHAR" />
        <result column="data" property="data" jdbcType="VARCHAR" />
        <result column="memo" property="memo" jdbcType="VARCHAR" />
        <result column="create_time" property="createTime" jdbcType="TIMESTAMP" />
    </resultMap>
    <!-- 定义查询的 SQL 片段 -->
    <sql id="Base_Column_List" >
        id, user_id, module, data, memo, create_time
    </sql>
    <!-- 根据主键 id 查询日志记录 -->
    <select id="selectByPrimaryKey" resultMap="BaseResultMap" parameterType="java.lang.Integer" >
        select
        <include refid="Base_Column_List"/>
        from sys_log
        where id = #{id,jdbcType=INTEGER}
    </select>
    <!-- 根据主键 id 删除日志记录 -->
    <delete id="deleteByPrimaryKey" parameterType="java.lang.Integer" >
        delete from sys_log
        where id = #{id,jdbcType=INTEGER}
    </delete>
    <!-- 插入日志记录 -->
    <insert id="insert" parameterType="com.debug.middleware.model.entity.SysLog" >
        insert into sys_log (id, user_id, module,
          data, memo, create_time
          )
```

```xml
        values (#{id,jdbcType=INTEGER}, #{userId,jdbcType=INTEGER}, #{module,jdbcType=VARCHAR},
          #{data,jdbcType=VARCHAR}, #{memo,jdbcType=VARCHAR}, #{createTime,jdbcType=TIMESTAMP}
          )
    </insert>
    <!-- 插入日志记录 -->
    <insert id="insertSelective" parameterType="com.debug.middleware.model.entity.SysLog" >
        insert into sys_log
        <trim prefix="(" suffix=")" suffixOverrides="," >
            <if test="id != null" >
                id,
            </if>
            <if test="userId != null" >
                user_id,
            </if>
            <if test="module != null" >
                module,
            </if>
            <if test="data != null" >
                data,
            </if>
            <if test="memo != null" >
                memo,
            </if>
            <if test="createTime != null" >
                create_time,
            </if>
        </trim>
```

```xml
      <trim prefix="values (" suffix=")" suffixOverrides="," >
        <if test="id != null" >
          #{id,jdbcType=INTEGER},
        </if>
        <if test="userId != null" >
          #{userId,jdbcType=INTEGER},
        </if>
        <if test="module != null" >
          #{module,jdbcType=VARCHAR},
        </if>
        <if test="data != null" >
          #{data,jdbcType=VARCHAR},
        </if>
        <if test="memo != null" >
          #{memo,jdbcType=VARCHAR},
        </if>
        <if test="createTime != null" >
          #{createTime,jdbcType=TIMESTAMP},
        </if>
      </trim>
    </insert>
    <!-- 更新日志记录 -->
    <update id="updateByPrimaryKeySelective" parameterType="com.debug.middleware.model.entity.SysLog" >
      update sys_log
      <set >
        <if test="userId != null" >
          user_id = #{userId,jdbcType=INTEGER},
        </if>
        <if test="module != null" >
```

```xml
        module = #{module,jdbcType=VARCHAR},
      </if>
      <if test="data != null" >
        data = #{data,jdbcType=VARCHAR},
      </if>
      <if test="memo != null" >
        memo = #{memo,jdbcType=VARCHAR},
      </if>
      <if test="createTime != null" >
        create_time = #{createTime,jdbcType=TIMESTAMP},
      </if>
    </set>
    where id = #{id,jdbcType=INTEGER}
  </update>
  <!-- 更新日志记录 -->
  <update id="updateByPrimaryKey" parameterType="com.debug.middleware.model.entity.SysLog" >
    update sys_log
    set user_id = #{userId,jdbcType=INTEGER},
      module = #{module,jdbcType=VARCHAR},
      data = #{data,jdbcType=VARCHAR},
      memo = #{memo,jdbcType=VARCHAR},
      create_time = #{createTime,jdbcType=TIMESTAMP}
    where id = #{id,jdbcType=INTEGER}
  </update>
</mapper>
```

（4）其中 MyBatis 逆向工程生成的实体类、Mapper 操作接口和对应的 SQL 配置文件 Mapper.xml 所在的目录结构如图 5.56 所示。

至此，相关数据表和对应的实体类、DAO（数据库访问对象）层开发完成，下面进入代码实战环节。

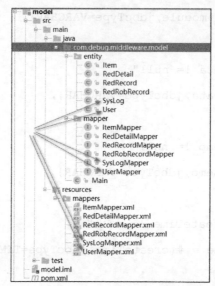

■ 图 5.56 "用户登录成功写日志"MyBatis 逆向工程生成的文件所在目录结构

5.5.3 开发环境搭建

下面我们采用"模型—视图—控制器"（Model-View-Controller，MVC）的开发模式搭建整体业务流程对应的开发环境，以实际代码实战"用户登录写日志"业务。相关代码文件所在的目录结构如图 5.57 和图 5.58 所示。

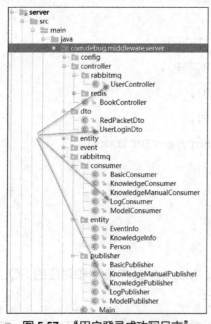

■ 图 5.57 "用户登录成功写日志"
实战代码文件目录结构（1）

■ 图 5.58 "用户登录成功写日志"
实战代码文件目录结构（2）

（1）用户进行登录操作时，后端需要接收的用户登录信息主要包括用户名和密码，在这里将其封装成实体类 UserLoginDto 以供接收，代码如下。

```java
// 导入依赖包
import lombok.Data;
import lombok.ToString;
import org.hibernate.validator.constraints.NotBlank;
import java.io.Serializable;
/**
 * 用户登录实体信息
 * @Author:debug (SteadyJack)
 **/
@Data
@ToString
public class UserLoginDto implements Serializable{
    @NotBlank
    private String userName;// 用户名,必填
    @NotBlank
    private String password;// 密码,必填

    private Integer userId;// 用户id
}
```

（2）开发"接收并处理用户登录实体信息"的控制器 UserController，主要用于校验前端用户提交的相关登录信息，并将校验通过后的信息传递给 Service 层进行处理，代码如下。

```java
// 导入依赖包
import com.debug.middleware.api.enums.StatusCode;
import com.debug.middleware.api.response.BaseResponse;
```

```java
import com.debug.middleware.server.dto.UserLoginDto;
import com.debug.middleware.server.service.UserService;
import org.slf4j.Logger;
import org.slf4j.LoggerFactory;
import org.springframework.beans.factory.annotation.Autowired;
import org.springframework.http.MediaType;
import org.springframework.validation.BindingResult;
import org.springframework.validation.annotation.Validated;
import org.springframework.web.bind.annotation.RequestBody;
import org.springframework.web.bind.annotation.RequestMapping;
import org.springframework.web.bind.annotation.RequestMethod;
import org.springframework.web.bind.annotation.RestController;
/**
 * 用户登录controller
 * @Author:debug (SteadyJack)
 **/
@RestController
public class UserController {
    //定义日志
    private static final Logger log= LoggerFactory.getLogger(UserController.class);
    //前端请求前缀
    private static final String prefix="user";
    //注入用户操作Service层实例
    @Autowired
    private UserService userService;
    /**
     * 用户登录
     * @return
     */
```

```java
    @RequestMapping(value = prefix+"/login",method = RequestMethod.POST,consumes = MediaType.APPLICATION_JSON_UTF8_VALUE)
    public BaseResponse login(@RequestBody @Validated UserLoginDto dto, BindingResult result){
        //校验前端用户提交的用户登录信息的合法性
        if (result.hasErrors()){
            return new BaseResponse(StatusCode.InvalidParams);
        }
        //定义返回结果实例
        BaseResponse response=new BaseResponse(StatusCode.Success);
        try {
            //调用 Service 层方法处理用户登录逻辑
            Boolean res=userService.login(dto);
            if (res){
                //表示 res=true, 即用户登录成功
                response=new BaseResponse(StatusCode.Success.getCode(),"登录成功");
            }else{
                //表示 res=false, 即用户登录失败
                response=new BaseResponse(StatusCode.Fail.getCode(),"登录失败-账户名密码不匹配");
            }
        }catch (Exception e){
            //表示处理过程发生异常
            response=new BaseResponse(StatusCode.Fail.getCode(),e.getMessage());
        }
        //返回最终处理的结果
        return response;
    }
}
```

（3）开发用户登录服务 UserService 类相关功能，代码如下。

```java
// 导入依赖包
import com.debug.middleware.model.entity.User;
import com.debug.middleware.model.mapper.UserMapper;
import com.debug.middleware.server.dto.UserLoginDto;
import com.debug.middleware.server.rabbitmq.publisher.LogPublisher;
import org.slf4j.Logger;
import org.slf4j.LoggerFactory;
import org.springframework.beans.factory.annotation.Autowired;
import org.springframework.stereotype.Service;
/**
 * 用户服务
 * @Author:debug (SteadyJack)
 **/
@Service
public class UserService {
    //定义日志
    private static final Logger log= LoggerFactory.getLogger(UserService.class);
    //注入用户实体类对应的Mapper操作接口
    @Autowired
    private UserMapper userMapper;
    //日志生产者，用于发送登录成功后相关用户消息
    @Autowired
    private LogPublisher logPublisher;
    /**
     * 用户登录服务
     * @param dto
     * @return
```

```java
 * @throws Exception
 */
public Boolean login(UserLoginDto dto) throws Exception{
    //根据用户名和密码查询用户实体记录
    User user=userMapper.selectByUserNamePassword(dto.getUserName(),dto.getPassword());
    //表示数据表中存在该用户，并且密码是匹配的
    if (user!=null){
        //此时表示当前用户已经登录成功，需要对相应的参数进行赋值
        dto.setUserId(user.getId());
        //发送登录成功日志信息
        logPublisher.sendLogMsg(dto);
        //返回登录成功
        return true;
    }else{
        //返回登录失败
        return false;
    }
}
```

其中，LogPublisher 表示用于生产日志信息的生产者，它将主要由 RabbitMQ 的相关操作组件来实现，在后面小节中将会介绍相关开发。

5.5.4 基于 TopicExchange 构建日志消息模型

在上一小节 UserService 类的相关方法中，用户登录成功之后需要将相关的用户登录信息通过 RabbitMQ 的消息队列异步写入数据库，故而我们需要在 RabbitmqConfig 配置类中创建相应的队列、交换机和路由及其绑定，即构建"日志消息模型"，代码如下。

```java
/** 用户登录成功写日志消息模型创建 **/
    // 创建队列
    @Bean(name = "loginQueue")
    public Queue loginQueue(){
        return new Queue(env.getProperty("mq.login.queue.name"),true);
    }
    // 创建交换机
    @Bean
    public TopicExchange loginExchange(){
        return new TopicExchange(env.getProperty("mq.login.exchange.name"),true,false);
    }
    // 创建绑定
    @Bean
    public Binding loginBinding(){
        return BindingBuilder.bind(loginQueue()).to(loginExchange()).with(env.getProperty("mq.login.routing.key.name"));    }
```

其中，读取环境变量实例 env 读取的变量是配置在配置文件 application.properties 中的，其变量取值如下。

```
# 用户登录成功写日志消息模型
# 定义队列名称
mq.login.queue.name=${mq.env}.middleware.login.queue
# 定义交换机名称
mq.login.exchange.name=${mq.env}.login.exchange
# 定义路由名称
mq.login.routing.key.name=${mq.env}.login.routing.key
```

在这里，我们是基于 TopicExchange 构建"用户登录成功写日志"的消息模型，这主要是为了方便后续进行扩展。比如当有多个地方需要监听写日志记录的队列时，则可以将该消息模型的路由名称设置为带有通配符 # 或者 * 的名称。

5.5.5 异步发送和接收登录日志消息实战

至此已经创建好了"用户登录成功写日志"的消息模型，接下来开发"用户登录成功后将相关登录信息异步写入数据库"的功能，即在 LogPublisher 类中开发相应的方法，用于发送相关消息入 RabbitMQ 的队列，并被相应的消费者监听消费。代码如下。

```
//导入依赖包
import com.debug.middleware.server.dto.UserLoginDto;
import com.fasterxml.jackson.databind.ObjectMapper;
import org.slf4j.Logger;
import org.slf4j.LoggerFactory;
import org.springframework.amqp.AmqpException;
import org.springframework.amqp.core.Message;
import org.springframework.amqp.core.MessageDeliveryMode;
import org.springframework.amqp.core.MessagePostProcessor;
import org.springframework.amqp.core.MessageProperties;
import org.springframework.amqp.rabbit.core.RabbitTemplate;
import org.springframework.amqp.support.converter.AbstractJavaTypeMapper;
import org.springframework.amqp.support.converter.Jackson2JsonMessageConverter;
import org.springframework.beans.factory.annotation.Autowired;
import org.springframework.core.env.Environment;
import org.springframework.stereotype.Component;
/**
 * 系统日志记录（生产者）
 * @Author:debug (SteadyJack)
 **/
```

```java
@Component
public class LogPublisher {
    // 定义日志
    private static final Logger log= LoggerFactory.getLogger(LogPublisher.class);
    // 定义 RabbitMQ 操作组件
    @Autowired
    private RabbitTemplate rabbitTemplate;
    // 定义环境变量读取实例 env
    @Autowired
    private Environment env;
    // 定义 JSON 序列化和反序列化组件
    @Autowired
    private ObjectMapper objectMapper;
    /**
     * 发送登录成功后的用户相关信息入队列
     * @param loginDto
     */
    public void sendLogMsg(UserLoginDto loginDto){
        try {
            // 设置消息传输格式为 JSON
            rabbitTemplate.setMessageConverter(new Jackson2JsonMessageConverter());
            // 设置交换机
            rabbitTemplate.setExchange(env.getProperty("mq.login.exchange.name"));
            // 设置路由
            rabbitTemplate.setRoutingKey(env.getProperty("mq.login.routing.key.name"));
            // 发送消息
```

```java
            rabbitTemplate.convertAndSend(loginDto, new MessagePostProcessor() {
                @Override
                public Message postProcessMessage(Message message) throws AmqpException {
                    // 获取消息属性
                    MessageProperties messageProperties=message.getMessageProperties();
                    // 设置消息的持久化模式为持久化
                    messageProperties.setDeliveryMode(MessageDeliveryMode.PERSISTENT);
                    // 设置消息头，表示传输的消息直接指定为某个类实例，消费者
                    // 在监听消费时可以直接定义该类对象参数进行接收即可
                    messageProperties.setHeader(AbstractJavaTypeMapper.DEFAULT_CONTENT_CLASSID_FIELD_NAME,UserLoginDto.class);
                    // 返回消息实例
                    return message;
                }
            });
            // 输出日志信息
            log.info("系统日志记录-生产者-发送登录成功后的用户相关信息入队列-内容：{} ",loginDto);
        }catch (Exception e){
            log.error("系统日志记录-生产者-发送登录成功后的用户相关信息入队列-发生异常：{} ",loginDto,e.fillInStackTrace());
        }
    }
}
```

最后是开发"用户登录成功写日志"队列对应的消费者的相关功能，即LogConsumer类的相关方法，代码如下。

```java
// 导入依赖包
import com.debug.middleware.server.dto.UserLoginDto;
import com.debug.middleware.server.service.SysLogService;
import org.slf4j.Logger;
import org.slf4j.LoggerFactory;
import org.springframework.amqp.rabbit.annotation.RabbitListener;
import org.springframework.beans.factory.annotation.Autowired;
import org.springframework.messaging.handler.annotation.Payload;
import org.springframework.stereotype.Component;
/**
 * 系统日志记录(消费者)
 * @Author:debug (SteadyJack)
 **/
@Component
public class LogConsumer {
    //定义日志
    private static final Logger log= LoggerFactory.getLogger(LogConsumer.class);
    //定义系统日志服务实例
    @Autowired
    private SysLogService sysLogService;
    /**
     * 监听消费并处理用户登录成功后的消息
     * @param loginDto
     */
    @RabbitListener(queues = "${mq.login.queue.name}",containerFactory = "singleListenerContainer")
    public void consumeMsg(@Payload UserLoginDto loginDto){
        try {
            log.info("系统日志记录-消费者-监听消费用户登录成功后的消息-内容:
```

```
{}",loginDto);

            //调用日志记录服务,用于记录用户登录成功后相关登录信息入数据库
            sysLogService.recordLog(loginDto);
        }catch (Exception e){
            log.error("系统日志记录-消费者-监听消费用户登录成功后的消息-发生异常：{} ",loginDto,e.fillInStackTrace());
        }
    }
}
```

其中，SysLogService 类为记录系统日志服务，其内部方法主要用于记录相关日志信息入数据库，其源代码如下。

```
//导入依赖包
import com.debug.middleware.model.entity.SysLog;
import com.debug.middleware.model.mapper.SysLogMapper;
import com.debug.middleware.server.dto.UserLoginDto;
import com.fasterxml.jackson.databind.ObjectMapper;
import org.slf4j.Logger;
import org.slf4j.LoggerFactory;
import org.springframework.beans.factory.annotation.Autowired;
import org.springframework.scheduling.annotation.Async;
import org.springframework.scheduling.annotation.EnableAsync;
import org.springframework.stereotype.Service;
import java.util.Date;
/**
 * 系统日志服务
 * @Author:debug (SteadyJack)
 **/
```

```java
@Service
@EnableAsync
public class SysLogService {
    // 定义日志
    private static final Logger log= LoggerFactory.getLogger(SysLogService.class);
    // 定义系统日志操作接口 Mapper
    @Autowired
    private SysLogMapper sysLogMapper;
    // 定义 JSON 序列化和反序列化组件
    @Autowired
    private ObjectMapper objectMapper;
    /**
     * 记录用户登录成功的信息入数据库
     * @param dto
     */
    @Async
    public void recordLog(UserLoginDto dto){
        try {
            // 定义系统日志对象，并设置相应参数的取值
            SysLog entity=new SysLog();
            entity.setUserId(dto.getUserId());
            entity.setModule("用户登录模块");
            entity.setData(objectMapper.writeValueAsString(dto));
            entity.setMemo("用户登录成功记录相关登录信息");
            entity.setCreateTime(new Date());

            // 插入数据库
            sysLogMapper.insertSelective(entity);
        }catch (Exception e){
```

```
        log.error("系统日志服务-记录用户登录成功的信息入数据库-发生异常:
{} ",dto,e.fillInStackTrace());
            }
        }
    }
```

至此,"用户登录成功异步写日志"整体业务的代码实战完成。接下来将整个项目运行起来,观察控制台的输出信息,如果没有报错,则表示整体业务的代码开发没有什么错误。

5.5.6 整体业务模块自测实战

将整个项目运行起来之后,如果控制台没有报错,则代表整体业务的代码没有语法方面的问题。下面我们对整体业务模块进行自测。

(1)打开 Postman,在地址栏输入 http://127.0.0.1:8087/middleware/user/login ,选择请求方法为 POST,选择传输方式为 JSON(application/json),并在请求体中输入相应的参数取值,表示用户登录时提交的相应参数,其整体的请求信息如图 5.59 所示。

■ 图 5.59 "用户登录成功写日志"Postman 请求

(2)在上面发起的请求中,相应的参数表示当前用户名为 jack,密码为 123456,其参数取值信息如下。

```
{
    "userName":"jack",
    "password":"123456"
}
```

而这些用户名和密码的信息需要提前在数据表 user 中输入，用于充当测试数据，如图 5.60 所示。

■ 图 5.60 "用户登录成功记录日志"-数据表测试数据

（3）在 Postman 请求界面上，单击"Send"按钮，即可提交相关请求信息到后端相应的接口。此时观察控制台的输出结果，会发现当前用户名确实是存在于数据库中，而且其密码也是匹配的，输出结果如图 5.61 所示。

■ 图 5.61 "用户登录成功记录日志"控制台输出结果

从该控制台输出结果中，可以看出用户登录成功后，会将相应的信息写入 RabbitMQ 的队列中，并采用不同于主线程的子线程异步去执行"写入数据库"的业务逻辑。

（4）此时，再观察数据表 sys_log 的记录，即可看到数据库中已经成功插入了一条记录，该记录表示当前用户名为 jack 的登录日志，如图 5.62 所示。

■ 图 5.62 "用户登录成功写日志"数据表记录结果

（5）观察 Postman 得到的响应结果，可以发现其返回了"登录成功"的响应信息，如图 5.63 所示。

■ 图 5.63 "用户登录成功写日志" Postman 响应结果

（6）如果在 Postman 输入数据库不存在的用户名或者错误的登录密码，则会得到"登录失败－账户名密码不匹配"的响应结果，此时是不会将相应的用户登录信息写入数据库和 RabbitMQ 的队列的，如图 5.64 所示。

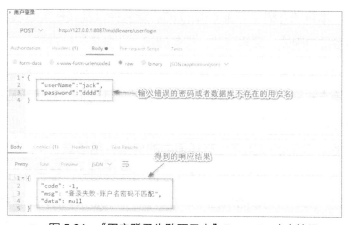

■ 图 5.64 "用户登录失败写日志" Postman 响应结果

（7）打开浏览器，在地址栏输入 http://127.0.0.1:15672 并按回车键，输入账号密码进入 RabbitMQ 的后端控制台，即可查看相应的队列信息。图 5.65 为"用户登录成功异步写日志"对应的队列详情。

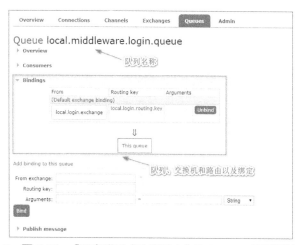

■ 图 5.65 "用户登录成功写日志" RabbitMQ 队列详情

至此,"用户登录成功异步写日志"整体业务模块的代码实战和自测完成。

5.6 总结

在企业级应用系统架构演进的过程中,分布式消息中间件起到了不可磨灭的作用,本章主要介绍了目前应用相当广泛的消息中间件 RabbitMQ 的相关知识要点,包括其相关专有名词、典型应用场景、常见的几种消息模型、消息的高可用和常见的几种确认消费机制。与此同时,本章还介绍了 RabbitMQ 的功能特性以及其在实际项目中起到的作用,这主要包括高并发接口限流、异步通信、服务解耦、业务延迟处理等。

总的来说,RabbitMQ 在目前企业级应用、微服务系统中充当着重要的角色。它可以通过异步通信等方式降低应用系统接口层面整体的响应时间,对传统应用高内聚的多服务模块进行解耦等。

在本章的最后,我们还以实际生产环境中的典型应用场景"用户登录成功异步写日志"为案例,对该场景进行整体业务流程的分析和模块划分;基于此进行数据表的设计和开发环境的搭建,从而帮助读者巩固理解并掌握 RabbitMQ 相关专有名词、消息模型、消息的高可用和消息的发送、接收方式等知识要点;以实际代码进行实战,最终帮助读者达到学以致用的目的。

第6章 死信队列实战

"延时、延迟处理指定的业务逻辑"在实际生产环境中是很常见的，如"商城平台订单超过 30 分钟未支付将自动关闭""商城订单完成后，如果用户一直未评价，5 天后将自动好评""会员到期前 15 天、到期前 3 天分别发送短信提醒""延迟 1 个小时发送邮件""延迟 30 分钟提交报表"等。针对这些业务场景，分布式消息中间件 RabbitMQ 提供了死信队列，用以实现相应的业务逻辑。

本章涉及的知识点如下。

- 死信队列的简介、作用以及典型应用场景介绍。
- 理解并掌握 RabbitMQ 死信队列相关专有词汇和消息模型，并基于 Spring Boot 项目搭建死信队列消息模型，最终以代码实战消息的发送和接收。
- 以实际的应用场景"商城平台订单支付超时"为案例，掌握如何用代码实战实现实际业务场景中死信队列模型的构建和消息的延迟发送和接收。

6.1 死信队列概述

在前面章节中，我们介绍了分布式消息中间件 RabbitMQ 的相关知识要点，其中包括 RabbitMQ 的核心基础组件和各种基本的消息模型。比较典型的消息模型包括基于 TopicExchange 消息模型、基于 DirectExchange 消息模型和基于 FanoutExchange 消息模型。

这些消息模型有一个共同的特点，那就是消息一旦进入队列，将立即被对应的消费者监听消费。然而在某些业务场景中，有些业务数据对应的消息在进入队列后，不希望立即被处理，而是要求该消息"延迟"一定的时间，再被消费者监听消费处理，这便是"死信队列"出现的初衷。

6.1.1 死信队列简介与作用

死信队列，又称为"延迟队列""延时队列"，也是 RabbitMQ 队列的一种，指的是进入该队列的消息会被延迟消费的队列。这种队列跟普通的队列相比，最大的差异在于消息一旦进入普通队列将会立即被消费处理，而进入死信队列则会过一定的时间再被消费处理。

在传统企业级应用系统中实现消息、业务数据的延迟处理一般是通过开启定时器的方式，轮询扫描并获取数据表中满足条件的业务数据记录，比较数据记录的业务时间和当前时间。如果当前时间大于记录中的业务时间，则说明该数据记录已经超过了指定的时间而未被处理，此时需要执行相应的业务逻辑，比如失效该数据记录、发送通知信息给指定的用户等。在这种处理方式中，定时器每隔一定的时间不间断地去扫描数据库表，并不断地获取满足业务条件的数据，直到手动关闭该定时器（如果不关闭的话，毫无疑问定时器开启的线程将一直运行下去）。

下面以"春运期间 12306 抢票"为例介绍 RabbitMQ 死信队列的作用。相信各位读者对春运期间抢票并不陌生，当我们抢到火车票时，12306 官方会提醒用户"请在 30 分钟内付款"，一般用户会点击"立即付款"，然后输入相应的支付密码支付车票的费用，扣款成功后，12306 官方会发送邮件或者短信通知用户抢票和付款成功等提示信息。

然而，实际情况下却存在着一些特殊情况，比如用户抢到火车票后，由于各种原因而迟迟没有付款（比如抢到的车票的出行时间不是自己想要的），过了 30 分钟后仍然没有支付车票的费用，导致系统自动取消该笔订单。

类似这种"需要延迟一定的时间后再进行处理"的业务在实际生产环境中并不少见。传统企业级应用对于这种业务的处理，是采用一个定时器定时去获取没有付款的订单，并判断用户的下单时间距离当前的时间是否已经超过 30 分钟。如果是，则表示用户在 30 分钟内仍然没有付款，系统将自动失效该笔订单并回收该车票，整个业务流程如图 6.1 所示。

众所周知，春运抢票完全是一个大数据量、高并发请求的场景（全国几乎上千万、上亿的人都在抢）。在某一时刻车票开抢之后，正常情况下将陆续会有用户抢到车票，但是距离车票付款成功是有一定的时间间隔的。在这段时间内，如果定时器频繁地从数据库中获取"未付款"状态的订单，其数据量之大将难以想象。而且如果大批量的用户在 30min 内迟迟不付款，那从数据库中获取的数据量将一直增长，当达到一定程度时，将给数据库服务器和应用服务器带来巨大的压力，甚至将直接"压垮"服务器，导致抢票等业务全线崩溃，带来的直接后果将不堪设想。

早期的很多抢票软件每当赶上春运高峰期时，经常会出现"网站崩溃""点击购买车票却一直没响应"等状况。某种程度上可能是因为在某一时刻产生的高并发请求，或者频繁访问数据库得到的数据量过大等导致内存、CPU、网络和数据库服务等负载过高所引起的。

图 6.1 春运期间 12306 抢票传统企业级应用系统处理流程

而死信队列的引入，不管是从业务层面还是应用的性能层面来看，都大大地改善了原有的处理流程，图 6.2 为引入死信队列后"抢票成功后 30 分钟内未付款的处理流程"。

图 6.2 春运期间 12306 抢票引入死信队列后系统的处理流程

从该优化后的处理流程中可以看出 RabbitMQ 的引入主要是替代了传统处理流程的"定时器"处理逻辑，采用 RabbitMQ 的死信队列进行处理。

死信队列指的是可以延迟一定的时间再处理相应的业务逻辑，而这也可以看作是死信队列的作用，即死信队列可以实现特定的消息、业务数据等待一定的时间后再被消费者监听消费处理。

6.1.2　典型应用场景介绍

值得一提的是，RabbitMQ 提供的死信队列这一功能特性在实际生产环境中确实能起到很好的作用，如上面讲的"成功抢到票后 30 分钟内未付款的处理流程"就是比较典型的一种。除此之外，商城购物时"点击'去付款'而迟迟没有在规定的时间内支付"流程的处理、在 App 上点外卖时"下单成功后迟迟没有在规定的时间内付款"流程的处理、用户提交会员注册信息后"30 分钟内没有进行邮箱或短信验证时发送提醒"等，都是实际生产环境中比较典型的场景。

下面以"商城用户选购商品后点击'去支付'时订单超时未付款"场景为案例，介绍 RabbitMQ 死信队列的在实际生产环境中的应用。

当用户在商城平台看到满意的商品时，点击"加入购物车"，即可将商品加入自己的购物车内；选购完毕，点击"去付款"后，商城将会引导用户跳到支付页面。此时系统会为用户生成一笔对应购物车中商品的订单，并将该订单的付款状态设置为 0，即代表"未付款"；同时将该订单 id 或者订单编号加入 RabbitMQ 的死信队列中，并设置延迟时间为 30 分钟（min）。

如果用户在 30 分钟内选择了某种付款方式并进行了付款，则系统将更新该订单 ID 对应的订单的付款状态为 1，即已付款；同时在商品库存表中更新订单中所包含的商品对应的库存。如果用户在 30 分钟内未付款，则 RabbitMQ 的死信队列对应的消费者将会在 30 分钟后监听到该订单 id 或编号，根据该订单 id 或编号查询数据库的商品订单表。如果该订单的付款状态仍然为 0（即未付款），则表示用户在 30 分钟内仍然未付款，此时则需要失效该笔订单，同时更新回退商品库存。这一业务场景的整体流程如图 6.3 所示。

从图 6.3 中可以看出，RabbitMQ 死信队列的引入主要是用于延迟一定的时间再处理特定的业务逻辑。而这种"延迟"在 RabbitMQ 中是"自动化"的，无需人为进行干预。

即只需要指定延迟队列中绑定的交换机所对应处理业务逻辑的"真正队列",并开发这个"真正队列"对应的消费者的监听消费功能即可。在这里有些读者对于一些词汇可能会有些不能理解,在下一节中我们将进行重点介绍与实战。

■ 图 6.3　商城用户选购商品后点击去支付的执行流程

6.2　RabbitMQ 死信队列实战

"盛名之下无虚士",RabbitMQ 的死信队列也是如此。相对于传统的定时器轮询的处理方式,死信队列具有占据系统资源少(比如不需要轮询数据库获取数据,减少 DB 层面资源的消耗)、人为很少干预(只需要搭建好死信队列消息模型,就可以不需要人为去进行干预了)以及自动消费处理(当指定的延迟时间一到,消息将自动被路由分发到实际的队列进行处理)等优势。不夸张地讲,在实际项目中,"任何需要延迟、延时处理的业务"都可以用上"死信队列"这个强大的组件。在学习完本章之后,各位读者将会发现死信队列的高效性以及使用的便捷性。

本节将带领各位读者一步一个脚印深入了解死信队列的方方面面，并配备实际的代码实战死信队列的消息模型以及延迟发送、接收消息的方式。

6.2.1 死信队列专有词汇介绍

与普通的队列相比，死信队列同样也具有消息、交换机、路由和队列等专有名词。只不过在死信队列这里，增加了另外 3 个成员，即 DLX（死信交换机）、DLK（死信路由）和 TTL（存活时间），其中 DLX 跟 DLK 是必需的成分，而 TTL 则是可选的、非必需的成分。下面着重介绍一下这 3 个名词。

- DLX：即 Dead-Letter-Exchange，中文名称叫"死信交换机"，是交换机的一种类型，不过是一种特殊的类型。
- DLK：即 Dead-Letter-Routing-Key，中文名称叫"死信路由"，同样也是一种特殊的路由，主要是跟 DLX 组合在一起构成死信队列。
- TTL：即 Time-To-Live，指的是进入死信队列的消息可以存活的时间，一旦达到 TTL，将意味着该消息"死了"，从而进入下一个中转站，等待被真正的消息队列监听消费。

值得一提的是，当消息在一个队列中发生以下 3 种情况时，才会出现死信的情况，这 3 种情况介绍如下。

- 消息被拒绝（比如通过调用 basic.reject 或者 basic.nack 方法时即可实现）并且不再重新投递，即 requeue 参数的取值为 false。
- 消息超过了指定的存活时间（比如通过调用 messageProperties.setExpiration() 设置 TTL 即可实现）。
- 队列达到最大长度。

当发生上述情况时，将出现死信的情况，而之后消息将被重新投递到另一个交换机，此时该交换机就是死信交换机。又由于该死信交换机和死信路由绑定在一起对应真正的队列，导致消息将被分发到真正的队列，最终被该队列对应的消费者所监听消费。简单地说，就是没有被死信队列消费的消息，将换个地方重新被消费，从而实现消息"延迟、延时"消费。而这个地方就是消息的下一个中转站，即死信交换机。

在上一章介绍 RabbitMQ 消息模型的相关内容时，我们已经得知基本的消息模型由基本的交换机、基本的路由和队列及其绑定所组成。生产者生产消息后，将消息发送到消息模型的交换机，又由交换机与绑定的路由指定到对应的队列，故而消息最终将被队列所对应的消费者监听消费，这一流程可以用图 6.4 来表示。

图 6.4　消息在基本消息模型中的传输流程

6.2.2　死信队列消息模型实战

死信队列也是队列的一种，同样也是由基本的交换机和基本的路由"绑定"而成。只不过跟普通队列相比，它拥有"延迟、延时处理消息"的功能。而之所以死信队列具有此种功能，主要还是得归功于它的"组成成分"，即死信队列主要由 3 个成员组成：DLX（死信交换机）、DLK（死信路由）和 TTL（存活时间）。其中死信交换机和死信路由是必需的组成成分，而存活时间是非必需的成分。图 6.5 为消息在死信队列所构成的消息模型中整体的传输流程。

图 6.5　消息在死信队列构成的消息模型中整体的传输流程

从图 6.5 中可以看出，生产者生产的消息在死信队列构成的消息模型中整体的传输流程是这样的：首先消息将到达第 1 个中转站，即"基本消息模型"中的"基本交换机"。

由于基本交换机和基本路由绑定对应到死信队列，故而消息将进入到第 1 个暂存区，即"死信队列"。而死信队列不同于一般、普通的队列。

当消息进入死信队列时，TTL 便开始进入倒计时，当 TTL 一到，消息将进入第 2 个中转站，即"真正消息模型"中的死信交换机。又由于死信交换机和死信路由绑定对应到"真正队列"，故而此时消息将不会停留，而是直接被路由分发到第 2 个暂存区，即"真正队列"。最终该消息被真正队列对应的消费者监听消费，至此"消息"才完成了漫长的"旅程"。

值得一提的是，TTL 既可以设置成为死信队列的一部分，也可以在消息中单独进行设置。当队列跟消息同时都设置了 TTL，则消息的最大生存时间或者存活时间将取两者中较短的时间。

在采用代码实战之前，笔者强烈建议各位读者认真地阅读图 6.5 的内容，了解消息在死信队列构成的消息模型中传输的整体流程。其中，值得重点注意的是以下两个动词的含义。

● 绑定：所谓绑定，其实就是采用 BindingBuilder 类的 bind() 方法，将交换机和路由绑定在一起，对应指定的队列，从而构成消息模型。

● 组成：顾名思义，是某个组件的一部分，比如死信队列的创建，它将由 3 大部分组成，包括 DLX、DLK 和 TTL（当然也可以是两大部分，因为 TTL 非必需）。在后面代码实战中，会发现它其实就是采用定义 Queue() 方法中最后一个参数 Map 来添加指定的成员，如图 6.6 所示。

```
public Queue(String name, boolean durable, boolean exclusive, boolean autoDelete, Map<String, Object> arguments) {
    Assert.notNull(name,  message: "\'name\' cannot be null");
    this.name = name;
    this.durable = durable;                    死信队列的成员将被添加到这里
    this.exclusive = exclusive;
    this.autoDelete = autoDelete;
    this.arguments = arguments;
}
```

■ 图 6.6　死信队列的创建

"绑定"和"组成"是两个完全不同的概念。在后续死信队列消息模型的代码实战中，各位读者可慢慢体会这其中的奥妙。

接下来基于前面章节搭建好的 Spring Boot 整合 RabbitMQ 的项目，搭建 RabbitMQ 死信队列的消息模型，并在下一小节以实际的代码实战死信队列延迟发送消息的功能。其中，相关的代码文件所在的目录结构如图 6.7 所示。

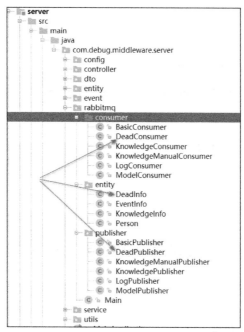

■ 图6.7　死信队列消息模型实战代码文件所在的目录结构

（1）DeadInfo 实体类将充当"消息"，在这里，我们只给实体类创建两个字段，分别是 id 和描述信息（在这里并没有太多的含义）。代码如下。

```
// 导入依赖包
import lombok.Data;
import lombok.ToString;
import java.io.Serializable;
/** 死信队列实体对象信息
 * @Author:debug (SteadyJack)
**/
@Data
@ToString
public class DeadInfo implements Serializable{
    private Integer id; // 标识 id
    private String msg; // 描述信息
```

```java
    // 空的构造方法
    public DeadInfo() {
    }
    // 包含所有参数的构造方法
    public DeadInfo(Integer id, String msg) {
        this.id = id;
        this.msg = msg;
    }
}
```

（2）在 RabbitmqConfig 配置类中创建包含死信队列的基本消息模型和包含真正队列的真正消息模型，代码如下。

```java
/** 死信队列消息模型构建 **/
// 创建死信队列
@Bean
public Queue basicDeadQueue() {
    // 创建死信队列的组成成分 Map，用于存放组成成分的相关成员
    Map<String, Object> args = new HashMap();
    // 创建死信交换机
    args.put("x-dead-letter-exchange", env.getProperty("mq.dead.exchange.name"));
    // 创建死信路由
    args.put("x-dead-letter-routing-key", env.getProperty("mq.dead.routing.key.name"));
    // 设定 TTL，单位为 ms，在这里指的是 10s
    args.put("x-message-ttl", 10000);
    // 创建并返回死信队列实例
    return new Queue(env.getProperty("mq.dead.queue.name"), true, false, false, args);
```

```java
    }
    //创建"基本消息模型"的基本交换机，面向生产者
    @Bean
    public TopicExchange basicProducerExchange() {
        //创建并返回基本交换机实例
        return new TopicExchange(env.getProperty("mq.producer.basic.exchange.name"), true, false);
    }

    //创建"基本消息模型"的基本绑定（基本交换机+基本路由），面向生产者
    @Bean
    public Binding basicProducerBinding() {
        //创建并返回基本消息模型中的基本绑定
        return BindingBuilder.bind(basicDeadQueue()).to(basicProducerExchange()).with(env.getProperty("mq.producer.basic.routing.key.name"));
    }
    //创建真正队列，面向消费者
    @Bean
    public Queue realConsumerQueue() {
        //创建并返回面向消费者的真正队列实例
        return new Queue(env.getProperty("mq.consumer.real.queue.name"), true);
    }
    //创建死信交换机
    @Bean
    public TopicExchange basicDeadExchange() {
        //创建并返回死信交换机实例
        return new TopicExchange(env.getProperty("mq.dead.exchange.name"), true, false);
    }
```

```java
// 创建死信路由及其绑定
@Bean
public Binding basicDeadBinding() {
    // 创建死信路由及其绑定实例
    return BindingBuilder.bind(realConsumerQueue()).to(basicDeadExchange()).with(env.getProperty("mq.dead.routing.key.name"));
}
```

（3）其中，读取环境变量实例 env 所读取的变量是配置在配置文件 application.properties 中的，其变量取值如下。

```
# 死信队列消息模型
# 定义死信队列的名称
mq.dead.queue.name=${mq.env}.middleware.dead.queue
# 定义死信交换机的名称
mq.dead.exchange.name=${mq.env}.middleware.dead.exchange
# 定义死信路由的名称
mq.dead.routing.key.name=${mq.env}.middleware.dead.routing.key
# 定义"基本消息模型"中的基本交换机的名称
mq.producer.basic.exchange.name=${mq.env}.middleware.producer.basic.exchange
# 定义"基本消息模型"中的基本路由的名称
mq.producer.basic.routing.key.name=${mq.env}.middleware.producer.basic.routing.key
# 定义面向消费者的真正队列的名称
mq.consumer.real.queue.name=${mq.env}.middleware.consumer.real.queue
```

（4）运行整个项目。运行成功之后，打开浏览器，在地址栏输入 http://127.0.0.1:15672 并按回车键，输入账号密码进入 RabbitMQ 的后端控制台，即可看到成功创建的死信队列和真正的队列。其中，可以看到"死信队列"和面向消费者的真正队列（即"普通队列"）相比，其特性（即 Features 列）是有很大的不同。死信队列相对普通队列多了 3 个组成成分：TTL（存活时间）、DLX（死信交换机）和 DLK（死信路由），如图 6.8 所示。

图 6.8　RabbitMQ 后端控制台查看创建的死信队列和真正队列

单击图 6.8 中的死信队列，即可查看其详细信息，包括死信队列的名称、组成成员（死信交换机、死信路由和存活时间）、绑定详情、持久化模式等，如图 6.9 所示。

图 6.9　RabbitMQ 后端控制台查看死信队列详情信息

从图 6.9 中可以看出死信队列的创建"排场"还是很大的，因为它既有由基本交换机和基本路由的"绑定",也有由死信交换机 x-dead-letter-exchange、死信路由 x-dead-letter-routing-key 和存活时间 x-message-ttl 的组成。

最后再单击面向消费者的真正队列,即可查看该队列的名称、持久化模式和绑定信息,可以看出该队列由组成死信队列的"死信交换机"和"死信路由"绑定而成,如图6.10所示。

■ 图 6.10　RabbitMQ 后端控制台查看真正队列详情信息

至此,RabbitMQ死信队列的消息模型创建成功。下一小节,我们将采用RabbitMQ相关操作组件实战消息的延迟发送和接收。

6.2.3　死信队列延迟发送和接收消息实战

接下来以上一节创建好的 DeadInfo 实体类充当消息,采用实际的代码实战在死信队列中延迟发送和接收消息。

(1) 开发用于生产、发送消息的生产者 DeadPublisher 类,主要是将实体对象充当消息发送到"基本消息模型"中。代码如下。

```java
// 导入依赖包
import com.debug.middleware.server.rabbitmq.entity.DeadInfo;
import com.fasterxml.jackson.databind.ObjectMapper;
import org.slf4j.Logger;
```

```java
import org.slf4j.LoggerFactory;
import org.springframework.amqp.AmqpException;
import org.springframework.amqp.core.Message;
import org.springframework.amqp.core.MessageDeliveryMode;
import org.springframework.amqp.core.MessagePostProcessor;
import org.springframework.amqp.core.MessageProperties;
import org.springframework.amqp.rabbit.core.RabbitTemplate;
import org.springframework.amqp.support.converter.AbstractJavaTypeMapper;
import org.springframework.amqp.support.converter.Jackson2JsonMessageConverter;
import org.springframework.beans.factory.annotation.Autowired;
import org.springframework.core.env.Environment;
import org.springframework.stereotype.Component;
/**
 * 死信队列（生产者）
 * @Author:debug (SteadyJack)
 **/
@Component
public class DeadPublisher {
    //定义日志
    private static final Logger log= LoggerFactory.getLogger(DeadPublisher.class);
    //定义读取环境变量实例
    @Autowired
    private Environment env;
    //定义RabbitMQ操作组件
    @Autowired
    private RabbitTemplate rabbitTemplate;
    //定义JSON序列化和反序列化组件实例
```

```java
@Autowired
private ObjectMapper objectMapper;
/**
 * 发送对象类型的消息入死信队列
 * @param info
 */
public void sendMsg(DeadInfo info){
    try {
        //设置消息的传输格式为 JSON 格式
        rabbitTemplate.setMessageConverter(new Jackson2JsonMessageConverter());
        //设置基本交换机
        rabbitTemplate.setExchange(env.getProperty("mq.producer.basic.exchange.name"));
        //设置基本路由
        rabbitTemplate.setRoutingKey(env.getProperty("mq.producer.basic.routing.key.name"));
        //发送对象类型的消息
        rabbitTemplate.convertAndSend(info, new MessagePostProcessor() {
            @Override
            public Message postProcessMessage(Message message) throws AmqpException {
                //获取消息属性对象
                MessageProperties messageProperties=message.getMessageProperties();
                //设置消息的持久化模式
                messageProperties.setDeliveryMode(MessageDeliveryMode.PERSISTENT);
                //设置消息头，即直接指定发送的消息所属的对象类型
```

```
                    messageProperties.setHeader(AbstractJavaTypeMapper.
DEFAULT_CONTENT_CLASSID_FIELD_NAME,DeadInfo.class);
                    // 设置消息的 TTL, 当消息和队列同时都设置了 TTL, 则取较短
                    // 时间的值
                    //messageProperties.setExpiration(String.valueOf
(10000));
                    // 返回消息实例
                    return message;
                }
            });
            // 输出日志
            log.info(" 死信队列实战 – 发送对象类型的消息入死信队列 – 内容为：{} ",
info);
        }catch (Exception e){
            log.error(" 死信队列实战 – 发送对象类型的消息入死信队列 – 发生异常：{} ",
info,e.fillInStackTrace());
        }
    }}
```

阅读该代码可以发现，其实死信队列消息模型发送消息的方式与前面章节介绍过的基本消息模型发送消息的方式没多大区别，只不过对于死信队列消息模型的生产者而言，可以在发送消息的方法里面设置消息的 TTL，即如下这段代码。

```
// 设置消息的 TTL, 当消息和队列同时都设置了 TTL 时，则取较短时间的值，单位为 ms,
// 在这里设置为 10s
messageProperties.setExpiration(String.valueOf(10000));
```

（2）有了生产者，自然少不了监听消费处理消息的消费者。同样的道理，死信队列消息模型中消费者监听消费的方法与基本消息模型中消费者监听消费的方法也没什么两样，只不过此时死信队列消息模型中消费者监听消费的队列是 "真正的队列"。代码如下。

```java
// 导入依赖包
import com.debug.middleware.server.rabbitmq.entity.DeadInfo;
import com.fasterxml.jackson.databind.ObjectMapper;
import org.slf4j.Logger;
import org.slf4j.LoggerFactory;
import org.springframework.amqp.rabbit.annotation.RabbitListener;
import org.springframework.beans.factory.annotation.Autowired;
import org.springframework.messaging.handler.annotation.Payload;
import org.springframework.stereotype.Component;
/**
 * 死信队列（真正队列消费者）
 * @Author:debug (SteadyJack)
 **/
@Component
public class DeadConsumer {
    // 定义日志
    private static final Logger log= LoggerFactory.getLogger(DeadConsumer.class);
    // 定义JSON序列化和反序列化组件
    @Autowired
    private ObjectMapper objectMapper;
    /**
     * 监听真正队列——消费队列中的消息，面向消费者
     * @param info
     */
    @RabbitListener(queues = "${mq.consumer.real.queue.name}",containerFactory = "singleListenerContainer")
    public void consumeMsg(@Payload DeadInfo info){
        try {
            log.info("死信队列实战-监听真正队列-消费队列中的消息，监听到
```

消息内容为：{}",info);
                //TODO：用于执行后续的相关业务逻辑

            }catch (Exception e){
                log.error(" 死信队列实战 - 监听真正队列 - 消费队列中的消息 - 面向消费者 - 发生异常：{} ",info,e.fillInStackTrace());
            }
        }
    }
```

在这里，消费者监听消费消息的方法体只是输出监听到的实体类信息。如果需要执行实际的业务逻辑，则在其中进行编写即可。

（3）在 Java 单元测试类 RabbitmqTest 中编写单元测试方法 test8()，用于触发生产者发送消息。其中，在该方法体中，我们先后创建了两个实体类对象充当消息发送至死信队列中。代码如下。

```
// 定义死信队列消息模型生产者实例
@Autowired
private DeadPublisher deadPublisher;
@Test
public void test8() throws Exception{
    // 定义实体对象 1
    DeadInfo info=new DeadInfo(1,"~~~~ 我是第一则消息 ~~~");
    // 发送实体对象 1 消息入死信队列
    deadPublisher.sendMsg(info);
    // 定义实体对象 2
    info=new DeadInfo(2,"~~~~ 我是第二则消息 ~~~");
    // 发送实体对象 2 消息入死信队列
    deadPublisher.sendMsg(info);
```
```

```
    // 等待30s再结束，目的是为了能看到消费者监听消费真正队列中的消息
    Thread.sleep(30000);
}
```

当消息发送出去之后，由于"死信队列"的延迟、延时作用，消息将在 10 秒（这是因为组成死信队列的成分 TTL 设置为 10 秒）后才被路由分发到真正的队列，从而被消费者监听消费。故而为了能看到测试的效果，我们在这里加入了 Thread.sleep(30000) 的代码，即等待 30 秒才结束程序。

（4）运行该单元测试方法，观察控制台的输出结果，可以看到消息已经发送成功。等待 10 秒后，再次观察控制台的输出结果，可以看到在死信队列构成的消息模型中的真正队列对应的消费者成功监听消费了相应的消息，如图 6.11 所示。

```
[2019-04-10 21:57:47.500] boot - INFO [simpleContainerManual-1] --- CachingConnectionFactory: Created new connection: rabbitConnectionFactory#5f64c2c1:0/SimpleConnection@6260e1ed [delegate=amqp://guest@127.0.0.1:5672/, localPort= 28156]
[2019-04-10 21:57:47.555] boot - INFO [main] --- RabbitmqTest: Started RabbitmqTest in 2.854 seconds (JVM running for 3.507)
[2019-04-10 21:57:47.615] boot - INFO [main] --- DeadPublisher: 死信队列实战-发送对象类型的消息入死信队列-内容为: DeadInfo(id=1, msg=~~~我是第一则消息~~~)
[2019-04-10 21:57:47.617] boot - INFO [main] --- DeadPublisher: 死信队列实战-发送对象类型的消息入死信队列-内容为: DeadInfo(id=2, msg=~~~我是第二则消息~~~)
[2019-04-10 21:57:47.618] boot - INFO [AMQP Connection 127.0.0.1:5672] --- RabbitmqConfig: 消息发送成功:correlationData(null),ack(true),cause(null)    成功发送消息的时间21:57:47 而成功监听到消息的时间为21:57:57 刚好延迟10s
[2019-04-10 21:57:47.620] boot - INFO [AMQP Connection 127.0.0.1:5672] --- RabbitmqConfig: 消息发送成功:correlationData(null),ack(true),cause(null)
[2019-04-10 21:57:57.650] boot - INFO [SimpleAsyncTaskExecutor-1] --- DeadConsumer: 死信队列实战-监听真正队列-消费队列中的消息,监听到消息内容为: DeadInfo(id=1, msg=~~~我是第一则消息~~~)
[2019-04-10 21:57:57.651] boot - INFO [SimpleAsyncTaskExecutor-1] --- DeadConsumer: 死信队列实战-监听真正队列-消费队列中的消息,监听到消息内容为: DeadInfo(id=2, msg=~~~我是第二则消息~~~)
[2019-04-10 21:58:17.621] boot - INFO [Thread-4] --- GenericWebApplicationContext: Closing org.springframework.web.context.support.GenericWebApplicationContext@24313fcc: startup date [Wed Apr 10 21:57:44 CST 2019]; root of context hierarchy
[2019-04-10 21:58:17.622] boot - INFO [Thread-4] --- DefaultLifecycleProcessor: Stopping beans in phase 2147483647
[2019-04-10 21:58:17.623] boot - INFO [Thread-4] --- SimpleMessageListenerContainer: Waiting for workers to finish.
[2019-04-10 21:58:18.544] boot - INFO [Thread-4] --- SimpleMessageListenerContainer: Successfully waited for workers to finish.
```

■ 图 6.11 运行死信队列单元测试方法并观察控制台的输出结果

从该输出结果中可以看出，当消息发送至死信队列后，由于死信队列设置了 TTL 为 10 秒，故而消息在 10 秒后将自动"死掉"，路由分发到下一个中转站，即"死信交换机"。又由于死信交换机与绑定的死信路由对应了真正的队列，故而消息最终被真正的队列对应的消费者所监听消费。

为了观察消息在"死信队列"与"真正队列"之间的传输，我们再次进行测试，并观察 RabbitMQ 后端控制台死信队列中和真正队列中的消息存活情况。

再次运行该单元测试方法，观察控制台的输出结果，可以看到消息已经发送成功，如图 6.12 所示。

此时立即打开浏览器，在地址栏输入 http://127.0.0.1:15672 并按回车键，输入账号进入 RabbitMQ 的后端控制台，查看死信队列与真正队列中消息的传输情况，如图 6.13 所示。

```
boot -   INFO [main] --- DefaultLifecycleProcessor: Starting beans in phase -2147482648
boot -   INFO [main] --- DefaultLifecycleProcessor: Starting beans in phase 2147483647
boot -   INFO [simpleContainerManual-1] --- CachingConnectionFactory: Created new connection:
5b8625b3:0/SimpleConnection@2035684f [delegate=amqp://guest@127.0.0.1:5672/, localPort= 34680]
boot -   INFO [main] --- RabbitmqTest: Started RabbitmqTest in 2.731 seconds (JVM running for 3.308)
boot -   INFO [main] --- DeadPublisher: 死信队列实战-发送对象类型的消息入死信队列-内容为: DeadInfo(id=1, msg=~~~~我是第
boot -   INFO [main] --- DeadPublisher: 死信队列实战-发送对象类型的消息入死信队列-内容为: DeadInfo(id=2, msg=~~~~我是第
boot -   INFO [AMQP Connection 127.0.0.1:5672] --- RabbitmqConfig: 消息发送成功:correlationData(null),ack(true),
boot -   INFO [AMQP Connection 127.0.0.1:5672] --- RabbitmqConfig: 消息发送成功:correlationData(null),ack(true),
```

■ 图 6.12　运行死信队列单元测试方法并观察控制台的输出结果

■ 图 6.13　RabbitMQ 后端控制台查看消息在死信队列的传输情况

等待 10 秒，会发现死信队列中的消息"突然消失不见"，然后进入"死信路由"对应的"真正队列"中，如图 6.14 所示。

■ 图 6.14　RabbitMQ 后端控制台查看消息在真正队列的传输情况

最后，再次观察控制台的输出结果，可以发现真正队列对应的消费者监听消费了消息，如图 6.15 所示。

```
] boot - INFO [SimpleAsyncTaskExecutor-1] --- DeadConsumer: 死信队列实战-监听真正队列-消费队列中的消息,监听到消息内容为
~我是第一则消息~~~)
] boot - INFO [SimpleAsyncTaskExecutor-1] --- DeadConsumer: 死信队列实战-监听真正队列-消费队列中的消息,监听到消息内容为
~我是第二则消息~~~)
] boot - INFO [Thread-4] --- GenericWebApplicationContext: Closing org.springframework.web.context.support
ontext@24313fcc: startup date [Wed Apr 10 22:54:46 CST 2019]; root of context hierarchy
] boot - INFO [Thread-4] --- DefaultLifecycleProcessor: Stopping beans in phase 2147483647
] boot - INFO [Thread-4] --- SimpleMessageListenerContainer: Waiting for workers to finish.
] boot - INFO [Thread-4] --- SimpleMessageListenerContainer: Successfully waited for workers to finish.
] boot - INFO [Thread-4] --- SimpleMessageListenerContainer: Waiting for workers to finish.
```

■ 图 6.15　运行死信队列单元测试方法并观察控制台的输出结果

至此，死信队列延迟、延时发送与接收消息的代码实战完成。在这里笔者强烈建议各位读者一定要照着本书提供的样例代码，多动手，多实战。特别是对于死信队列的学习，一定要结合图 6.5，即消息在死信队列构成的消息模型中整体的传输流程进行代码的编写。这样才能更好地理解并掌握死信队列的相关知识要点。

6.3　典型应用场景实战之商城平台订单支付超时

RabbitMQ 死信队列在当前互联网项目中应用很广泛，比如前面介绍的"春运期间 12306 抢票"就是一种很典型的应用场景。死信队列不仅具有"延时、延迟处理指定业务逻辑"的作用，还具有占据系统资源少、人为干预很少以及自动实现监听消费处理逻辑的功能特性。

正所谓"实践是检验真理的唯一标准"，本节我们将趁热打铁，以实际的应用场景"商城平台订单支付超时"为案例，采用实际的代码实战构建"订单支付超时"死信队列的消息模型，以及采用 RabbitMQ 的相关操作组件实现消息的延迟发送、接收。

6.3.1　整体业务场景介绍

在电商平台购物，相信对于各位读者来说并不陌生。当我们在商城上挑选完喜欢的商品并加入购物车后，一般会点击"去付款"或者"去结算"的按钮。此时商城平台会引导用户前往付款界面，同时会在系统后端生成一笔付款状态为"待支付"的用户下单记录；与此同时，系统会给用户发出"请在 30 分钟内付款，超时将关闭订单！"的提醒信息。

如果用户在 30 分钟内成功支付该笔订单，则系统后端会更新该笔订单对应下单记录的支付状态为"已付款"；如果用户在 30 分钟后仍然没有支付该笔订单，则系统后端会自动更新该笔失效订单对应的下单记录。这一场景的整体业务流程如图 6.16 所示。

■ 图 6.16 "商城平台订单支付超时"整体业务流程

从上述整体业务流程中可以看出，此种业务场景的核心处理流程关键在于如何"自动检测用户下单记录已经超过了支付时间"。传统的企业级应用系统主要是采用"定时查询"的方式来实现，此种"定时器"的处理方式在前面章节中我们已经深度剖析过其弊端。

最终得出结论：在高并发产生大数据量的场景下，采用定时器的处理方式将显得"捉襟见肘"，因为它很有可能导致数据库服务器在某一时间段内压力负载过高，从而导致 CPU、内存占用资源飙升，甚至可能会"压垮"数据库服务器，从而导致业务全线崩溃。

因此，为了能更好地实现"自动检测用户下单记录是否已经超过了支付时间"，分布式消息中间件 RabbitMQ 提供了死信队列。在前面小节中我们也介绍了死信队列的作用和功能特性，即它可以实现"延迟一定的时间处理业务数据"。

由于"用户下单"这种业务场景具有时效性，故而可以在处理用户下单的业务逻辑中，将"存活时间"即 TTL 设置为死信队列的组成成分，将"下单记录 id"充当消息发送至死信队列中。然后只需要在"真正队列"对应的消费者中监听消费该消息,当消费者能监听到消息时,即代表着该下单记录的未支付状态已经超过了 30 分钟。

此时可以根据获取到的消息,即"下单记录 id",作为查询条件前往数据表中查询相应的记录。如果该下单记录的支付状态为"未付款"或者"已保存",则代表该用户下单记录已经支付超时了,此时需要更新失效该记录;如果该下单记录的支付状态为"已付款",则代表该用户已经在 30 分钟内成功支付了该笔订单。

6.3.2 整体业务流程分析

通过上述对"用户下单支付超时"整体业务场景的分析,可以得知该业务场景主要由 3 大核心业务流程组成,即"用户下单""死信队列发送和延迟监听下单记录"和"更新用户下单记录状态"。每个业务流程职责明确且单一,如图 6.17 所示。

图 6.17 "商城平台订单支付超时"整体业务分析

- 用户下单:顾名思义,该业务流程主要用于实现用户点击"去结算"或者"去支付"的按钮时,在数据库相关数据表中插入一笔用户下单记录,并设置支付状态为"已保存"。
- 死信队列发送和延迟监听下单记录:这一业务流程指的是用户下单成功之后,将下单记录 id 充当消息异步发送至死信队列,最终在真正队列对应的消费者中实现自动监听消费超时支付的消息,即"下单记录 id"。
- 更新用户下单记录状态:同样的道理,这个业务流程主要的职责在于消费者监听到"下单记录 id"消息之后,前往数据库查询相应的记录,并判断该下单记录的支付状态是否仍为"已保存",从而决定是否需要更新失效该下单记录的状态。

6.3.3 数据库设计

基于上述对该业务场景整体业务流程的分析,不难发现"用户下单支付超时"的核心流程在于"用户下单"的流程，而"死信队列发送和延迟监听下单记录"和"更新用户下单记录状态"都是基于"用户下单"流程所产生的"下单记录 id"的。因此，在数据库设计这一环节中需要设计一个"用户下单记录表"来记录用户的历史下单记录，该数据表的 DDL 如下。

```
CREATE TABLE 'user_order' (
    'id' int(11) NOT NULL AUTO_INCREMENT,
    'order_no' varchar(255) NOT NULL COMMENT '订单编号',
    'user_id' int(11) NOT NULL COMMENT '用户 id',
    'status' int(11) DEFAULT NULL COMMENT '状态(1=已保存；2=已付款；3=已取消)',
    'is_active' int(255) DEFAULT '1' COMMENT '是否有效(1=有效；0=失效)',
    'create_time' datetime DEFAULT NULL COMMENT '下单时间',
    'update_time' datetime DEFAULT NULL,
    PRIMARY KEY ('id')
) ENGINE=InnoDB DEFAULT CHARSET=utf8 COMMENT='用户下单记录表';
```

除此之外，在实际生产场景中，为了记录 RabbitMQ 死信队列"失效用户下单记录"的历史情况，需要额外设计一个数据表，即"RabbitMQ 失效下单记录的历史记录表"，该数据表的 DDL 如下。

```
CREATE TABLE 'mq_order' (
    'id' int(11) NOT NULL AUTO_INCREMENT,
    'order_id' int(11) NOT NULL COMMENT '下单记录 id',
    'business_time' datetime DEFAULT NULL COMMENT '失效下单记录的时间',
    'memo' varchar(255) DEFAULT NULL COMMENT '备注信息',
    PRIMARY KEY ('id')
) ENGINE=InnoDB DEFAULT CHARSET=utf8 COMMENT='RabbitMQ 失效下单记录的历史记录表';
```

接下来，采用 MyBatis 的逆向工程生成这两个表对应的 Entity 实体类、数据库操作接口 Mapper 以及动态 SQL 配置文件 Mapper.xml，相应文件所在的目录结构如图 6.18 所示。

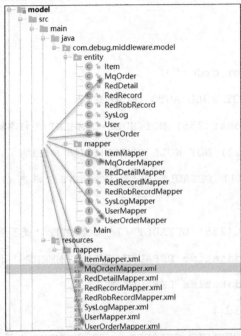

图 6.18　MyBatis 逆向工程生成的文件所在的目录结构

（1）介绍一下生成的两个 Entity 实体类，即 UserOrder 类和 MqOrder 类。首先是"用户下单实体"，即 UserOrder 类，代码如下。

```
// 导入依赖包
import java.util.Date;
// 用户下单实体
public class UserOrder {
    private Integer id; // 主键id——用户下单记录id
    private String orderNo; // 订单号
    private Integer userId; // 用户id
    private Integer status; // 支付状态 (1=已保存; 2=已付款; 3=已取消)
    private Integer isActive; // 是否有效
    private Date createTime; // 创建时间（下单时间）
```

```java
    private Date updateTime;
    // 更新时间
    // 以下为每个字段的getter()、setter()方法
    public Integer getId() {
        return id;
    }
    public void setId(Integer id) {
        this.id = id;
    }
    public String getOrderNo() {
        return orderNo;
    }
    public void setOrderNo(String orderNo) {
        this.orderNo = orderNo == null ? null : orderNo.trim();
    }
    // 此处省略剩余字段的getter()、setter()方法
}
```

紧接着是"RabbitMQ 死信队列更新失效订单的状态实体",即 MqOrder 类,代码如下。

```java
// 导入依赖包
import java.util.Date;
//RabbitMQ 死信队列更新失效订单的状态实体
public class MqOrder {
    private Integer id; // 主键id
    private Integer orderId; // 下单记录id
    private Date businessTime; // 失效下单记录状态的业务时间
    private String memo; // 备注信息
    // 以下为每个字段的getter()、setter()方法
    public Integer getId() {
```

```java
        return id;
    }
    public void setId(Integer id) {
        this.id = id;
    }
    public Integer getOrderId() {
        return orderId;
    }
    public void setOrderId(Integer orderId) {
        this.orderId = orderId;
    }
    public Date getBusinessTime() {
        return businessTime;
    }
    public void setBusinessTime(Date businessTime) {
        this.businessTime = businessTime;
    }
    public String getMemo() {
        return memo;
    }
    public void setMemo(String memo) {
        this.memo = memo == null ? null : memo.trim();
    }
}
```

（2）开发 MyBatis 逆向工程生成的 Mapper 操作接口及其对应的 SQL 配置文件 Mapper.xml。其中，MqOrderMapper 完整的代码如下。

```java
// 导入依赖包
import com.debug.middleware.model.entity.MqOrder;
```

```java
// 失效订单的状态实体对应的 Mapper 操作接口
public interface MqOrderMapper {
    // 根据主键 id 删除记录
    int deleteByPrimaryKey(Integer id);
    // 插入记录
    int insert(MqOrder record);
    // 插入记录
    int insertSelective(MqOrder record);
    // 根据主键 id 查询记录
    MqOrder selectByPrimaryKey(Integer id);
    // 更新记录
    int updateByPrimaryKeySelective(MqOrder record);
    // 更新记录
    int updateByPrimaryKey(MqOrder record);
}
```

其对应的 MqOrderMapper.xml 配置文件的代码如下。

```xml
<?xml version="1.0" encoding="UTF-8" ?>
<!--XML 文档类型定义 -->
<!DOCTYPE mapper PUBLIC "-//mybatis.org//DTD Mapper 3.0//EN" "http://mybatis.org/dtd/mybatis-3-mapper.dtd" >
<!--Mapper 操作接口命名空间定义 -->
<mapper namespace="com.debug.middleware.model.mapper.MqOrderMapper" >
    <!--Mapper 查询结果集映射 -->
    <resultMap id="BaseResultMap" type="com.debug.middleware.model.entity.MqOrder" >
        <id column="id" property="id" jdbcType="INTEGER" />
        <result column="order_id" property="orderId" jdbcType="INTEGER" />
        <result column="business_time" property="businessTime" jdbcType=
```

```xml
            "TIMESTAMP" />
        <result column="memo" property="memo" jdbcType="VARCHAR" />
    </resultMap>
    <!--Mapper 查询 SQL 片段定义 -->
    <sql id="Base_Column_List" >
        id, order_id, business_time, memo
    </sql>
    <!-- 根据主键 id 查询 -->
    <select id="selectByPrimaryKey" resultMap="BaseResultMap" parameterType="java.lang.Integer" >
        select
        <include refid="Base_Column_List" />
        from mq_order
        where id = #{id,jdbcType=INTEGER}
    </select>
    <!-- 根据主键 id 删除 -->
    <delete id="deleteByPrimaryKey" parameterType="java.lang.Integer" >
        delete from mq_order
        where id = #{id,jdbcType=INTEGER}
    </delete>
    <!-- 插入记录 -->
    <insert id="insert" parameterType="com.debug.middleware.model.entity.MqOrder" >
        insert into mq_order (id, order_id, business_time,
            memo)
        values (#{id,jdbcType=INTEGER}, #{orderId,jdbcType=INTEGER}, #{businessTime,jdbcType=TIMESTAMP},
            #{memo,jdbcType=VARCHAR})
    </insert>
    <!-- 插入记录 -->
```

```xml
<insert id="insertSelective" parameterType="com.debug.middleware.
model.entity.MqOrder" >
    insert into mq_order
    <trim prefix="(" suffix=")" suffixOverrides="," >
      <if test="id != null" >
        id,
      </if>
      <if test="orderId != null" >
        order_id,
      </if>
      <if test="businessTime != null" >
        business_time,
      </if>
      <if test="memo != null" >
        memo,
      </if>
    </trim>
    <trim prefix="values (" suffix=")" suffixOverrides="," >
      <if test="id != null" >
        #{id,jdbcType=INTEGER},
      </if>
      <if test="orderId != null" >
        #{orderId,jdbcType=INTEGER},
      </if>
      <if test="businessTime != null" >
        #{businessTime,jdbcType=TIMESTAMP},
      </if>
      <if test="memo != null" >
        #{memo,jdbcType=VARCHAR},
      </if>
```

```xml
        </trim>
    </insert>
    <!-- 更新记录 -->
    <update id="updateByPrimaryKeySelective" parameterType="com.debug.middleware.model.entity.MqOrder" >
        update mq_order
        <set >
          <if test="orderId != null" >
            order_id = #{orderId,jdbcType=INTEGER},
          </if>
          <if test="businessTime != null" >
            business_time = #{businessTime,jdbcType=TIMESTAMP},
          </if>
          <if test="memo != null" >
            memo = #{memo,jdbcType=VARCHAR},
          </if>
        </set>
        where id = #{id,jdbcType=INTEGER}
    </update>
    <!-- 更新记录 -->
    <update id="updateByPrimaryKey" parameterType="com.debug.middleware.model.entity.MqOrder" >
        update mq_order
        set order_id = #{orderId,jdbcType=INTEGER},
          business_time = #{businessTime,jdbcType=TIMESTAMP},
          memo = #{memo,jdbcType=VARCHAR}
        where id = #{id,jdbcType=INTEGER}
    </update>
</mapper>
```

（3）开发 MyBatis 逆向工程生成的用户下单记录实体操作接口及其对应的 SQL 配置文件，即 UserOrderMapper 操作接口和 UserOrderMapper.xml 配置文件。其中，我们在 UserOrderMapper 操作接口中开发了"根据下单记录 id 和支付状态查询下单记录"的功能，其完整的代码如下。

```java
// 导入依赖包
import com.debug.middleware.model.entity.UserOrder;
import org.apache.ibatis.annotations.Param;
// 用户下单实体操作接口 Mapper
public interface UserOrderMapper {
    // 插入记录
    int insertSelective(UserOrder record);
    // 根据主键 id 查询记录
    UserOrder selectByPrimaryKey(Integer id);
    // 更新记录
    int updateByPrimaryKeySelective(UserOrder record);
    // 根据下单记录 id 和支付状态查询
    UserOrder selectByIdAndStatus(@Param("id") Integer id, @Param("status") Integer status);
}
```

其对应的 UserOrderMapper.xml 部分核心代码如下。

```xml
<!--UserOrderMapper 操作接口所在的命名空间定义 -->
<mapper namespace="com.debug.middleware.model.mapper.UserOrderMapper" >
    <!-- 查询得到的结果集映射 -->
    <resultMap id="BaseResultMap" type="com.debug.middleware.model.entity.UserOrder" >
        <id column="id" property="id" jdbcType="INTEGER" />
        <result column="order_no" property="orderNo" jdbcType="VARCHAR" />
```

```xml
        <result column="user_id" property="userId" jdbcType="INTEGER" />
        <result column="status" property="status" jdbcType="INTEGER" />
        <result column="is_active" property="isActive" jdbcType="INTEGER" />
        <result column="create_time" property="createTime" jdbcType="TIMESTAMP" />
        <result column="update_time" property="updateTime" jdbcType="TIMESTAMP" />
    </resultMap>
    <!-- 查询的 SQL 片段 -->
    <sql id="Base_Column_List" >
       id, order_no, user_id, status, is_active, create_time, update_time
    </sql>
    <!-- 根据下单记录 id 查询记录 -->
    <select id="selectByPrimaryKey" resultMap="BaseResultMap" parameterType="java.lang.Integer" >
        select
        <include refid="Base_Column_List" />
        from user_order
        where id = #{id,jdbcType=INTEGER}
    </select>
    <!-- 插入用户下单记录 -->
    <insert id="insertSelective" useGeneratedKeys="true" keyProperty="id" parameterType="com.debug.middleware.model.entity.UserOrder" >
        insert into user_order
        <trim prefix="(" suffix=")" suffixOverrides="," >
            <if test="id != null" >
                id,
            </if>
            <if test="orderNo != null" >
                order_no,
```

```xml
    </if>
    <if test="userId != null" >
      user_id,
    </if>
    <if test="status != null" >
      status,
    </if>
    <if test="isActive != null" >
      is_active,
    </if>
    <if test="createTime != null" >
      create_time,
    </if>
    <if test="updateTime != null" >
      update_time,
    </if>
</trim>
<trim prefix="values (" suffix=")" suffixOverrides="," >
    <if test="id != null" >
      #{id,jdbcType=INTEGER},
    </if>
    <if test="orderNo != null" >
      #{orderNo,jdbcType=VARCHAR},
    </if>
    <if test="userId != null" >
      #{userId,jdbcType=INTEGER},
    </if>
    <if test="status != null" >
      #{status,jdbcType=INTEGER},
    </if>
```

```xml
            <if test="isActive != null" >
              #{isActive,jdbcType=INTEGER},
            </if>
            <if test="createTime != null" >
              #{createTime,jdbcType=TIMESTAMP},
            </if>
            <if test="updateTime != null" >
              #{updateTime,jdbcType=TIMESTAMP},
            </if>
        </trim>
    </insert>
    <!-- 根据下单记录id更新记录 -->
    <update id="updateByPrimaryKey" parameterType="com.debug.middleware.model.entity.UserOrder" >
        update user_order
        set order_no = #{orderNo,jdbcType=VARCHAR},
          user_id = #{userId,jdbcType=INTEGER},
          status = #{status,jdbcType=INTEGER},
          is_active = #{isActive,jdbcType=INTEGER},
          create_time = #{createTime,jdbcType=TIMESTAMP},
          update_time = #{updateTime,jdbcType=TIMESTAMP}
        where id = #{id,jdbcType=INTEGER}
    </update>
    <!-- 根据下单记录id和支付状态查询 -->
    <select id="selectByIdAndStatus" resultType="com.debug.middleware.model.entity.UserOrder">
        SELECT
            <include refid="Base_Column_List"/>
        FROM
            user_order
```

```
    WHERE
        is_active
    AND 'status' = #{status}
    AND id = #{id}
    </select>
</mapper>
```

至此,"用户下单支付超时"这一业务场景的 DAO(即数据访问对象)层开发完毕。接下来,可以开始着手设计和构建这一业务场景对应的死信队列消息模型。

6.3.4　构建 RabbitMQ 死信队列消息模型

其实,在 6.2 节中已经采用实际的代码构建并实战了 RabbitMQ 死信队列的消息模型,因此可以参考之前的思路,构建"用户下单支付超时"业务场景专属的死信队列消息模型。值得一提的是,在这里为了整体功能测试的方便,我们假设用户下单之后超时支付的时间为 10 秒(当然,在实际生产环境中肯定不止 10 秒,具体的取值需要根据实际业务需要进行设置)。

(1)在 RabbitmqConfig 配置类中构建"用户下单支付超时"对应的死信队列消息模型,其完整代码如下。

```
/** 构建用户下单支付超时对应的RabbitMQ死信队列消息模型 **/
// 创建死信队列
@Bean
public Queue orderDeadQueue() {
    // 创建映射Map,用于添加死信队列的组成成分,并最终作为创建死信队列的最后一个参数
    Map<String, Object> args = new HashMap();
    // 添加"死信交换机"
    args.put("x-dead-letter-exchange", env.getProperty("mq.order.dead.exchange.name"));
    // 添加"死信路由"
```

```java
        args.put("x-dead-letter-routing-key", env.getProperty("mq.order.dead.routing.key.name"));
        // 设定TTL，单位为ms，在这里为了测试方便，设置为10秒，当然实际业务场景可能为1h或者更长
        args.put("x-message-ttl", 10000);
        // 创建并返回死信队列实例
        return new Queue(env.getProperty("mq.order.dead.queue.name"), true, false, false, args);
    }

    // 创建"基本消息模型"的基本交换机，面向生产者
    @Bean
    public TopicExchange orderProducerExchange() {
        // 创建并返回基本交换机实例
        return new TopicExchange(env.getProperty("mq.producer.order.exchange.name"), true, false);
    }

    // 创建"基本消息模型"的基本绑定——基本交换机+基本路由，面向生产者
    @Bean
    public Binding orderProducerBinding() {
        // 创建并返回基本交换机和基本路由构成的基本绑定实例
        return BindingBuilder.bind(orderDeadQueue()).to(orderProducerExchange()).with(env.getProperty("mq.producer.order.routing.key.name"));
    }

    // 创建真正队列，面向消费者
    @Bean
    public Queue realOrderConsumerQueue() {
        // 创建并返回真正队列实例
        return new Queue(env.getProperty("mq.consumer.order.real.queue.name"), true);
```

```java
    }

    // 创建死信交换机
    @Bean
    public TopicExchange basicOrderDeadExchange() {
        // 创建并返回死信交换机
        return new TopicExchange(env.getProperty("mq.order.dead.exchange.name"), true, false);
    }

    // 创建死信路由及其绑定
    @Bean
    public Binding basicOrderDeadBinding() {
        // 创建并返回死信交换机和死信路由构成的绑定实例
        return BindingBuilder.bind(realOrderConsumerQueue()).to(basicOrderDeadExchange()).with(env.getProperty("mq.order.dead.routing.key.name"));
    }
```

其中，读取环境变量实例 env 读取的变量是配置在配置文件 application.properties 中的，其变量取值如下。

```
# 用户下单支付超时对应的死信队列消息模型
# 定义死信队列名称
mq.order.dead.queue.name=${mq.env}.middleware.order.dead.queue
# 定义交换机名称
mq.order.dead.exchange.name=${mq.env}.middleware.order.dead.exchange
# 定义死信路由名称
mq.order.dead.routing.key.name=${mq.env}.middleware.order.dead.routing.key
# 定义基本交换机名称
```

```
mq.producer.order.exchange.name=${mq.env}.middleware.order.basic.
exchange
```

定义基本路由名称

```
mq.producer.order.routing.key.name=${mq.env}.middleware.order.
basic.routing.key
```

定义真正队列名称

```
mq.consumer.order.real.queue.name=${mq.env}.middleware.consumer.
order.real.queue
```

（2）运行项目并观察控制台的输出结果。如果没有报错信息，则代表"用户下单支付超时"构建的死信队列没有问题。打开浏览器，在地址栏输入 http://127.0.0.1:15672 并按回车键，输入账号进入 RabbitMQ 的后端控制台，即可看到该消息模型对应的"死信队列"和"真正队列"的信息，如图 6.19 所示。

■ 图 6.19 "用户下单支付超时"消息模型创建的队列列表

单击"死信队列"的名称，即可查看其详情，包括其名称、组成成分、持久化模式和绑定信息，如图 6.20 所示。

最后单击"真正队列"的名称，即可查看其详情，包括其名称、持久化模式和绑定信息，如图 6.21 所示。

至此，"用户下单支付超时"业务场景的死信队列消息模型构建成功。接下来便进入"核心业务处理逻辑"的代码实战环节。

第6章 死信队列实战

■ 图6.20 "用户下单支付超时"消息模型死信队列详情

■ 图6.21 "用户下单支付超时"消息模型真正队列详情

6.3.5 Controller 层开发生成并失效用户下单功能

对于核心业务处理逻辑的开发，在这里我们仍然采用 MVCM 的模式进行代码实战。所谓的 MVCM，其实就是在 MVC 的基础上再增加一层 M，即中间件处理层（Middleware），主要用于辅助实现应用系统中相关核心业务逻辑。

对于"用户下单支付超时"这一业务场景而言，模型层（Model）即为前面小节中 MyBatis 逆向工程生成的 Entity 类、Mapper 接口和 Mapper.xml 等相关文件，在这里由于我们不开发页面，故而视图层（View）将不进行代码层次的开发。

而对于控制处理层（Controller），顾名思义，指的是应用系统针对指定的业务模块开发相关的业务逻辑处理代码。从广义上讲，这一层次包括接收并处理用户前端请求的控制层、处理核心业务逻辑的服务层以及提供额外服务的中间件处理层（相应的实战代码在接下来的小节将一一得到体现），如图 6.22 所示。

接下来，进入 Controller 层业务实战代码的开发，图 6.23 为相关代码文件所在的目录结构。

■ 图 6.22 广义上的 Controller 层包含的服务　　■ 图 6.23 "用户下单支付超时"Controller 层代码文件所在的目录结构

（1）开发用于接收并处理用户前端请求的控制层 UserOrderController 类，主要用于接收前端用户下单时的相关信息，其完整代码如下。

```java
//导入依赖包
import com.debug.middleware.api.enums.StatusCode;
import com.debug.middleware.api.response.BaseResponse;
import com.debug.middleware.server.dto.UserOrderDto;
import com.debug.middleware.server.service.DeadUserOrderService;
import org.slf4j.Logger;
import org.slf4j.LoggerFactory;
import org.springframework.beans.factory.annotation.Autowired;
import org.springframework.http.MediaType;
import org.springframework.validation.BindingResult;
import org.springframework.validation.annotation.Validated;
import org.springframework.web.bind.annotation.RequestBody;
import org.springframework.web.bind.annotation.RequestMapping;
import org.springframework.web.bind.annotation.RequestMethod;
import org.springframework.web.bind.annotation.RestController;
/**
 * 用户下单记录
 * @Author:debug (SteadyJack)
 **/
@RestController
public class UserOrderController {
    //定义日志
    private static final Logger log= LoggerFactory.getLogger(UserOrderController.class);
    //定义请求前缀
    private static final String prefix="user/order";
    //用户下单处理服务实例
    @Autowired
    private DeadUserOrderService deadUserOrderService;
    /**
```

```
 * 用户下单请求的接收与处理
 * @return
 */
@RequestMapping(value = prefix+"/push",method = RequestMethod.POST,consumes = MediaType.APPLICATION_JSON_UTF8_VALUE)
public BaseResponse login(@RequestBody @Validated UserOrderDto dto, BindingResult result){
    //判断请求的参数的合法性
    if (result.hasErrors()){
        //如果参数不合法,则直接返回参数不规范等结果
        return new BaseResponse(StatusCode.InvalidParams);
    }
    //定义响应结果实例
    BaseResponse response=new BaseResponse(StatusCode.Success);
    try {
        //调用Service层真正处理用户下单的业务逻辑
        deadUserOrderService.pushUserOrder(dto);
    }catch (Exception e){
        //Service层在处理的过程中如果发生异常,则抛出异常并被Controller
        //层捕获返回给前端用户
        response=new BaseResponse(StatusCode.Fail.getCode(),e.getMessage());
    }
    //返回响应结果
    return response;
}
```

（2）其中，UserOrderDto 实体类用于接收前端用户下单时提交的信息，其代码如下。

```
// 导入依赖包
import lombok.Data;
import lombok.ToString;
import org.hibernate.validator.constraints.NotBlank;
import javax.validation.constraints.NotNull;
import java.io.Serializable;
/**
 * 用户下单实体信息
 * @Author:debug (SteadyJack)
 **/
@Data
@ToString
public class UserOrderDto implements Serializable{
    @NotBlank
    private String orderNo;//订单编号（必填）
    @NotNull
    private Integer userId;//用户id（必填）
}
```

（3）开发用于处理核心业务逻辑的服务层 Service，即 DeadUserOrderService 类，其主要包含两大核心功能，即"用户下单"功能与"更新用户下单记录的状态"功能。两大核心功能对应的完整代码如下。

```
// 导入依赖包
import com.debug.middleware.model.entity.MqOrder;
import com.debug.middleware.model.entity.UserOrder;
import com.debug.middleware.model.mapper.MqOrderMapper;
import com.debug.middleware.model.mapper.UserOrderMapper;
import com.debug.middleware.server.dto.UserOrderDto;
import com.debug.middleware.server.rabbitmq.publisher.DeadOrder
```

```java
Publisher;
import org.slf4j.Logger;
import org.slf4j.LoggerFactory;
import org.springframework.beans.BeanUtils;
import org.springframework.beans.factory.annotation.Autowired;
import org.springframework.stereotype.Service;
import java.util.Date;
/**
 * 用户下单支付超时（服务处理）
 * @Author:debug (SteadyJack)
 **/
@Service
public class DeadUserOrderService {
    // 定义日志
    private static final Logger log= LoggerFactory.getLogger(DeadUserOrderService.class);
    // 定义用户下单操作接口 Mapper
    @Autowired
    private UserOrderMapper userOrderMapper;
    // 定义更新失效用户下单记录状态接口 Mapper
    @Autowired
    private MqOrderMapper mqOrderMapper;
    // 死信队列（生产者实例）将在下一小节进行开发
    //@Autowired
    //private DeadOrderPublisher deadOrderPublisher;
    /**
     * 用户下单,并将生成的下单记录 id 加入死信队列等待延迟处理
     * @param userOrderDto
     * @throws Exception
     */
```

```java
    public void pushUserOrder(UserOrderDto userOrderDto) throws Exception{
        // 创建用户下单实例
        UserOrder userOrder=new UserOrder();
        // 复制userOrderDto对应的字段取值到新的实例对象userOrder中
        BeanUtils.copyProperties(userOrderDto,userOrder);
        // 设置支付状态为已保存
        userOrder.setStatus(1);
        // 设置下单时间
        userOrder.setCreateTime(new Date());
        // 插入用户下单记录
        userOrderMapper.insertSelective(userOrder);
        log.info("用户成功下单,下单信息为：{}",userOrder);

        // 以下代码是将用户下单产生的下单记录id加入死信队列,相应的功能代码将
        // 在下一小节开发
        // 生成用户下单记录id
        //Integer orderId=userOrder.getId();
        // 将生成的用户下单记录id加入死信队列等待延迟处理
        //deadOrderPublisher.sendMsg(orderId);
    }
    /**
     * 更新用户下单记录的状态
     * @param userOrder
     */
    public void updateUserOrderRecord(UserOrder userOrder){
        // 捕获异常
        try {
            // 判断用户下单记录实体是否为Null
            if (userOrder!=null){
```

```java
            // 更新失效用户下单记录
            userOrder.setIsActive(0);
            // 设置失效时进行更新的时间
            userOrder.setUpdateTime(new Date());
            // 更新下单记录实体信息
            userOrderMapper.updateByPrimaryKeySelective(userOrder);

            // 记录"失效用户下单记录"的历史
            // 定义RabbitMQ死信队列历史失效记录实例
            MqOrder mqOrder=new MqOrder();
            // 设置失效时间
            mqOrder.setBusinessTime(new Date());
            // 设置备注信息
            mqOrder.setMemo("更新失效当前用户下单记录 Id,orderId="+userOrder.getId());
            // 设置下单记录id
            mqOrder.setOrderId(userOrder.getId());
            // 插入失效记录
            mqOrderMapper.insertSelective(mqOrder);
        }
    }catch (Exception e){
        log.error("用户下单支付超时-处理服务-更新用户下单记录的状态发生异常：",e.fillInStackTrace());
    }
  }
}
```

上述代码中，在处理"用户下单"时调用了"将下单记录id加入死信队列"的方法。该方法属于"提供额外服务的中间件处理层 Middleware"层面提供的功能，在下一小节中将进行开发实现。

（4）至此，"用户下单支付超时"业务场景对应的 Controller 层基本开发完毕。运行项目，观察控制台的输出情况，如果没有报错信息，则代表 Controller 层开发的代码没有语法问题。打开浏览器模拟工具 Postman，在地址栏输入"访问用户下单"的请求地址：http://127.0.0.1:8087/middleware/user/order/push，选择 HTTP 请求方法为 POST，并选择请求体的数据格式为 JSON（application/json），其中请求体的数据如下。

```
{
    "orderNo":"20190411001",
    "userId":10010
}
```

表示当前用户 id 为 10010，订单编号为 20190411001，单击"Send"按钮，即可将相应的请求信息提交至系统后端相关接口，可以看到在 Postman 界面上看到"成功"的响应结果，即代表用户已经成功下单，如图 6.24 所示。

图 6.24 访问"用户下单"接口得到的响应结果

紧接着观察控制台的输出结果，可以看到系统后端接口已经成功接收并处理了用户的下单请求，如图 6.25 所示。

最后，打开用户下单数据表 user_order 查看相关的数据记录，可以看到用户下单记录已经成功存储至数据表中，如图 6.26 所示。

至此，该业务场景 Controller 层的核心代码开发完毕，并且成功地将用户下单数据存储至数据库中,也成功生成了用户下单记录 id,而这个 id 将在下一小节中充当消息并在 RabbitMQ 死信队列中进行传输、接收与处理。

■ 图 6.25 系统后端接口成功处理用户下单请求

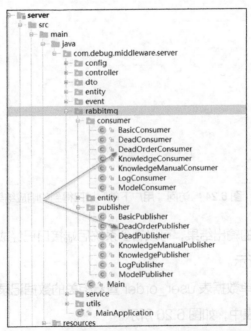

■ 图 6.26 查看用户下单请求数据所在的数据表记录

6.3.6 "用户下单支付超时"延迟发送和接收实战

接下来开发"用户下单支付超时"业务场景死信队列消息模型中生产者和消费者的功能,图 6.27 为相应代码文件所在的目录结构。

■ 图 6.27 生产者、消费者代码文件所在的目录结构

（1）开发用于发送消息的生产者 DeadOrderPublisher 类的相关功能，其完整代码如下。

```
// 导入依赖包
import com.fasterxml.jackson.databind.ObjectMapper;
import org.slf4j.Logger;
import org.slf4j.LoggerFactory;
import org.springframework.amqp.AmqpException;
import org.springframework.amqp.core.Message;
import org.springframework.amqp.core.MessageDeliveryMode;
import org.springframework.amqp.core.MessagePostProcessor;
import org.springframework.amqp.core.MessageProperties;
import org.springframework.amqp.rabbit.core.RabbitTemplate;
import org.springframework.amqp.support.converter.AbstractJavaTypeMapper;
import org.springframework.amqp.support.converter.Jackson2JsonMessageConverter;
import org.springframework.beans.factory.annotation.Autowired;
import org.springframework.core.env.Environment;
import org.springframework.stereotype.Component;
/**
 * 死信队列（生产者）用户下单支付超时消息模型
 * @Author:debug (SteadyJack)
 **/
@Component
public class DeadOrderPublisher {
    // 定义日志
    private static final Logger log= LoggerFactory.getLogger(DeadOrderPublisher.class);
    // 定义读取环境变量实例
    @Autowired
```

```java
            private Environment env;
            // 定义RabbitMQ操作组件
            @Autowired
            private RabbitTemplate rabbitTemplate;
            // 定义JSON序列化和反序列化组件实例
            @Autowired
            private ObjectMapper objectMapper;
            /**
             * 将用户下单记录id充当消息发送入死信队列
             * @param orderId
             */
            public void sendMsg(Integer orderId){
                try {
                    // 设置消息的传输格式为JSON格式
                    rabbitTemplate.setMessageConverter(new Jackson2JsonMessageConverter());
                    // 设置基本交换机
                    rabbitTemplate.setExchange(env.getProperty("mq.producer.order.exchange.name"));
                    // 设置基本路由
                    rabbitTemplate.setRoutingKey(env.getProperty("mq.producer.order.routing.key.name"));
                    // 发送对象类型的消息
                    rabbitTemplate.convertAndSend(orderId, new MessagePostProcessor() {
                        @Override
                        public Message postProcessMessage(Message message) throws AmqpException {
                            // 获取消息属性对象
                            MessageProperties messageProperties=message.
```

```
            getMessageProperties();
                          //设置消息的持久化模式
                          messageProperties.setDeliveryMode(MessageDelivery
Mode.PERSISTENT);
                          //设置消息头,即直接指定发送的消息所属的对象类型
                           messageProperties.setHeader(AbstractJavaTypeMapper.
DEFAULT_CONTENT_CLASSID_FIELD_NAME,Integer.class);
                          //返回消息实例
                          return message;
                      }
                 });
                 //输出日志
                 log.info("用户下单支付超时-发送用户下单记录id的消息入死信队列-
内容为: orderId={} ",orderId);
            }catch (Exception e){
                 //处理过程如果发生异常,则进行打印
                  log.error("用户下单支付超时-发送用户下单记录id的消息入死信队
列-发生异常: orderId={} ",orderId,e.fillInStackTrace());
            }
        }
    }
```

（2）开发用于监听消费消息,即"订单记录id"的消费者的功能,并根据该id信息前往数据库查询相应的记录,判断该下单记录的支付状态是否仍然为"已保存",如果是,则代表用户已经超过了指定时间而没有支付该笔订单。代码如下。

```
//导入依赖包
import com.debug.middleware.model.entity.UserOrder;
import com.debug.middleware.model.mapper.UserOrderMapper;
import com.debug.middleware.server.service.DeadUserOrderService;
```

```java
import com.fasterxml.jackson.databind.ObjectMapper;
import org.slf4j.Logger;
import org.slf4j.LoggerFactory;
import org.springframework.amqp.rabbit.annotation.RabbitListener;
import org.springframework.beans.factory.annotation.Autowired;
import org.springframework.messaging.handler.annotation.Payload;
import org.springframework.stereotype.Component;
/**
 * 死信队列（真正队列消费者）用户下单支付超时消息模型
 * @Author:debug (SteadyJack)
 * @Date: 2019/4/9 20:42
 **/
@Component
public class DeadOrderConsumer {
    //定义日志
    private static final Logger log= LoggerFactory.getLogger(DeadOrderConsumer.class);
    //定义JSON序列化和反序列化组件
    @Autowired
    private ObjectMapper objectMapper;
    //定义用户下单操作接口Mapper
    @Autowired
    private UserOrderMapper userOrderMapper;
    //用户下单支付超时（处理服务实例）
    @Autowired
    private DeadUserOrderService deadUserOrderService;
    /**
     * 用户下单支付超时消息模型（监听真正队列）
     * @param orderId
     */
```

```java
    @RabbitListener(queues = "${mq.consumer.order.real.queue.name}"
,containerFactory = "singleListenerContainer")
    public void consumeMsg(@Payload Integer orderId){
        try {
            log.info("用户下单支付超时消息模型-监听真正队列-监听到消息内容为:orderId={}",orderId);

            //TODO: 接下来是执行核心的业务逻辑
            // 查询该用户下单记录id对应的支付状态是否为"已保存"
             UserOrder userOrder=userOrderMapper.selectByIdAndStatus(orderId,1);
            if (userOrder!=null){
                // 不等于Null,则代表该用户下单记录仍然为"已保存"状态,即
                // 该用户已经超时没有支付该笔订单,故而需要失效该笔下单记录
                deadUserOrderService.updateUserOrderRecord(userOrder);
            }
        }catch (Exception e){
            log.error("用户下单支付超时消息模型-监听真正队列-发生异常: orderId={} ",orderId,e.fillInStackTrace());
        }
    }
}
```

（3）在用户下单服务 DeadUserOrderService 类的 pushUserOrder() 方法中，加入死信队列生产者"发送订单记录id"的方法，代码如下。

```java
/**
 * 用户下单,并将生成的下单记录id加入死信队列等待延迟处理
 * @param userOrderDto
 * @throws Exception
```

```java
 */
public void pushUserOrder(UserOrderDto userOrderDto) throws Exception{
    //创建用户下单实例
    UserOrder userOrder=new UserOrder();
    //复制userOrderDto对应的字段取值到新的实例对象userOrder中
    BeanUtils.copyProperties(userOrderDto,userOrder);
    //设置支付状态为已保存
    userOrder.setStatus(1);
    //设置下单时间
    userOrder.setCreateTime(new Date());
    //插入用户下单记录
    userOrderMapper.insertSelective(userOrder);
    log.info("用户成功下单,下单信息为:{}",userOrder);

    //生成用户下单记录id
    Integer orderId=userOrder.getId();
    //将生成的用户下单记录id加入死信队列等待延迟处理
    deadOrderPublisher.sendMsg(orderId);
}
```

至此,"用户下单支付超时"业务场景对应的RabbitMQ死信队列发送、延迟处理消息的功能开发完毕。运行项目,观察控制台的输出,如果没有报错信息,则代表整体功能对应的代码没有语法错误。

6.3.7 "用户下单支付超时"整体功能自测

至此,对于"用户下单支付超时"的业务场景实战,我们已经到了最后一个环节,即整体功能的自测。

(1)打开浏览器模拟工具Postman,并在地址栏输入"访问用户下单"的请求地址http://127.0.0.1:8087/middleware/user/order/push,选择HTTP请求方法为POST,并选择请求体的数据格式为JSON(application/json),其中请求体的数据如下。

```
{
    "orderNo":"20190412001",
    "userId": 10011
}
```

表示当前用户 id 为 10011，订单编号为 20190412001，单击"Send"按钮，即可将相应的请求信息提交至系统后端相关接口，可以在 Postman 界面上看到"成功"的响应结果，即代表用户已经成功下单，如图 6.28 所示。

■ 图 6.28　Postman 请求访问结果

（2）观察控制台的输出结果，可以看到用户已经成功下单，并生成了订单记录 id，同时该 id 也已经被充当消息成功发送至 RabbitMQ 的死信队列中。等待 10 秒（因为在创建死信队列时，组成成分 TTL 的取值设置为 10s），即可看到消费者已经成功监听到该消息，并执行了相应的超时失效下单记录的逻辑，如图 6.29 所示。

```
[2019-04-12 23:47:53.861] boot - INFO [http-nio-8087-exec-1] --- DispatcherServlet: FrameworkServlet 'dispatcherServlet': initialization completed in 21 ms
[2019-04-12 23:47:54.199] boot - INFO [http-nio-8087-exec-1] --- DeadUserOrderService: 用户成功下单，下单信息为: UserOrder{id=6, orderNo='20190412001', userId=10011, status=1, isActive=null, createTime=Fri Apr 12 23:47:53 CST 2019, updateTime=null}
[2019-04-12 23:47:54.210] boot - INFO [http-nio-8087-exec-1] --- DeadOrderPublisher: 用户下单支付超时-发送用户下单记录id的消息入死信队列-内容为: orderId=6
[2019-04-12 23:47:54.221] boot - INFO [AMQP Connection 127.0.0.1:5672] --- RabbitmqConfig: 消息发送成功:correlationData(null),ack(true),cause(null)
[2019-04-12 23:48:04.227] boot - INFO [SimpleAsyncTaskExecutor-1] --- DeadOrderConsumer: 用户下单支付超时消息模型-监听真正队列-监听到消息内容为: orderId=6
```

■ 图 6.29　控制台输出结果

（3）观察数据表 user_order 的数据记录，可以发现用户下单记录已经成功存储至数据库中，如图 6.30 所示。由于该用户在指定的时间内没有进行付款，故而该下单记录也已被更新为"失效"状态，同时在数据表 mq_order 中记录了失效下单记录的历史数据，如图 6.31 所示。

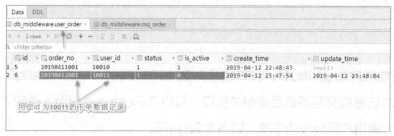

■ 图 6.30　查看用户下单数据记录

■ 图 6.31　查看失效下单记录的历史数据

（4）为了能形象地观察消息在 RabbitMQ 死信队列的发送、传输、接收过程，我们需要进入 RabbitMQ 后端控制台查看消息在"死信队列"与"真正队列"之间的传输过程。

再次打开浏览器模拟工具 Postman，并在地址栏输入"访问用户下单"的请求地址 http://127.0.0.1:8087/middleware/user/order/push，选择 HTTP 请求方法为 POST，并选择请求体的数据格式为 JSON（application/json），请求体的数据如下。

```
{
    "orderNo":"20190412002",
    "userId":10012
}
```

该请求体的数据表示当前用户 id 为 10012，订单编号为 20190412002。单击"Send"按钮，即可将请求数据提交到系统后端接口，稍等片刻即可得到后端返回的"成功"的响应结果，如图 6.32 所示。

■ 图 6.32　Postman 发起请求得到的响应结果

当 Postman 得到后端接口返回的响应结果后，立即打开浏览器，在地址栏输入 http://127.0.0.1:15672 并按回车键，输入账号密码进入 RabbitMQ 的后端控制台，此时可以看到消息已经在第 1 个暂存区"死信队列"中，如图 6.33 所示。

■ 图 6.33　查看消息在死信队列消息模型的传输过程

然后等待 10 秒，即可看到消息会被路由分发到第 2 个暂存区，即"真正队列"中，最后被"真正队列"对应的消费者所监听消费掉，如图 6.34 所示。

（5）再观察 IDEA 控制台的输出结果，可以看到用户已经成功下单，并生成了订单记录 id，同时该 id 也已经被充当消息成功发送至 RabbitMQ 的死信队列。等待 10 秒（因为在创建死信队列时，组成成分 TTL 的取值被设置为 10 秒），即可看到消费者已经成功监听到该消息，并执行了相应的超时失效下单记录的逻辑，如图 6.35 所示。

图 6.34　查看消息在真正队列消息模型的传输过程

```
信息: Initializing Spring FrameworkServlet 'dispatcherServlet'
[2019-04-13 10:28:33.003] boot - INFO [http-nio-8087-exec-1] --- DispatcherServlet: FrameworkServlet 'dispatcherServlet': initialization completed in 17 ms
[2019-04-13 10:28:33.365] boot - INFO [http-nio-8087-exec-1] --- DeadUserOrderService: 用户成功下单,下单信息为：UserOrder{id=7, orderNo='20190412002', userId=10012, status=1, isActive=null, createTime=Sat Apr 13 10:28:33 CST 2019, updateTime=null}
[2019-04-13 10:28:33.375] boot - INFO [http-nio-8087-exec-1] --- DeadOrderPublisher: 用户下单支付超时-发送用户下单记录id的消息入死信队列-内容为：orderId=7
[2019-04-13 10:28:33.386] boot - INFO [AMQP Connection 127.0.0.1:5672] --- RabbitmqConfig: 消息发送成功:correlationData(null),ack(true),cause(null)
[2019-04-13 10:28:43.398] boot - INFO [SimpleAsyncTaskExecutor-1] --- DeadOrderConsumer: 用户下单支付超时消息模型-监听真正队列-监听到消息内容为：orderId=7
```

图 6.35　查看控制台的输出结果

最后前往数据库查看用户下单记录表的数据和失效下单记录的历史数据，分别如图 6.36 和图 6.37 所示。

图 6.36　查看用户下单记录表的数据

图 6.37　查看失效下单记录的历史数据

至此，关于"用户下单支付超时"业务场景的代码实战完成。在这里笔者强烈建议各位读者一定"亲自"动手写代码，可以照着本书提供的完整的样例代码进行编写，而切忌"复制、粘贴式的编码"。另外，也一定要进行多番案例数据的测试，同时需要结合控制台的输出信息、RabbitMQ 后端控制台相关队列的数据传输以及数据库相关数据表的记录进行验证，确保相应的业务逻辑以及对应的实战代码没有错误。

在创建 RabbitMQ 的队列（包括普通队列、死信队列）、交换机和路由及其绑定成功后，RabbitMQ 将严格要求其组件不再允许被修改，比如修改交换机、队列的持久化模式等都是不被允许的（IDEA 控制台将会在项目运行之后输出报错信息）。比如本章所介绍的 RabbitMQ 死信队列，如果已经指定了 TTL，并且已经成功创建了，那么之后如果调整了 TTL 的取值（比如想将 TTL 的取值从 10 秒修改成 20 秒），在项目运行期间 IDEA 控制台将会输出相应的报错信息。

这种严格的限制方式其实是 RabbitMQ 出于安全性方面的考虑。想象一下，RabbitMQ 线上生产环境中已经成功创建了队列、交换机和路由，并且已经在运行了，此时如果贸然调整相应组件的属性，将很有可能影响正在传输的数据，如导致数据丢失、数据重复发送等。所以建议开发者在创建队列、交换机和路由及其绑定等相关组件时，相应属性的设置需要再三斟酌，如果真的需要调整相应组件的特性，可以通过以下两种方式进行。

- 在不影响线上生产环境数据传输的情况下，直接在 RabbitMQ 后端控制台调整相应的组件属性，如交换机和路由的绑定等。
- 在不影响线上生产环境数据传输的情况下，可以在代码层面调整相应组件的属性，只不过需要先将 RabbitMQ 后端控制台需要修改的组件删除，然后在代码层面调整完毕之后运行项目，即可重新在 RabbitMQ 后端控制台创建新的队列。

6.4 总结

"延时、延迟处理指定业务逻辑"的需求在实际项目中很常见。为了实现这种功能需求，分布式消息中间件 RabbitMQ 提供了"死信队列"这一组件。死信队列，指的是消息进入队列之后不会立即被消费，而是等待一定的时间再被消费者监听消费的队列。本章首先介绍了死信队列的概念、作用、典型的应用场景、组成成分以及死信队列消息模型的构建，之后以实际、典型的应用场景"商城平台订单支付超时"为案例，配备实际的代码进行实战，最终帮助各位读者更好地理解并掌握 RabbitMQ 死信队列的相关知识要点。

在目前市面上流行的中间件列表中，除了可以采用 RabbitMQ 的死信队列实现"延时、延迟处理指定业务逻辑"的功能之外，基于 Redis 的驻内存网格综合中间件 Redisson 同样也可以实现。而对于 Redisson，在这里就暂时不作详述了，我们将在后面的章节对之展开进行详细介绍。

第7章 分布式锁实战

在互联网、移动互联网时代，企业级应用系统大多采用集群、分布式的方式进行部署，将"业务高度集中"的传统企业级应用按照业务拆分成多个子系统，并进行独立部署。而为了应对某些业务场景下产生的高并发请求，通常一个子系统会部署多份实例，并采用某种均衡机制"分摊"处理前端用户的请求，此种方式俗称"集群"。事实证明，此种分布式、集群部署的方式确实能给企业级应用系统带来性能和效率上的提升，从而给企业业务规模带来可扩展的可能性。

然而，任何事物都并非十全十美。正如服务集群、分布式系统架构一样，虽然可以给企业应用系统带来性能、质量和效率上的提升，但也由此带来了一些棘手的问题。其中比较典型的问题是"高并发场景下多个线程并发访问、操作共享资源时，出现数据不一致的现象"，针对这种问题，业界普遍采取的方式是采用"分布式锁"加以解决。本章将会分享、介绍并实战分布式锁的相关知识要点。

本章涉及的知识点如下。

- 分布式锁概述，包括分布式锁的概念、出现背景、典型的应用场景以及常见的几种实现方式。
- 介绍分布式锁常见的 3 种实现方式，并配以实际的代码进行实战，巩固加深并掌握分布式锁相关技术、知识要点的理解与应用。
- 采用典型的应用场景"书籍抢购系统"为案例，配备以实际的代码实战分布式锁，进一步帮助读者掌握分布式锁在实际生产环境中的应用。

7.1 分布式锁概述

在传统单体应用时代，"并发访问、操作共享资源"的场景并不少见。由于那时还没有"分布式"的概念，故而当多个线程并发访问、操作共享资源时，往往是通过加同步互斥锁进行控制，这种方式在很长一段时间内确实能起到一定的作用。

随着用户、数据量的增长，企业应用为了适应，不得不对传统单一的应用系统进行拆分并作分布式部署。而此种分布式系统架构部署方案的实现在带来性能和效率上提升的同时，也带来了一些问题，即传统加锁的方式将不再起作用。这是因为集群、分布式部署的服务实例一般是部署在不同服务器上的，在分布式系统架构下，此种资源共享将不再是传统的线程共享，而是跨 JVM 进程的资源共享。因此，为了解决这种问题，我们将引入"分布式锁"进行控制。

7.1.1 锁机制

在单体应用时代，传统企业级 Java 应用为了解决"高并发下多线程访问共享资源时出现数据不一致"的问题，通常是借助 JDK 自身提供的关键字或者并发工具类，如 Synchronized、Lock、RetreenLock 等加以实现，这种访问控制机制被业界普遍亲切地称为"锁"。不可否认的是，此种方式在很长一段时间内确实能起到一定的作用，在如今一些轻量级、比较小型的单体应用中依然可以见到其踪影。下面以现实生活中典型的应用场景"银行 ATM 存钱、取钱"为案例介绍单体应用时代 JDK 提供的"锁"出现的背景和作用。

在介绍该业务场景之前，有必要重点介绍一下"共享资源"的含义。"共享资源"指的是可以被多个线程、进程同时访问并进行操作的数据或者代码块。如春运期间抢票时的车票、在电商平台抢购时的商品以及超市举办商品促销活动时的商品等，都是典型的可供诸多用户同时获取、操作甚至共享的东西，这些东西即为共享资源。

而在"银行 ATM 存钱、取钱"的案例中，对于 ATM 存钱、取钱，相信各位读者并不陌生。假设一个银行账户初始余额为 500 元，用户 A 与用户 B 分别在不同的 ATM 上分别对该银行账户进行 10 次甚至多次相反的操作。其中用户 A 每次的操作是往该银行账户存入 100 元，而用户 B 每次的操作是从该银行账户中取出 100 元。从理论上讲，这个银行账号不管经过多少次"相同次数"的"存 100、取 100"的操作，该账户的余额始终应该是 500 元。这个业务流程如图 7.1 所示。

从该业务流程中，可以得知，"共享资源"即为"银行账户的余额"，而不同线程发起的共享访问操作包括"存钱入该银行账户"和"从该银行账户取钱"。

从业务的角度上看，该流程不管进行多少次"存取相同金额"的操作，该银行账户的余额最终仍然应该为 500 元，这样的结果对于银行、客户而言才皆大欢喜。然而，"理想很美好、现实却很骨感"，该业务流程如果直接投入生产环境使用，将很有可能对用户、银行带来"灾难性"的结果，比如出现银行资金流失、客户总账不对等问题。

图 7.1 银行 ATM 存钱、取钱的业务流程

为了让各位读者更为清晰地理解这一流程，下面基于之前搭建的 Spring Boot 项目，模拟开发"ATM 存钱、取钱"的流程，相关代码文件所在的目录结构如图 7.2 所示。

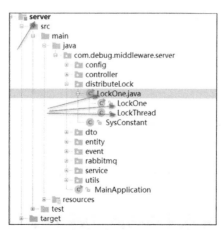

图 7.2 "银行 ATM 存钱、取钱"开发流程相关代码文件所在的目录结构

其中，线程类 LockThread 在这里简单设置为 LockOne 类的内部类，完整的代码如下。

```java
// 导入依赖包
import org.slf4j.Logger;
import org.slf4j.LoggerFactory;
/**
 * 锁机制
 * @Author:debug (SteadyJack)
**/
public class LockOne{
    // 定义日志
    private static final Logger log= LoggerFactory.getLogger(LockOne.class);
    // 启动类
    public static void main(String args[]){
        // 创建存钱线程实例
        Thread tAdd=new Thread(new LockThread(100));
        // 创建取钱线程实例
        Thread tSub = new Thread(new LockThread(-100));
        // 开启存钱线程的操作
        tAdd.start();
        // 开启取钱线程的操作
        tSub.start();
    }
}
// 模拟锁机制的线程类
class LockThread implements Runnable {
    // 定义日志
    private static final Logger log = LoggerFactory.getLogger(LockThread.class);
    // 定义成员变量，用于接收线程初始化时提供的金额，该金额代表存/取的金额
    private int count;
    // 构造方法
```

```java
    public LockThread(int count) {
        this.count = count;
    }
    /**
     * 线程操作共享资源的方法体——不加同步锁
     */
    @Override
    public void run() {
        try {
            // 执行10次访问共享的操作
            for (int i = 0; i < 10; i++) {
                // 通过传进来的金额（可正、可负）执行叠加操作
                SysConstant.amount = SysConstant.amount + count;
                // 输出每次操作完账户的余额
                log.info(" 此时账户余额为：{}", SysConstant.amount);
            }
        } catch (Exception e) {
            // 有异常情况时直接进行输出
            e.printStackTrace();
        }
    }
}
```

其中，SysConstant 为存放共享变量的系统常量类，其代码如下。

```java
/**
 * 系统常量类
 * @Author:debug (SteadyJack)
 **/
public class SysConstant {
    // 共享变量，指的是银行账户的初始余额为500元
```

```
    public static Integer amount=500;
}
```

运行 main() 方法，观察控制台，即可看到有趣的输出结果，如图 7.3 所示。

```
[2019-04-14 20:58:21.834] boot -  INFO [Thread-0] --- LockThread: 此时账户余额为: 400
[2019-04-14 20:58:21.834] boot -  INFO [Thread-1] --- LockThread: 此时账户余额为: 400
[2019-04-14 20:58:21.835] boot -  INFO [Thread-0] --- LockThread: 此时账户余额为: 500
[2019-04-14 20:58:21.836] boot -  INFO [Thread-1] --- LockThread: 此时账户余额为: 500
[2019-04-14 20:58:21.836] boot -  INFO [Thread-1] --- LockThread: 此时账户余额为: 400
[2019-04-14 20:58:21.836] boot -  INFO [Thread-0] --- LockThread: 此时账户余额为: 600
[2019-04-14 20:58:21.836] boot -  INFO [Thread-1] --- LockThread: 此时账户余额为: 600
[2019-04-14 20:58:21.836] boot -  INFO [Thread-0] --- LockThread: 此时账户余额为: 500
[2019-04-14 20:58:21.836] boot -  INFO [Thread-1] --- LockThread: 此时账户余额为: 600
[2019-04-14 20:58:21.836] boot -  INFO [Thread-1] --- LockThread: 此时账户余额为: 500
[2019-04-14 20:58:21.837] boot -  INFO [Thread-0] --- LockThread: 此时账户余额为: 600
[2019-04-14 20:58:21.837] boot -  INFO [Thread-1] --- LockThread: 此时账户余额为: 500
[2019-04-14 20:58:21.837] boot -  INFO [Thread-1] --- LockThread: 此时账户余额为: 600
[2019-04-14 20:58:21.837] boot -  INFO [Thread-0] --- LockThread: 此时账户余额为: 500
[2019-04-14 20:58:21.837] boot -  INFO [Thread-1] --- LockThread: 此时账户余额为: 500
[2019-04-14 20:58:21.837] boot -  INFO [Thread-1] --- LockThread: 此时账户余额为: 600
[2019-04-14 20:58:21.837] boot -  INFO [Thread-1] --- LockThread: 此时账户余额为: 500
[2019-04-14 20:58:21.838] boot -  INFO [Thread-1] --- LockThread: 此时账户余额为: 400
```

■ 图 7.3 "银行 ATM 存钱、取钱"代码运行结果

从图 7.3 控制台的输出结果中可以得知 10 个"存钱线程"和 10 个"取钱线程"交替运行并访问操作共享的"账户余额"。由于此时还没有加"同步访问"控制机制，导致"账户余额"这一共享资源最终出现了数据不一致的结果。

在这里需要注意的是，每次运行 main() 方法，控制台输出的结果都几乎是不一样的，图 7.4 所示为再次运行后得到的结果。

```
[2019-04-14 22:07:42.496] boot -  INFO [Thread-0] --- LockThread: 此时账户余额为: 500
[2019-04-14 22:07:42.496] boot -  INFO [Thread-1] --- LockThread: 此时账户余额为: 500
[2019-04-14 22:07:42.497] boot -  INFO [Thread-0] --- LockThread: 此时账户余额为: 600
[2019-04-14 22:07:42.498] boot -  INFO [Thread-1] --- LockThread: 此时账户余额为: 500
[2019-04-14 22:07:42.498] boot -  INFO [Thread-1] --- LockThread: 此时账户余额为: 500
[2019-04-14 22:07:42.498] boot -  INFO [Thread-0] --- LockThread: 此时账户余额为: 600
[2019-04-14 22:07:42.498] boot -  INFO [Thread-0] --- LockThread: 此时账户余额为: 400
[2019-04-14 22:07:42.498] boot -  INFO [Thread-1] --- LockThread: 此时账户余额为: 500
[2019-04-14 22:07:42.498] boot -  INFO [Thread-1] --- LockThread: 此时账户余额为: 400
[2019-04-14 22:07:42.499] boot -  INFO [Thread-1] --- LockThread: 此时账户余额为: 400
[2019-04-14 22:07:42.499] boot -  INFO [Thread-0] --- LockThread: 此时账户余额为: 500
[2019-04-14 22:07:42.499] boot -  INFO [Thread-1] --- LockThread: 此时账户余额为: 500
[2019-04-14 22:07:42.499] boot -  INFO [Thread-1] --- LockThread: 此时账户余额为: 400
[2019-04-14 22:07:42.499] boot -  INFO [Thread-1] --- LockThread: 此时账户余额为: 600
[2019-04-14 22:07:42.499] boot -  INFO [Thread-0] --- LockThread: 此时账户余额为: 500
[2019-04-14 22:07:42.499] boot -  INFO [Thread-1] --- LockThread: 此时账户余额为: 400
[2019-04-14 22:07:42.500] boot -  INFO [Thread-1] --- LockThread: 此时账户余额为: 500
[2019-04-14 22:07:42.500] boot -  INFO [Thread-0] --- LockThread: 此时账户余额为: 600
```

■ 图 7.4 "银行 ATM 存钱、取钱"代码再次运行结果

在传统单体应用时代，针对并发访问共享资源出现数据不一致，即并发安全的问题，一般是通过 Synchronized 关键字或者 Lock 等并发操作工具类进行解决。下面是采用 Synchronized 关键字解决并发安全问题的代码。

```java
// 导入依赖包
import org.slf4j.Logger;
import org.slf4j.LoggerFactory;
/**
 * 锁机制
 * @Author:debug (SteadyJack)
 **/
public class LockOne{
    // 定义日志
    private static final Logger log= LoggerFactory.getLogger(LockOne.class);
    // 启动类
    public static void main(String args[]){
        // 创建存钱线程实例
        Thread tAdd=new Thread(new LockThread(100));
        // 创建取钱线程实例
        Thread tSub = new Thread(new LockThread(-100));
        // 开启存钱线程的操作
        tAdd.start();
        // 开启取钱线程的操作
        tSub.start();
    }
}
// 模拟锁机制的线程类
class LockThread implements Runnable {
    // 定义日志
    private static final Logger log = LoggerFactory.getLogger(LockThread.
```

```java
class);
    // 定义成员变量，用于接收线程初始化时提供的金额，代表存/取的金额
    private int count;
    // 构造方法
    public LockThread(int count) {
        this.count = count;
    }
    /**
     * 线程操作共享资源的方法体——加同步锁
     */
    @Override
    public void run() {
        // 执行10次访问共享资源的操作
        for (int i = 0; i < 10; i++) {
            // 加入 Synchronized 关键字，控制并发线程对共享资源的访问
            synchronized (SysConstant.amount) {
                // 通过传进来的金额（可正、可负）进行叠加
                SysConstant.amount = SysConstant.amount + count;
                // 输出每次操作完账户的余额
                log.info("此时账户余额为：{}", SysConstant.amount);
            }
        }
    }
}
```

该代码所表示的方法主要是对共享资源账户余额进行直接加锁操作，其原理是这样的：每次并发产生的线程需要对共享资源执行操作之前，比如"存钱"或者"取钱"操作，会要求当前线程获取该共享资源的同步锁，如果能获取成功，则执行相应的操作；如果获取失败，该线程将进入堵塞、等待的状态，直到其他线程释放了对该共享资源的同步锁，才能执行相应的操作，否则将一直处于等待状态。

运行 main() 方法，观察控制台，可以看到整个并发访问的过程。虽然账户余额一直在变化，但是最终账户余额却始终不变，图 7.5 为加锁后代码第 1 次运行的结果。

```
[2019-04-14 22:12:28.785] boot - INFO [Thread-1] --- LockThread: 此时账户余额为: 400
[2019-04-14 22:12:28.786] boot - INFO [Thread-1] --- LockThread: 此时账户余额为: 300
[2019-04-14 22:12:28.786] boot - INFO [Thread-0] --- LockThread: 此时账户余额为: 400
[2019-04-14 22:12:28.786] boot - INFO [Thread-1] --- LockThread: 此时账户余额为: 300
[2019-04-14 22:12:28.786] boot - INFO [Thread-0] --- LockThread: 此时账户余额为: 400
[2019-04-14 22:12:28.786] boot - INFO [Thread-1] --- LockThread: 此时账户余额为: 300
[2019-04-14 22:12:28.787] boot - INFO [Thread-0] --- LockThread: 此时账户余额为: 400
[2019-04-14 22:12:28.787] boot - INFO [Thread-1] --- LockThread: 此时账户余额为: 300
[2019-04-14 22:12:28.787] boot - INFO [Thread-0] --- LockThread: 此时账户余额为: 400
[2019-04-14 22:12:28.787] boot - INFO [Thread-1] --- LockThread: 此时账户余额为: 400
[2019-04-14 22:12:28.787] boot - INFO [Thread-0] --- LockThread: 此时账户余额为: 400
[2019-04-14 22:12:28.787] boot - INFO [Thread-1] --- LockThread: 此时账户余额为: 300
[2019-04-14 22:12:28.787] boot - INFO [Thread-0] --- LockThread: 此时账户余额为: 400
[2019-04-14 22:12:28.788] boot - INFO [Thread-1] --- LockThread: 此时账户余额为: 400
[2019-04-14 22:12:28.788] boot - INFO [Thread-1] --- LockThread: 此时账户余额为: 300
[2019-04-14 22:12:28.788] boot - INFO [Thread-0] --- LockThread: 此时账户余额为: 400
[2019-04-14 22:12:28.788] boot - INFO [Thread-1] --- LockThread: 此时账户余额为: 300
[2019-04-14 22:12:28.788] boot - INFO [Thread-0] --- LockThread: 此时账户余额为: 500
```

■ 图 7.5 "银行 ATM 存钱、取钱"加锁后代码第一次运行的结果

可以多次运行 main() 方法，会发现最终账户的余额仍然保持不变。感兴趣的读者可以将访问共享资源的操作次数从 10 调为 100 甚至 1000，再运行 main() 方法，观察控制台的输出结果。图 7.6 为执行 100 次"存钱、取钱"操作时得到的结果。

```
@Override
public void run() {
    //执行100次访问共享的操作
    for (int i = 0; i < 100; i++) {
        //加入 synchronized 关键字,控制并发线程对共享资源的访问
```

```
[2019-04-15 21:02:15.292] boot - INFO [Thread-0] --- LockThread: 此时账户余额为: 1500
[2019-04-15 21:02:15.292] boot - INFO [Thread-1] --- LockThread: 此时账户余额为: 1400
[2019-04-15 21:02:15.293] boot - INFO [Thread-0] --- LockThread: 此时账户余额为: 1500
[2019-04-15 21:02:15.293] boot - INFO [Thread-1] --- LockThread: 此时账户余额为: 1400
[2019-04-15 21:02:15.293] boot - INFO [Thread-0] --- LockThread: 此时账户余额为: 1500
[2019-04-15 21:02:15.293] boot - INFO [Thread-1] --- LockThread: 此时账户余额为: 1400
[2019-04-15 21:02:15.293] boot - INFO [Thread-0] --- LockThread: 此时账户余额为: 1500
[2019-04-15 21:02:15.293] boot - INFO [Thread-1] --- LockThread: 此时账户余额为: 1400
[2019-04-15 21:02:15.293] boot - INFO [Thread-0] --- LockThread: 此时账户余额为: 1500
[2019-04-15 21:02:15.293] boot - INFO [Thread-1] --- LockThread: 此时账户余额为: 1400
[2019-04-15 21:02:15.293] boot - INFO [Thread-0] --- LockThread: 此时账户余额为: 1500
[2019-04-15 21:02:15.293] boot - INFO [Thread-1] --- LockThread: 此时账户余额为: 1400
[2019-04-15 21:02:15.293] boot - INFO [Thread-1] --- LockThread: 此时账户余额为: 1300
[2019-04-15 21:02:15.294] boot - INFO [Thread-1] --- LockThread: 此时账户余额为: 1200
[2019-04-15 21:02:15.294] boot - INFO [Thread-1] --- LockThread: 此时账户余额为: 1100
[2019-04-15 21:02:15.294] boot - INFO [Thread-1] --- LockThread: 此时账户余额为: 1000
[2019-04-15 21:02:15.294] boot - INFO [Thread-1] --- LockThread: 此时账户余额为: 900
[2019-04-15 21:02:15.294] boot - INFO [Thread-1] --- LockThread: 此时账户余额为: 800
[2019-04-15 21:02:15.294] boot - INFO [Thread-1] --- LockThread: 此时账户余额为: 700
[2019-04-15 21:02:15.294] boot - INFO [Thread-1] --- LockThread: 此时账户余额为: 600
[2019-04-15 21:02:15.294] boot - INFO [Thread-1] --- LockThread: 此时账户余额为: 500
```

■ 图 7.6 "银行 ATM 存钱、取钱"调整操作次数为 100 时的运行结果

当然，采用 Synchronized 关键字实现同步锁的方式，在实际生产环境中仍然是有

一些缺陷的，感兴趣的读者可以网上搜索相关资料了解 Synchronized 的性能以及其他实现锁机制的并发操作工具类 Lock。

7.1.2 分布式锁登场

然而，不管是采用 Synchronized 关键字还是并发操作工具类 Lock 的方式控制并发线程对"共享资源"的访问，终归只适用于单体应用或者是单一部署的服务实例。而对于分布式部署的系统或者集群部署的服务实例，此种方式将显得力不从心。这是因为这种方式的"锁"很大程度上需要依赖应用系统所在的 JDK，像 Synchronized、并发操作工具类 Lock 等都是 Java 提供给开发者的关键字或者工具。

而在分布式系统时代，许多服务实例或者系统是分开部署的，它们将拥有自己独立的 Host（主机）、独立的 JDK，导致应用系统在分布式部署的情况下，这种控制"并发线程访问共享资源"的机制将不再起作用。此时的"并发访问共享资源"将演变为"跨 JVM 进程访问的共享资源"，故而为了解决这种问题，"分布式锁"应运而生。

分布式锁也是一种锁，只不过是专门应对分布式环境而出现的。它并不是一种全新的中间件或者组件，而只是一种机制、一种实现方式，甚至可以说是一种解决方案。它指的是在分布式部署的环境下，通过锁机制让多个客户端或者多个服务进程互斥地对共享资源进行访问，从而避免出现并发安全、数据不一致等问题。

在实际生产环境中，分布式锁的应用在很大程度上着实给企业级应用系统、分布式系统架构带来了整体性能上和效率上的提升。然而，在真正将分布式锁落地实施的过程中，会发现还是有一定的难度的，特别是在分布式部署的环境下，由于服务与服务之间、系统与系统之间底层大部分采用网络进行通信，而众所周知，凡是通过网络传输、通信、交互的实体，终究需要面对网络出现延迟、不稳定甚至中断的情况。此时，如果分布式锁使用得不恰当，将很有可能会出现"死锁""获取不到锁"等状况。故而对于分布式锁的设计与使用，业界普遍还是有几点要求的，如图 7.7 所示。

- 排他性：这一点跟单体应用时代加的"锁"是一个道理，即需要保证在分布式部署、服务集群部署的环境下，被共享的资源（如数据或者代码块）在同一时间只能被一台服务器上的一个线程访问。
- 避免死锁：指的是当前线程获取锁之后，经过一段有限的时间（该时间一般用于执行实际的业务逻辑），一定要释放锁（正常情况或者异常情况下释放）。

■ 图 7.7　分布式锁设计的几点要求

- 高可用：指的是获取或释放锁的机制必须高可用而且性能极佳。
- 可重入：指的是该分布式锁最好是一把可重入锁，即当前机器的当前线程在彼时如果没有获取该锁，那么在等待一定的时间后一定要保证可以获取该锁。
- 公平锁（可选）：这并非硬性的要求，指的是不同服务器的不同线程获取锁的概率最好保证是一样的，即应当保证来自不同服务器的并发线程可以公平获取锁。

鉴于以上几点要求，目前业界也提供了多种可靠的方式实现分布式锁，其中就包括"基于数据库级别的乐观锁、悲观锁""基于 Redis 的原子操作""基于 Zookeeper 的互斥排它锁"以及"基于开源框架 Redisson 的分布式锁"等，总体上可以概括为图 7.8 所示。

■ 图 7.8　分布式锁常见的几种实现方式

- 基于数据库级别的乐观锁：主要是通过在查询、操作共享数据记录时带上一个标识字段"版本号（version）"，通过 version 来控制每次对数据记录执行的更新操作。
- 基于数据库级别的悲观锁：在这里以 MySQL 的 InnoDB 为例，它主要是通过在访问共享的数据记录时加上 For Update 关键字，表示该共享的数据记录已经被当前线程锁住了（行级别锁、表级别锁），只有当该线程操作完成并提交事务之后，才会释放该锁，从而其他线程才能访问该数据记录。

- 基于 Redis 的原子操作：主要是通过 Redis 提供的原子操作 SETNX 和 EXPIRE 来实现。SETNX 表示只有当 Key 在 Redis 不存在时才能设置成功，通常这个 Key 需要设置为与共享的资源有联系，用于间接地当作"锁"，并采用 EXPIRE 操作释放获取的锁。
- 基于 Zookeeper 的互斥排它锁：主要是通过 Zookeeper 在指定的标识字符串（通常这个标识字符串需要设置为与共享资源有联系，即可以间接地当作"锁"）下维护一个临时有序的节点列表 Node List，并保证同一时刻并发线程访问共享资源时只能有一个最小序号的节点（即代表获取到锁的线程），该节点对应的线程即可执行访问共享资源的操作。

以上几种实现分布式锁的方式，在后面小节中还会着重进行原理性地介绍以及代码实战。对于其他的采用开源框架实现分布式锁的方式，则主要是通过其内置的、开源的 API 方法加以实现，特别是开源框架 Redisson，由于其性能极佳，故而本书将专门在后续章节着重对其进行介绍与代码实战。

7.1.3 典型应用场景介绍

分布式锁作为一种可以控制"并发线程访问共享资源"的机制，在实际生产环境中具有很广泛的应用，特别是在微服务、分布式系统等应用架构中应用更为广泛。它主要是通过对共享的资源加锁（就像现实生活中每个家庭的锁一样，锁住了大门，外面的人就进不去了），达到并发的线程对共享资源进行互斥访问的目的。即当某个线程需要访问操作共享资源之前，需要立即对该资源进行加锁，访问操作完该资源之后再进行解锁。下面重点介绍分布式锁在实际生产环境中两种典型的应用场景，即"重复提交"和"商城高并发抢单"。

1．重复提交

这种场景在现实生活中是很常见的。这里以"前端用户注册"为案例进行讲解，大概的业务流程如图 7.9 所示。

此种业务场景总体的流程是这样的：用户在前端输入相关用户信息（比如用户名、密码等）之后，"疯狂"地点击"注册"按钮。此时前端虽然做了一些控制操作（比如"置灰"），但仍然不可避免地存在一些不可控制的因素，导致前端提交了多次重复的、相同的用户信息到系统后端。系统后端相关接口在执行"查询用户名是否存在"和"将用户信息插入数据库"等操作时，由于"来不及"处理线程并发的情况，导致最终出现"用户数据表"中存在两条甚至多条相同的用户信息记录。

图 7.9 "重复提交"业务流程

仔细分析该业务流程，其实不难发现该问题出现的根本原因在于"查询用户名是否存在"的操作存在问题。当多个线程比如 A、B、C 同时到达后端接口时，很有可能同时执行"查询用户名是否存在"的操作；而由于用户是首次注册，用户数据表此时还没有该数据记录，故而 A、B、C 这 3 个线程很有可能同时得到"用户名不存在"的结果，导致 3 个线程同时执行了"将用户信息插入数据库"的操作，最终出现数据重复的现象。

由此可以得出结论，"查询用户名是否存在"与"将用户信息插入数据库"这两个操作应当是一个"完整"的综合操作，对于并发的多线程而言，这个综合操作就是被共享的资源。故而为了控制线程的并发访问，我们需要在该综合操作之前加入"分布式锁"，确保高并发下同一时刻只能有一个线程获取到分布式锁，获取成功之后，即可执行该综合操作，并在执行完成之后释放分布式锁。

2．商城高并发抢单

对于"商城高并发抢单"的业务场景，相信各位读者并不陌生，笔者在前面章节介绍 RabbitMQ 时有所提及，只不过在那时该业务场景是用于笔者讲解 RabbitMQ 的"接口限流"和"异步解耦通信"，实现抢单时"高并发限流""流量削峰"。然而商城高并发抢单终究是一块难啃的骨头，远远不止存在流量削峰的问题，比较典型的还有"库存超卖"的问题。此种场景大概的业务流程如图 7.10 所示。

图 7.10 "商城高并发抢单"业务流程

抢购活动开始时，一般前端会产生巨大的用户流量，当蜂拥而来的用户抢购请求同一时刻到达系统后端时（在这里我们暂且假设接口不会瞬间被"压垮"），后端接口首先会"查询商品当前的库存"，如果库存充足，则代表用户可以抢购该商品，同时"商品的库存需要减 1"，并最终更新数据库的商品库存表。

这一业务流程并没有太大的问题（而事实也正是如此，其核心逻辑是没有问题的），即"首先查库存，然后判断库存是否充足，最终更新库存"。理论上虽是如此，但现实却很"骨感"。在高并发产生多个线程如 A、B、C 的情况下，假设此时商品库存为 1，但是由于并发的原因，导致查询商品库存时，3 个线程同时获取的库存为 1，都认为库存是充足的，最终 3 个线程都执行了库存减 1 的操作，最终库存变为"负数"，即出现"库存超卖"的情况。

由此可以得出结论，"查库存""判断库存是否充足"以及"库存减 1"这 3 个操作是一个综合操作，是整个"商场高并发抢单"的核心业务逻辑，也是多个并发线程访问的"共享资源"。故而为了控制线程的并发访问，避免最终出现库存超卖的现象，我们需要在该综合操作之前加入"分布式锁",确保高并发下同一时刻只能有一个线程获取分布式锁,并执行核心的业务逻辑。

7.1.4 小结

"高并发下并发访问共享资源"在实际生产环境中是很常见的。此种业务场景在某种程度上虽然可以给企业带来收益,但同时也给应用系统带来了诸多问题,"数据不一致"便是其中典型的一种。本节开篇主要介绍了传统单体应用时代在遇到此种情况时的处理方式,即"锁"机制,它指的是一种可以用于控制并发线程访问、操作共享资源的方法或者解决方案,主要是借助 JDK 自身提供的相关工具加以实现,这种方式在很长一段时间内确实起到了一定的作用。

然而,在服务集群、系统分布式部署的环境下,传统单体应用的"锁"机制却显得捉襟见肘、力不从心,为此,分布式锁出现了。分布式锁主要用于在分布式系统架构下控制并发线程访问共享资源的方式(当然也适用于单体应用的情况)。除此之外,本节还着重介绍了分布式锁的几点设计要求以及分布式锁的多种实现方式,从中可以得知分布式锁在很大程度上需要借助一些开源的框架、组件实现。最后,本节还介绍了分布式锁在实际生产环境中几种典型的应用场景。对这些应用场景在后续章节将再次进行介绍,并配以实际的代码进行实战。

7.2 基于数据库实现分布式锁

正如前文所述,目前业界推崇的、比较流行的分布式锁有 3 种,即基于数据库级别的乐观锁、悲观锁,基于 Redis 的原子操作实现的分布式锁,以及基于 Zookeeper 的互斥排它锁。

本节将首先介绍基于数据库级别的乐观锁、悲观锁。主要内容包括这两种级别锁的含义、原理和执行流程,同时本节将以典型的应用场景为案例、配以实际的代码进行实战,从而帮助读者巩固基于数据库级别的乐观锁、悲观锁的相关知识要点以及实现方式。

7.2.1 乐观锁简介

乐观锁是一种很"佛系"的实现方式,总是认为不会产生并发的问题,故而每次从数据库中获取数据时总认为不会有其他线程对该数据进行修改，因此不会上锁；但是在更新时会判断其他线程在这之前有没有对该数据进行修改，通常是采用版本号（version）机制进行实现。

这种机制的执行流程是这样的：当前线程取出该数据记录时，会顺带把版本号 version 的值取出来，最后在更新该数据记录时，将该 version 的取值作为更新的条件。当更新成功之后，同时将 version 的值加 1，而其他同时获取该数据记录的线程在更新时由于 version 的值已经不是当初获取的那个值，故而将更新失败，从而避免并发多线程访问共享数据时出现数据不一致的现象。这种实现方式对应的核心 SQL 的伪代码写法如下。

```
update table set key=value, version=version+1 where id=#{id} and version=#{version};
```

采用版本号（version）机制实现乐观锁的整体流程如图 7.11 所示。

■ 图 7.11 采用版本号（version）机制实现"乐观锁"的整体流程

从图 7.11 中可以得知采用版本号（version）机制实现"乐观锁"的流程，核心步骤在于获取数据记录时需要把 version 获取出来，在更新数据记录时需要将 version 作为匹配条件，并同时执行将 version 值加 1 的操作，最终实现 version 趋势递增的行为。

7.2.2 乐观锁实战

接下来以实际生产环境中典型的应用场景"用户账户余额提现"为案例，采用"版本号（version）"机制的"乐观锁"实现分布式锁。

对于"余额提现"，相信各位读者并不陌生，"网易支付"PC 端应用便是其中一种典型的案例。当用户账户有余额时，点击"提现申请"，即可进入提现余额的申请界面，输入提现金额和提现账号（比如某银行卡号等），点击"提现"，即可将申请的余额提现到指定的账户，这一场景的整体业务流程如图 7.12 所示。

图 7.12 "用户账户余额提现"的业务流程

当用户在前端多次点击"提现"按钮（可能是恶意的行为，亦或是黑客恶意进行攻击）时，将很有可能出现典型的并发现象，即同一时刻产生多个"提现余额"的并发请求。当这些请求到达后端相关接口时，正常情况下，接口会查询账户的余额，并判断当前剩余的金额是否足够被提取。如果足够，则更新当前账户的余额，最终账户的余额的值为"账户剩下的金额"减去"申请提现的金额"。

理想情况下，这种处理逻辑是没问题的。然而"理想终归是理想"，当用户明知自己的账户余额不够提取时（即账户余额小于提现金额），却恶意"疯狂"地多次点击"提现"按钮，导致同一时刻产生了大量并发线程。由于后端接口在处理每一个请求时，需要先取出当前账户的剩余金额，再去判断是否足够被提取，如果足够被提取，则在当前账户余额的基础上减去提现金额，最终将剩余的金额更新回"账户余额"字段中。这种处理逻辑在前面小节中已经进行了详细分析，容易产生典型的"并发安全"问题，会出现"数据不一致"的现象，最终出现的结果是账户余额字段的值变成了负数。

下面基于前面章节搭建的 Spring Boot 项目，以实际的代码实战上述的业务场景，最终建立的相关代码文件所在的目录结构如图 7.13 所示。

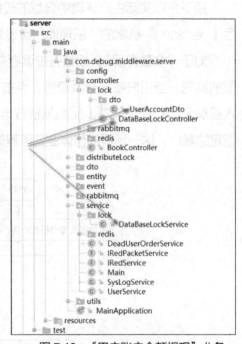

图 7.13 "用户账户余额提现"业务场景整体代码文件目录结构

（1）进入数据库设计环节，在"用户账户余额提现"这一业务场景中，很显然需要有一个"用户账户余额记录表"和每次成功提现时的"金额记录表"，两个数据表的 DDL 如下所示。首先是"用户账户余额记录表"的 DDL。

```
CREATE TABLE 'user_account' (
    'id' int(11) NOT NULL AUTO_INCREMENT COMMENT '主键',
    'user_id' int(11) NOT NULL COMMENT '用户账户id',
    'amount' decimal(10,4) NOT NULL COMMENT '账户余额',
    'version' int(11) DEFAULT '1' COMMENT '版本号字段',
    'is_active' tinyint(11) DEFAULT '1' COMMENT '是否有效(1=是;0=否)',
    PRIMARY KEY ('id'),
```

```
    UNIQUE KEY 'idx_user_id' ('user_id') USING BTREE
) ENGINE=InnoDB AUTO_INCREMENT=4 DEFAULT CHARSET=utf8 COMMENT='用户
账户余额记录表';
```

然后是用户每次成功提现时的"金额记录表"的DDL。

```
CREATE TABLE 'user_account_record' (
    'id' int(11) NOT NULL AUTO_INCREMENT COMMENT '主键',
    'account_id' int(11) NOT NULL COMMENT '账户表主键id',
    'money' decimal(10,4) DEFAULT NULL COMMENT '提现成功时记录的金额',
    'create_time' datetime DEFAULT NULL,
    PRIMARY KEY ('id')
) ENGINE=InnoDB AUTO_INCREMENT=360 DEFAULT CHARSET=utf8 COMMENT='用
户每次成功提现时的金额记录表';
```

（2）采用MyBatis逆向工程生成两个数据表对应的Entity实体类、Mapper操作接口以及对应的Mapper.xml。首先是"用户账户实体"，代码如下。

```
/**
 * 用户账户实体
 */
@Data
@ToString
public class UserAccount {
    private Integer id; //主键id
    private Integer userId;//用户id
    private BigDecimal amount;//账户余额
    private Integer version; //版本号
    private Byte isActive; //是否为有效账户
}
```

对应的 Mapper 操作接口 UserAccountMapper 类的完整源代码如下所示。其中，在该 Mapper 操作接口中开发了"没有加锁的情况"与"加了锁的情况"下的更新账户余额的功能。

```java
// 导入依赖包
import com.debug.middleware.model.entity.UserAccount;
import org.apache.ibatis.annotations.Param;
// 用户账户余额实体操作接口 Mapper
public interface UserAccountMapper {
    // 根据主键 id 查询
    UserAccount selectByPrimaryKey(Integer id);
    // 根据用户 id 查询
    UserAccount selectByUserId(@Param("userId") Integer userId);

    // 更新账户金额
    int updateAmount(@Param("money") Double money,@Param("id") Integer id);
    // 根据主键 id 和 version 进行更新
     int updateByPKVersion(@Param("money") Double money,@Param("id") Integer id,@Param("version") Integer version);
}
```

对应的 UserAccountMapper.xml 配置文件核心代码如下。

```xml
<?xml version="1.0" encoding="UTF-8" ?>
<!--xml 版本与命名空间定义 -->
<!DOCTYPE mapper PUBLIC "-//mybatis.org//DTD Mapper 3.0//EN" "http://mybatis.org/dtd/mybatis-3-mapper.dtd" >
    <!-- 定义所在的命名空间 -->
<mapper namespace="com.debug.middleware.model.mapper.UserAccountMapper" >
    <!-- 查询结果集映射 -->
```

```xml
<resultMap id="BaseResultMap" type="com.debug.middleware.model.entity.UserAccount" >
    <id column="id" property="id" jdbcType="INTEGER" />
    <result column="user_id" property="userId" jdbcType="INTEGER" />
    <result column="amount" property="amount" jdbcType="DECIMAL" />
    <result column="version" property="version" jdbcType="INTEGER" />
    <result column="is_active" property="isActive" jdbcType="TINYINT" />
</resultMap>
<!-- 查询的SQL片段 -->
<sql id="Base_Column_List" >
    id, user_id, amount, version, is_active
</sql>
<!-- 根据主键id查询 -->
<select id="selectByPrimaryKey" resultMap="BaseResultMap" parameterType="java.lang.Integer" >
    select
    <include refid="Base_Column_List" />
    from user_account
    where id = #{id,jdbcType=INTEGER}
</select>
<!-- 根据用户id查询记录 -->
<select id="selectByUserId" resultType="com.debug.middleware.model.entity.UserAccount">
    SELECT <include refid="Base_Column_List"/>
    FROM user_account
    WHERE is_active=1 AND user_id=#{userId}
</select>
<!-- 根据主键id更新账户余额 -->
<update id="updateAmount">
    UPDATE user_account SET amount = amount - #{money}
```

```xml
        WHERE is_active=1 AND id=#{id}
    </update>
    <!-- 根据主键id和version更新记录（"版本号（version）"机制的乐观锁）-->
    <update id="updateByPKVersion">
        update user_account set amount = amount - #{money},version=version+1
        where id = #{id} and version=#{version} and amount >0 and (amount - #{money})>=0
    </update>
</mapper>
```

（3）开发用户每次成功提现时的"金额记录实体"类 UserAccountRecord，其完整代码如下。

```java
// 导入依赖包
import lombok.Data;
import lombok.ToString;
import java.math.BigDecimal;
import java.util.Date;
/**
 * 用户每次成功提现时金额记录实体
 */
@Data
@ToString
public class UserAccountRecord {
    private Integer id; // 主键id
    private Integer accountId; // 账户记录主键id
    private BigDecimal money; // 提现金额
    private Date createTime; // 提现成功时间
}
```

然后开发 UserAccountRecord 实体类对应的 Mapper 操作接口，其完整的代码如下。

```java
// 导入依赖包
import com.debug.middleware.model.entity.UserAccountRecord;
//UserAccountRecord 实体类对应的 Mapper 操作接口
public interface UserAccountRecordMapper {
    // 插入记录
    int insert(UserAccountRecord record);
    // 根据主键 id 查询
    UserAccountRecord selectByPrimaryKey(Integer id);
}
```

最后开发 UserAccountRecord 的 Mapper 操作接口对应的 UserAccountRecordMapper.xml 配置文件，其核心代码如下。

```xml
<!-- 定义 Mapper 所在的命名空间 -->
<mapper namespace="com.debug.middleware.model.mapper.UserAccountRecordMapper" >
    <!-- 查询结果集映射 -->
    <resultMap id="BaseResultMap" type="com.debug.middleware.model.entity.UserAccountRecord" >
        <id column="id" property="id" jdbcType="INTEGER" />
        <result column="account_id" property="accountId" jdbcType="INTEGER" />
        <result column="money" property="money" jdbcType="DECIMAL" />
        <result column="create_time" property="createTime" jdbcType="TIMESTAMP" />
    </resultMap>
    <!-- 查询的 SQL 片段 -->
    <sql id="Base_Column_List" >
```

```xml
        id, account_id, money, create_time
    </sql>
    <!-- 根据主键id查询 -->
    <select id="selectByPrimaryKey" resultMap="BaseResultMap" parameterType="java.lang.Integer" >
        select
        <include refid="Base_Column_List" />
        from user_account_record
        where id = #{id,jdbcType=INTEGER}
    </select>
    <!-- 插入记录 -->
    <insert id="insert" parameterType="com.debug.middleware.model.entity.UserAccountRecord" >
        insert into user_account_record (id, account_id, money,
          create_time)
        values (#{id,jdbcType=INTEGER}, #{accountId,jdbcType=INTEGER}, #{money,jdbcType=DECIMAL},
          #{createTime,jdbcType=TIMESTAMP})
    </insert>
</mapper>
```

（4）至此，该业务场景的代码实战对应的 DAO（数据访问对象）层已经搭建完毕。接下来，我们采用 MVC 模式开始开发该业务场景的整体核心流程。首先是开发用于接收前端用户发起"账户余额提现"的请求 Controller，即 DataBaseLockController 类，其完整代码如下：

```java
// 导入依赖包
import com.debug.middleware.api.enums.StatusCode;
import com.debug.middleware.api.response.BaseResponse;
import com.debug.middleware.server.controller.lock.dto.UserAccountDto;
```

```java
import com.debug.middleware.server.service.lock.DataBaseLockService;
import org.slf4j.Logger;
import org.slf4j.LoggerFactory;
import org.springframework.beans.factory.annotation.Autowired;
import org.springframework.http.MediaType;
import org.springframework.validation.BindingResult;
import org.springframework.validation.annotation.Validated;
import org.springframework.web.bind.annotation.RequestBody;
import org.springframework.web.bind.annotation.RequestMapping;
import org.springframework.web.bind.annotation.RequestMethod;
import org.springframework.web.bind.annotation.RestController;
/**
 * 基于数据库的乐观锁、悲观锁
 * @Author:debug (SteadyJack)
 **/
@RestController
public class DataBaseLockController {
    //定义日志
    private static final Logger log= LoggerFactory.getLogger(DataBaseLockController.class);
    //定义请求前缀
    private static final String prefix="db";
    //定义核心逻辑服务类
    @Autowired
    private DataBaseLockService dataBaseLockService;
    /**
     * 用户账户余额提现申请
     * @param dto
     * @return
     */
```

```java
@RequestMapping(value = prefix+"/money/take",method = RequestMethod.GET)
public BaseResponse takeMoney(UserAccountDto dto){
    // 判断参数的合法性
    if (dto.getAmount()==null || dto.getUserId()==null){
        return new BaseResponse(StatusCode.InvalidParams);
    }
    // 定义响应接口实例
    BaseResponse response=new BaseResponse(StatusCode.Success);
    try {
        // 开始调用核心业务逻辑处理方法,不加锁
        dataBaseLockService.takeMoney(dto);

        // 开始调用核心业务逻辑处理方法,加锁
        //dataBaseLockService.takeMoneyWithLock(dto);
    }catch (Exception e){
        response=new BaseResponse(StatusCode.Fail.getCode(),e.getMessage());
    }
    // 返回响应结果
    return response;
}}
```

其中,该 Controller 接收前端用户请求的信息,是采用实体类 UserAccountDto 进行封装接收的,代码如下。

```java
// 导入依赖包
import lombok.Data;
import lombok.ToString;
import java.io.Serializable;
```

```java
/**
 * 用户账户提现申请实体
 * @Author:debug (SteadyJack)
 **/
@Data
@ToString
public class UserAccountDto implements Serializable{
    private Integer userId;  //用户id
    private Double amount;   //提现金额
}
```

（5）开发用于处理核心业务逻辑的服务类 DataBaseLockService。在这里我们开发了两个在不同情况下的处理功能，一个是不加锁的情况下（即非 version 机制）的处理，另一个是加了锁（即包含 version 机制）的处理，其完整代码如下。

```java
//导入依赖包
import com.debug.middleware.model.entity.UserAccount;
import com.debug.middleware.model.entity.UserAccountRecord;
import com.debug.middleware.model.mapper.UserAccountMapper;
import com.debug.middleware.model.mapper.UserAccountRecordMapper;
import com.debug.middleware.server.controller.lock.dto.UserAccountDto;
import org.slf4j.Logger;
import org.slf4j.LoggerFactory;
import org.springframework.beans.factory.annotation.Autowired;
import org.springframework.stereotype.Service;
import java.math.BigDecimal;
import java.util.Date;
/**
 * 基于数据库级别的乐观锁、悲观锁服务
 * @Author:debug (SteadyJack)
```

**/
@Service
public class DataBaseLockService {
    // 定义日志
    private static final Logger log= LoggerFactory.getLogger(DataBaseLockService.class);
    // 定义"用户账户余额实体"Mapper 操作接口
    @Autowired
    private UserAccountMapper userAccountMapper;
    // 定义"用户每次成功提现时金额记录"Mapper 操作接口
    @Autowired
    private UserAccountRecordMapper userAccountRecordMapper;
    /**
     * 用户账户提取金额处理
     * @param dto
     * @throws Exception
     */
    public void takeMoney(UserAccountDto dto) throws Exception{
        // 查询用户账户实体记录
        UserAccount userAccount=userAccountMapper.selectByUserId(dto.getUserId());
        // 判断实体记录是否存在以及账户余额是否足够被提现
        if (userAccount!=null && userAccount.getAmount().doubleValue()-dto.getAmount()>0){
            // 如果足够被提现，则更新现有的账户余额
            userAccountMapper.updateAmount(dto.getAmount(),userAccount.getId());
            // 同时记录提现成功时的记录
            UserAccountRecord record=new UserAccountRecord();
            // 设置提现成功时的时间

```java
            record.setCreateTime(new Date());
            // 设置账户记录主键id
            record.setAccountId(userAccount.getId());
            // 设置成功提现时的金额
            record.setMoney(BigDecimal.valueOf(dto.getAmount()));
            // 插入申请提现金额历史记录
            userAccountRecordMapper.insert(record);
            // 输出日志
            log.info("当前待提现的金额为：{} 用户账户余额为：{}",dto.getAmount(),userAccount.getAmount());
        }else {
            throw new Exception("账户不存在或账户余额不足！");
        }
    }
    /**
     * 用户账户提取金额处理（乐观锁处理方式）
     * @param dto
     * @throws Exception
     */
    public void takeMoneyWithLock(UserAccountDto dto) throws Exception{
        // 查询用户账户实体记录
        UserAccount userAccount=userAccountMapper.selectByUserId(dto.getUserId());
        // 判断实体记录是否存在以及账户余额是否足够被提现
        if (userAccount!=null && userAccount.getAmount().doubleValue()-dto.getAmount()>0){
            // 如果足够被提现，则更新现有的账户余额（采用"版本号（version）"机制）
            int res=userAccountMapper.updateByPKVersion(dto.getAmount(),userAccount.getId(),userAccount.getVersion());
            // 只有当更新成功时（此时res=1，即数据库执行更新语句之后数据库受
```

```java
            //影响的记录行数）
            if (res>0){
                //同时记录提现成功时的记录
                UserAccountRecord record=new UserAccountRecord();
                //设置提现成功时的时间
                record.setCreateTime(new Date());
                //设置账户记录主键id
                record.setAccountId(userAccount.getId());
                //设置成功申请提现时的金额
                record.setMoney(BigDecimal.valueOf(dto.getAmount()));
                //插入申请提现金额历史记录
                userAccountRecordMapper.insert(record);
                //输出日志
                log.info("当前待提现的金额为：{} 用户账户余额为：{}",dto.getAmount(),userAccount.getAmount());
            }else {
                throw new Exception("账户不存在或账户余额不足！");
            }
        }
    }
```

至此，基于版本号（version）机制的"乐观锁"实现"用户账户余额提现"业务场景的实战代码开发完毕。在进行简单测试与并发压力测试之前，需要在数据表"用户账户余额记录表"中添加几条数据用例，如图 7.14 所示，即代表用户 id 为 10010 的余额有 100 元。

将项目运行起来，观察控制台的输出，如果没有相关的报错信息，则代表整体的实战代码没有语法问题。

接下来采用 Postman 工具对接口进行简单的业务逻辑测试，打开 Postman 工具，在地址栏输入 http://127.0.0.1:8087/middleware/db/money/take?userId=10010&amount=80 参数数据表示当前用户 id 为 10010，发起了提现 80 元的申请，单击 "Send" 按钮，即成功提交了余额提现申请的请求，稍等即可得到后端接口的响应结果，如图 7.15 所示。

■ 图 7.14　添加数据用例

■ 图 7.15　Postman 响应结果

从图 7.15 中可以看到用户已经成功申请了 80 元的提现，紧接着可以查看控制台的输出结果，可以看到由于当前用户账户余额为 100 元，故而可以允许 80 元的提现，控制台输出结果如图 7.16 所示。

```
rkServlet 'dispatcherServlet'
INFO [http-nio-8087-exec-1] --- DispatcherServlet: FrameworkServlet 'dispatcherServlet': initialization
INFO [http-nio-8087-exec-1] --- DataBaseLockService: 当前待提现的金额为：80.0 用户账户余额为：100.0000
```

■ 图 7.16　控制台输出结果

最后查看数据库中两个数据表，即"用户账户余额记录表"和"用户每次成功提现时的金额记录表"的记录结果，如图 7.17 所示。

■ 图 7.17　数据表的记录结果

从该记录结果中可以看出，用户成功提现了 80 元。以上是"用户账户余额提现"业务场景在理想的情况下的执行流程与测试结果，当采用 Postman 工具在其地址栏再次输入同样的请求地址单击"Send"按钮操作时,即再次提交"账户余额提现"的申请,此时由于账户余额为 20 元,不足以提现 80 元,故而前端将得到"账户不存在或账户余额不足!"的提醒信息,如图 7.18 所示。

■ 图 7.18　账户余额不足的提醒信息

然而,理想很美好,现实却很残酷。正如前文所述,该处理流程是存在着并发安全隐患的,即数据不一致的隐患。下面借助 JMeter 压力测试工具复现上述"理想"情况下并发出现的问题。

7.2.3　JMeter 高并发测试乐观锁

关于 JMeter 的使用,在本书 4.6 节中已经有所介绍。如果有读者仍然不知道 JMeter 为何物以及不知道该如何使用的话,建议重新阅读 4.6 节。

接下来,我们采用 JMeter 压力测试工具测试"用户账户余额提现"的场景,让各位读者真正地感受高并发情况下并发线程访问共享资源时出现的并发安全问题。

(1)打开 JMeter 的安装目录,进入 bin 文件夹,双击 jmeter.sh 文件,稍等片刻即可进入 JMeter 的主界面,如图 7.19 所示。

(2)在 JMeter 主界面中新建一个测试计划,命名为"高并发测试 – 乐观锁",然后右击该测试计划,新建一个线程组,在这里可以暂时指定并发的"线程数"参数为 100,后续在测试的过程中可以调整该参数,如图 7.20 所示。

在"线程组"选项下分别建立"HTTP 请求"和"CSV 数据文件设置"两个子选项,并设置"HTTP 请求"选项中的相关参数取值,这些参数的取值都可以从上一小节采用 Postman 工具测试时填写的请求信息复制过来。其中,Web 服务器一栏的"协议"参数填写"http","服务器名称或 IP"参数填写"127.0.0.1","端口号"参数填写"8087",而 HTTP 请求一栏的"方法"参数填写"GET","路径"参数填写"/middleware/db/money/take",详情如图 7.21 所示。

■ 图 7.19 双击 jmeter.sh 文件进入 JMeter 主界面

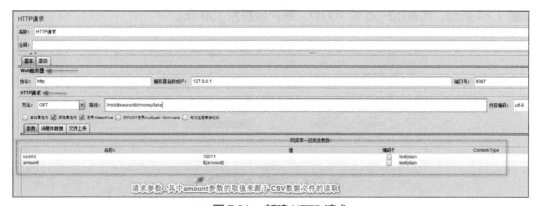

■ 图 7.20 新建线程组

■ 图 7.21 新建 HTTP 请求

对于"CSV 数据文件设置"选项，则只需要指定读取的 CSV 文件即可，如图 7.22

所示。

图 7.22 新建 CSV 数据文件设置

而该 CSV 数据文件的功能则很简单，主要是用于存储每次前端发起申请提现请求时的金额参数 "amount"，在这里暂且指定为 40 元即可，如图 7.23 所示。

图 7.23 CSV 数据文件的功能

（3）除此之外，还需要在数据表 user_account 中添加一个用户账户余额记录信息，如图 7.24 所示，代表用户 id 为 10011，账户余额为 100 元。

图 7.24 在数据表中创建记录

（4）在 JMeter 主界面单击 "启动" 按钮，即可发起 1 秒内并发 100 个线程的请求。其中，每个请求携带的参数数据都是 "用户 id 为 10011，申请提现金额为 40 元"。仔细观察控制台的输出结果，相信各位读者可以看到令人"不可思议"的场景，如图7.25所示。

```
boot -  INFO [http-nio-8087-exec-8] --- DispatcherServlet: FrameworkServlet 'dispatcherServlet': initialization
                    这些都是并发的线程ID
boot -  INFO [http-nio-8087-exec-9]  --- DataBaseLockService: 当前待提现的金额为：40.0 用户账户余额为：100.0000
boot -  INFO [http-nio-8087-exec-11] --- DataBaseLockService: 当前待提现的金额为：40.0 用户账户余额为：100.0000
boot -  INFO [http-nio-8087-exec-22] --- DataBaseLockService: 当前待提现的金额为：40.0 用户账户余额为：100.0000
boot -  INFO [http-nio-8087-exec-17] --- DataBaseLockService: 当前待提现的金额为：40.0 用户账户余额为：100.0000
boot -  INFO [http-nio-8087-exec-27] --- DataBaseLockService: 当前待提现的金额为：40.0 用户账户余额为：100.0000
boot -  INFO [http-nio-8087-exec-32] --- DataBaseLockService: 当前待提现的金额为：40.0 用户账户余额为：100.0000
boot -  INFO [http-nio-8087-exec-7]  --- DataBaseLockService: 当前待提现的金额为：40.0 用户账户余额为：100.0000
boot -  INFO [http-nio-8087-exec-4]  --- DataBaseLockService: 当前待提现的金额为：40.0 用户账户余额为：100.0000
boot -  INFO [http-nio-8087-exec-3]  --- DataBaseLockService: 当前待提现的金额为：40.0 用户账户余额为：100.0000
boot -  INFO [http-nio-8087-exec-33] --- DataBaseLockService: 当前待提现的金额为：40.0 用户账户余额为：100.0000
boot -  INFO [http-nio-8087-exec-50] --- DataBaseLockService: 当前待提现的金额为：40.0 用户账户余额为：100.0000
boot -  INFO [http-nio-8087-exec-46] --- DataBaseLockService: 当前待提现的金额为：40.0 用户账户余额为：100.0000
boot -  INFO [http-nio-8087-exec-21] --- DataBaseLockService: 当前待提现的金额为：40.0 用户账户余额为：100.0000
boot -  INFO [http-nio-8087-exec-13] --- DataBaseLockService: 当前待提现的金额为：40.0 用户账户余额为：100.0000
boot -  INFO [http-nio-8087-exec-38] --- DataBaseLockService: 当前待提现的金额为：40.0 用户账户余额为：100.0000
boot -  INFO [http-nio-8087-exec-45] --- DataBaseLockService: 当前待提现的金额为：40.0 用户账户余额为：100.0000
boot -  INFO [http-nio-8087-exec-15] --- DataBaseLockService: 当前待提现的金额为：40.0 用户账户余额为：100.0000
boot -  INFO [http-nio-8087-exec-25] --- DataBaseLockService: 当前待提现的金额为：40.0 用户账户余额为：100.0000
boot -  INFO [http-nio-8087-exec-12] --- DataBaseLockService: 当前待提现的金额为：40.0 用户账户余额为：100.0000
boot -  INFO [http-nio-8087-exec-20] --- DataBaseLockService: 当前待提现的金额为：40.0 用户账户余额为：100.0000
boot -  INFO [http-nio-8087-exec-51] --- DataBaseLockService: 当前待提现的金额为：40.0 用户账户余额为：100.0000
boot -  INFO [http-nio-8087-exec-42] --- DataBaseLockService: 当前待提现的金额为：40.0 用户账户余额为：100.0000
```

■ 图7.25 发起高并发请求后观察控制台的输出结果

可以看到原本账户余额只有100元的账户，竟然可以成功申请这么多次相同金额的提现。此种场景若是发生在现实生活中，将足以令银行抓狂。除此之外，可以查看一下数据表的相关记录信息，如图7.26所示。

从图7.26中可以看到在不加锁的情况下，并发产生的数据不一致问题后果是多么严重！而产生这些问题的原因主要在于后端接口相关的处理逻辑并没有考虑高并发的情况，导致核心代码逻辑来不及判断处理，从而出现并发安全的问题（比如图7.26数据表中用户的账户余额成了负数）。

■ 图7.26 发起高并发请求后数据表的记录信息

（5）去掉已经写好的、用于处理并发安全问题的Controller相关代码的注释，并采用JMeter再次进行压力测试。去掉注释之后的Controller的源代码如下。

```
/**
 * 用户账户余额提现申请
```

```
 * @param dto
 * @return
 */
@RequestMapping(value = prefix+"/money/take",method = RequestMethod.GET)
public BaseResponse takeMoney(UserAccountDto dto){
    if (dto.getAmount()==null || dto.getUserId()==null){
        return new BaseResponse(StatusCode.InvalidParams);
    }
    BaseResponse response=new BaseResponse(StatusCode.Success);
    try {
        //dataBaseLockService.takeMoney(dto);
        //加了锁的处理逻辑，其他相关业务代码保持不变
        dataBaseLockService.takeMoneyWithLock(dto);
    }catch (Exception e){
        response=new BaseResponse(StatusCode.Fail.getCode(),e.getMessage());
    }
    return response;
}
```

（6）再次采用 JMeter 工具压力测试加了锁的代码逻辑，在测试之前，需要在用户账户余额记录表 user_account 中添加新的测试用例，如图 7.27 所示。

然后设置 JMeter 界面中 userId 参数的取值为 10012，代表当前用户 id 为 10012；最后是在 JMeter 主界面单击"启动"按钮，即可发起 1 秒内并发 100 个线程的请求，其中，每个请求携带的参数数据为"用户 id 为 10012，申请提现金额为 40 元"。

图 7.27　在 user_account 中添加测试用例

从理论上讲，由于该用户账户余额只有 100 元，每次申请提现金额为 40 元，故而最多提现的次数为 2 次，账户最终剩下的金额应当为 20 元，而不是负数。

JMeter 并发产生多线程之后，此时可以观察控制台的输出结果，可以看到只有线程

id 为 "http-nio-8087-exec-16" 和线程 id 为 "http-nio-8087-exec-25" 的请求能成功提现，如图 7.28 所示。

■ 图 7.28 并发压力测试"加了锁"的情况的控制台输出结果

还可以打开数据库并观察数据库的数据记录，如图 7.29 所示。

■ 图 7.29 并发压力测试"加了锁"的情况数据库的数据记录

可以看到"加锁"和"不加锁"的情况下，最终出现的结果是截然不同的。在这里"加锁"的情况是采用版本号（version）机制，即乐观锁的方式实现的，当同一时刻并发产生多线程时，每个线程都查询到当前账户的余额为 100 元，version 都等于 1。在更新账户余额时，由于每个线程都会带上 version 进行匹配并将 version 的取值加 1，从而最终有效地避免了"账户余额出现负数"等数据不一致的状况。

在这里不得不提的是，在更新账户余额时，对应的 SQL 还加上了"账户余额需要大于 0"的判断语句，代码如下。

```
<!-- 根据主键id跟version更新记录 -->
<update id="updateByPKVersion">
    update user_account set amount = amount - #{money},version=version+1
```

```
        where id = #{id} and version=#{version} and amount >0 and (amount -
#{money})>=0
    </update>
```

并且，只有当 updateByPKVersion() 方法"成功执行更新操作"后，才可以允许当前线程提现成功。而所谓的"成功执行更新操作"，指的是在执行完上述 update 语句之后，如果成功更新了数据，则数据库将返回 1，否则将返回 0。只有当返回 1 的情况下，才能成功申请提现，其对应的代码如下。

```
/**
 * 乐观锁处理方式
 * @param dto
 * @throws Exception
 */
public void takeMoneyWithLock(UserAccountDto dto) throws Exception{
    //查询用户账户实体记录
    UserAccount userAccount=userAccountMapper.selectByUserId(dto.getUserId());
    //判断实体记录是否存在以及账户余额是否足够被提现
    if (userAccount!=null && userAccount.getAmount().doubleValue()-dto.getAmount()>0){
        //如果足够被提现，则更新现有的账户余额（采用"版本号（version）"机制）
        int res=userAccountMapper.updateByPKVersion(dto.getAmount(),
userAccount.getId(),userAccount.getVersion());
        //只有当更新成功时（此时 res=1，即数据库执行更新语句之后数据库受影响的记
        //录行数）
        if (res>0){
            //同时记录提现成功时的记录
            UserAccountRecord record=new UserAccountRecord();
            //设置提现成功时的时间
```

```
                record.setCreateTime(new Date());
                // 设置账户记录主键 id
                record.setAccountId(userAccount.getId());
                // 设置成功申请提现时的金额
                record.setMoney(BigDecimal.valueOf(dto.getAmount()));
                // 插入申请提现金额历史记录
                userAccountRecordMapper.insert(record);
                // 输出日志
                log.info("当前待提现的金额为：{} 用户账户余额为：{}",dto.get
Amount(),userAccount.getAmount());
            }
        }else {
            throw new Exception("账户不存在或账户余额不足!");
        }
    }
```

至此，基于数据库级别的乐观锁的介绍与代码实战完毕。在这里笔者强烈建议各位读者一定要多动手写代码、多构造数据用例进行测试，特别是压力测试，才能从中感受高并发产生多线程时所带来的诸多问题。

7.2.4 悲观锁简介

悲观锁，是一种"消极、悲观"的处理方式。它总是假设事情的发生是在"最坏的情况"，即每次并发线程在获取数据的时候会认为其他线程会对数据进行修改，故而每次在获取数据时都会上锁。而其他线程访问该数据的时候就会发生阻塞的现象，最终只有当当前线程释放了该共享资源的锁，其他线程才能获取锁，并对共享资源进行操作。

在传统关系型数据库中就用到了很多类似悲观锁的机制，如行锁、表锁、共享锁和排它锁等，都是在进行操作之前先上锁。除此之外，Java 中的 Synchronized 关键字和 ReentrantLock 工具类等底层的实现也参照了"悲观锁"的思想。对于数据库级别的悲观锁，目前 Oracle、MySQL 数据库是采用如下的 SQL 的伪代码来实现的。

```
select 字段列表 from 数据表 for update
```

假设当高并发产生多个线程比如 A、B、C 时，3 个线程同时前往数据库查询共享的数据记录，由于数据库引擎的作用，同一时刻将只会有一个线程如 A 线程获取该数据记录的锁（在 MySQL InnoDB 引擎中属于"行"记录级别的锁），其他两个线程 B 和 C 将处于一直等待的状态，直到 A 线程对该数据记录操作完毕，并提交事务之后才会释放该锁，之后 B 和 C 的其中一个线程才能成功获取锁，并执行相应的操作。数据库级别的悲观锁的实现流程如图 7.30 所示。

图 7.30　数据库级别的悲观锁的实现流程

从图 7.30 可以看出，当并发请求量比较大的时候，由于产生的每个线程在查询数据的时候都需要上锁，而且同一时刻也只能有一个线程上锁成功，只有当该线程对该共享资源操作完毕并释放该锁之后，其他正在等待中的线程才能获取该锁。

采用这种方式将会造成大量的线程发生堵塞的现象，在某种程度上会对数据库服务器造成一定的压力。从这一角度上看，基于数据库级别的悲观锁适用于并发量不大的情况，特别是"读"请求数据量不大的情况。

7.2.5　悲观锁实战

接下来仍然以乐观锁实战的业务场景"用户账户余额提现"为案例实战悲观锁，让读者亲身体会基于数据库级别的悲观锁在实际项目中的使用与实现方式。

（1）在 UserAccountMapper 操作接口中添加与"悲观锁"相关的功能方法，完整的代码如下。

```java
public interface UserAccountMapper {
    // 此处省略了其他的功能方法——在前面章节中已经开发完毕了，详情可以参见前面的小节
    // 根据用户id查询记录，采用for update方式，该方式属于悲观锁的方式
    UserAccount selectByUserIdLock(@Param("userId") Integer userId);
    // 更新账户金额，采用悲观锁的方式
    int updateAmountLock(@Param("money") Double money,@Param("id") Integer id);
}
```

该 UserAccountMapper 操作接口主要包括了两个功能方法，一个是在查询数据记录时加锁的方法，另一个是用户成功提现时更新账户余额的方法。

（2）在 DataBaseLockService 类中采用"悲观锁"的方式开发余额申请提现的核心处理功能，其完整代码如下。

```java
/**
 * 悲观锁处理方式
 * @param dto
 * @throws Exception
 */
public void takeMoneyWithLockNegative(UserAccountDto dto) throws Exception{
    // 查询用户账户实体记录，采用for update的方式
    UserAccount userAccount=userAccountMapper.selectByUserIdLock(dto.getUserId());
    // 判断实体记录是否存在以及账户余额是否足够被提现
    if (userAccount!=null && userAccount.getAmount().doubleValue()-
```

```
dto.getAmount()>0){
        // 如果足够被提现，则更新现有的账户余额，采用"版本号（version）"机制
         int res=userAccountMapper.updateAmountLock(dto.getAmount(),user
Account.getId());
        // 只有当更新成功时（此时 res=1，即数据库执行更新语句之后数据库受影响的记
        // 录行数）
        if (res>0){
            // 同时记录提现成功时的记录
            UserAccountRecord record=new UserAccountRecord();
            // 设置提现成功时的时间
            record.setCreateTime(new Date());
            // 设置账户记录主键 id
            record.setAccountId(userAccount.getId());
            // 设置成功申请提现时的金额
            record.setMoney(BigDecimal.valueOf(dto.getAmount()));
            // 插入申请提现金额历史记录
            userAccountRecordMapper.insert(record);
            // 输出日志
             log.info("悲观锁处理方式-当前待提现的金额为：{} 用户账户余额为：
{}",dto.getAmount(),userAccount.getAmount());
        }
    }else {
        throw new Exception("悲观锁处理方式-账户不存在或账户余额不足！");
    }
}
```

从以上代码中可以看出，悲观锁相对于乐观锁的处理方式主要是调整了两处地方，一处是在"查询用户账户余额记录"时使用"select … for update"的查询语句，这种方式一方面可以实现查询数据记录的功能，另一方面则可以对该数据记录上锁；另一处则是在"用户成功申请提现"时更新账户余额的处理。

（3）调整 DataBaseLockController 类调用"用户账户余额提现申请"的方法，其调整后的代码如下。

```java
/**
* 用户账户余额提现申请
* @param dto
* @return
*/
@RequestMapping(value = prefix+"/money/take",method = RequestMethod.GET)
public BaseResponse takeMoney(UserAccountDto dto){
    if (dto.getAmount()==null || dto.getUserId()==null){
        return new BaseResponse(StatusCode.InvalidParams);
    }
    BaseResponse response=new BaseResponse(StatusCode.Success);
    try {
        // 不加锁的情况
        //dataBaseLockService.takeMoney(dto);
        // 加乐观锁的情况
        //dataBaseLockService.takeMoneyWithLock(dto);

        // 加悲观锁的情况
        dataBaseLockService.takeMoneyWithLockNegative(dto);
    }catch (Exception e){
        response=new BaseResponse(StatusCode.Fail.getCode(),e.getMessage());
    }
    // 返回响应信息
    return response;
}
```

至此，采用悲观锁实现"用户账户余额提现申请"的实战代码开发完毕。接下来，采用 JMeter 工具对这一种处理方式进行压力测试。

7.2.6 JMeter 高并发测试悲观锁

在 IDEA 控制台中单击运行按钮，将整个项目运行起来，观察控制台的输出结果。如果没有相应的报错信息，则代表上述实战代码没有语法错误。接下来，采用 JMeter 测试工具对"悲观锁"实现的逻辑进行压力测试。

（1）在压力测试之前，首先需要在数据表 user_account 中添加一条数据用例，如图 7.31 所示，该记录表示当前账户 id 为 10013，余额为 100 元的用户数据。

图 7.31 "悲观锁"压力测试的数据用例

（2）在 JMeter 主界面中单击"HTTP 请求"选项栏，并将请求参数的 userid 的取值调整为 10013，然后单击"启动"按钮，即可发起 1 秒内并发 100 个线程的请求，每个请求携带的请求参数均为 userId 和 amount，取值分别为 10013 和 40。

JMeter 启动运行完毕之后，观察控制台的输出结果，可以看到控制台已经输出用户成功申请提现的历史请求信息，如图 7.32 所示。

```
[2019-04-19 21:55:54.600] boot - INFO [http-nio-8087-exec-146] --- DispatcherServlet: FrameworkServlet 'dispatcherServlet': initialization started
[2019-04-19 21:55:54.655] boot - INFO [http-nio-8087-exec-146] --- DispatcherServlet: FrameworkServlet 'dispatcherServlet': initialization completed in 55 ms
[2019-04-19 21:55:55.764] boot - INFO [http-nio-8087-exec-89] --- DataBaseLockService: 悲观锁处理方式-当前待提现的金额为：40.0 用户账户余额为：100.0000
[2019-04-19 21:55:55.765] boot - INFO [http-nio-8087-exec-149] --- DataBaseLockService: 悲观锁处理方式-当前待提现的金额为：40.0 用户账户余额为：100.0000
```

图 7.32 "悲观锁"压力测试后控制台的输出结果

从控制台的输出结果中可以看到 100 次并发请求中只有两次请求是成功的，相信看到这种输出结果的读者心情应当是舒畅的。因为用户账户余额只有 100，每次发起申请时为 40 元，故而最多将只有两次请求能够成功。

打开数据库的两个数据表，即"用户账户余额记录表"user_account 和"用户每次成功提现时的金额记录表"user_account_record，可以看到结果果然如此，如图 7.33 所示。

图 7.33 "悲观锁"压力测试后数据库的记录结果

至此，采用 JMeter 压力测试工具测试"悲观锁"实现的"用户账户余额提现"业务场景可以"告一段落"了。

从控制台的输出结果和数据表的记录结果中可以看出，"悲观锁"确实可以实现"控制并发线程访问操作共享资源"的功能。只是这种方式在请求数据量巨大的情况下，需要付出很高的代价（即数据库服务器的压力将变高，导致应用系统其他的业务可能受到影响）。

7.2.7 小结

本节主要分享介绍了如何基于数据库实现分布式锁，包括基于数据库级别的乐观锁和基于数据库的悲观锁，重点介绍了这两种方式的相关知识要点，包括其基本概念、执行流程和性能分析，并以实际生产环境中典型的应用场景"用户账户余额提现"为案例，配以实际的代码进行实战，同时采用 JMeter 测试工具对这两种实现方式的性能进行压力测试，最终我们"如愿以偿"，即通过这两种方式确实可以实现控制"并发线程访问共享资源"的功能。

除此之外，读者自身还可以对比分析"悲观锁"和"乐观锁"这两种方式的实现过程，可以发现除了代码层面上的不同，在应用性能和数据库性能层面也是迥然不同的。总的来说，在高并发产生多线程请求时，这两种方式的实现过程有所不同。

（1）对于乐观锁而言，由于其采用版本号（version）的机制实现，故而在高并发产生多线程时，同一时刻将只有一个线程能获取"锁"并成功操作共享资源，而其他的线程将获取失败，而且是永久性地失败。从这个角度看，这种方式虽然可以控制并发线程对共享资源的访问，但是却牺牲了系统的吞吐性能。

另外，由于乐观锁主要是通过 version 字段对共享数据进行跟踪和控制，其最终的一个实现步骤是带上 version 进行匹配、同时执行 version+1 的更新操作，故而当并发的多线程需要频繁"写"数据库时，是会严重影响数据库性能的。从这个角度看，"乐观锁"比较适合"写少读多"的业务场景。

（2）而对于悲观锁而言，由于其是建立在数据库底层搜索引擎的基础之上，并使用"select … for update"的查询语句对共享资源加锁，故而当产生高并发多线程请求，特别是"读"请求时，将对数据库的性能带来严重的影响。因为在同一时刻产生的多线程中将只有一个线程能获取锁，而其他的线程将处于堵塞的状态，直到该线程释放了锁。

值得一提的是，"悲观锁"的方式如果使用不当，将会产生"死锁"的现象（即两个或者多个线程同时处于等待获取对方的资源的锁的状态），故而"悲观锁"更适用于"读少写多"的业务场景。

7.3 基于 Redis 实现分布式锁

分布式锁除了可以采用基于数据库级别的"乐观锁"和"悲观锁"实现之外，目前业界普遍使用的其他方式还包括基于 Redis 的原子操作实现分布式锁，以及基于 Zookeeper 的临时节点和 Watcher 机制实现分布式锁。

本节将首先介绍如何基于 Redis 的原子操作实现分布式锁，包括其实现流程与底层的执行原理，并以实际生产环境中典型的应用场景作为案例，配以实际的代码进行实战。

7.3.1 Redis 温故而知新

在本书的第 3、4 章中我们已经分享介绍了目前在分布式领域相当流行的缓存中间件 Redis，从中可以得知 Redis 是一款高性能的、基于 Key-Value 存储结构的内存数据库，具有丰富的数据类型以及人性化的开发辅助工具。其中典型的数据类型包括字符串（String）、列表（List）、集合（Set）、散列（Hash）以及有序集合（SortedSet）等，读者可以自行前往本书第 3、4 章进行回顾。

除此之外，Redis 还可以实现诸如"热点数据的存储与展示""最近访问数据的存储与展示""并发访问控制""排行榜"以及"队列"等典型的应用场景，如图 7.34 所示。

图 7.34　Redis 典型的应用场景

其中，"并发访问控制"指的正是本章所介绍的如何控制并发多线程对共享资源的访问，即如何采用 Redis 实现分布式锁，控制并发多线程对共享资源的操作，最终实现高并发场景下"数据的最终一致性"。

在 Redis 的知识体系与底层基础架构中，并没有直接提供所谓的"分布式锁"组件，而是间接地借助其原子操作加以实现。之所以其原子操作可以实现分布式锁的功能，主要是得益于 Redis 的单线程机制，即不管外层应用系统并发了多少个线程，当每个线程都需要使用 Redis 的某个原子操作时，是排队等待的。即在其底层系统架构中，同一时刻、同一个部署节点中只有一个线程执行某种原子操作。

而在 Redis 中，可以实现"分布式锁"功能的原子操作主要是 SET 和 EXPIRE 操作。从 Redis 的 2.6.x 开始，其提供的 SET 命令已经变成了如下格式。

```
SET Key Value [EX seconds] [PX milliseconds] [NX|XX]
```

在该命令中，对于 Key 和 Value，相信各位读者并不陌生，即所谓的键和值。EX 指的是 Key 的存活时间，而 NX 表示只有当 Key 不存在时才会设置其值，XX 则表示当 Key 存在时才会设置 Key 的值。

从该操作命令不难看出，NX 机制其实就是用于实现分布式锁的核心，即所谓的 SETNX 操作。值得一提的是，在使用 SETNX 操作实现分布式锁功能时，需要注意以下几点事项。

- 使用SETNX命令获取"锁"时，如果操作结果返回0（表示Key以及对应的"锁"已经存在，即已经被其他线程所获取了），则获取"锁"失败，反之则获取成功。
- 为了防止并发线程在获取"锁"之后，程序出现异常情况，从而导致其他线程在调用SETNX命令时总是返回0而进入死锁状态，需要为Key设置一个"合理"的过期时间。
- 当成功获取"锁"并执行完成相应的操作之后，需要释放该"锁"。可以通过执行DEL命令将"锁"删除。而在删除的时候还需要保证所删除的"锁"是当前线程所获取的，从而避免出现误删除的情况。

7.3.2 分布式锁的实现流程与原理分析

从上述分析中可以得知，Redis实现分布式锁的核心操作主要是SETNX和EXPIRE操作，其完整的实现流程如图7.35所示。

图 7.35　Redis实现分布式锁的流程

从图 7.35 中可以看出，基于 Redis 的原子操作实现分布式锁的流程主要由 3 个核心操作构成：第一个核心操作是精心设计构造一个跟共享资源或核心业务相关的 Key，用于充当调用 SETNX 命令时的 Key；第 2 个核心操作是采用 Redis 的操作组件调用 SETNX 和 EXPIRE 命令，用于获取对共享资源的"锁"；最后一个核心操作是在执行完成相应的业务逻辑之后释放该"锁"。

Redis 提供的所有操作和命令均是"原子性"的。所谓的"原子性"指的是一个操作要么全部完成，要么全部不完成。每个操作或命令如同一个整体，不可进行"分割"。

7.3.3 基于 Redis 实战实现分布式锁

在前面章节中，我们已经完成了如何基于 Spring Boot 项目整合 Redis 中间件，包括 Redis 的核心依赖和相关的配置文件。接下来，便基于此项目，以实际生产环境中典型的应用场景"用户重复提交注册信息"为案例，配以实际的代码实战基于 Redis 实现分布式锁。

对于"用户注册"的业务场景，相信各位读者并不陌生。当我们需要使用某个 App 应用或者 PC 端网站应用时，一般平台都会要求用户提供相关信息，并引导用户前往注册界面进行注册。当用户将注册的相关信息提交到系统后端时，正常情况下，后端相应的接口将首先查询该用户名是否已被注册，如果没被注册，则将用户提交的信息插入用户注册信息表，并返回"成功注册"的提醒信息；如果该用户名已被注册，则返回"注册失败，该用户名已存在"的提醒信息，整体的业务流程如图 7.36 所示。

从图 7.36 中可以看出，系统后端在处理用户注册请求时，核心的处理逻辑应该是"根据用户名查询用户记录，并判断该记录是否存在，最终将用户提交的注册信息插入用户注册信息表"。从实际的业务角度上分析，这应该是一个不可分割的整体，即所谓的"共享资源"。当高并发产生多线程时，如果不加以控制，将很有可能出现并发安全问题，即"数据不一致"的状况。

而对于"用户重复提交注册信息"这一业务场景而言，如果不对高并发产生的多线程加以控制的话，将很有可能出现用户重复提交的信息都被插入用户注册信息表中的情况。下面采用实际的代码实战此种业务场景以及复现产生的相关问题。

■ 图7.36 "用户提交注册信息"场景的整体业务流程

（1）进入数据库设计环节，对于"用户提交注册信息"这一业务场景而言，在实际生产环境中需要提交比较多的信息。而在这里为了测试方便，笔者抽取了核心的两个字段，即用户名和密码，该数据表的定义语句如下。

```
CREATE TABLE 'user_reg' (
  'id' int(11) NOT NULL AUTO_INCREMENT,
  'user_name' varchar(255) NOT NULL COMMENT '用户名',
  'password' varchar(255) NOT NULL COMMENT '密码',
  'create_time' datetime DEFAULT NULL COMMENT '创建时间',
  PRIMARY KEY ('id')
) ENGINE=InnoDB DEFAULT CHARSET=utf8 COMMENT='用户注册信息表';
```

采用 MyBatis 逆向工程生成"用户注册信息表"对应的 Entity 实体类、Mapper 操作接口以及对应的 Mapper.xml 配置文件。首先是实体类 UserReg 的相关信息，其代码如下。

```java
// 导入依赖包
import lombok.Data;
import lombok.ToString;
import java.util.Date;
// 用户注册实体信息
@Data
@ToString
public class UserReg {
    private Integer id; // 用户id
    private String userName; // 用户名
    private String password; // 密码
    private Date createTime; // 创建时间
}
```

然后是实体类 UserReg 对应的 Mapper 操作接口 UserRegMapper。在该操作接口中主要定义了两个方法，一个用于实现插入用户提交的注册信息功能，另一个用于实现根据用户名查询用户实体信息功能，其代码如下。

```java
// 导入依赖包
import com.debug.middleware.model.entity.UserReg;
import org.apache.ibatis.annotations.Param;
// 用户注册实体对应的 Mapper 操作接口
public interface UserRegMapper {
    // 插入用户注册信息
    int insertSelective(UserReg record);
    // 根据用户名查询用户实体信息
    UserReg selectByUserName(@Param("userName") String userName);
}
```

最后是 UserRegMapper 对应的 SQL 配置文件 UserRegMapper.xml，其完整的代

码如下。

```xml
<!--Mapper 操作接口所在的命名空间定义 -->
<mapper namespace="com.debug.middleware.model.mapper.UserRegMapper" >
    <!—查询结果集映射 -->
    <resultMap id="BaseResultMap" type="com.debug.middleware.model.entity.UserReg" >
        <id column="id" property="id" jdbcType="INTEGER" />
        <result column="user_name" property="userName" jdbcType="VARCHAR" />
        <result column="password" property="password" jdbcType="VARCHAR" />
        <result column="create_time" property="createTime" jdbcType="TIMESTAMP" />
    </resultMap>
    <!-- 查询用的 SQL 片段 -->
    <sql id="Base_Column_List" >
        id, user_name, password, create_time
    </sql>
    <!-- 插入用户实体信息 -->
    <insert id="insertSelective" parameterType="com.debug.middleware.model.entity.UserReg" >
        insert into user_reg
        <trim prefix="(" suffix=")" suffixOverrides="," >
            <if test="id != null" >
                id,
            </if>
            <if test="userName != null" >
                user_name,
            </if>
            <if test="password != null" >
                password,
```

```xml
          </if>
          <if test="createTime != null" >
            create_time,
          </if>
        </trim>
        <trim prefix="values (" suffix=")" suffixOverrides="," >
          <if test="id != null" >
            #{id,jdbcType=INTEGER},
          </if>
          <if test="userName != null" >
            #{userName,jdbcType=VARCHAR},
          </if>
          <if test="password != null" >
            #{password,jdbcType=VARCHAR},
          </if>
          <if test="createTime != null" >
            #{createTime,jdbcType=TIMESTAMP},
          </if>
        </trim>
    </insert>
    <!-- 根据用户名查询用户信息 -->
    <select id="selectByUserName" resultType="com.debug.middleware.model.entity.UserReg">
        SELECT <include refid="Base_Column_List"/>
        FROM user_reg WHERE user_name=#{userName}
    </select>
</mapper>
```

至此,"用户重复提交注册信息"业务场景的 DAO(即数据访问对象)层代码开发完毕。

(2)开发用于接收并处理前端请求信息的控制器 UserRegController 与服务类

UserRegService，相应的代码文件所存放的目录结构如图 7.37 所示。

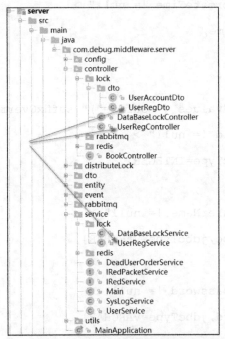

■ 图 7.37 "用户重复提交注册信息"业务场景整体代码文件目录结构

其中，控制器 UserRegController 的完整源代码如下。

```
// 导入依赖包
import com.debug.middleware.api.enums.StatusCode;
import com.debug.middleware.api.response.BaseResponse;
import com.debug.middleware.server.controller.lock.dto.UserRegDto;
import com.debug.middleware.server.service.lock.UserRegService;
import org.assertj.core.util.Strings;
import org.slf4j.Logger;
import org.slf4j.LoggerFactory;
import org.springframework.beans.factory.annotation.Autowired;
import org.springframework.web.bind.annotation.RequestMapping;
import org.springframework.web.bind.annotation.RequestMethod;
import org.springframework.web.bind.annotation.RestController;
/**
```

```java
 * 用户注册请求Controller
 * @Author:debug (SteadyJack)
 **/
@RestController
public class UserRegController {
    //定义日志实例
    private static final Logger log= LoggerFactory.getLogger(UserRegController.class);
    //定义请求的前缀
    private static final String prefix="user/reg";
    //定义处理用户注册请求的服务实例
    @Autowired
    private UserRegService userRegService;
    /**
     * 提交用户注册信息
     * @param dto
     * @return
     */
    @RequestMapping(value = prefix+"/submit",method = RequestMethod.GET)
    public BaseResponse reg(UserRegDto dto){
        //校验提交的用户名、密码等信息
        if (Strings.isNullOrEmpty(dto.getUserName()) || Strings.isNullOrEmpty(dto.getPassword())){
            return new BaseResponse(StatusCode.InvalidParams);
        }
        //定义返回信息实例
        BaseResponse response=new BaseResponse(StatusCode.Success);
        try {
            //处理用户提交请求,不加分布式锁
            userRegService.userRegNoLock(dto);
```

```java
            // 处理用户提交请求，加分布式锁
            //userRegService.userRegWithLock(dto);
        }catch (Exception e){
            // 发生异常情况的处理
            response=new BaseResponse(StatusCode.Fail.getCode(),e.getMessage());
        }
        // 返回响应信息
        return response;
    }
}
```

其中，实体类 UserRegDto 封装了前端用户提交的相关信息，主要包括用户名和密码两个参数，其完整代码如下。

```java
// 导入依赖包
import lombok.Data;
import lombok.ToString;
import java.io.Serializable;
/**
 * 用户注册请求接收的信息封装的实体
 * @Author:debug (SteadyJack)
 **/
@Data
@ToString
public class UserRegDto implements Serializable{
    private String userName; // 用户名
    private String password; // 密码}
```

（3）开发用于处理前端请求信息的服务类 UserRegService，其中主要包括了两大核心方法，一个是没加分布式锁的处理方法，另一个是加了分布式锁的处理方法。其完整代码如下。

```java
//导入依赖包
import com.debug.middleware.model.entity.UserReg;
import com.debug.middleware.model.mapper.UserRegMapper;
import com.debug.middleware.server.controller.lock.dto.UserRegDto;
import org.slf4j.Logger;
import org.slf4j.LoggerFactory;
import org.springframework.beans.BeanUtils;
import org.springframework.beans.factory.annotation.Autowired;
import org.springframework.data.redis.core.RedisTemplate;
import org.springframework.data.redis.core.StringRedisTemplate;
import org.springframework.data.redis.core.ValueOperations;
import org.springframework.stereotype.Service;
import java.util.Date;
import java.util.UUID;
import java.util.concurrent.TimeUnit;
/**
 * 处理用户注册信息提交服务
 * @Author:debug (SteadyJack)
 **/
@Service
public class UserRegService {
    //定义日志实例
    private static final Logger log= LoggerFactory.getLogger(UserRegService.class);
    //定义用户注册Mapper操作接口实例
    @Autowired
```

```java
        private UserRegMapper userRegMapper;
        //定义Redis的操作组件实例
        @Autowired
        private StringRedisTemplate stringRedisTemplate;
        /**
         * 处理用户提交注册的请求，不加分布式锁
         * @param dto
         * @throws Exception
         */
        public void userRegNoLock(UserRegDto dto) throws Exception{
            //根据用户名查询用户实体信息
            UserReg reg=userRegMapper.selectByUserName(dto.getUserName());
            //如果当前用户名还未被注册，则将当前用户信息写入数据库
            if (reg==null){
                log.info("---不加分布式锁---,当前用户名为：{} ",dto.getUserName());
                //创建用户注册实体信息
                UserReg entity=new UserReg();
                //将提交的用户注册请求实体信息中对应的字段取值
                //复制到新创建的用户注册实体的相应字段中
                BeanUtils.copyProperties(dto,entity);
                //设置注册时间
                entity.setCreateTime(new Date());
                //插入用户注册信息
                userRegMapper.insertSelective(entity);
            }else {
                //如果用户名已被注册，则抛出异常
                throw new Exception("用户信息已经存在！");
            }
        }
```

```java
/**
 * 处理用户提交注册的请求，加分布式锁
 * @param dto
 * @throws Exception
 */
public void userRegWithLock(UserRegDto dto) throws Exception{
    // 精心设计并构造SETNX操作中的Key，一定要和实际的业务或共享资源关联
    final String key=dto.getUserName()+"-lock";
    // 设计Key对应的Value，为了具有随机性
    // 在这里采用系统提供的纳秒级别的时间戳以及UUID生成的随机数作为Value
    final String value=System.nanoTime()+""+UUID.randomUUID();
    // 获取操作Key的ValueOperations实例
    ValueOperations valueOperations=stringRedisTemplate.opsForValue();
    // 调用SETNX命令获取锁，如果返回true，则获取锁成功
    // 代表当前的共享资源还没被其他线程所占用
    Boolean res=valueOperations.setIfAbsent(key,value);
    // 返回true，即代表获取到分布式锁
    if (res){
        // 为了防止出现死锁的状况，加上EXPIRE操作，设置Key的过期时间，在这里设置为20s
        // 具体应根据实际情况而定
        stringRedisTemplate.expire(key,20L, TimeUnit.SECONDS);
        try {
            // 根据用户名查询用户实体信息
            UserReg reg=userRegMapper.selectByUserName(dto.getUserName());
            // 如果当前用户名还未被注册，则将当前用户信息注册入数据库中
            if (reg==null){
                log.info("---加了分布式锁---,当前用户名为: {} ",dto.
```

```java
                    getUserName());
                    //创建用户注册实体信息
                    UserReg entity=new UserReg();
                    //将提交的用户注册请求实体信息中对应的字段取值
                    //复制到新创建的用户注册实体的相应字段中
                    BeanUtils.copyProperties(dto,entity);
                    //设置注册时间
                    entity.setCreateTime(new Date());
                    //插入用户注册信息
                    userRegMapper.insertSelective(entity);

                }else {
                    //如果用户名已被注册,则抛出异常
                    throw new Exception("用户信息已经存在!");
                }
            }catch (Exception e){
                throw e;
            }finally {
                //不管发生任何情况,都需要在Redis加锁成功并访问操作完共享资
源后释放锁
                if (value.equals(valueOperations.get(key).toString())){
                    stringRedisTemplate.delete(key);
                }
            }
        }
    }
}
```

（4）至此,"用户重复提交注册信息"业务场景的实战代码开发完毕。单击 IDEA 控制台的"运行"按钮,即可将整个项目运行起来。观察控制台的输出结果,如果没有出现

相应的报错信息，则代表整体的代码实战没有语法错误。

下面采用 Postman 工具对整体业务流程进行测试，其中，访问该请求的地址为：http://127.0.0.1:8087/middleware/user/reg/submit?userName=linsen&password=123456，其中该链接表示提交的用户名为 linsen，密码为 123456，选择的请求方法为 GET。单击"Send"按钮发送请求信息到系统后端相应的接口，如图 7.38 所示。

图 7.38 "用户重复提交注册信息"Postman 响应结果

由于该用户名是首次注册，故而将返回"成功"的提醒信息。打开数据库，查看数据表 user_reg 的数据记录，可以看到该用户信息已经成功插入数据表了，如图 7.39 所示。

最后再观察 IDEA 控制台的输出结果，可以看到该用户信息已经成功注册了，如图 7.40 所示。

图 7.39 "用户提交注册信息"数据库记录结果

图 7.40 "用户提交注册信息"控制台输出结果

当在 Postman 中再次单击"Send"按钮时，由于此时该用户名已经存在，后端将会返回"用户信息已经存在！"的提示信息。至此，该业务场景整体业务流程的代码实战与初步自测完成。从相应的输出与记录结果中可以得出，相应的代码实现逻辑"初步"是没有问题的。接下来采用 JMeter 工具进行高并发压力测试。

7.3.4　JMeter 高并发测试

打开 JMeter 安装文件夹下的 bin 目录，双击 jmeter.sh 文件，稍等即可进入 JMeter 的主界面。在 JMeter 主界面中建立一个新的测试计划"高并发测试 – 基于 Redis"，并在该测试计划下建立一个线程组，指定 1s 内并发的线程个数为 1000 个，如图 7.41 所示。

图 7.41　建立线程组

在该"线程组"选项下分别建立"HTTP 请求"和"CSV 数据文件设置"两个子选项，并设置"HTTP 请求"选项中的相关参数取值，这些参数的取值都可以从上一小节采用 Postman 测试时填写的请求信息复制过来。其中，Web 服务器一栏的"协议"参数填写"http"，"服务器名称或 IP"参数填写"127.0.0.1"，"端口号"参数填写"8087"，而 HTTP 请求一栏的"方法"填写"GET"，"路径"参数填写"/middleware/user/reg/submit"，详情如图 7.42 所示。

图 7.42　建立 HTTP 请求

最后是为高并发产生的多线程请求提供随机读取的数据，即参数 userName 将从 CSV 数据文件中读取，其相应的参数设置如图 7.43 所示。

图 7.43 建立 CSV 数据文件设置

其中该 CSV 数据文件存储的内容如图 7.44 所示。

单击 JMeter 主界面的"启动"按钮，即可开启 1 秒内并发 1000 个线程的请求。每个请求将携带 userName 和 password 两个参数，其中 password 参数的取值将统一为 123456（当然这只是为了测试），而 userName 参数的取值将从 "debug" "jack" 和 "sam" 这几个固定的字符串中随机获取。

图 7.44 CSV 数据文件存储的内容

此时观察控制台的输出结果，相信各位读者将会看到"不可思议"的一幕，即同一个用户名竟然可以成功被注册多次，如图 7.45 所示。

```
INFO [http-nio-8087-exec-9] --- UserRegService: ---不加分布式锁---,当前用户名为: jack
INFO [http-nio-8087-exec-1] --- UserRegService: ---不加分布式锁---,当前用户名为: debug
INFO [http-nio-8087-exec-8] --- UserRegService: ---不加分布式锁---,当前用户名为: debug
INFO [http-nio-8087-exec-35] --- UserRegService: ---不加分布式锁---,当前用户名为: jack
INFO [http-nio-8087-exec-15] --- UserRegService: ---不加分布式锁---,当前用户名为: jack
INFO [http-nio-8087-exec-18] --- UserRegService: ---不加分布式锁---,当前用户名为: sam
INFO [http-nio-8087-exec-25] --- UserRegService: ---不加分布式锁---,当前用户名为: sam
INFO [http-nio-8087-exec-34] --- UserRegService: ---不加分布式锁---,当前用户名为: sam
```
不加分布式锁压力测试下控制台的输出结果

图 7.45 不加分布式锁压力测试下控制台的输出结果

除此之外，还可以打开数据表 user_reg 观察相应的数据记录，可以看到确实出现了"同一个用户名重复注册了多次"，即所谓的"重复提交"的情况，如图 7.46 所示。

出现这样的结果，其实在前面我们已经分析过了，这是因为没有对多线程访问操作的共享资源进行并发控制，导致最终出现"数据不一致"的问题。

■ 图7.46 不加分布式锁压力测试下数据库的记录结果

接下来，将UserRegController中用于接收前端请求信息的处理逻辑调整为"加分布式锁"的处理逻辑并重新运行项目。其调整后的代码如下。

```java
/**
 * 提交用户注册信息
 * @param dto
 * @return
 */
@RequestMapping(value = prefix+"/submit",method = RequestMethod.GET)
public BaseResponse reg(UserRegDto dto){
    //校验提交的用户名、密码等信息
    if (Strings.isNullOrEmpty(dto.getUserName()) || Strings.isNullOrEmpty(dto.getPassword())){
        return new BaseResponse(StatusCode.InvalidParams);
    }
    //定义返回信息实例
    BaseResponse response=new BaseResponse(StatusCode.Success);
    try {
        //处理用户提交请求，不加分布式锁
        //userRegService.userRegNoLock(dto);

        //处理用户提交请求，加分布式锁
        userRegService.userRegWithLock(dto);
```

```
}catch (Exception e){
    //发生异常情况的处理
    response=new BaseResponse(StatusCode.Fail.getCode(),e.getMessage());
}
//返回响应信息
return response;
}
```

与此同时，更换 CSV 数据文件的内容，如图 7.47 所示。

■ 图 7.47 更换 CSV 数据文件的内容

最后单击 JMeter 主界面的"启动"按钮，即可开启 1 秒内并发 1000 个线程的请求。每个请求将携带 userName 和 password 两个参数，其中 userName 参数的取值将从图 7.47 中 CSV 数据文件存储的内容随机获取。

观察 IDEA 控制台的输出结果，可以看到"加了分布式锁"之后，同一个用户名只能被成功注册一次，如图 7.48 所示。

■ 图 7.48 "加了分布式锁"后压力测试下控制台的输出结果

除此之外，还可以打开数据表 user_reg 观察相应的数据记录，可以看到"同一个用户名确实只能被成功注册一次",即达到了控制对共享资源操作的目的,如图 7.49 所示。

■ 图 7.49 "加了分布式锁"后压力测试下数据库的记录结果

至此"用户重复提交注册信息"业务场景的代码实战与压力测试完成。在这里笔者强烈建议各位读者一定要多动手写代码、多构造数据用例反复进行压力测试,才能更好地、更深入地理解并掌握如何基于 Redis 实现分布式锁。

7.3.5 小结

本节主要分享介绍了如何基于 Redis 的原子操作 SETNX 和 EXPIRE 实现分布式锁。其实现流程主要由 3 个核心操作构成:第 1 个核心操作是构造一个跟共享资源或核心业务相关的 Key;第 2 个核心操作是采用 Redis 的操作组件调用 SETNX 和 EXPIRE 命令,获取对共享资源的"锁";最后一个核心操作是在执行完成相应的业务逻辑之后释放该"锁"。

之所以 Redis 的操作命令可以实现分布式锁的功能,主要是得益于 Redis 的单线程机制。即在 Redis 的底层基础架构中,同一时刻、同一个部署节点只允许一个线程执行某种操作,这种操作也称之为"原子性"操作。

除此之外,本节还以实际生产环境中典型的应用场景"用户重复提交注册信息"为案例,配备以实际的代码实战基于 Redis 实现分布式锁,以及基于 Redis 的原子操作解决"同一个用户名可以重复注册多次"的并发问题。

"用户重复提交注册信息"这一业务场景中使用的分布式锁是"一次性锁",即同一时刻并发的线程所携带的"相同数据"(在该业务场景中指的是用户名参数)只能允许一个线程通过,而其他线程将获取锁失败,从而结束自身的业务流程。

7.4 基于 ZooKeeper 实现分布式锁

分布式系统架构的应用与部署虽然可以给企业带来一定的优势，比如系统拆分、独立部署、服务模块解耦等，在实际项目中也着实解决了诸多棘手的难题。然而此种系统架构在实际生产环境落地实施时，却也同样带来了一些典型的问题，比如"分布式事务""数据一致性"等问题。在前面的章节中，主要介绍了如何基于数据库的乐观锁、悲观锁和基于 Redis 的原子操作解决多线程对"共享资源"的并发访问，从而保证"数据的一致性"。

本节将着重介绍另外一种可以实现"控制并发线程对共享资源的访问"的方式，即基于 ZooKeeper 的临时节点和 Watcher 机制实现分布式锁，包括其实现流程与底层的执行原理，并以实际生产环境中典型的应用场景作为案例，配以实际的代码进行实战。

7.4.1 ZooKeeper 简介与作用

ZooKeeper 是一款开源的分布式服务协调中间件，是由雅虎研究院相关的研发人员组织开发的。其设计的初衷是开发一个通用的、无单点问题的分布式协调框架，采用统一的协调管理方式更好地管理各个子系统，从而让开发者将更多的精力集中在业务逻辑处理上。最终整个分布式系统看上去就像是一个大型的动物园，而这个中间件则正好用来协调分布式环境中的各个子系统，"ZooKeeper"便因此而得名。

除此之外，ZooKeeper 还是一种典型的保证分布式数据一致的解决方案。应用程序可以基于 ZooKeeper 实现诸如数据发布与订阅、负载均衡、命名服务、分布式协调与通知、集群管理、分布式锁和分布式队列等功能，在实际项目中具有广泛的应用。图 7.50 为 ZooKeeper 在实际生产环境中所起到的作用。

图 7.50　ZooKeeper 在实际生产环境中所起到的作用

- 统一配置管理：指的是 ZooKeeper 可以把每个子系统都需要的配置文件抽取出

来，并将其统一放置到 ZooKeeper 的 ZNode 节点中进行共享。

- **统一命名服务**：指的是给存放在每个节点上的资源进行命名，各个子系统便可以通过名字获取到节点上相应的资源。
- **集群状态**：通过动态地感知节点的增加、删除，从而保证集群下的相关节点主、副本数据的一致。
- **分布式锁**：不夸张地讲，这可以算是 ZooKeeper 提供给外部应用的一个重大功能。它主要是通过创建与该共享资源相关的"临时顺序节点"与"动态 Watcher 监听机制"，从而控制多线程对共享资源的并发访问，而这也可以看作是 ZooKeeper 拥有诸多特性的根本原因。

在本节中，将重点介绍 ZooKeeper 是如何实现分布式锁，从而控制多线程对共享资源的并发访问的。

ZooKeeper 在实际生产环境中具有广泛的应用场景。比较典型的业务场景当属担任服务生产者和服务消费者的"注册中心"，即服务生产者将自己提供的服务注册到 ZooKeeper 中心，服务的消费者在进行服务调用时先在 ZooKeeper 中查找服务，获取服务生产者的详细信息之后，再去调用服务生产者提供的相关接口。

如图 7.51 所示，在分布式服务调度框架 Dubbo 的基础架构中，ZooKeeper 就担任了"注册中心"这一角色。

图 7.51　ZooKeeper 担任 Dubbo 基础架构的注册中心

对于 ZooKeeper 在分布式服务调度框架 Dubbo 中所起到的作用，本文就不详细介绍了，感兴趣的读者可以网上搜索相关资料进行学习。除此之外，各位读者也可以打开浏览器，搜索笔者录制的免费课程，即"2 小时实战 Apache 顶级项目 –RPC 框架 Dubbo 分布式服务调度"，其中就有关于 Dubbo 框架的相关技术知识点与 ZooKeeper 作为注册中心所起到的作用的讲解，如图 7.52 所示。

■ 图 7.52　ZooKeeper 作为注册中心的视频教程

7.4.2　分布式锁的实现流程与原理分析

ZooKeeper 除了可以作为注册中心提供服务的发布、订阅功能之外，还可以提供"分布式锁"的功能。即 ZooKeeper 可以通过创建与共享资源相关的"顺序临时节点"，并采用其提供的 Watcher 监听机制，控制多线程对共享资源的并发访问。整体的实现流程如图 7.53 所示。

■ 图 7.53　ZooKeeper 分布式锁的整体实现流程

从图 7.53 可以看出 ZooKeeper 实现分布式锁的核心流程在于创建"顺序临时节点 ZNode"以及采用 Watcher 监听机制监听临时节点的增减，从而判断当前的线程是否能够成功获取锁。接下来重点介绍一下 ZooKeeper 在实现分布式锁的过程中涉及的几个专有词汇，即节点和 Watcher 监听器。ZooKeeper 底层基础架构的核心部分正是由这两个组件组成，如图 7.54 所示。

■ 图 7.54　ZooKeeper 底层基础架构的核心组成部分

节点：在谈及分布式的时候，通常所说的"节点"指的是组成集群的每一台服务器。然而在 ZooKeeper 中，"节点"分为两种类型。第 1 种是指构成集群的服务器，我们称之为服务器节点；第 2 种则是指数据模型中的数据单元，我们称之为数据节点，即前文介绍的 ZNode，而在图 7.54 中组成 ZooKeeper 底层基础架构的节点指的正是 ZNode。

ZooKeeper 将所有数据存储在内存中，最终构成的数据模型可以看作是一棵节点树（ZNode Tree），由"/"进行分割，分割之后的每个分支即为路径，每个路径对应的节点即为一个 ZNode。例如 /ZNode1/Node1，每个节点都会保存自己的数据内容以及一系列的属性信息。在 ZooKeeper 中，ZNode 可以分为"持久节点"和"临时节点"两种类型。

"持久节点"指的是一旦这个 ZNode 被创建了，除非主动移除这个 ZNode，否则它将一直保存在 ZooKeeper 上；而"临时节点"则不一样，它的生命周期是和客户端的会话绑定在一起的，一旦客户端会话失效，那么这个客户端创建的所有临时节点都会被移除。除此之外，ZooKeeper 创建的临时节点 ZNode 可以带上一个整型的数字，这个特性可以用来创建一系列带有顺序序号标识的临时 ZNode。

Watcher 监听器：指的是"事件监听器"。由于 ZooKeeper 允许用户在指定的节点 ZNode 上注册"监听"事件，故而当该节点触发一些特定的事件时，ZooKeeper 服务端即 Server 会将事件通知到感兴趣的客户端（Client）上，从而让客户端采取相对应的措施。值得一提的是，这种机制是 ZooKeeper 实现分布式协调服务的重要特性。

不夸张地讲，正是由于 ZooKeeper 的底层基础架构中拥有这两个核心的组件，才使得 ZooKeeper 对外可以提供诸多的功能特性，比如前文所讲的"注册中心""分布式锁"以及"统一命名服务"等。图 7.55 为 ZooKeeper 所拥有的大部分的功能特性。

图 7.55　ZooKeeper 的功能特性

7.4.3　Spring Boot 整合 ZooKeeper

"实践出真知"。接下来基于前文搭建好的 Spring Boot 项目整合 ZooKeeper，并以前面小节介绍的"用户重复提交注册信息"业务场景作为案例，采用实际的代码实战如何基于 ZooKeeper 的"分布式锁"实现多线程对共享资源的并发访问。

"工欲善其事，必先利其器"。在使用 ZooKeeper 的相关功能特性之前，需要在本地开发环境 Windows 安装 ZooKeeper。至于 ZooKeepr 在其他开发环境如 Linux、macOS 的安装在这里就不详述了，感兴趣的读者可以自行搜索相关资料进行安装与配置。

Windows 开发环境下 ZooKeeper 的安装步骤是非常简单的，只需要下载 ZooKeeper 的安装包，然后解压到某个不带中文字符的磁盘目录，最后双击 bin 文件夹里面的 zkServer.cmd。如果可以弹出"ZooKeeper 服务端"对话框，则代表 ZooKeeper 服务已经安装成功，并已经在本地开发环境成功运行起来了，如图 7.56 所示。

接下来，基于 Spring Boot 搭建的项目整合 ZooKeeper，包括整合其相关的依赖与配置文件。

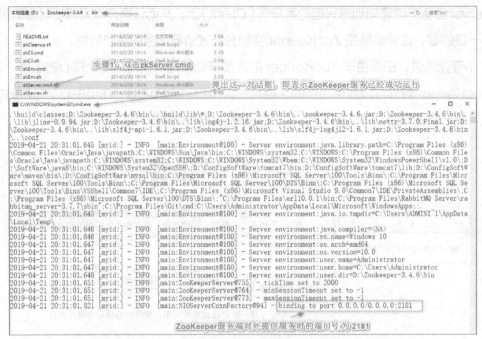

■ 图 7.56　在 Windows 开发环境下安装与启动运行 ZooKeeper

首先是加入 ZooKeepr 的相关依赖，这些依赖是配置在 server 模块的 pom.xml 的，代码如下。

```
<!--zookeeper-->
<dependency>
    <groupId>org.apache.zookeeper</groupId>
    <artifactId>zookeeper</artifactId>
    <version>3.4.6</version>
    <exclusions>
        <exclusion>
            <artifactId>slf4j-log4j12</artifactId>
            <groupId>org.slf4j</groupId>
        </exclusion>
    </exclusions>
</dependency>
<dependency>
```

```xml
    <groupId>org.apache.curator</groupId>
    <artifactId>curator-framework</artifactId>
    <version>2.10.0</version>
</dependency>
<dependency>
    <groupId>org.apache.curator</groupId>
    <artifactId>curator-recipes</artifactId>
    <version>2.10.0</version>
</dependency>
```

接下来是将 ZooKeeper 服务所在的相关地址配置到项目配置文件 application.xml 中，需要配置包括 ZooKeeper 的命名空间以及所在的主机，如下所示。

```
#zookeeper 配置，配置主机与命名空间，命名空间只是用于区分不同的项目
zk.host=127.0.0.1:2181
zk.namespace=middleware_distributeLock
```

为了方便开发者访问操作 ZooKeeper，ZooKeeper 相关研发人员提供了一款高度封装后的客户端 Curator 框架。使用该框架可以很好地解决很多 ZooKeeper 客户端非常底层的细节开发工作，包括重连、反复注册以及 NodeExistsException 异常等问题。

而在 Spring Boot 搭建的项目中，可以通过自定义注入 CuratorFramework 实例对 ZooKeeper 进行相应的操作，在应用的启动类 MainApplication 中自定义注入 CuratorFramework 实例，代码如下。

```java
// 导入依赖包
import org.apache.curator.framework.CuratorFramework;
import org.apache.curator.framework.CuratorFrameworkFactory;
import org.apache.curator.retry.RetryNTimes;
import org.mybatis.spring.annotation.MapperScan;
import org.springframework.beans.factory.annotation.Autowired;
```

```java
import org.springframework.boot.SpringApplication;
import org.springframework.boot.autoconfigure.SpringBootApplication;
import org.springframework.boot.builder.SpringApplicationBuilder;
import org.springframework.boot.web.support.SpringBootServletInitializer;
import org.springframework.context.annotation.Bean;
import org.springframework.core.env.Environment;
/**
 * 应用启动类（入口）
 * @Author:debug (SteadyJack)
 **/
@SpringBootApplication
@MapperScan(basePackages = "com.debug.middleware.model")
public class MainApplication extends SpringBootServletInitializer {
    // 此处省略 main() 方法以及其他代码，这些代码已经存在，就不列举了

    // 读取环境变量的实例
    @Autowired
    private Environment env;
    // 自定义注入 Bean-ZooKeeper 高度封装过的客户端 CuratorFramework 实例
    @Bean
    public CuratorFramework curatorFramework(){
        // 创建 CuratorFramework 实例
        // 采用工厂模式进行创建
        // 指定了客户端连接到 ZooKeeper 服务端的策略，这里是采用重试的机制
        //(5次，每次间隔1秒)
        CuratorFramework curatorFramework= CuratorFrameworkFactory.
builder().connectString(env.getProperty("zk.host")).namespace(env.
getProperty("zk.namespace"))
                .retryPolicy(new RetryNTimes(5,1000)).build();
        curatorFramework.start();
```

```
        // 返回CuratorFramework 实例
        return curatorFramework;
    }
}
```

至此，ZooKeeper 在 Spring Boot 项目中的依赖与配置添加完毕。此时可以将项目运行起来，观察 IDEA 控制台的输出结果，可以看到应用系统已经成功连接到了本地 Windows 的 ZooKeeper 服务中了，如图 7.57 所示。

■ 图 7.57　启动运行 Spring Boot 整合 ZooKeeper 后的项目

7.4.4　基于 ZooKeeper 实战实现分布式锁

紧接着，是将 ZooKeeper 应用到"用户重复提交注册信息"业务场景中，即需要在 UserRegService 类中添加"采用 ZooKeeper 分布式锁处理用户重复提交注册请求"的功能方法，其完整的代码如下。

```
// 定义 ZooKeeper 客户端 CuratorFramework 实例
@Autowired
private CuratorFramework client;
//ZooKeeper 分布式锁的实现原理是 ZNode 节点的创建与删除以及监听机制的构成
```

```java
        // 而ZNode节点将对应一个具体的路径，和Unix文件夹路径类似，需要以/开头
        private static final String pathPrefix="/middleware/zkLock/";
        /**
         * 处理用户提交注册的请求，加ZooKeeper分布式锁
         * @param dto
         */
        public void userRegWithZKLock(UserRegDto dto) throws Exception{
            // 创建ZooKeeper互斥锁组件实例，需要将监控用的客户端实例、精心构造的共享
            // 资源作为构造参数
            InterProcessMutex mutex=new InterProcessMutex(client,pathPrefix+
dto.getUserName()+"-lock");
            try {
                // 采用互斥锁组件尝试获取分布式锁，其中尝试的最大时间在这里设置为10s
                // 当然，具体的情况需要根据实际的业务而定
                if (mutex.acquire(10L, TimeUnit.SECONDS)){
                    //TODO：真正的核心处理逻辑

                    // 根据用户名查询用户实体信息
                    UserReg reg=userRegMapper.selectByUserName(dto.getUserName());
                    // 如果当前用户名还未被注册，则将当前用户信息注册入数据库中
                    if (reg==null){
                        log.info("---加了ZooKeeper分布式锁---,当前用户名为:
{}",dto.getUserName());
                        // 创建用户注册实体信息
                        UserReg entity=new UserReg();
                        // 从提交的用户注册请求实体信息中对应的字段取值
                        // 复制到新创建的用户注册实体的相应字段中
                        BeanUtils.copyProperties(dto,entity);
                        // 设置注册时间
                        entity.setCreateTime(new Date());
```

```
                //插入用户注册信息
                userRegMapper.insertSelective(entity);
            }else {
                //如果用户名已被注册，则抛出异常
                throw new Exception("用户信息已经存在！");
            }
        }else{
            throw new RuntimeException("获取ZooKeeper分布式锁失败！");
        }
    }catch (Exception e){
        throw e;
    }finally {
        //TODO：不管发生何种情况，在处理完核心业务逻辑之后，需要释放该分布式锁
        mutex.release();
    }
}
```

最后，是调整控制器 UserRegController 类中"处理用户提交请求"方法的核心处理逻辑为"ZooKeeper 分布式锁的处理方式"，其完整代码如下。

```
/** 提交用户注册信息
 * @param dto
 * @return
 */
@RequestMapping(value = prefix+"/submit",method = RequestMethod.GET)
public BaseResponse reg(UserRegDto dto){
    //校验提交的用户名、密码等信息
    if (Strings.isNullOrEmpty(dto.getUserName()) || Strings.isNullOrEmpty(dto.getPassword())){
        return new BaseResponse(StatusCode.InvalidParams);
```

```java
        }
        // 定义返回信息实例
        BaseResponse response=new BaseResponse(StatusCode.Success);
        try {
            // 处理用户提交请求，不加分布式锁
            //userRegService.userRegNoLock(dto);
            // 处理用户提交请求，加分布式锁
            //userRegService.userRegWithLock(dto);

            // 处理用户提交请求，加 ZooKeeper 分布式锁
            userRegService.userRegWithZKLock(dto);
        }catch (Exception e){
            // 发生异常情况的处理
            response=new BaseResponse(StatusCode.Fail.getCode(),e.getMessage());
        }
        // 返回响应信息
        return response;
    }
```

至此，基于 ZooKeeper 的分布式锁实战代码开发完毕。接下来，将整个项目运行起来，并观察控制台的输出结果。如果没有报错信息，则代表相应的实战代码没有语法错误。

7.4.5　JMeter 高并发测试

接下来，仍然沿用上一节"基于 Redis 实战实现分布式锁"的 JMeter 测试计划，对上述采用 ZooKeeper 分布式锁实战"控制多线程对共享资源的并发访问"代码逻辑进行压力测试。

（1）打开该测试计划，并在"线程组"选项中设置 1 秒内并发的线程个数为 1000 个，其他参数的取值设置则保持不变。

同时，为了测试的准确性与方便性，将"CSV 数据文件设置"选项中 CSV 文件的测试用例更换为一批新的用户名，如图 7.58 所示。

■ 图 7.58　更换调整 CSV 数据文件测试用例

（2）单击 JMeter 主界面的"启动"按钮，即可发起 1 秒内并发 1000 个线程的请求。每个请求将携带取值为"123456"的 password 参数，以及取值为图 7.58 中随机获取的值的 userName 参数。

观察控制台的输出结果，可以看到"ZooKeeper 分布式锁"确实实现了多线程对共享资源的并发访问，如图 7.59 所示。

```
INFO [http-nio-8087-exec-136] --- UserRegService: ---加了ZooKeeper分布式锁---,当前用户名为: luohou
INFO [http-nio-8087-exec-8]   --- UserRegService: ---加了ZooKeeper分布式锁---,当前用户名为: zhongwenjie
INFO [http-nio-8087-exec-20]  --- UserRegService: ---加了ZooKeeper分布式锁---,当前用户名为: lixiaolong
```

■ 图 7.59　ZooKeeper 分布式锁控制台输出结果

最后观察数据表 user_reg 中的相关数据记录，可以看到同一个用户名确实只成功插入了一次，如图 7.60 所示。

■ 图 7.60　ZooKeeper 分布式锁数据库记录结果

由于 ZooKeeper 的分布式锁主要是通过创建临时顺序节点 ZNode 以及动态监听 ZNode 上的增加、删除来实现的，故而此种方式是具有一定的时间开销的。当并发产生巨大的数据量时，这种方式将需要耗费一定的时间在动态创建、删除、监听临时节点 ZNode 的变化上，这种开销在某种程度上是可以通过集群部署多个 ZooKeeper 服务器节点加以有效解决。

当然，在实际生产环境中，"用户重复提交注册信息"业务场景也可以通过在数据表 user_reg 中对 user_name 字段加"唯一索引"实现，但是笔者建议使用这种方式需要视具体的业务情况而定，对于并发请求量不高的业务场景，加"唯一索引"是可行的；但是在并发请求量巨大的情况下，这种方式可能会给数据库服务器造成过大的压力（因为数据库底层引擎需要开启判重的机制），从而影响应用系统的整体性能。

7.4.6 小结

本节主要介绍了另外一种可以实现"控制并发线程对共享资源的访问"的方式，即基于 ZooKeeper 的"分布式锁"进行实现，分享介绍了这种方式的实现流程与底层的执行原理；除此之外，还介绍了 ZooKeeper 的基本概念、作用、功能特性、典型的应用场景以及本地开发环境的安装配置；最终基于 Spring Boot 整合 ZooKeeper 的项目，以实际生产环境中典型的应用场景"用户重复提交注册信息"作为实战案例，配以实际的代码进行实战。

在这里笔者仍然要强烈建议各位读者一定要按照书中提供的案例、分析思路和样例代码进行实战，只有真正地实战过，才能更好地掌握 ZooKeeper 底层分布式锁的实现机制。

7.5 典型应用场景之书籍抢购模块设计与实战

在如今微服务、分布式系统架构盛行的时代，分布式锁的应用实施不仅给整体系统架构带来了性能和质量的提升，也给企业应用和业务带来了大规模扩展的可能，直接或者间接地给企业带来了可观的盈利性收入。从某种角度上看，"分布式锁"确实是一大功臣！

在实际生产环境中，也确实可以或多或少看到分布式锁的踪影。本节将以实际项目中典型的业务场景"书籍抢购模块"为案例，配备实际的代码实战分布式锁在该业务模块所起的作用，进一步帮助读者理解、巩固和掌握分布式锁相关技术要点、实现流程以及实现原理。

7.5.1 整体业务流程介绍与分析

在"亚马逊""当当"或者"京东商城"等购物平台上购买书籍，相信各位读者都经历过。有时候平台为了提高书籍的销量，经常会举办热卖书籍的"秒杀"活动。图 7.61 为笔者喜爱的一本人物传记《曾国藩传》的秒杀、抢购场景。

■ 图 7.61　书籍抢购的真实案例

由于书籍的库存有限，故而当抢购活动开始时，会有大量用户点击"抢购"按钮进行下单。在网络环境等外界条件正常的情况下，此时用户的抢购请求将会被提交到系统后端相应的接口进行处理，其处理流程大概需要经历几个过程，如图 7.62 所示。

■ 图 7.62　书籍抢购的处理流程

从图 7.62 可以看出，系统后端在接收前端用户抢购书籍的请求时，首先需要根据用户的账户 id 和当前抢购的书籍编号查询用户是否已经抢购过该书籍了，如果已经抢购过了，则意味着该流程可以直接结束。否则，后端接口将继续查询该书籍对应的库存是否充足，如果充足，则意味着当前用户抢购成功，此时需要及时更新该书籍的库存（即执行减 1 操作），并同时记录当前用户的抢购记录。

在对"书籍抢购业务模块"整体实现流程的分析过程中，不难发现其核心流程主要有 3 个。第 1 个是查询并判断当前用户是否抢购过该书籍；第 2 个是查询并判断当前书籍的库存是否充足；最后一个是更新书籍的库存并插入用户抢购的记录。而这 3 个操作对于多线程而言是一个完整的"整体"，即共享的资源。

因此，"书籍抢购业务"整体可以划分为两大模块，如图 7.63 所示。

图 7.63　"书籍抢购业务"的模块划分

- 书籍查询模块：主要包含两个核心流程，一个是根据用户 id 和书籍编号查询抢购记录；另一个是根据书籍编号查询书籍库存是否充足。
- 书籍库存更新模块：主要包含两个核心流程，一个是当用户抢购成功时，及时更新书籍的库存；另一个是在成功更新书籍库存的同时，插入用户抢购记录。

7.5.2　数据表设计与用例设计

接下来进入"书籍抢购"业务场景的数据库设计环节。基于上述对"书籍抢购"场景整体业务流程的分析与模块的划分，可以得知，整体业务模块核心主要由两个数据表构成，一个是"书籍库存记录"表，另一个是"书籍抢购记录"表。这两个表的 DDL 分别如下所示，首先是书籍库存记录表的 DDL。

```
// 导入依赖包
import lombok.Data;
import lombok.ToString;
```

```java
// 书籍库存实体
@Data
@ToString
public class BookStock {
    private Integer id;    // 主键id
    private String bookNo;// 书籍编号
    private Integer stock;// 存库
    private Byte isActive;// 是否上架
}
```

然后是书籍抢购记录表的 DDL。

```java
// 导入依赖包
import lombok.Data;
import lombok.ToString;
import java.util.Date;
// 书籍抢购记录实体
@Data
@ToString
public class BookRob {
    private Integer id;     // 主键id
    private Integer userId;// 用户id
    private String bookNo;  // 书籍编号
    private Date robTime;   // 抢购时间
}
```

接下来采用 MyBatis 的逆向工程生成这两个数据表对应的 Entity 实体类、Mapper 操作接口以及对应的 SQL 配置文件 Mapper.xml。

（1）开发书籍库存实体 BookStock 对应的 Mapper 操作接口 BookStockMapper。在该操作接口中，需要开发"根据书籍编号查询记录""更新书籍库存"的功能，其完整代码如下。

```java
// 导入依赖包
import com.debug.middleware.model.entity.BookStock;
import org.apache.ibatis.annotations.Param;
// 书籍库存实体操作接口 Mapper
public interface BookStockMapper {
    // 根据书籍编号查询
    BookStock selectByBookNo(@Param("bookNo") String bookNo);
    // 更新书籍库存，不加锁
    int updateStock(@Param("bookNo") String bookNo);
    // 更新书籍库存，加锁
    int updateStockWithLock(@Param("bookNo") String bookNo);
}
```

其中，"更新书籍库存"的功能实现包含两种情况，一种是"不加分布式锁"的情况，另一种是"加分布式锁"的情况。该 Mapper 操作接口对应的 SQL 配置文件 BookStockMapper.xml 的完整代码如下。

```xml
<!-- 书籍库存实体 Mapper 操作接口 BookStockMapper 命名空间 -->
<mapper namespace="com.debug.middleware.model.mapper.BookStockMapper" >
    <!-- 查询结果集映射 -->
    <resultMap id="BaseResultMap" type="com.debug.middleware.model.entity.BookStock" >
        <id column="id" property="id" jdbcType="INTEGER" />
        <result column="book_no" property="bookNo" jdbcType="VARCHAR" />
        <result column="stock" property="stock" jdbcType="INTEGER" />
        <result column="is_active" property="isActive" jdbcType="TINYINT" />
    </resultMap>
    <!-- 查询的 SQL 片段 -->
```

```xml
<sql id="Base_Column_List" >
    id, book_no, stock, is_active
</sql>
<!-- 根据书籍编号查询记录 -->
<select id="selectByBookNo" resultType="com.debug.middleware.model.entity.BookStock">
    SELECT <include refid="Base_Column_List"/>
    FROM book_stock
    WHERE is_active=1 AND book_no=#{bookNo}
</select>
<!-- 更新库存，不加锁 -->
<update id="updateStock">
    UPDATE book_stock SET stock = stock - 1
    WHERE is_active=1 AND book_no=#{bookNo}
</update>
<!-- 更新库存，加了锁 -->
<update id="updateStockWithLock">
    update book_stock SET stock = stock - 1
    where is_active=1 AND book_no=#{bookNo} and stock > 0 and (stock - 1)>=0
</update>
</mapper>
```

（2）开发"书籍抢购记录"实体类 BookRob 对应的 Mapper 操作接口 BookRobMapper。在该操作接口中，需要开发"插入抢购记录""统计用户抢购过的书籍的记录数"的功能，其完整代码如下。

```
// 导入依赖包
import com.debug.middleware.model.entity.BookRob;
import org.apache.ibatis.annotations.Param;
```

```java
// 书籍抢购成功的记录实体Mapper操作接口
public interface BookRobMapper {
    // 插入抢购成功的记录信息
    int insertSelective(BookRob record);
    // 统计每个用户每本书的抢购数量
    // 用于判断用户是否抢购过该书籍
     int countByBookNoUserId(@Param("userId") Integer userId,@Param("bookNo") String bookNo);}
```

该Mapper操作接口BookRobMapper对应的SQL配置文件BookRobMapper.xml的完整代码如下。

```xml
<!-- 书籍抢购记录实体Mapper操作接口BookRobMapper命名空间 -->
<mapper namespace="com.debug.middleware.model.mapper.BookRobMapper" >
    <!-- 查询结果集映射 -->
     <resultMap id="BaseResultMap" type="com.debug.middleware.model.entity.BookRob" >
        <id column="id" property="id" jdbcType="INTEGER" />
        <result column="user_id" property="userId" jdbcType="INTEGER" />
        <result column="book_no" property="bookNo" jdbcType="VARCHAR" />
        <result column="rob_time" property="robTime" jdbcType="TIMESTAMP" />
    </resultMap>
    <!-- 查询的SQL片段 -->
<sql id="Base_Column_List" >
    id, user_id, book_no, rob_time
</sql>
    <!-- 插入抢购记录信息 -->
 <insert id="insertSelective" parameterType="com.debug.middleware.model.entity.BookRob" >
    insert into book_rob
```

```xml
    <trim prefix="(" suffix=")" suffixOverrides="," >
      <if test="id != null" >
        id,
      </if>
      <if test="userId != null" >
        user_id,
      </if>
      <if test="bookNo != null" >
        book_no,
      </if>
      <if test="robTime != null" >
        rob_time,
      </if>
    </trim>
    <trim prefix="values (" suffix=")" suffixOverrides="," >
      <if test="id != null" >
        #{id,jdbcType=INTEGER},
      </if>
      <if test="userId != null" >
        #{userId,jdbcType=INTEGER},
      </if>
      <if test="bookNo != null" >
        #{bookNo,jdbcType=VARCHAR},
      </if>
      <if test="robTime != null" >
        #{robTime,jdbcType=TIMESTAMP},
      </if>
    </trim>
</insert>
<!-- 统计每个用户每本书的抢购数量 -->
```

```xml
<select id="countByBookNoUserId" resultType="java.lang.Integer">
    SELECT COUNT(id)
    FROM book_rob WHERE user_id=#{userId} AND book_no=#{bookNo}
</select>
</mapper>
```

至此,"用户抢购书籍模块"这一业务场景的 DAO(即数据访问对象)层代码开发完毕。

7.5.3 书籍抢购核心业务逻辑开发实战

接下来进入"书籍抢购"场景核心业务逻辑的实战。首先是开发用于接收前端用户抢购书籍请求的 BookRobController,其完整的代码如下。

```java
// 导入依赖包
import com.debug.middleware.api.enums.StatusCode;
import com.debug.middleware.api.response.BaseResponse;
import com.debug.middleware.server.controller.lock.dto.BookRobDto;
import com.debug.middleware.server.service.lock.BookRobService;
import org.assertj.core.util.Strings;
import org.slf4j.Logger;
import org.slf4j.LoggerFactory;
import org.springframework.web.bind.annotation.RequestMapping;
import org.springframework.web.bind.annotation.RequestMethod;
import org.springframework.web.bind.annotation.RestController;
/**
 * 书籍抢购 Controller
 * @Author:debug (SteadyJack)
 **/
@RestController
public class BookRobController {
```

```java
    //定义日志
    private static final Logger log= LoggerFactory.getLogger(BookRob
Controller.class);
    //定义请求前缀
    private static final String prefix="book/rob";
//定义核心逻辑处理服务类
@Autowired
    private BookRobService bookRobService;
    /**
     * 用户抢购书籍请求
     * @param dto 用于接收前端用户抢购请求的信息封装实体
     * @return
     */
    @RequestMapping(value = prefix+"/request",method = RequestMethod.GET)
    public BaseResponse takeMoney(BookRobDto dto){
        //校验参数的合法性
        if (Strings.isNullOrEmpty(dto.getBookNo()) || dto.getUserId()==null || dto.getUserId()<=0){
            return new BaseResponse(StatusCode.InvalidParams);
        }
        //定义返回响应信息的实体
        BaseResponse response=new BaseResponse(StatusCode.Success);
        try {
            //不加锁的情况
            bookRobService.robWithNoLock(dto);

            //加 ZooKeeper 分布式锁的情况
            //bookRobService.robWithZKLock(dto);
        }catch (Exception e){
            response=new BaseResponse(StatusCode.Fail.getCode(),e.
```

```
            getMessage());
            }
            //返回响应信息
            return response;
        }
    }
```

其中，BookRobDto 类是用于封装前端用户提交抢购请求时的信息实体，主要包括两个核心参数，即用户 id 和书籍编号。其完整代码如下。

```
//导入依赖包
import lombok.Data;
import lombok.ToString;
import java.io.Serializable;
/**
 * 书籍抢购实体
 * @Author:debug (SteadyJack)
 **/
@Data
@ToString
public class BookRobDto implements Serializable{
    private Integer userId;//用户id
    private String bookNo; //书籍编号
}
```

最后是书籍抢购核心业务服务类 BookRobService 的开发。在该服务类中，首先开发"不加分布式锁"情况下的功能。其代码如下。

```
//导入依赖包
import com.debug.middleware.model.entity.*;
```

```java
import com.debug.middleware.model.mapper.*;
import com.debug.middleware.server.controller.lock.dto.BookRobDto;
import org.apache.curator.framework.CuratorFramework;
import org.apache.curator.framework.recipes.locks.InterProcessMutex;
import org.slf4j.Logger;
import org.slf4j.LoggerFactory;
import org.springframework.beans.BeanUtils;
import org.springframework.beans.factory.annotation.Autowired;
import org.springframework.stereotype.Service;
import org.springframework.transaction.annotation.Transactional;
import java.util.Date;
import java.util.concurrent.TimeUnit;
/**
 * 书籍抢购服务类
 * @Author:debug (SteadyJack)
 **/
@Service
public class BookRobService {
    //定义日志实例
    private static final Logger log= LoggerFactory.getLogger(BookRobService.class);
    //定义书籍库存实体操作接口Mapper实例
    @Autowired
    private BookStockMapper bookStockMapper;
    //定义书籍抢购实体操作接口Mapper实例
    @Autowired
    private BookRobMapper bookRobMapper;
    /**
     * 处理书籍抢购逻辑，不加分布式锁
     * @param dto 前端用户抢购时的请求封装实体
```

```java
 * @throws Exception
 */
@Transactional(rollbackFor = Exception.class)
public void robWithNoLock(BookRobDto dto) throws Exception{
    //根据书籍编号查询记录
    BookStock stock=bookStockMapper.selectByBookNo(dto.getBookNo());
    //统计每个用户每本书的抢购数量
    int total=bookRobMapper.countByBookNoUserId(dto.getUserId(),dto.getBookNo());
    //商品记录存在、库存充足，而且用户还没抢购过本书，则代表当前用户可以抢购
    if (stock!=null && stock.getStock()>0 && total<=0){
        log.info("--- 处理书籍抢购逻辑 - 不加分布式锁 ---，当前信息：{} ",dto);

        // 当前用户抢购到书籍，库存减 1
        int res=bookStockMapper.updateStock(dto.getBookNo());
        //更新库存成功后，需要添加抢购记录
        if (res>0){
            //创建书籍抢购记录实体信息
            BookRob entity=new BookRob();
            //从提交的用户抢购请求实体信息中对应的字段取值
            //复制到新创建的书籍抢购记录实体的相应字段中
            BeanUtils.copyProperties(dto,entity);
            //设置抢购时间
            entity.setRobTime(new Date());
            //插入用户注册信息
            bookRobMapper.insertSelective(entity);
        }
    }else {
        //如果不满足上述的任意一个if条件，则抛出异常
        throw new Exception("该书籍库存不足！");
```

                }
            }
        }

至此,"书籍抢购"场景核心业务逻辑的代码开发完成。接下来可以打开 Postman 工具对整体的业务逻辑进行自测。在测试之前,需要在"书籍库存记录表"中创建数据用例,如图 7.64 所示。

■ 图 7.64 "书籍抢购业务"创建数据用例

其中,该数据用例表示书籍编号为 BS20190421001,库存为 10 本的记录。紧接着可以在 Postman 工具中输入用户抢购的请求,该请求将携带两个参数,即用户 id 和书籍编号 book_no,http://127.0.0.1:8087/middleware/book/rob/request?userId=10010&bookNo=BS20190421001,表示当前用户 id 为 10010,书籍编号为 BS20190421001 的请求。单击"Send",即可发起当前用户抢购书籍的请求,稍等即可看到后端接口返回了相应的响应结果,如图 7.65 所示。

■ 图 7.65 "书籍抢购业务"发起请求后的响应结果

从该响应结果中可以得出当前用户已经抢购成功。打开数据库,可以观察"书籍库存记录表"book_stock 和"用户抢购记录表"book_rob 的数据记录,如图 7.66 所示。

至此,对于"书籍抢购"业务场景代码实战的自测完成。从该测试结果中可以得出在"用户数据量不大"(比如十几秒才来一个用户购买书籍)的情况下,该抢购的处理逻辑是没问题的。

图 7.66 "书籍抢购业务"数据库记录结果

7.5.4 JMeter 重现"库存超卖"的问题

下面采用测试工具 JMeter 对上述业务场景的代码逻辑进行压力测试,重现高并发下"商品库存超卖"的问题。

JMeter 建立测试计划的步骤在前面章节中已经介绍得很详细了,在这里就不重复介绍了。需要注意的是,JMeter 高并发产生的多线程请求携带的参数有 userId 和 bookNo,其中 userId 参数的取值可以从 CSV 数据文件中随机读取,如图 7.67 所示。

图 7.67 JMeter 压测时 CSV 数据文件的设置

单击 JMeter 主界面的"启动"按钮,即可发起 1 秒内并发 1000 个线程的请求。此时可以直接观察数据库中两个数据库表的记录结果,如图 7.68 所示。

从该数据表的记录结果中可以看出"库存超卖"了,即高并发产生的多线程对共享资源进行了并发访问,导致出现数据不一致的现象。

■ 图 7.68　JMeter 压测时数据库的记录结果

7.5.5　基于分布式锁实战解决相关问题

"书籍抢购"这一业务场景的"共享资源"主要由 3 个核心操作组成。第 1 个是查询并判断当前用户是否抢购过该书籍；第 2 个是查询并判断当前书籍的库存是否充足；最后一个是更新书籍的库存并插入用户抢购的记录；这 3 个操作对于多线程来说是一个完整的"整体"，不可进行分割，一旦进行分割，将很有可能出现"来不及处理"的状况，即该完整的操作应被看作共享的资源。

下面介绍采用"分布式锁"控制多线程对该共享资源的并发访问操作。由于本章介绍的"分布式锁"的实现方式有多种，在这里介绍其中的一种，即基于 ZooKeeper 实现分布式锁的方式。其他的两种方式各位读者可以自行进行尝试，培养自己的动手能力。

如下代码为"书籍抢购服务"中采用"ZooKeeper 分布式锁"实现的功能方法。

```
// 导入依赖包
import com.debug.middleware.model.entity.*;
import com.debug.middleware.model.mapper.*;
import com.debug.middleware.server.controller.lock.dto.BookRobDto;
import org.apache.curator.framework.CuratorFramework;
import org.apache.curator.framework.recipes.locks.InterProcessMutex;
import org.slf4j.Logger;
```

```java
import org.slf4j.LoggerFactory;
import org.springframework.beans.BeanUtils;
import org.springframework.beans.factory.annotation.Autowired;
import org.springframework.stereotype.Service;
import org.springframework.transaction.annotation.Transactional;
import java.util.Date;
import java.util.concurrent.TimeUnit;
/**
 * 书籍抢购服务
 * @Author:debug (SteadyJack)
 **/
@Service
public class BookRobService {
    //定义日志实例
    private static final Logger log= LoggerFactory.getLogger(BookRobService.class);
    //定义书籍库存实体操作接口 Mapper 实例
    @Autowired
    private BookStockMapper bookStockMapper;
    //定义书籍抢购实体操作接口 Mapper 实例
    @Autowired
    private BookRobMapper bookRobMapper;
    //定义 ZooKeeper 客户端 CuratorFramework 实例
    @Autowired
    private CuratorFramework client;
    //ZooKeeper 分布式锁的实现原理是 ZNode 节点的创建与删除和监听机制的构成
    // 而 ZNoe 节点将对应一个具体的路径，和 Unix 文件夹路径类似，需要以 / 开头
    private static final String pathPrefix="/middleware/zkLock/";
    /**
     * 处理书籍抢购逻辑，加 ZooKeeper 分布式锁
```

```java
 * @param dto
 * @throws Exception
 */
@Transactional(rollbackFor = Exception.class)
public void robWithZKLock(BookRobDto dto) throws Exception{
    // 创建ZooKeeper互斥锁组件实例，需要将CuratorFramework实例、精心
    // 构造的共享资源作为构造参数
    InterProcessMutex mutex=new InterProcessMutex(client,pathPrefix+dto.getBookNo()+dto.getUserId()+"-lock");
    try {
        // 采用互斥锁组件尝试获取分布式锁，其中尝试的最大时间在这里设置为15秒
        // 当然，具体的情况需要根据实际的业务而定
        if (mutex.acquire(15L, TimeUnit.SECONDS)){
            //TODO：真正的核心处理逻辑

            // 根据书籍编号查询记录
            BookStock stock=bookStockMapper.selectByBookNo(dto.getBookNo());
            // 统计每个用户每本书的抢购数量
            int total=bookRobMapper.countByBookNoUserId(dto.getUserId(),dto.getBookNo());
            // 商品记录存在、库存充足，而且用户还没抢购过本书，则代表当前用户可以抢购
            if (stock!=null && stock.getStock()>0 && total<=0){
                log.info("---处理书籍抢购逻辑-加ZooKeeper分布式锁---,当前信息：{} ",dto);

                // 当前用户抢购到书籍，库存减1
                int res=bookStockMapper.updateStock(dto.getBookNo());
                // 更新库存成功后，需要添加抢购记录
```

```java
            if (res>0){
                // 创建书籍抢购记录实体信息
                BookRob entity=new BookRob();
                // 从提交的用户抢购请求实体信息中对应的字段取值
                // 复制到新创建的书籍抢购记录实体的相应字段中
                entity.setUserId(dto.getUserId());
                entity.setBookNo(dto.getBookNo());
                // 设置抢购时间
                entity.setRobTime(new Date());
                // 插入用户注册信息
                bookRobMapper.insertSelective(entity);
            }else {
                // 如果不满足上述的任意一个if条件，则抛出异常
                throw new Exception("该书籍库存不足！");
            }
        }else{
            throw new RuntimeException("获取ZooKeeper分布式锁失败！");
        }
    }catch (Exception e){
        throw e;
    }finally {
        //TODO:不管发生何种情况，在处理完核心业务逻辑之后，需要释放该分布式锁
        mutex.release();
    }
}
```

除此之外，还需要调整控制器BookRobController调用"核心业务逻辑处理"的方法为上述"加了分布式锁"的功能方法，其代码如下。

```java
// 导入依赖包
import com.debug.middleware.api.enums.StatusCode;
import com.debug.middleware.api.response.BaseResponse;
import com.debug.middleware.server.controller.lock.dto.BookRobDto;
import com.debug.middleware.server.service.lock.BookRobService;
import org.assertj.core.util.Strings;
import org.slf4j.Logger;
import org.slf4j.LoggerFactory;
import org.springframework.web.bind.annotation.RequestMapping;
import org.springframework.web.bind.annotation.RequestMethod;
import org.springframework.web.bind.annotation.RestController;
/**
 * 书籍抢购Controller
 * @Author:debug (SteadyJack)
 **/
@RestController
public class BookRobController {
    //定义日志
    private static final Logger log= LoggerFactory.getLogger(BookRobController.class);
    //定义请求前缀
    private static final String prefix="book/rob";
//定义核心逻辑服务类
@Autowired
    private BookRobService bookRobService;
    /**
     * 用户抢购书籍请求
     * @param dto 用于接收前端用户抢购请求的信息封装实体
     * @return
     */
```

```java
        @RequestMapping(value = prefix+"/request",method = RequestMethod.GET)
        public BaseResponse takeMoney(BookRobDto dto){
            // 校验参数的合法性
            if (Strings.isNullOrEmpty(dto.getBookNo()) || dto.getUserId()==null || dto.getUserId()<=0){
                return new BaseResponse(StatusCode.InvalidParams);
            }
            // 定义返回响应信息的实体
            BaseResponse response=new BaseResponse(StatusCode.Success);
            try {
                // 不加锁的情况
                //bookRobService.robWithNoLock(dto);

                // 加 ZooKeeper 分布式锁的情况
                bookRobService.robWithZKLock(dto);
            }catch (Exception e){
                response=new BaseResponse(StatusCode.Fail.getCode(),e.getMessage());
            }
            // 返回响应信息
            return response;
        }
    }
```

在再次采用 JMeter 工具测试上述加了分布式锁后的处理逻辑之前，需要调整更换 userId 参数的随机取值列表，并重新设置该书籍库存为 10 本，如图 7.69 所示。

单击 Jmeter 主界面的"启动"按钮，即可发起 1 秒内并发 1000 个线程的请求。此时可以直接观察数据库中两个数据表的记录结果，如图 7.70 所示。

从该数据表的记录结果中可以得出，ZooKeeper 的"分布式锁"确实成功控制了多线程对共享资源的并发访问。由于 userid 的随机取值列表为 6 个账户，即 10040~10045，如图 7.69 所示。故而不管并发了多少个线程，最多也将只有 6 个用户能够抢到该书籍。最终该书籍的库存为 10-6=4 本。

■ 图 7.69　调整更换 userId 参数的随机取值列表

■ 图 7.70　JMeter 再次压测时数据表的记录结果

至此，"书籍抢购"业务场景完整的整体代码实战完成。各位读者可以根据本节提供的样例代码与思路进行实战。

7.5.6　小结

"纸上得来终觉浅，绝知此事要躬行"。前面小节主要讲解了目前分布式领域实现分布式锁的几种方式，包括其理论概念、实现流程与实现原理。然而若只是单单停留在理论知识层面的摄取上，对于分布式锁的理解与掌握将终究只是纸上谈兵，故而本节以实际生产环境中典型的应用场景"书籍商城抢购书籍"为案例,配备实际的代码实战该业务场景相关的业务模块,并基于 ZooKeeper 的分布式锁实战解决了该业务场景在高并发下产生的"库存超卖"的问题,算是给"分布式锁"的整体介绍画上一个圆满的句号。

值得一提的是,本小节重在业务场景的流程分析、模块划分以及实际的代码实战,故而在这里还是得建议各位读者一定亲自照着思路编写代码,拒绝"CV 大法"(即 Ctrl+C 复制、Ctrl+V 粘贴)。唯有亲自敲出相应的代码,才能更好地理解"分布式锁"的作用、实现方式以及实际生产环境中"商品库存超卖"问题的产生与解决方案等。

7.6 总结

本章主要是围绕分布式系统架构在实际生产环境落地实施时出现的一种典型的问题,即分布式数据一致性的问题进行探讨。当高并发产生的多线程对共享资源进行并发访问时,由于后端接口来不及处理线程请求的数据,导致最终出现数据不一致或并非预想的结果的问题,如"数据重复提交""手机号重复充值""库存超卖"等均为典型的场景。

为此,"分布式锁"登场了。分布式锁,顾名思义,指的是在分布式的环境下对共享资源加锁,避免多线程访问时出现并发安全的问题。简单地理解,加"分布式锁",其实最直接的目的在于为核心的处理逻辑赢得足够的时间,避免高并发产生多线程访问共享资源时,系统后端接口出现来不及判断的状况,从而最终避免出现"数据不一致"的问题。

除此之外,本章还重点介绍了分布式锁的基本概念、出现背景、典型的应用场景以及常见的 3 种实现方式。这 3 种方式包括基于数据库级别的乐观锁、悲观锁,基于 Redis 的原子操作以及基于 ZooKeeper 实现的分布式锁。每种实现方式各有优缺点,适应的业务场景也不尽相同。在实际项目中,可以根据具体的业务、系统规模、准确性要求等指标采取适当的方式实现分布式锁,对并发线程共享的资源加锁,从而避免出现数据不一致的现象(笔者更偏向于使用基于 Redis 的原子操作和基于 ZooKeeper 的方式实现分布式锁)。

值得一提是,本章也配备了丰富的、来源于实际生产环境中典型的应用场景为案例,以实际的代码实战实现分布式锁,将分布式锁真正应用到实际项目中,从而帮助读者巩固加深对分布式锁相关技术要点的理解,进一步掌握分布式锁在实际生产环境中的应用。

第8章 综合中间件 Redisson

在互联网时代，企业为了适应业务规模、用户数据量的增长，一般情况下会对其相应的应用系统不断地进行更新，在"企业级 Java 应用时代"便经历了集中式的单体 Java 应用系统到分布式系统架构的演进。

然而，在企业级应用系统架构演进的过程中，实施者经常会遇到一些非业务层面的困扰，比如关于替代技术的选型、中间件的使用以及底层相关通信框架的选择等。特别是对于中间件的选择与应用，对于实施者而言可谓一大挑战，因为实施者需要考虑其使用性能、高可用指标以及尽量与业务低耦合等情况。

本章要介绍的便是这样的一款高性能分布式中间件 Redisson，它是架设在 Redis 基础上实现 Java 驻内存数据网格的综合中间件。之所以称呼为"综合中间件"，是因为 Redisson 所提供的功能特性以及在实际项目中所起的作用远远多于原生 Redis 所提供的。

Redisson 是一款具有诸多高性能功能特性的开源中间件。其设计的初衷是促进实施者对 Redis 的关注进行分离（Separation of Concern），让实施者可以将更多的精力集中在处理业务逻辑上，从而更好地拆分应用整体的系统架构。

本章涉及的知识点如下。

- Redisson 概述，包括 Redisson 的基本概念、作用、功能特性以及典型的应用场景。
- 基于 Spring Boot 搭建的项目整合 Redisson，包括添加 Redisson 的相关依赖包、整合核心配置文件以及自定义注入相关 Bean 操作组件。
- 介绍并以实际的代码实战 Redisson 典型常见的数据组件，包括 Redisson 的分布式对象、分布式集合等。
- 重点介绍并以代码实战 Redisson 提供的不同类型分布式锁的实现方式、作用以及各自的性能对比。
- 以实际生产环境中典型的应用场景为案例，采用 Redisson 提供的各种数据组件以及分布式锁实战该业务场景中出现的典型问题。

8.1 Redisson 概述

Redisson 是一款免费开源的中间件，其内置了一系列的分布式对象、分布式集合、分布式锁以及分布式服务等诸多功能特性，是一款基于 Redis 实现的、拥有一系列分布式系统功能特性的工具包，可以说是实现分布式系统架构中缓存中间件的最佳选择。

本节将重点介绍 Redisson 的基本概念、作用、功能特性及其在实际生产环境中典型的应用场景。除此之外，还将介绍如何基于前面章节搭建的 Spring Boot 项目整合 Redisson，包括整合其相关依赖、配置文件，并实现 Redisson 相关 Bean 操作组件的自定义注入，以实际的代码实战 Redisson。

8.1.1 Redisson 简介与作用

初次接触"Redisson"这个单词的读者可能心里会有一个疑问，它和缓存中间件 Redis 有什么关联吗？为什么看起来有点像 Redis 的"儿子"？（Redisson=Redis+Son）在这里，笔者也不卖关子：Redisson 虽然不能称为 Redis 的"儿子"，但是却与 Redis 有着千丝万缕的关系。

Redisson 是在缓存中间件 Redis 的基础上的一款具有高性能、操作更为便捷的"综合中间件"。它充分利用 Redis 的 Key-Value（键值对）数据类型以及基于内存数据库所提供的一系列优势，使得原本作为协调单机多线程并发程序的工具包获得了协调分布式多机多线程并发系统的能力，大大降低了设计和研发大规模分布式系统架构的难度。与此同时，它还结合了各种具有丰富特色的分布式服务、分布式对象、分布式集合以及分布式锁等数据组件，更进一步地简化了分布式环境中程序相互之间的协作。

打开浏览器，进入 Redisson 官方网站，从其清新、简洁、大气的主页即可推测 Redisson 是一个不简单的"角色"！其官方网站的部分如图 8.1 所示。

当然，这里的"综合中间件"只是笔者对该开源组件的"尊称"，因为它所提供的功能特性以及在实际项目中所起的作用远远不止原生 Redis 所提供的各种功能，还提供了分布式远程服务（Remote Service）、分布式实时对象（Live Object）服务以及分布式调度任务服务（Scheduler Service）等功能，故而可以将其称之为综合了各种功能特性的开源中间件。这一点，读者在后续篇章实战 Redisson 相关分布式对象、分布式集合以及分布式服务等功能组件时将有所体会。

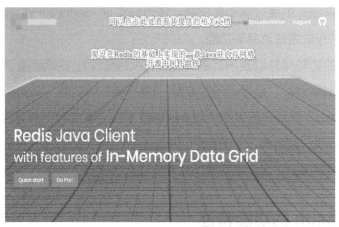

■ 图 8.1　Redisson 官方网站的部分截图

除此之外，Redisson 的出现也给开发者带来了更为便捷的操作。原因在于 Redisson 底层数据类型的设计采用了动态类的形式，从而让 Redis 的数据类型操作起来更像 Java 对应的数据类型。比如，在 JavaSE 的基础知识体系中，应用相当广泛的当属 Java 的集合（即列表 List 和映射 Map），而开源组件 Redisson 的其中一个设计初衷就是希望可以将 Redis 的数据类型（比如 List、Set、Map 等）与 JavaSE 基础知识体系中常见的 List、Set、Map 等联系起来，从而让开发者可以以"代码"的形式而不是以"硬记命令"的形式操作 Redis，实现开发者对 Redis 的关注分离，从而可以更好地将精力放在应用系统业务逻辑的处理上。图 8.2 为业务应用系统在使用开源组件 Redisson 时的核心架构（在这里是采用多个 Redis 服务节点部署构成的服务）。

■ 图 8.2　业务应用系统在使用 Redisson 时的核心架构

值得一提的是，Redisson 的底层基础架构是采用基于非阻塞式的输入输出（即 Non-Blocking IO，NIO）的 Netty 框架实现数据的传输，具有更为高效的数据传输性能。

它不仅可以作为 Redis 的底层驱动客户端，还可以实现 Redis 命令以同步、异步、异步流甚至是管道流的形式发送消息等功能。

Redis 具备的功能特性以及所起的作用，Redisson 几乎都涵盖了。比如 Redis 可以实现的"热点数据存储""最近访问的数据""排行榜"等功能，Redisson 也可以实现。除此之外，Redisson 还具有更多的功能，如可以实现分布式锁、分布式服务调度、分布式任务调度、远程执行服务等。总而言之，Redisson 是一款相对于 Redis 而言具有更高性能的、操作更为便捷的、功能特性更为丰富的综合中间件。

8.1.2　Redisson 的功能特性

如前文所述，Redisson 虽是在 Redis 的基础上实现的一款综合中间件，但是却拥有比 Redis 种类更多、性能更强的功能特性。而正是由于它提供的这些功能特性，使得 Redisson 成为一款可以用于构建分布式应用系统的重要工具，在高并发应用系统中充当一个至关重要的"角色"。图 8.3 为 Redisson 所提供的绝大部分功能特性。

■ 图 8.3　Redisson 所提供的绝大部分功能特性

在本章，笔者将重点介绍并以实际的代码实战 Redisson 提供的分布式对象、分布式集合以及分布式锁等功能特性。特别是对于"分布式锁"这一功能特性，将以实际生产环境中典型的业务场景作为案例，配备实际的代码帮助读者加以实战巩固。

- 多种连接方式：指的是作为客户端的应用系统可以拥有多种方式连接到 Redisson 所在的服务节点，如同步连接的方式、异步连接的方式以及异步流连接的方式等。
- 数据序列化：指的是对象的序列化和反序列化方式，从而实现该 Java 对象在 Redis 的存储和读取。
- 集合数据分片：Redisson 可以通过自身的分片算法，将一个大集合拆分为若干个片段，然后将拆分后的片段均匀地分布到集群里各个节点中，保证每个节点分配到的片段数量大体相同。
- 分布式对象：可以说大部分数据组件都是 Redisson 所特有的，如布隆过滤器、BitSet、基于订阅发布式的话题功能等。
- 分布式集合：这一点跟原生的缓存中间件 Redis 所提供的数据类型类似，包括列表（List）、集合（Set）、映射（Map）以及 Redisson 特有的延迟队列等数据组件。
- 分布式锁：可以说是 Redisson 至关重要的组件，目前在 Java 应用系统中使用 Redisson 最多的功能特性当属分布式锁，包括可重入锁、一次性锁、读写锁等。
- 分布式服务：指的是可以实现不在同一个 Host（服务器节点）的远程服务之间的调度，除此之外，还包括定时任务的调度等。

Redisson 提供的这些功能特性对多线程高并发应用系统而言是至关重要的基本组件，也使得 Redisson 成为一款构建分布式系统架构的重要工具。

8.1.3 典型应用场景介绍之布隆过滤器与主题

Redisson 凭借其拥有诸多的功能特性与自身操作的便捷性，在高并发分布式应用系统中起到了重要的作用，在实际生产环境中具有典型的应用场景。下面笔者将列举几个亲身经历过的典型业务场景，带领读者初步认识 Redisson 在实际项目中的应用。

首先要介绍的是 Redisson 在"去重业务"场景的应用。对于"去重"，相信各位读者并不陌生，即指的是判断一个元素是否在一个集合中存在。如果存在，则输出"已存在"的结果；如果不存在，则存储该元素并输出"该元素不存在"的结果。该业务场景的流程如图 8.4 所示。

图 8.4　去重业务场景的流程

传统 Java 应用系统一般是采用 JDK 自身提供的 HashSet 进行去重，即主要是通过调用其 contains() 方法，判断当前元素是否存在于集合中。如果调用方法返回的结果为 true，则代表元素已存在该集合中；如果返回结果为 false，则代表元素不存在，并将该元素添加进集合中。

此种方式要求在调用 contains() 方法之前，将数据列表加载至内存中，即 HashSet 的 contains() 方法是基于内存存储实现判断功能的。故在高并发产生大数据量的场景下，此种方式则显得捉襟见肘。为此 Redisson 分布式对象提供了一种高性能的数据组件"布隆过滤器"（Bloom Filter）。

初次接触"布隆过滤器"的读者可能会对其感到陌生。其实它是一个过滤器，用来过滤已经存在的元素，最终保证集合中的元素是唯一的，即所谓的"去重"。它的作用跟 JDK 自身提供的 HashSet 的作用有"异曲同工"之处，只不过它不需要在"判重"之前将数据列表加载至内存。

Redisson 的"布隆过滤器"是需要将当前的元素经过事先设计构建好的 K 个哈希函数计算出 K 个哈希值，并将预先已经构建好的"位数组"的相关下标取值置为 1。当某个元素需要判断是否已经存在时，则同样是先经过 K 个哈希函数求取 K 个哈希值，并判断"位数组"相应的 K 个下标的取值是否都为 1。如果是，则代表元素是"大概率"存在的；否则，该元素一定不存在。

从上述对布隆过滤器的介绍中，可以得知布隆过滤器在实际项目中主要是用于判断一个元素是否存在于"大数量"的集合中。其底层判重的算法主要有两个核心步骤，首先是"初始化"的逻辑，即首先需要设计并构造 K 个哈希函数以及容量大小为 N、每个元素初始值为 0 的数组，如图 8.5 所示。

图 8.5　Redisson 去重的第 1 个核心步骤流程

紧接着是第 2 个核心步骤,即"判断元素是否存在"的执行逻辑。该步骤其实跟第 1 个核心步骤有点类似。首先也是需要将当前的元素经过 K 个哈希函数的计算得到 K 个位序值,然后判断 K 个位序值(数组的下标)对应数组中的元素取值是否都为 1。如果都为 1,则代表该元素是"大概率"存在的;否则,只要有其中一个元素取值不为 1,则一定不存在。这一核心步骤执行流程如图 8.6 所示。

图 8.6　Redisson 去重的第 2 个核心步骤流程

布隆过滤器的去重算法核心步骤执行流程如下。

（1）需要设计并构造 K 个哈希函数，每个函数可以把元素散列成为一个整数，即每个元素经过函数的计算求值，将得到一个整数值。

（2）还需要初始化一个长度为 N 的比特数组，即位数组。每个比特位，即数组的元素值将初始化为 0。

（3）当某个元素要加入集合时，需要先用 K 个哈希函数计算出 K 个哈希值，并把数组中对应下标的元素赋值为 1。

（4）在判断某个元素是否存在集合时，需要先用 K 个哈希函数计算出 K 个哈希值，并查询数组中对应元素的取值，如果所有的数组下标对应的元素取值都为 1，则可以认为该元素"大概率"存在于该集合中，如果数组中对应下标的任意一个元素值不为 1，则可以确定该元素一定不存在于该集合中。

之所以说是"大概率"存在，是因为位数组中元素被赋值为 1 时，很有可能是在不同元素通过 K 个哈希函数计算出 K 个"哈希值"时，刚好有"下标"是重复所导致的，即所谓的"误判"现象，如图 8.7 所示。

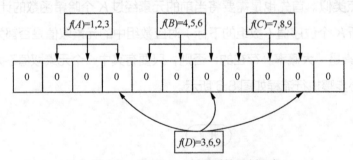

图 8.7　Redisson 判重时的误判现象

在图 8.7 中，主要是通过 3 个哈希函数，长度大小为 11 的位数组构成一个简单的"布隆过滤器"，其整体的执行流程如下。

首先是将待添加入集合的元素 A、B、C 经过 3 个哈希函数的计算，分别得到 3 个哈希值，即 f(A)=1,2,3、f(B)=4,5,6、f(C)=7,8,9。与此同时，位数组相应的下标对应的元素将赋值为 1，即 Arr[1]~Arr[9] 的取值都为 1，而其余下标对应的元素取值仍然为 0。此时，如果需要判断元素 D 是否存在于集合，会发现通过 3 个哈希函数对 D 进行 3 次哈希计算，得出的 3 个哈希值为 3、6、9，即 f(D)=3,6,9；而此时 Arr[1]~Arr[9] 的取值均为 1，即布隆过滤器会认为该元素是存在于集合的，但事实上该元素明显是不存在的，即布隆过滤器出现了误判的现象（当然，在实际生产环境中是极少出现这种状况的）。

对于布隆过滤器而言，其优点与缺点是并存的。优点在于它不需要开辟额外的内存存储元素，从而节省了存储空间。缺点在于判断元素是否在集合中时，是有一定的误判率的；同时添加进布隆过滤器的元素是无法删除的，因为位数组的下标是多个元素共享的，如果删除的话，很有可能出现误删的情况。

紧接着要介绍的第 2 个典型业务场景是"消息通信"。即 Redisson 也可以实现类似"消息中间件 RabbitMQ"提供的消息队列功能，从而实现业务服务模块的异步通信与解耦。这一功能主要是通过 Redisson 分布式对象中的其中一个组件，即"基于发布-订阅模式的主题"功能实现的。该数据组件底层在执行发布、订阅逻辑时跟 RabbitMQ 消息队列的生产者发送消息、消费者监听消费消息是很类似的，其执行流程如图 8.8 所示。

图 8.8　Redisson"基于发布-订阅模式的主题"的执行流程

首先需要构造"发布-订阅模式的主题"。当生产者需要发布消息时，只需要将相应的消息或者数据以主题的形式进行发布，而消费者只需要订阅相应的主题即可实现自动监听消费主题、消息，从而执行相应的业务逻辑。

这一过程跟消息中间件 RabbitMQ 实现消息的发送、接收的过程类似。图 8.9 为分布式消息中间件 RabbitMQ 基本消息模型中生产、发送消息以及监听、消费消息的整体大概流程。

图 8.9　消息中间件 RabbitMQ 基本消息模型的大概流程

"基于发布-订阅模式的主题"的数据组件核心主要由 3 个部分组成：一个是"主题"，

可以理解为消息队列中的消息;一个是生产者,主要作用在于生产消息,并将消息以主题的形式进行发布;最后一个是消费者,主要作用在于订阅主题,并时刻监听是否有相应的主题、消息到来,如果有,则接受并执行处理相应的业务逻辑。

在某种程度上,"基于发布-订阅模式的主题"这一数据组件可以替代消息中间件发送、接受消息的功能。

8.1.4 典型应用场景介绍之延迟队列与分布式锁

接下来要介绍的是 Redisson 另外一种典型的应用场景"延迟队列"。对于"延迟队列",相信各位读者并不陌生,在前面章节介绍 RabbitMQ 死信队列时就曾经重点介绍过了。而在这里 Redisson 的延迟队列和 RabbitMQ 的死信队列几乎是"双胞胎",拥有几乎相同的功能特性,即生产者将消息发送至队列之后,消息并不会立即被消费者监听消费,而是等待一定的时间(TTL)后才会被真正的队列监听消费。

值得一提的是,在 Ressison 开源组件里并没有提供"死信队列"这一核心组件,取而代之的是 Redisson 的阻塞式队列。"阻塞式队列",顾名思义,指的是进入到 Redisson 队列中的消息将会发生阻塞的现象,如果消息设置了 TTL,那么消息将会在该阻塞队列"暂时停留"一定的时间,直到 TTL 已过,即代表消息该"离开"了,才前往下一个中转站,即消息将进入真正的队列,等待被消费者监听消费。图 8.10 为消息在进入 Redisson 延迟队列后的执行流程。

■ 图 8.10　消息在进入 Redisson 延迟队列后的执行流程

从图 8.10 中可以看出,Redisson 的"阻塞式队列"相当于 RabbitMQ 的"死信队列"，主要起到一个"暂存、缓冲"的作用。当设置的 TTL 过后，消息才进入真正的队列，等待被消费者监听消费。

最后一个值得重点介绍的 Redisson 的典型应用场景，是"Redisson 分布式锁"。对于分布式锁，相信各位读者也并不陌生，在本书第 7 章就已经重点介绍过了，它在实际项目中的作用主要用于"控制高并发产生的多线程对共享资源的并发访问"。前面章节中介绍了实现分布式锁的 3 种方式，即基于数据库级别的乐观锁、悲观锁，基于 Redis 的原子操作实现分布式锁，基于 ZooKeeper 的临时顺序节点和 Watcher 机制实现分布式锁。

以上 3 种实现方式其实各有优缺点，这在前面的篇章中已经详细论述过了，此处就不重复赘述了。本章要介绍的是另外一种具有高性能、操作更为便捷的实现方式，即 Redisson 的分布式锁。众所周知，Redisson 是在 Redis 的基础上实现的一款 Java 驻内存网格的综合中间件，不仅拥有 Redis 提供的绝大部分功能特性，还拥有诸如分布式对象、分布式服务等一系列功能组件，在分布式应用系统中起到了关键性的作用。

而之所以 Redisson 提供了"分布式锁"这一功能组件，其最大的原因在于基于 Redis 的原子操作实现的分布式锁是有一定的缺陷的，而 Redisson 的分布式锁可以很好地弥补这些缺陷。这些缺陷包括以下几点。

- 执行 Redis 的原子操作 EXPIRE 时，需要设置 Key 的过期时间 TTL，不同的业务场景设置的 TTL 是不同的，如果设置不当，将很有可能影响应用系统和 Redis 服务的性能。

- 采用 Redis 的原子操作 SETNX 获取分布式锁时，不具备"可重入"的特性。即当高并发产生多线程时，同一时刻只有一个线程可以获取锁，从而操作共享资源；而其他的线程将获取锁失败，并且是永远失败。而有一些业务场景要求线程具有"可重入"特性，则需要在应用程序里添加 while(true){} 的代码块，即不断地循环等待获取分布式锁，这种方式很明显既不"优雅"，又很有可能造成系统卡顿的现象。

- 在执行 Redis 的原子操作 SETNX 之后、EXPIRE 之前，如果 Redis 的服务节点发生宕机，由于锁没有及时被释放而导致最终很有可能出现"死锁"的现象，即永远不会有其他的线程获取锁（因为锁没有被删除，导致其永久存在）。

在 Redis 3.x 等高版本虽然已经出现了 RedLock 等分布式锁功能组件，但是其性能却仍然有待考究。而 Redisson 分布式锁的出现却可以很好地解决以上列举的几点缺陷。图 8.11 为 Redisson 分布式锁在控制多线程对共享资源并发访问时的执行流程。

图 8.11　Redisson 分布式锁的执行流程

Redisson 提供了多种"分布式锁"供开发者使用，包括"可重入锁""一次性锁""联锁""红锁"以及"读写锁"等，每一种分布式锁实现的方式、适用的应用场景各不相同。而应用比较多的当属 Redisson 的"可重入锁"以及"一次性锁"。

可重入锁，顾名思义，指的是当前线程如果没能获取对共享资源的锁，将会等待一定的时间重新进行获取，在这个过程中 Redisson 会提供一个重新获取锁的时间戳，并在调用 tryLock() 方法时进行指定。

一次性锁，指的是当前线程获取分布式锁时，如果成功则执行后续对共享资源的操作，否则将永远失败（有点"成者为王，败者为寇"的韵味），其主要是通过调用 lock() 方法获取锁。

不管最终是采用哪种方式实现分布式锁，其最终的目的都是为"执行对共享数据的操作"赢得足够的时间，从而可以很好地避免多线程对共享资源的并发访问，避免出现并发安全的问题，最终保证数据的一致性。

以上介绍的均为笔者目前在实际生产环境中亲身经历过的典型的应用场景，这些业务场景在后续篇章的代码实战中将重新提及并采用实际的代码实战实现，从而帮助读者加深对 Redisson 的理解。

当然，对于 Redisson 而言，其适用的应用场景还远远不止于此，目前它涉足的领域还包括分布式的大数据处理、Web 应用会话集群以及微服务架构实施等业务场景。读者访问 Redisson 的官方网站，即可在主页的最下方看到 Redisson 目前应用的业务领域相当广泛。

8.1.5　Spring Boot 整合 Redisson

接下来，基于前面章节搭建好的 Spring Boot 项目，整合开源的综合中间件 Redisson。包括整合其相关的依赖、配置文件以及自定义注入 Redisson 相关操作组件 Bean 等。

首先需要在项目中加入 Redisson 的依赖包，在这里将其加入 server 模块的 pom.xml 配置文件，配置如下。

```xml
<!--redisson-->
<dependency>
    <groupId>org.redisson</groupId>
    <artifactId>redisson</artifactId>
    <version>3.10.6</version>
</dependency>
```

紧接着是在 Spring Boot 项目中加入 Redisson 自定义的 Bean 操作组件 RedissonClient，其自定义注入的代码在 RedissonConfig 类中，相应的目录结构如图 8.12 所示。

■　图 8.12　Redisson 自定义注入 Bean 操作组件所在的目录结构

其完整的代码如下。

```java
// 导入依赖包
import org.redisson.Redisson;
import org.redisson.api.RedissonClient;
import org.redisson.config.Config;
import org.springframework.beans.factory.annotation.Autowired;
import org.springframework.context.annotation.Bean;
import org.springframework.context.annotation.Configuration;
import org.springframework.core.env.Environment;
/**
 * 自定义注入 Redisson 相关开源组件
 * @Author:debug (SteadyJack)
 * @Date: 2019/4/27 13:34
 **/
@Configuration
public class RedissonConfig {
    // 读取环境变量的实例 env
    @Autowired
    private Environment env;
    /**
     * 自定义注入配置操作 Redisson 的客户端实例
     * @return
     */
    @Bean
    public RedissonClient config(){
        // 创建配置实例
        Config config=new Config();
        // 可以设置传输模式为 EPOLL, 也可以设置为 NIO 等
        //config.setTransportMode(TransportMode.NIO);
```

```
            // 设置服务节点部署模式：集群模式、单一节点模式、主从模式、哨兵模式等
            //config.useClusterServers().addNodeAddress(env.getProperty
("redisson.host.config"),env.getProperty("redisson.host.config"));
            config.useSingleServer()
                    .setAddress(env.getProperty("redisson.host.config"))
                    .setKeepAlive(true);
            // 创建并返回操作 Redisson 的客户端实例
            return Redisson.create(config);
        }
    }
```

其中，"读取环境变量实例 env" 读取的变量是配置在配置文件 application.properties 中的，其变量取值如下。

```
#redisson 配置
redisson.host.config=redis://127.0.0.1:6379
```

从该代码可以看出，Redisson 确实是基于 Redis 搭建的服务，并使用自身高度封装的客户端操作实例 RedissClient 实现各种功能特性的。除此之外，从下面这段代码可以看出，本地 Spring Boot 项目整合 Redisson 时是采用"单一节点"模式搭建服务的。

```
config.useSingleServer().setAddress(env.getProperty("redisson.host.
config")).setKeepAlive(true);
```

而除了"单一节点"的部署模式之外，还有"集群""主从"以及"哨兵"等部署模式。不同的部署模式对应的代码是不尽相同的，读者需根据自身项目的实际情况采取合适的部署模式。图 8.13 为 Redisson 在不同部署模式下的配置代码目录，单击不同的模式，即可看到相应的配置代码。

单击 IDEA 控制台的运行按钮，将整个项目运行起来。此时可以查看控制台的输

出结果,如果没有相应的报错信息,则代表初步的整合是暂时没有问题的(这里要注意的是,需要先将搭建的服务运行起来)。

最后,可以写一个简单的单元测试方法,输出目前 Redisson 在该 Spring Boot 项目中的配置概况。该单元测试方法的代码如下。

■ 图 8.13　Redisson 在不同部署模式下的配置代码目录

```
// 导入依赖包
import org.junit.Test;
import org.junit.runner.RunWith;
import org.redisson.api.RedissonClient;
import org.slf4j.Logger;
import org.slf4j.LoggerFactory;
import org.springframework.beans.factory.annotation.Autowired;
import org.springframework.boot.test.context.SpringBootTest;
import org.springframework.test.context.junit4.SpringJUnit4ClassRunner;
/** 单元测试类
 * @Author:debug (SteadyJack)
 **/
@RunWith(SpringJUnit4ClassRunner.class)
@SpringBootTest
public class RedissonTest {
    // 定义日志
    private static final Logger log= LoggerFactory.getLogger(RedissonTest.class);
    // 定义操作 Redisson 的客户端实例
    @Autowired
    private RedissonClient redissonClient;
    // 输出目前 Redisson 的配置概况
    @Test
```

```
    public void test1() throws Exception{
        log.info("redisson的配置信息: {}",redissonClient.getConfig().toJSON());
    }
}
```

运行该单元测试方法,即可在控制台看到其相应的输出结果。如下代码即为该单元测试方法的输出结果,该输出结果其实正是 Redisson 提供给开发者的配置参数,读者可以根据实际的业务情况在 RedissonConfig 配置类中加入相应的配置选项。

```
{
// 单一节点配置
"singleServerConfig": {
// 连接空闲超时,单位为 ms
"idleConnectionTimeout": 10000,
//ping 模式连接超时时间,单位为 ms
"pingTimeout": 1000,
// 连接超时,单位为 ms
"connectTimeout": 10000,
// 命令等待超时,单位为 ms
"timeout": 3000,
// 命令失败重试次数
"retryAttempts": 3,
// 命令失败后的重试时间间隔
"retryInterval": 1500,
// 单个连接最大订阅数量
"subscriptionsPerConnection": 5,
// 启用 SSL 终端识别
"sslEnableEndpointIdentification": true,
```

```
    // sslProvider
    "sslProvider": "JDK",
    //ping 模式连接的时间间隔
    "pingConnectionInterval": 0,
    // 连接是否保持活跃转态
    "keepAlive": true,
    "tcpNoDelay": false,
    //Redis 服务的地址
    "address": "redis://127.0.0.1:6379",
    // 从节点发布和订阅连接的最小空闲连接数
    "subscriptionConnectionMinimumIdleSize": 1,
    // 从节点发布和订阅连接池大小
    "subscriptionConnectionPoolSize": 50,
    "connectionMinimumIdleSize": 32,
    // 连接池的数量
    "connectionPoolSize": 64,
    // 使用 Redis 的数据库编号
    "database": 0,
    // DNS 监测时间间隔,单位为 ms
    "dnsMonitoringInterval": 5000
},
// 线程池数量,默认为:当前处理核数量乘以 2
"threads": 16,
// Netty 线程池数量
"nettyThreads": 32,
"codec": {
    // 序列化与反序列化时采用的编码
    "class": "org.redisson.codec.FstCodec"
},
"referenceEnabled": true,
```

```
            // 传输模式，默认为 NIO
            "transportMode": "NIO",
            // 监控锁的"看门狗超时时间"，单位为 ms
            "lockWatchdogTimeout": 30000,
            // 保持订阅发布的顺序
            "keepPubSubOrder": true,
            // 其余的参数在实际应用系统比较少用，可以采用默认配置即可
            // 如果需要查阅其他的参数，可以查看 Redisson 相关的接口文档
        }
```

至此，Spring Boot 整合 Redisson 的相关准备工作完毕，包括整合 Redisson 的依赖、加入相应的配置选项以及在 Spring Boot 项目注入自定义的 Bean 操作组件 RedissonClient。在后续篇章中，将基于此进行代码实战。

8.2　Redisson 常见功能组件实战

上一节主要介绍了 Redisson 的基本概念、作用、典型的应用场景以及常见的功能组件。其中，Redisson 常用的功能组件包括分布式对象中的布隆过滤器（Bloom Filter）、基于发布-订阅模式的主题以及 Redisson 特有的延迟队列等。本节将基于前面章节 Spring Boot 整合 Redisson 的项目，以实际的业务场景作为案例，配备相应的代码进行实战。

8.2.1　布隆过滤器

布隆过滤器（Bloom Filter），在实际生产环境中主要用于判断一个元素是否存在于大数据量的集合中，其底层算法的核心逻辑主要由两大部分组成。第 1 部分是精心设计并构造 K 个哈希函数以及构造长度大小为 N 的位数组，并设置数组的每个元素的初始值为 0；第 2 部分是判断一个元素是否存在于大数据量的集合时，需要将该

元素经过 K 个哈希函数的计算得出 K 个哈希值，并判断位数组对应的下标的元素取值是否为 1，如果都为 1，则元素很大概率是存在的；而只要有一个对应的数组元素的取值不为 1，则代表该元素一定不存在于集合中。其底层算法的执行流程如图 8.14 所示。

图 8.14　布隆过滤器的底层算法的执行流程

从图 8.14 可以看出，如果要求开发者自行设计一种上述执行流程的算法，无疑将会加大开发者开发的难度。为此，Redisson 分布式对象提供了一种经过高度封装的数据组件，即布隆过滤器，开发者可以直接拿来使用（即真正做到了"开箱即用"）。

下面以实际生产环境中典型的业务场景"判断一个元素是否存在于一个大数据量的集合中"为案例，配备实际的代码实战 Redisson 的布隆过滤器。首先需要利用布隆过滤器构造一个大数据量（在这里指定数据量为 10 万，当然，也可以指定为 100 万等其他数字）的集合，然后分别检查指定的元素是否存在于该集合中，最后将对应的检测结果进行输出。

其完整的代码编写在 RedissonTest 类的 test2() 方法中，如下所示。

```java
@Test
public void test2() throws Exception{
    // 定义Redis中的Key
    final String key="myBloomFilterDataV2";
    // 初始化构造数组容量的大小
    Long total=100000L;
    // 创建布隆过滤器组件
    RBloomFilter<Integer> bloomFilter=redissonClient.getBloomFilter(key);
    // 初始化布隆过滤器，预计统计元素数量为100000，期望误差率为0.01
    bloomFilter.tryInit(total, 0.01);
    // 初始化遍历，往布隆过滤器添加元素
    for (int i=1;i<=total;i++){
        bloomFilter.add(i);
    }
    // 检查、输出特定的元素在布隆过滤器是否存在
    log.info(" 该布隆过滤器是否包含数据1: {}",bloomFilter.contains(1));
    log.info(" 该布隆过滤器是否包含数据-1: {}",bloomFilter.contains(-1));
    log.info(" 该布隆过滤器是否包含数据10000: {}",bloomFilter.contains(10000));
    log.info(" 该布隆过滤器是否包含数据100000000: {}",bloomFilter.contains(100000000));
}
```

运行该单元测试方法，观察控制台的输出结果，稍等（total的取值越大，运行的时间将越长，因为需要往布隆过滤器添加元素）即可看到相应的输出结果，如下所示。

```
INFO [main] --- RedissonTest: 该布隆过滤器是否包含数据1: true
INFO [main] --- RedissonTest: 该布隆过滤器是否包含数据-1: false
INFO [main] --- RedissonTest: 该布隆过滤器是否包含数据10000: true
INFO [main] --- RedissonTest: 该布隆过滤器是否包含数据100000000: false
```

在上述代码中由于循环遍历了 total=100000L 的次数，并往布隆过滤器添加了相应的元素，故而 1 和 10000 这两个元素是存在于集合中的，而 -1 和 100000000 则明显是不存在于集合中的。

在上述代码中，该布隆过滤器主要用于存储基本数据类型的元素，而在实际项目中还有可能是用于存储、过滤对象类型的元素。其完整的代码如下。

```
@Test
public void test3() throws Exception{
    // 定义 Redis 中的 Key
    final String key="myBloomFilterDataV4";
    // 创建布隆过滤器组件
    RBloomFilter<BloomDto> bloomFilter=redissonClient.getBloomFilter(key);
    // 初始化布隆过滤器，预计统计元素数量为 1000，期望误差率为 0.01
    bloomFilter.tryInit(1000, 0.01);
    // 初始化遍历，往布隆过滤器添加对象
    BloomDto dto1=new BloomDto(1,"1");
    BloomDto dto2=new BloomDto(10,"10");
    BloomDto dto3=new BloomDto(100,"100");
    BloomDto dto4=new BloomDto(1000,"1000");
    BloomDto dto5=new BloomDto(10000,"10000");
    // 往布隆过滤器添加对象
    bloomFilter.add(dto1);
    bloomFilter.add(dto2);
    bloomFilter.add(dto3);
    bloomFilter.add(dto4);
    bloomFilter.add(dto5);
    // 检查、输出特定的元素在布隆过滤器是否存在
    log.info(" 该布隆过滤器是否包含数据 (1,\"1\"): {}",bloomFilter.contains
```

```
(new BloomDto(1,"1")));
        log.info("该布隆过滤器是否包含数据(100,\"2\"): {}",bloomFilter.cont
ains(new BloomDto(100,"2")));
        log.info("该布隆过滤器是否包含数据(1000,\"3\"): {}",bloomFilter.con
tains(new BloomDto(1000,"3")));
        log.info("该布隆过滤器是否包含数据(10000,\"10000\"): {}",bloomFilter.
contains(new BloomDto(10000,"10000")));
    }
```

其中，BloomDto 类主要包含两个字段。这两个字段并没有特殊的含义，纯粹只是用于测试，读者可以不必关注。其完整的代码如下。

```
/**
 * 用于布隆过滤器存储的对象
 * @Author:debug (SteadyJack)
 * @Date: 2019/4/28 20:41
 **/
@Data
@ToString
@EqualsAndHashCode
public class BloomDto implements Serializable{
    private Integer id; //id
    private String msg; //描述信息
    //空构造方法
    public BloomDto() {
    }
    //包含所有字段的构造方法
    public BloomDto(Integer id, String msg) {
        this.id = id;
        this.msg = msg;
```

                }
            }

运行该单元测试方法,观察控制台。稍等即可以看到相应的结果,如下所示。

```
INFO [main] --- RedissonTest:该布隆过滤器是否包含数据 (1,"1"): true
INFO [main] --- RedissonTest:该布隆过滤器是否包含数据 (100,"2"): false
INFO [main] --- RedissonTest:该布隆过滤器是否包含数据 (1000,"3"): false
INFO [main] --- RedissonTest:该布隆过滤器是否包含数据 (10000,"10000"): true
```

由于 (1,"1") 跟 (10000,"10000") 对应的对象已经被添加进布隆过滤器,所以这两个元素是存在于集合中的;同理,另外的两个元素则不存在于该集合中。至此,关于 Redisson 布隆过滤器的介绍与代码实战完成。读者可以自行发挥想象力,构造特定的业务场景并进行相应的代码实战。

布隆过滤器还可以充当"Redis 缓存击穿"的解决方案。因为"缓存击穿"的产生是由前端不断地请求一定不存在于缓存中的数据,导致大量的请求落到数据库服务器上,造成数据库服务器的压力暴增所引起的,而布隆过滤器正是用于高效地判断一个元素是否存在于集合中,故而可以将布隆过滤器应用于 Redis 的缓存击穿。

8.2.2 发布-订阅式主题

基于发布-订阅式的主题是 Redisson 提供给开发者的另一个高性能功能组件,可以实现类似消息中间件 RabbitMQ 的消息通信的功能,在实际项目中可以用于服务模块解耦、消息通信等业务模块,可以说是 Redisson 在构建分布式应用系统中的又一大"利器"。

和消息中间件 RabbitMQ 的基本消息模型类似,Redisson 的基于发布-订阅式主题主要由 3 大部分组成,即生产者、消费者和消息。生产者将消息以主题的形式发布,而消费者只需要订阅相应的主题,即可实现自动监听消费处理消息。其大概的执行流程如图 8.15 所示。

下面以实际生产环境中典型的应用场景"异步记录用户登录成功后的信息入数据库"

作为案例，配备实际的代码实战 Redisson 这一功能组件。

图 8.15　Redisson 基于发布 - 订阅式的主题的执行流程

对于"异步记录用户登录成功后的信息入数据库"这一业务场景在本书前面的章节已经有所介绍，并且已经设计好了相应的数据表 sys_log，相应的 DDL 如下。

```
CREATE TABLE 'sys_log' (
  'id' int(11) NOT NULL AUTO_INCREMENT,
  'user_id' int(11) DEFAULT '0' COMMENT '用户id',
  'module' varchar(255) DEFAULT NULL COMMENT '所属操作模块',
  'data' varchar(5000) CHARACTER SET utf8mb4 DEFAULT NULL COMMENT '操作数据',
  'memo' varchar(500) CHARACTER SET utf8mb4 DEFAULT NULL COMMENT '备注',
  'create_time' datetime DEFAULT NULL COMMENT '创建时间',
  PRIMARY KEY ('id')
) ENGINE=InnoDB DEFAULT CHARSET=utf8 COMMENT='日志记录表';
```

该数据表对应的 Entity 实体类、Mapper 操作接口以及对应的 SQL 配置文件夹 Mapper.xml 在这里就不列出了（可以直接全局搜索项目的 SysLogMapper 类和 SysLogMapper.xml 配置文件）。

接下来开发用于发布消息的生产者 UserLoginPublisher 以及用于监听消费处理消息的消费者 UserLoginSubscriber，相应的代码文件所在的目录结构如图 8.16 所示。

■ 图 8.16　Redisson 基于发布 - 订阅式的主题相关代码文件

首先是开发用于生产、发布消息的生产者 UserLoginPublisher，用于将用户登录成功后的相关信息以主题的形式进行发布，其完整的代码如下。

```
// 导入依赖包
import com.debug.middleware.server.dto.UserLoginDto;
import org.redisson.api.RTopic;
import org.redisson.api.RedissonClient;
import org.slf4j.Logger;
import org.slf4j.LoggerFactory;
import org.springframework.beans.factory.annotation.Autowired;
import org.springframework.stereotype.Component;
/**
 * 记录用户登录成功后的信息，生产者
 * @Author:debug (SteadyJack)
 **/
@Component
public class UserLoginPublisher {
    // 定义日志
    private static final Logger log= LoggerFactory.getLogger(UserLogin
```

```java
Publisher.class);
    // 构造基于发布-订阅式主题的Key
    private static final String topicKey="redissonUserLoginTopicKey";
    // 构造Redisson客户端操作实例
    @Autowired
    private RedissonClient redissonClient;
    /**
     * 异步发送消息
     * @param dto
     */
    public void sendMsg(UserLoginDto dto){
        try {
            // 判断消息对象是否为Null
            if (dto!=null){
                log.info("记录用户登录成功后的轨迹-生产者-发送消息: {} ",dto);

                // 创建主题
                RTopic rTopic=redissonClient.getTopic(topicKey);
                // 发布消息
                rTopic.publishAsync(dto);
            }
        }catch (Exception e){
            log.error("记录用户登录成功后的轨迹-生产者-发生异常: {}",dto,e.fillInStackTrace());
        }
    }
}
```

其中，消息由 UserLoginDto 类来充当，它主要包含了 3 个字段，分别是用户名、密码以及用户 id。其完整的代码如下。

```java
// 导入依赖包
import lombok.Data;
import lombok.ToString;
import org.hibernate.validator.constraints.NotBlank;
import java.io.Serializable;
/**
 * 用户登录实体信息
 * @Author:debug (SteadyJack)
 **/
@Data
@ToString
public class UserLoginDto implements Serializable{
    @NotBlank
    private String userName;//用户名，必填
    @NotBlank
    private String password;//登录密码，必填
    private Integer userId;//用户id
}
```

最后是开发用于监听消费、处理消息的消费者 UserLoginSubscriber 类。在这里，由于 Redisson 的基于发布-订阅式的主题不具备"自动"监听的功能，故而需要让消费者继承 Spring 提供的 ApplicationRunner 和 Ordered 接口，使得消费者可以在项目启动完成之后执行相应的"不断"监听消息的业务逻辑。其完整的代码如下。

```java
// 导入依赖包
import com.debug.middleware.server.dto.UserLoginDto;
import com.debug.middleware.server.service.SysLogService;
import org.redisson.api.RTopic;
import org.redisson.api.RedissonClient;
import org.redisson.api.listener.MessageListener;
```

```java
import org.slf4j.Logger;
import org.slf4j.LoggerFactory;
import org.springframework.beans.factory.annotation.Autowired;
import org.springframework.boot.ApplicationArguments;
import org.springframework.boot.ApplicationRunner;
import org.springframework.core.Ordered;
import org.springframework.stereotype.Component;
/**
 * 记录用户登录成功后的轨迹，消费者
 * @Author:debug (SteadyJack)
 * @Date: 2019/4/28 22:08
 **/
@Component
public class UserLoginSubscriber implements ApplicationRunner,Ordered{
    //定义日志
    private static final Logger log= LoggerFactory.getLogger(UserLoginSubscriber.class);
    //构造基于发布-订阅式主题的Key
    private static final String topicKey="redissonUserLoginTopicKey";
    //构造Redisson客户端操作实例
    @Autowired
    private RedissonClient redissonClient;
    //定义系统日志服务实例
    @Autowired
    private SysLogService sysLogService;
    /**
     * 在这个方法里实现"不断地监听该主题中消息的动态"，即间接地实现自动监听消费
     * @param arguments
     * @throws Exception
     */
```

```java
    @Override
    public void run(ApplicationArguments arguments) throws Exception {
        try {
            RTopic rTopic=redissonClient.getTopic(topicKey);
            rTopic.addListener(UserLoginDto.class, new MessageListener<UserLoginDto>() {
                @Override
                public void onMessage(CharSequence charSequence, UserLoginDto dto) {
                    log.info("记录用户登录成功后的轨迹-消费者-监听消费到消息：{} ",dto);

                    //判断消息是否为Null
                    if (dto!=null){
                        //如果消息不为Null，则将消息记录入数据库中
                        sysLogService.recordLog(dto);
                    }
                }
            });
        }catch (Exception e){
            log.error("记录用户登录成功后的轨迹-消费者-发生异常：",e.fillInStackTrace());
        }
    }
    /**
     * 设置项目启动时执行getOrder()方法
     * @return
     */
    @Override
    public int getOrder() {
```

```
        return 0;
    }
}
```

在上述代码中，重写的 run() 方法即为"基于发布－订阅式主题"中消费者的自动监听消费逻辑。

至此，"异步记录用户登录成功后的信息入数据库"这一业务场景相应的代码开发完毕。最后，可以在 RedissonTest 类中编写一个单元测试方法，直接调用生产者发送消息的方法，其中相应的消息代表当前登录成功后用户的相关消息。该单元测试方法对应的代码如下。

```
// 创建用户登录成功后发送消息的生产者实例
@Autowired
private UserLoginPublisher userLoginPublisher;

@Test
public void test4() throws Exception{
    // 创建用户登录成功后的实体对象
    UserLoginDto dto=new UserLoginDto();
    // 设置用户 id、用户名以及密码等信息
    dto.setUserId(90001);
    dto.setUserName("a-xiu-luo");
    dto.setPassword("123456");
    // 将消息以主题的形式发布出去
    userLoginPublisher.sendMsg(dto);
}
```

运行该单元测试方法并观察控制台，稍等即可看到相应的输出结果，如图 8.17 所示。

与此同时，还可以打开数据库，查看数据表 sys_log 的数据记录。可以看到，用户

登录成功后的相关信息已经成功记录到数据库中，如图 8.18 所示。

图 8.17　代码运行后控制台的输出结果

图 8.18　查看数据表的记录结果

至此，该业务场景相应的代码实战完成。读者还可以自行发挥想象力，将"基于发布－订阅式的主题"应用于其他的业务模块中，加深对该功能组件的理解。

8.2.3　数据类型之映射 Map

基于 Redis 的分布式集合中的数据类型"映射 Map"是开源中间件 Redisson 提供给开发者的另一种高性能功能组件，在 Redisson 中被称为"RMap"。该功能组件实现了 Java 对象中的 ConcurrentMap 接口和 Map 接口，不仅拥有 Map 和 ConcurrentMap 相应的操作方法，同时自身也扩展提供了丰富的、Redisson 特有的操作方法，而且几乎每种方法还提供了多种不同的操作方式。如以下代码为 RMap 提供的多种不同操作方式的"添加元素"的 put() 方法。

```
/**
* 功能组件 Map-RMap
* @throws Exception
*/
@Test
public void test5() throws Exception{
```

```java
// 定义存储于缓存中间件 Redis 的 Key
final String key="myRedissonRMap";
// 构造对象实例
RMapDto dto1=new RMapDto(1,"map1");
RMapDto dto2=new RMapDto(2,"map2");
RMapDto dto3=new RMapDto(3,"map3");
RMapDto dto4=new RMapDto(4,"map4");
RMapDto dto5=new RMapDto(5,"map5");
RMapDto dto6=new RMapDto(6,"map6");
RMapDto dto7=new RMapDto(7,"map7");
RMapDto dto8=new RMapDto(8,"map8");
// 获取映射 RMap 功能组件实例，并采用多种不同的方式将对象实例添加进映射 RMap 中
RMap<Integer, RMapDto> rMap=redissonClient.getMap(key);
// 正常地添加元素
rMap.put(dto1.getId(),dto1);
// 异步的方式添加元素
rMap.putAsync(dto2.getId(),dto2);
// 添加元素之前判断是否存在，如果不存在才添加元素，否则不添加
rMap.putIfAbsent(dto3.getId(),dto3);
// 添加元素之前判断是否存在，如果不存在才添加元素，否则不添加（异步的方式）
rMap.putIfAbsentAsync(dto4.getId(),dto4);
// 正常地添加元素（快速的方式）
rMap.fastPut(dto5.getId(),dto5);
// 正常地添加元素（快速异步的方式）
rMap.fastPutAsync(dto6.getId(),dto6);
// 添加元素之前判断是否存在，如果不存在才添加元素；否则不添加（异步的方式）
rMap.fastPutIfAbsent(dto7.getId(),dto7);
// 添加元素之前判断是否存在，如果不存在才添加元素；否则不添加（异步快速的方式）
rMap.fastPutIfAbsentAsync(dto8.getId(),dto8);
```

```
        log.info("--- 往映射数据类型 RMap 中添加数据元素完毕 ---");
    }
```

在上述代码中,主要演示了 RMap 提供的多种不同操作方式的 put() 方法,其中包括异步的添加方式、添加之前需要进行判断元素是否存在的方式以及快速添加的方式等。在这个单元测试方法中,往 RMap 数据类型中添加的元素类型为实体对象 RMapDto,其代码如下。

```
// 导入依赖包
import lombok.Data;
import lombok.EqualsAndHashCode;
import lombok.ToString;
import java.io.Serializable;

/**
 * 映射 RMap 的实体信息
 */
@Data
@ToString
@EqualsAndHashCode
public class RMapDto implements Serializable {
    private Integer id;   //id
    private String name; // 名称
     // 空构造方法
    public RMapDto() {
    }
     // 包括所有字段的构造方法
    public RMapDto(Integer id, String name) {
        this.id = id;
        this.name = name;
```

                }
        }

运行该单元测试方法 test5()，稍等即可看到控制台输出相应的结果，如下所示。该运行结果表示已经成功将相应的实体对象信息添加至 RMap。

INFO [main] --- RedissonTest: --- 往映射 RMap 中添加数据元素完毕 ---

最后，再写一个单元测试方法 test6()，用于将刚刚添加进 RMap 数据类型中的数据元素取出来，并尝试移除一些指定的元素，最终输出观察 RMap 数据类型中数据元素的变化。其完整代码如下。

```
@Test
public void test6() throws Exception{
    log.info("--- 从映射数据类型 RMap 中获取数据元素开始 ---");

    // 定义存储于缓存中间件 Redis 的 Key
    final String key="myRedissonRMap";
    // 获取映射 RMap 功能组件实例
    // 并采用多种不同的方式将对象实例添加进映射 RMap 中
    RMap<Integer, RMapDto> rMap=redissonClient.getMap(key);
    // 遍历获取并输出映射 RMap 数据类型中的元素
    Set<Integer> ids=rMap.keySet();
    Map<Integer,RMapDto> map=rMap.getAll(ids);
    log.info(" 元素列表: {} ",map);

    // 指定待移除的元素 id
    final Integer removeId=6;
    rMap.remove(removeId);
    map=rMap.getAll(rMap.keySet());
```

```java
log.info("移除元素{}后的数据列表：{} ",removeId,map);
// 待移除的元素id列表
final Integer[] removeIds=new Integer[]{1,2,3};
rMap.fastRemove(removeIds);
map=rMap.getAll(rMap.keySet());
log.info("移除元素{}后的数据列表：{} ",removeIds,map);
}
```

在上述代码中，首先是通过 RMap 数据类型的 Key 列表（键列表）获取 RMap 数据类型中的所有数据元素，接着是移除指定的元素 id 以及元素 id 列表，最终重新获取并观察 RMap 数据类型中存储的所有数据元素。

运行该单元测试方法 test6()，稍等即可看到控制台相应的输出结果，如图 8.19 所示。

```
[2019-05-01 21:50:19.595] boot - INFO [simpleContainerManual-1] --- CachingConnectionFactory: Created new connection:
rabbitConnectionFactory#51c88e00:0/SimpleConnection@492e4594 [delegate=amqp://guest@127.0.0.1:5672/, localPort=50027]
[2019-05-01 21:50:19.717] boot - INFO [main] --- RedissonTest: Started RedissonTest in 3.922 seconds (JVM running for 4.608)
[2019-05-01 21:50:19.751] boot - INFO [main] --- RedissonTest: ---从映射数据结构RMap中获取数据元素开始---
[2019-05-01 21:50:19.792] boot - INFO [main] --- RedissonTest: 元素列表：{1=RMapDto(id=1, name=map1), 2=RMapDto(id=2, name=map2), 3=RMapDto
(id=3, name=map3), 4=RMapDto(id=4, name=map4), 5=RMapDto(id=5, name=map5), 6=RMapDto(id=6, name=map6), 7=RMapDto(id=7, name=map7),
8=RMapDto(id=8, name=map8)}
[2019-05-01 21:50:19.802] boot - INFO [main] --- RedissonTest: 移除元素6后的数据列表：{1=RMapDto(id=1, name=map1), 2=RMapDto(id=2, name=map2)
, 3=RMapDto(id=3, name=map3), 4=RMapDto(id=4, name=map4), 5=RMapDto(id=5, name=map5), 7=RMapDto(id=7, name=map7), 8=RMapDto(id=8,
name=map8)}
[2019-05-01 21:50:19.810] boot - INFO [main] --- RedissonTest: 移除元素[1, 2, 3]后的数据列表：{4=RMapDto(id=4, name=map4), 5=RMapDto(id=5,
name=map5), 7=RMapDto(id=7, name=map7), 8=RMapDto(id=8, name=map8)}
[2019-05-01 21:50:19.813] boot - INFO [Thread-5] --- GenericWebApplicationContext: Closing org.springframework.web.context.support
.GenericWebApplicationContext@291b4bf5: startup date [Wed May 01 21:50:16 CST 2019]; root of context hierarchy
[2019-05-01 21:50:19.814] boot - INFO [Thread-5] --- DefaultLifecycleProcessor: Stopping beans in phase 2147483647
[2019-05-01 21:50:19.816] boot - INFO [Thread-5] --- SimpleMessageListenerContainer: Waiting for workers to finish.
```

图 8.19　查看控制台输出结果

从该输出结果中，可以看出 RMap 数据类型中初始的元素列表有 8 个实体对象，当移除元素 id 为 6 的实体对象后，RMap 数据类型中的元素列表只剩下 7 个实体对象。同样的道理，当批量移除元素 id 为 1、2、3 对应的实体对象后，RMap 数据类型中的元素列表将只剩下 4 个实体对象。

RMap 数据类型除了上述代码介绍的 put()、remove()、getAll() 等方法之外，还有其他的操作方法，在这里就不一一列举了，读者可以自行查看相应的接口文档或者在 IDEA 编辑器中用鼠标单击 RMap 类，查看该类提供的相关操作方法。

开源中间件 Redisson 还为映射 RMap 这一功能组件提供了一系列具有不同功能特性的数据类型，这些数据类型按照特性主要分为 3 大类，即元素淘汰（Eviction）、本地缓存（LocalCache）以及数据分片（Sharding），如图 8.20 所示。

■ 图 8.20　RMap 不同功能特性的数据类型

元素淘汰：Redisson 提供的映射 RMap 数据类型跟原生 Redis 提供的哈希数据类型其实是"师出同门"，甚至可以理解为这两者根本就是一码事，只不过在不同的媒介下有不同的显示操作方法而已。

然而，Hash 存储类型不具备对"单个数据元素"失效的功能，而 RMap 数据类型则具有此种功能，即可以通过为某个数据元素指定存储时间从而决定该数据元素的存活时效，而不存在所有数据元素共用的 Key 失效从而导致所有的数据元素都出现丢失的情况。

本地缓存：指的是可以将部分数据保存在本地内存里，从而将数据读取的速度提高最多 45 倍。另外，此种数据类型将可以实现所有同名的本地缓存共用一个发布 – 订阅话题，从而使得所有更新和过期的消息都将通过该话题进行共享。

数据分片：指的是将单一的映射结构切分为若干个小的映射，并均匀地分布在集群中各个节点的数据类型。

下面采用实际的代码实战上述介绍的"元素淘汰"的数据类型，学习、理解并掌握如何通过此种数据类型动态地对单个数据元素执行"过期失效"的操作，其完整的代码如下。

```
/* 元素淘汰机制 */
@Test
public void test7() throws Exception{
// 定义存储于缓存中间件 Redis 的 Key
final String key="myRedissonMapCache";
```

```java
// 获取映射缓存 RMapCache 功能组件实例，元素淘汰机制对应的实例
RMapCache<Integer, RMapDto> rMap=redissonClient.getMapCache(key);
// 构造对象实例
RMapDto dto1=new RMapDto(1,"map1");
RMapDto dto2=new RMapDto(2,"map2");
RMapDto dto3=new RMapDto(3,"map3");
RMapDto dto4=new RMapDto(4,"map4");

// 将对象元素添加进 MapCache 组件中
rMap.putIfAbsent(dto1.getId(),dto1);
// 将对象元素添加进 MapCache 组件中，TTL 设置为 10 秒
// 即该数据元素存活时间为 10 秒
rMap.putIfAbsent(dto2.getId(),dto2,10, TimeUnit.SECONDS);
// 将对象元素添加进 MapCache 组件中
rMap.putIfAbsent(dto3.getId(),dto3);
// 将对象元素添加进 MapCache 组件中，有效时间 TTL 设置为 5 秒
// 即该数据元素存活时间为 5 秒
rMap.putIfAbsent(dto4.getId(),dto4,5,TimeUnit.SECONDS);
// 首次获取 MapCache 组件的所有 Key
Set<Integer> set=rMap.keySet();
// 获取 MapCache 组件存储的所有元素
Map<Integer,RMapDto> resMap=rMap.getAll(set);
log.info("元素列表：{} ",resMap);


// 等待 5 秒，再获取查看 MapCache 存储的数据元素列表
Thread.sleep(5000);
resMap=rMap.getAll(rMap.keySet());
log.info("等待 5 秒-元素列表：{} ",resMap);
// 等待 10 秒，再获取查看 MapCache 存储的数据元素列表
Thread.sleep(10000);
```

```
resMap=rMap.getAll(rMap.keySet());
log.info("等待10秒-元素列表：{} ",resMap);
}
```

在上述代码中，程序首先为"元素淘汰"数据类型对应的 RMapCache 实例添加了 4 个实体对象，并为 id 为 2 和 4 的实体对象分别设置 10 秒和 5 秒的存活时间，之后获取、输出 RMap 数据类型中所有的数据元素。

理论上，当首次获取所有的数据元素时，程序将会输出 4 个实体对象。当程序等待 5 秒后，由于此时 id 为 4 的实体对象的存活时间已经过了，故而此时 RMap 数据类型中将只剩下 3 个数据元素。当程序继续等待 10 秒后，由于 id 为 2 的实体对象的存活时间已过，故而最终 RMap 数据类型中将只剩下 2 个数据元素，即 id 为 1 和 3 对应的实体对象。

运行该单元测试方法 test7()，稍等即可观察控制台相应的输出结果，如图 8.21 所示。

图 8.21　运行单元测试方法后控制台的输出结果

从该输出结果中可以得出，其最终的"结局"正如我们所预料的那样。而之所以"元素淘汰"机制对应的数据类型具有此种功能，主要原因在于其底层在实现 put() 方法时，如果为特定的数据元素指定了 TTL，则 Redisson 会额外开启一个定时的任务调度，定时扫描特定的数据元素的 TTL 是否已过。如果数据元素的 TTL 已过，则 Redisson 会将该数据元素从指定的数据类型 RMap 中移除，从而实现数据元素的淘汰功能。

对于其他的两种特殊的映射数据类型"本地缓存"与"数据分片"，读者可以自行根据官方提供的接口文档与案例代码进行实战。

8.2.4　数据类型之集合 Set

基于 Redis 的分布式集合中的功能组件 RSet 则主要是实现了 Java 对象中的

java.util.Set 接口。该功能组件可以保证集合中每个元素的唯一性，它不仅拥有 Set 接口提供的相应的操作方法，同时自身也扩展提供了丰富的、Redisson 特有的操作方法。

除此之外，Redisson 还为集合这一功能组件提供了一系列具有不同功能特性的数据类型，包括有序集合功能组件（SortedSet）、计分排序集合功能组件（ScoredSortedSet）以及字典排序集合功能组件（LexSortedSet）等。

对于这些具有不同功能特性的数据类型，其实原生的 Redis 几乎都已经提供了，在前面介绍并实战缓存中间件 Redis 的篇章中已经有所提及。接下来采用实际的代码实战以下两种数据类型，即有序集合功能组件 SortedSet 和计分排序集合功能组件 ScoredSortedSet。

首先是有序集合功能组件 SortedSet，顾名思义，主要用于实现集合（Set）中元素的唯一性与有序性。下面开发一个实体对象 RSetDto 类（该类的相应字段并不代表实际的业务含义，只是纯粹用于测试），用于实战上述两种不同的数据类型，其完整的代码如下。

```java
// 导入依赖包
import lombok.Data;
import lombok.EqualsAndHashCode;
import lombok.ToString;
import java.io.Serializable;
/**
 * Redisson 的集合数据组件 RSet 实体信息
 */
@Data
@ToString
@EqualsAndHashCode
public class RSetDto implements Serializable {
    private Integer id; //id
    private String name;    // 名称
    private Integer age;    // 年龄大小
```

```java
private Double score; //得分
//空的构造方法
public RSetDto() {
}
//包含部分参数的构造方法
public RSetDto(Integer id, String name, Double score) {
this.id = id;
this.name = name;
this.score = score;
}
//包含部分参数的构造方法
public RSetDto(Integer id, String name, Integer age) {
    this.id = id;
    this.name = name;
    this.age = age;
    }
}
```

接下来,开发一个单元测试方法 test8(),用于实现"在将实体对象添加进集合的同时,根据年龄的大小对集合中的元素进行从大到小的排序"功能,其完整代码如下。

```java
//集合(Set),保证元素的唯一性(RSortedSet)
@Test
public void test8() throws Exception{
    //定义存储于缓存中间件 Redis 的 Key
    //保证了元素的有序性
    final String key="myRedissonSortedSetV2";
    //创建对象实例
    RSetDto dto1=new RSetDto(1,"N1",20,10.0D);
```

```java
        RSetDto dto2=new RSetDto(2,"N2",18,2.0D);
        RSetDto dto3=new RSetDto(3,"N3",21,8.0D);
        RSetDto dto4=new RSetDto(4,"N4",19,6.0D);
        RSetDto dto5=new RSetDto(5,"N5",22,1.0D);
        //定义有序集合 SortedSet 实例
        RSortedSet<RSetDto> rSortedSet=redissonClient.getSortedSet(key);
        //设置有序集合 SortedSet 的元素比较器
        rSortedSet.trySetComparator(new RSetComparator());
        //将对象元素添加到集合中
        rSortedSet.add(dto1);
        rSortedSet.add(dto2);
        rSortedSet.add(dto3);
        rSortedSet.add(dto4);
        rSortedSet.add(dto5);
        //查看此时有序集合的元素列表
        Collection<RSetDto> result=rSortedSet.readAll();
        log.info(" 此时有序集合的元素列表：{} ",result);
}
```

由于需要对集合 Set 中的数据元素进行从大到小的排序，故而需要为集合 Set 添加一个自定义的"比较器"，根据待比较的实体对象的 age 字段的取值实现从大到小的排序，其完整的代码如下。

```java
//导入依赖包
import java.util.Comparator;
//集合 RSet 数据组件的自定排序
public class RSetComparator implements Comparator<RSetDto>{
    /**
     * 自定义排序的逻辑
     * @param o1 待比较的数据元素 1
```

```
 * @param o2 待比较的数据元素2
 */
@Override
public int compare(RSetDto o1, RSetDto o2) {
    // 表示后添加的数据元素如果age更大，则排得越前
    return o2.getAge().compareTo(o1.getAge());
}
}
```

运行该单元测试方法test8()，稍等即可看到控制台相应的输出结果，输出结果如下所示。从该输出结果中可以看出，SortedSet确实可以根据指定的"业务字段"实现集合中数据元素的唯一性与有序性。

此时有序集合的元素列表：[RSetDto(id=5, name=N5, age=22, score=null), RSetDto(id=3, name=N3, age=21, score=null), RSetDto(id=1, name=N1, age= 20, score=null), RSetDto(id=4, name=N4, age=19, score=null), RSetDto(id= 2, name=N2, age=18, score=null)]

除此之外，Redisson的集合还提供了"计分排序集合功能组件ScoredSortedSet"，在实际生产环境中可以用于实现"积分排行榜""最近访问排行榜"等功能。和"有序集合功能组件SortedSet"类似，在使用计分排序集合功能组件ScoredSortedSet实现相关的排名功能时，需要指定特定的"业务字段"作为"得分"的依据。

采用实体类RSetDto的score字段的取值作为得分排行的业务字段，其完整的代码如下。

```
// 集合Set--ScoredSortedSet
@Test
public void test9() throws Exception{
    // 定义存储于缓存中间件Redis的Key
    final String key="myRedissonScoredSortedSet";
```

```java
// 创建对象实例
RSetDto dto1=new RSetDto(1,"N1",10.0D);
RSetDto dto2=new RSetDto(2,"N2",2.0D);
RSetDto dto3=new RSetDto(3,"N3",8.0D);
RSetDto dto4=new RSetDto(4,"N4",6.0D);
// 定义得分排序集合 ScoredSortedSet 实例
RScoredSortedSet<RSetDto> rScoredSortedSet=redissonClient.getScoredSortedSet(key);
// 往得分排序集合 ScoredSortedSet 添加对象元素
rScoredSortedSet.add(dto1.getScore(),dto1);
rScoredSortedSet.add(dto2.getScore(),dto2);
rScoredSortedSet.add(dto3.getScore(),dto3);
rScoredSortedSet.add(dto4.getScore(),dto4);
// 查看此时得分排序集合 ScoredSortedSet 的元素列表
// 可以通过 SortOrder 指定读取出的元素是正序还是倒序
Collection<RSetDto> result=rScoredSortedSet.readSortAlpha(SortOrder.DESC);
log.info("此时得分排序集合 ScoredSortedSet 的元素列表-从大到小：{} ",result);
// 获取对象元素在集合中的位置，相当于获取排名
// 而且得到的排序值是从 0 开始算的，可以加 1
log.info("获取对象元素的排名：对象元素={},从大到小排名={} ",dto1,rScoredSortedSet.revRank(dto1)+1);
log.info("获取对象元素的排名：对象元素={},从大到小排名={} ",dto2,rScoredSortedSet.revRank(dto2)+1);
log.info("获取对象元素的排名：对象元素={},从大到小排名={} ",dto3,rScoredSortedSet.revRank(dto3)+1);
log.info("获取对象元素的排名：对象元素={},从大到小排名={} ",dto4,rScoredSortedSet.revRank(dto4)+1);
// 获取对象元素在排名集合中的得分
```

```
        log.info("获取对象元素在排名集合中的得分：对象元素={}，得分={} ",dto1,
rScoredSortedSet.getScore(dto1));
        log.info("获取对象元素在排名集合中的得分：对象元素={}，得分={} ",dto2,
rScoredSortedSet.getScore(dto2));
        log.info("获取对象元素在排名集合中的得分：对象元素={}，得分={} ",dto3,
rScoredSortedSet.getScore(dto3));
        log.info("获取对象元素在排名集合中的得分：对象元素={}，得分={} ",dto4,
rScoredSortedSet.getScore(dto4));
    }
```

在往 ScoredSortedSet 数据类型添加数据元素时，Redisson 底层默认是采用"正序"的方式对数据元素进行排序的，故而在读取集合中所有的数据元素时，可以通过指定 SortOrder.DESC 为"从大到小的排序"获取指定的数据元素，SortOrder.ASC 为"从小到大的排序"获取相应的数据列表。

除了可以获取集合中数据元素的"排名"之外，还可以获取特定的数据元素的得分，即只需要通过 getScore() 方法即可获取得到相应的得分。

运行该单元测试方法，稍等即可看到控制台相应的输出结果，如图 8.22 所示。

■ 图 8.22　运行单元测试方法后控制台的输出结果

通过该输出结果中，相信各位读者或多或少对集合提供的这一功能组件 ScoredSortedSet 的实际应用有了一定的认识。毫不夸张地说，凡是需要对缓存中的数据列表进行排序的，都可以使用 Redisson 提供的这一强大的功能组件。

8.2.5 队列 Queue 实战

基于 Redis 的分布式队列 Queue 是 Redisson 提供给开发者的又一大功能组件。按照不同的特性，分布式队列 Queue 还可以分为"双端队列（Deque）""阻塞队列（Blocking Queue）""有界阻塞队列（Bounded Blocking Queue）""阻塞双端队列（Blocking Deque）""阻塞公平队列（Blocking Fair Queue）""阻塞公平双端队列（Blocking Fair Deque）"等功能组件，不同的功能组件其作用自然不尽相同，适用的业务场景也是不一样的。

然而，在实际业务场景中，不管是采用哪一种功能组件作为"队列"，其底层核心的执行逻辑流程仍旧是借助"基于发布-订阅式的主题"来实现的，如图 8.23 所示。

图 8.23 "队列"底层核心的执行逻辑流程

从该执行逻辑图 8.23 中可以看出，"队列 Queue"主要由 3 大核心部分组成，即用于生产、发布消息的生产者、代表着数据流的消息以及监听消费、处理消息的消费者。这 3 大部分组成了最基本的消息模型（这一点跟分布式消息中间件 RabbitMQ 的基本消息模型很类似）。下面采用实际的代码实战"队列"RQueue 这一功能组件的基本消息模型。

（1）开发用于生产、发布消息的生产者 QueuePublisher 类，该类的作用主要用于发布最基本的消息（在这里使用字符串充当消息），其完整的代码如下。

```
// 导入依赖包
import org.redisson.api.RQueue;
import org.redisson.api.RedissonClient;
import org.slf4j.Logger;
```

```java
import org.slf4j.LoggerFactory;
import org.springframework.beans.factory.annotation.Autowired;
import org.springframework.stereotype.Component;
/**
 * 队列的生产者
 * @Author:debug (SteadyJack)
 **/
@Component
public class QueuePublisher {
    //定义日志
    private static final Logger log= LoggerFactory.getLogger(QueuePublisher.class);
    //定义Redisson的操作客户端实例
    @Autowired
    private RedissonClient redissonClient;
    /**
     * 发送基本的消息
     * @param msg 待发送的消息
     */
    public void sendBasicMsg(String msg){
        try {
            //定义基本队列的名称
            final String queueName="redissonBasicQueue";
            //获取队列的实例
            RQueue<String> rQueue=redissonClient.getQueue(queueName);
            //往队列中发送消息
            rQueue.add(msg);
            log.info("队列的生产者-发送基本的消息-消息发送成功：{} ",msg);
        }catch (Exception e){
            log.error("队列的生产者-发送基本的消息-发生异常：{} ",msg,e.
```

```
          fillInStackTrace());
                }
            }
        }
```

从该代码中可以看出，如果需要往 Redisson 的分布式队列发送消息时，首先需要获取 RQueue 实例，并调用其发送消息的方法 add()，最终将该消息发送至指定的队列，等待消费者监听消费。

（2）开发用于监听、消费并处理消息的消费者 QueueConsumer 类。在这里需要注意的是，Redisson 分布式队列中的"消息监听"机制是不同于 RabbitMQ 的。对于消息中间件 RabbitMQ 而言，当队列中有消息到来时，RabbitMQ 会将该消息"主动推送"给队列的监听者，从而实现消息可以成功被监听、消费的功能。

而在 Redisson 的分布式队列 RQueue 这里，却并没有"主动推送"的机制，故而需要消费者在"某个地方"不断地监听队列中是否有消息到来，从而决定是否需要执行相应的业务逻辑。如以下代码所示，消费者 QueueConsumer 类在不断地监听队列 RQueue 中的消息。

```
// 导入依赖包
import org.assertj.core.util.Strings;
import org.redisson.api.RQueue;
import org.redisson.api.RedissonClient;
import org.slf4j.Logger;
import org.slf4j.LoggerFactory;
import org.springframework.beans.factory.annotation.Autowired;
import org.springframework.boot.ApplicationArguments;
import org.springframework.boot.ApplicationRunner;
import org.springframework.core.Ordered;
import org.springframework.stereotype.Component;
/** 队列的消费者，实现 ApplicationRunner,Ordered 接口，表示该类将在项目启动运
行完毕之后，
```

```java
 * 自动run()方法的业务逻辑，在这里指的是"不断监听、消费队列中的消息"
 * @Author:debug (SteadyJack)
 **/
@Component
public class QueueConsumer implements ApplicationRunner,Ordered{
    //定义日志
    private static final Logger log= LoggerFactory.getLogger(QueueConsumer.class);
    //定义Redisson的操作客户端实例
    @Autowired
    private RedissonClient redissonClient;
    /**
     * 在项目启动运行成功之后执行该run()方法
     * @param args
     * @throws Exception
     */
    @Override
    public void run(ApplicationArguments args) throws Exception {
        //定义基本队列的名称
        final String queueName="redissonBasicQueue";
        //获取队列的实例
        RQueue<String> rQueue=redissonClient.getQueue(queueName);
        while (true){
            //从队列中弹出消息
            String msg=rQueue.poll();
            if (!Strings.isNullOrEmpty(msg)){
                log.info("队列的消费者-监听消费消息: {} ",msg);

                //TODO:在这里执行相应的业务逻辑
            }
```

```
        }
    }
    /*
    表示 QueueConsumer 将会在项目启动之后而跟随启动
    */
    @Override
    public int getOrder() {
        return -1;
    }
}
```

从该代码中可以看出,当需要从分布式队列中监听、消费消息时,首先需要获取 Redisson 的分布式队列这一功能组件的实例 RQueue,并不断地调用 poll() 方法,弹出队列中的消息。如果消息不为空,则代表队列中有消息到来了,消费者可以对该消息执行相应的业务逻辑;在某一时刻,如果从队列中弹出的消息为空,则代表该消费者可以暂时进入"休息时间"了。

(3)开发用于触发队列生产者生产、发送消息的 QueueController 类,其完整的代码如下。

```
// 导入依赖包
import com.debug.middleware.api.enums.StatusCode;
import com.debug.middleware.api.response.BaseResponse;
import com.debug.middleware.server.service.redisson.queue.QueuePublisher;
import org.slf4j.Logger;
import org.slf4j.LoggerFactory;
import org.springframework.beans.factory.annotation.Autowired;
import org.springframework.web.bind.annotation.RequestMapping;
import org.springframework.web.bind.annotation.RequestMethod;
import org.springframework.web.bind.annotation.RequestParam;
import org.springframework.web.bind.annotation.RestController;
```

```java
/**
 * Redisson 的队列 Controller
 * @Author:debug (SteadyJack)
 **/
@RestController
public class QueueController {
    //定义日志
    private static final Logger log= LoggerFactory.getLogger(QueueController.class);
    //定义发送请求的前缀
    private static final String prefix="queue";
    //定义发送日志的队列生产者实例
    @Autowired
    private QueuePublisher queuePublisher;
    /**
     * 发送消息
     * @param msg
     */
    @RequestMapping(value = prefix+"/basic/msg/send",method = RequestMethod.GET)
    public BaseResponse sendBasicMsg(@RequestParam String msg){
        //定义响应结果实例
        BaseResponse response=new BaseResponse(StatusCode.Success);
        try {
            //调用队列生产者发送消息的方法
            queuePublisher.sendBasicMsg(msg);
        }catch (Exception e){
            response=new BaseResponse(StatusCode.Fail.getCode(),e.getMessage());
        }
```

```
            //返回响应结果实例
            return response;
        }
}
```

至此，关于 Redisson 分布式队列 RQueue 中最基本的消息模型的代码实战完成。单击 IDEA 的运行按钮，即可将整个项目运行起来。

接着打开 Postman 测试工具，选择请求方法为 GET，并在地址栏输入以下用于访问"发送消息"的地址：http://127.0.0.1:8087/middleware/queue/basic/msg/send?msg=这是第 1 则消息，单击"Send"按钮即可发起相应的请求，其中，该请求地址的 msg 参数表示需要发送至队列中的消息。

观察控制台相应的输出结果，可以看到该队列的生产者已经成功将消息发送出去了，稍等即可看到消费者也监听消费了该消息，输出结果如下。

```
INFO [http-nio-8087-exec-3] --- QueuePublisher：队列的生产者 - 发送基本的消息 - 消息发送成功：这是第 1 则消息
INFO [main] --- QueueConsumer：队列的消费者 - 监听消费消息：这是第一则消息
```

至此 Redisson 中分布式队列最基本的功能组件 RQueue 的代码实战与自测完成。对于其他具有不同功能特性的数据组件，就不一一展开详述了，感兴趣的读者可以自行查阅 Redisson 提供的相应的接口文档与样例代码进行实战。在下一小节，将分享介绍并实战分布式队列中的延迟队列 Delayed Queue。

8.2.6 死信队列实战

对于"死信队列"这一功能组件，相信各位读者并不陌生，在前面介绍分布式消息中间件 RabbitMQ 死信队列的相关章节中已经有所提及。顾名思义，它是一种特殊的队列，可以实现进入队列中的消息延迟一定的时间再被消费者监听消费的功能，在实际生产环境中具有广泛的应用场景。特别是那些需要延迟处理的业务，都可以用上 RabbitMQ 死信队列这一强大的功能组件。图 8.24 为 RabbitMQ 死信队列的消息模型。

图 8.24　RabbitMQ 死信队列的消息模型

然而，任何事物都并非十全十美，RabbitMQ 的死信队列也是如此。当进入 RabbitMQ 死信队列的消息携带着不一样的 TTL 时，理论上 TTL 较小的消息应当先于 TTL 较大的消息被路由分发到真正的队列中。但是 RabbitMQ 的死信队列却不是如此，它依旧保持着先进先出（First In Fist Out，FIFO）的机制，即先进入死信队列的消息将先被真正的队列监听消费，而全然不顾不同消息携带的不同的 TTL 的值。

例如，当前有 3 个消息 A、B、C 先后进入 RabbitMQ 的死信队列，其中 A 的 TTL 为 10 秒，消息 B 的 TTL 为 2 秒，消息 C 的 TTL 为 4 秒，由于这 3 个消息的 TTL 从小到大的顺序为 B、C、A，故而理论上消息 B 将首先"死去"，从而进入真正的队列被监听消费，然后才是轮到消息 C、消息 A 先后进入真正的队列被监听消费。然而，通过代码的实战，会发现事实并非如此。

下面采用实际的代码实战上述的案例，一起认识并见证 RabbitMQ 死信队列的"不可思议"之处。

（1）在 RabbitmqConfig 配置类中创建死信队列基本的消息模型（创建的步骤其实在前面的章节中已经介绍得相当详细了），其完整的代码如下。

```
/**RabbitMQ 死信队列的缺陷 **/
// 创建死信队列，由"死信交换机 + 死信路由"组成
@Bean
public Queue redissonBasicDeadQueue(){
    Map<String,Object> argsMap=new HashMap<>();
    // 添加死信交换机组件
    argsMap.put("x-dead-letter-exchange", env.getProperty("mq.redisson.dead.exchange.name"));
    // 添加死信路由组件
```

```java
        argsMap.put("x-dead-letter-routing-key", env.getProperty("mq.redisson.dead.routing.key.name"));
    // 创建并返回死信队列，由 "死信交换机 + 死信路由" 组成
        return new Queue(env.getProperty("mq.redisson.dead.queue.name"),true,false,false,argsMap);
    }
    // 创建基本交换机
    @Bean
    public TopicExchange redissonBasicExchange() {
        return new TopicExchange(env.getProperty("mq.redisson.dead.basic.exchange.name"), true, false);
    }
    // 创建基本路由及其绑定，绑定到死信队列
    @Bean
    public Binding redissonBasicBinding() {
        return BindingBuilder.bind(redissonBasicDeadQueue())
                .to(redissonBasicExchange()).with(env.getProperty("mq.redisson.dead.basic.routing.key.name"));
    }
    // 创建死信交换机
    @Bean
    public TopicExchange redissonBasicDeadExchange() {
        return new TopicExchange(env.getProperty("mq.redisson.dead.exchange.name"), true, false);
    }
    // 创建真正队列，面向消费者
    @Bean
    public Queue redissonBasicDeadRealQueue() {
        return new Queue(env.getProperty("mq.redisson.real.queue.name"), true);
    }
```

```java
// 创建死信路由及其绑定，绑定到真正的队列
@Bean
public Binding redissonBasicDeadRealBinding() {
    return BindingBuilder.bind(redissonBasicDeadRealQueue())
            .to(redissonBasicDeadExchange()).with(env.getProperty
("mq.redisson.dead.routing.key.name"));
}
```

其中，读取环境变量实例 env 读取的变量是配置在配置文件 application.properties 中的，其变量取值如下。

```
# 死信队列消息模型
# 定义死信队列的名称
mq.redisson.dead.queue.name=${mq.env}.middleware.redisson.dead.queue
# 定义死信交换机的名称
mq.redisson.dead.exchange.name=${mq.env}.middleware.redisson.dead.exchange
# 定义死信路由的名称
mq.redisson.dead.routing.key.name=${mq.env}.middleware.redisson.dead.routing.key
# 定义绑定到死信队列的基本交换机的名称
mq.redisson.dead.basic.exchange.name=${mq.env}.middleware.redisson.dead.basic.exchange
# 定义绑定到死信队列的基本路由的名称
mq.redisson.dead.basic.routing.key.name=${mq.env}.middleware.redisson.dead.basic.routing.key
# 定义真正的队列的名称
mq.redisson.real.queue.name=${mq.env}.middleware.redisson.real.queue
```

（2）开发用于生产、发送消息的生产者 MqDelayQueuePublisher 类，主要用于将

消息发送至死信队列,并动态指定消息的 TTL,其完整的代码如下。

```java
// 导入依赖包
import com.debug.middleware.server.dto.DeadDto;
import org.slf4j.Logger;
import org.slf4j.LoggerFactory;
import org.springframework.amqp.AmqpException;
import org.springframework.amqp.core.*;
import org.springframework.amqp.rabbit.core.RabbitTemplate;
import org.springframework.amqp.support.converter.AbstractJavaTypeMapper;
import org.springframework.amqp.support.converter.Jackson2JsonMessageConverter;
import org.springframework.beans.factory.annotation.Autowired;
import org.springframework.core.env.Environment;
import org.springframework.stereotype.Component;
/**
 * RabbitMQ 死信队列消息模型,生产者
 * @Author:debug (SteadyJack)
 **/
@Component
public class MqDelayQueuePublisher {
    //定义日志
    private static final Logger log= LoggerFactory.getLogger(MqDelayQueuePublisher.class);
    //定义RabbitMQ发送消息的操作组件实例
    @Autowired
    private RabbitTemplate rabbitTemplate;
    //定义读取环境变量的实例 env
    @Autowired
    private Environment env;
```

```java
/**
 * 发送消息入死信队列
 * @param msg 消息
 * @param ttl 消息的存活时间
 */
public void sendDelayMsg(final DeadDto msg, final Long ttl){
    try {
        // 设置消息在 RabbitMQ 传输的格式
        rabbitTemplate.setMessageConverter(new Jackson2JsonMessageConverter());
        // 设置死信路由、死信交换机
        rabbitTemplate.setExchange(env.getProperty("mq.redisson.dead.basic.exchange.name"));
        rabbitTemplate.setRoutingKey(env.getProperty("mq.redisson.dead.basic.routing.key.name"));
        // 调用 RabbitMQ 操作组件发送消息的方法
        rabbitTemplate.convertAndSend(msg, new MessagePostProcessor() {
            @Override
            public Message postProcessMessage(Message message) throws AmqpException {
                // 获取消息属性实例
                MessageProperties messageProperties=message.getMessageProperties();
                // 设置消息的持久化模式
                messageProperties.setDeliveryMode(MessageDeliveryMode.PERSISTENT);
                // 指定消息头中消息的具体类型
                messageProperties.setHeader(AbstractJavaTypeMapper.DEFAULT_CONTENT_CLASSID_FIELD_NAME,DeadDto.class);
                // 设置消息的过期时间
```

```
                        messageProperties.setExpiration(ttl.toString());
                        //返回消息实例
                        return message;
                    }
                });
            log.info("RabbitMQ 死信队列消息模型 – 生产者 – 发送消息入延迟队列 –
消息：{}",msg);
        }catch (Exception e){
            log.error("RabbitMQ 死信队列消息模型 – 生产者 – 发送消息入延迟队
列 – 发生异常：{}",msg,e.fillInStackTrace());
        }
    }
}
```

从该代码中可以看出，RabbitMQ 死信队列动态设置消息的 TTL 的方式是通过调用 messageProperties.setExpiration(ttl.toString()) 的方法实现的。其中需要注意的是该方法接收 String 类型的 TTL 值，故而需要将 Long 类型的 TTL 转化为 String 类型；同时，TTL 即存活时间的时间单位是毫秒（ms），故而需要注意进行转换。

在这里是采用实体类 DeadDto 充当消息的。该实体类主要包含两个字段，即 id 和 Name。这两个字段并没有太多实际的业务含义，纯粹只是用于测试，其完整的代码如下。

```
//导入依赖包
import lombok.Data;
import lombok.ToString;
import java.io.Serializable;
/**
 * 用于充当 Redisson 死信队列中的消息
 * @Author:debug (SteadyJack)
 * @Date: 2019/5/2 17:21
```

```java
**/
@Data
@ToString
public class DeadDto implements Serializable{
    private Integer id;
    private String name;
    // 空构造方法
    public DeadDto() {
    }
    // 包含所有参数的构造方法
    public DeadDto(Integer id, String name) {
        this.id = id;
        this.name = name;
    }
}
```

（3）开发用于监听、消费以及处理消息的消费者 MqDelayQueueConsumer 类，其完整的代码如下所示。

```java
// 导入依赖包
import com.debug.middleware.server.dto.DeadDto;
import org.slf4j.Logger;
import org.slf4j.LoggerFactory;
import org.springframework.amqp.rabbit.annotation.RabbitListener;
import org.springframework.amqp.rabbit.core.RabbitTemplate;
import org.springframework.beans.factory.annotation.Autowired;
import org.springframework.core.env.Environment;
import org.springframework.messaging.handler.annotation.Payload;
import org.springframework.stereotype.Component;
/**
```

```java
 * RabbitMQ死信队列消息模型，消费者
 * @Author:debug (SteadyJack)
 **/
@Component
public class MqDelayQueueConsumer {
    //定义日志
    private static final Logger log= LoggerFactory.getLogger(MqDelayQueueConsumer.class);
    //定义RabbitMQ发送消息的操作组件实例
    @Autowired
    private RabbitTemplate rabbitTemplate;
    //定义读取环境变量的实例env
    @Autowired
    private Environment env;
    /**
     * 监听消费真正队列中的消息
     * @param deadDto
     */
    @RabbitListener(queues = "${mq.redisson.real.queue.name}",containerFactory = "singleListenerContainer")
    public void consumeMsg(@Payload DeadDto deadDto){
        try {
            log.info("RabbitMQ死信队列消息模型-消费者-监听消费真正队列中的消息：{}",deadDto);
            //TODO：在这里执行真正的业务逻辑

        }catch (Exception e){
            log.error("RabbitMQ死信队列消息模型-消费者-监听消费真正队列中的消息-发生异常：{}",deadDto,e.fillInStackTrace());
        }
    }
```

        }
    }

（4）在 QueueController 类中开发用于触发生产者生产、发送消息的方法，其完整的代码如下。

```java
// 定义生产者实例
@Autowired
private MqDelayQueuePublisher mqDelayQueuePublisher;
/**
 * 发送mq延迟消息
 * @return
 */
@RequestMapping(value = prefix+"/basic/msg/delay/send",method = RequestMethod.GET)
public BaseResponse sendMqDelayMsg(){
    BaseResponse response=new BaseResponse(StatusCode.Success);
    try {
    // 创建了3个实体对象，代表3个不同的消息，同时不同的消息将携带不同的 TTL
        DeadDto msgA=new DeadDto(1,"A");
        final Long ttlA=10000L;
        DeadDto msgB=new DeadDto(2,"B");
        final Long ttlB=2000L;
        DeadDto msgC=new DeadDto(3,"C");
        final Long ttlC=4000L;
      // 依次发送A、B、C 3条消息入 RabbitMQ 的死信队列
        mqDelayQueuePublisher.sendDelayMsg(msgA,ttlA);
        mqDelayQueuePublisher.sendDelayMsg(msgB,ttlB);
        mqDelayQueuePublisher.sendDelayMsg(msgC,ttlC);
    }catch (Exception e){
```

```
            response=new BaseResponse(StatusCode.Fail.getCode(),e.getMessage());
        }
        return response;
    }
```

至此，基于 RabbitMQ 死信队列的代码开发完成。接下来进入自测阶段。打开 Postman 测试工具，选择请求方法为 GET，并在地址栏输入地址 http://127.0.0.1:8087/middleware/queue/basic/msg/delay/send，最后单击"Send"按钮，即可发起相应的请求。稍等即可观察控制台相应的输出结果，如图 8.25 所示。

■ 图 8.25　RabbitMQ 死信队列运行代码控制台的输出结果

对于这样的输出结果，笔者相信绝大多数的读者是不能接受的，因为 TTL 最小的消息竟然不是最先出来的。在实际的项目中笔者不建议将 RabbitMQ 死信队列应用于"消息的 TTL 不相同"的业务场景，因为这样的死信队列是有"坑"的（笔者曾经就是这样"入坑"的）。故而 RabbitMQ 的死信队列一般在实际生产环境中适用于"消息的 TTL 的取值是一样"的场景。

8.2.7　延迟队列实战

然而，用户的需求是多样化的，永远不会按照程序员的思路走。即在实际的生产环境中，仍旧是存在着需要处理不同 TTL 的业务数据的场景的。为了解决此种业务场景，Redisson 提供了"延迟队列"这一强大的功能组件，它可以解决上述 RabbitMQ 死信队列出现的缺陷。即不管在什么时候，消息将按照 TTL 从小到大的顺序先后被真正的队列监听、消费。其在实际项目中的执行流程如图 8.26 所示。

图 8.26　Redisson 延迟队列的执行流程

从图 8.26 中可以看出，Redisson 的延迟队列需要借助"阻塞式队列"作为中转站，用于充当消息的第 1 个暂存区（相当于 RabbitMQ 的死信交换机），当 TTL 一到，消息将进入真正的队列被监听消费。

下面采用实际的代码实战 Redisson 这一强大的功能组件，帮助读者认识、理解并掌握如何用 Redisson 的延迟队列 Delayed Queue 延迟发送、接收消息。

（1）开发用于生产、发送消息的生产者 RedissonDelayQueuePublisher 类，主要作用在于将消息发送至指定的延迟队列中，并指定消息的 TTL。其完整的代码如下。

```
// 导入依赖包
import com.debug.middleware.server.dto.DeadDto;
import org.redisson.api.*;
import org.slf4j.Logger;
import org.slf4j.LoggerFactory;
import org.springframework.beans.factory.annotation.Autowired;
import org.springframework.stereotype.Component;
import java.util.concurrent.TimeUnit;
/**
 * Redisson 延迟队列消息模型 - 生产者
```

```java
 * @Author:debug (SteadyJack)
 **/
@Component
public class RedissonDelayQueuePublisher {
    //定义日志
    private static final Logger log= LoggerFactory.getLogger(RedissonDelayQueuePublisher.class);
    //定义Redisson的客户端操作实例
    @Autowired
    private RedissonClient redissonClient;
    /**
     * 发送消息入延迟队列
     * @param msg 消息
     * @param ttl 消息的存活时间,可以随意指定时间单位,在这里指ms
     */
    public void sendDelayMsg(final DeadDto msg, final Long ttl){
        try {
            //定义延迟队列的名称
            final String delayQueueName="redissonDelayQueueV3";
            //定义阻塞式队列的实例
            RBlockingQueue<DeadDto> rBlockingQueue=redissonClient.getBlockingQueue(delayQueueName);
            //定义延迟队列的实例
            RDelayedQueue<DeadDto> rDelayedQueue=redissonClient.getDelayedQueue(rBlockingQueue);
            //往延迟队列发送消息,设置的TTL,相当于延迟了"阻塞式队列"中消息的接收
            rDelayedQueue.offer(msg,ttl,TimeUnit.MILLISECONDS);

            log.info("Redisson延迟队列消息模型-生产者-发送消息入延迟队列-
```

消息：{}",msg);
             }catch (Exception e){
                 log.error("Redisson 延迟队列消息模型－生产者－发送消息入延迟队列－发生异常：{}",msg,e.fillInStackTrace());
             }
         }
    }

从该代码可以看出，在创建 Redisson 的延迟队列实例之前，需要预先创建阻塞式队列的实例作为创建延迟队列实例时的参数，即如下这段代码。

```
// 定义延迟队列的名称
final String delayQueueName="redissonDelayQueueV3";
// 定义阻塞式队列的实例
RBlockingQueue<DeadDto>  rBlockingQueue=redissonClient.getBlockingQueue(delayQueueName);
// 定义延迟队列的实例
RDelayedQueue<DeadDto>  rDelayedQueue=redissonClient.getDelayedQueue(rBlockingQueue);
```

（2）开发用于监听、消费并处理消息的消费者 RedissonDelayQueueConsumer 类，其完整的代码如下。

```
// 导入依赖包
import com.debug.middleware.server.dto.DeadDto;
import org.redisson.api.RBlockingQueue;
import org.redisson.api.RedissonClient;
import org.slf4j.Logger;
import org.slf4j.LoggerFactory;
import org.springframework.beans.factory.annotation.Autowired;
```

```java
import org.springframework.scheduling.annotation.EnableScheduling;
import org.springframework.scheduling.annotation.Scheduled;
import org.springframework.stereotype.Component;
/**
 * Redisson 延迟队列消息模型，消费者
 * @Author:debug (SteadyJack)
 **/
@Component
@EnableScheduling
public class RedissonDelayQueueConsumer{
    // 定义日志
    private static final Logger log= LoggerFactory.getLogger(RedissonDelayQueueConsumer.class);
    // 定义Redisson的客户端操作实例
    @Autowired
    private RedissonClient redissonClient;
    /**
     * 监听消费真正队列中的消息
     * 每时每刻都在不断地监听执行
     * @throws Exception
     */
    @Scheduled(cron = "*/1 * * * * ?")
    public void consumeMsg() throws Exception {
        // 定义延迟队列的名称
        final String delayQueueName="redissonDelayQueueV3";
        RBlockingQueue<DeadDto> rBlockingQueue=redissonClient.getBlockingQueue(delayQueueName);
        // 从队列中取出消息
        DeadDto msg=rBlockingQueue.take();
        if (msg!=null){
```

```
            log.info("Redisson 延迟队列消息模型-消费者-监听消费真正队列中
的消息：{} ",msg);

            //TODO：在这里执行相应的业务逻辑
        }
    }
}
```

从该代码可以看出，延迟队列的消费者在监听、消费处理消息时，是通过阻塞式队列的实例从队列中获取消息的。从这一点可以看出，Redisson 的延迟队列 Delayed Queue 的作用正是延迟了真正队列中消息的传输。

（3）在 QueueController 类中开发用于触发生产者生产、发送消息的方法，其完整的代码如下。

```
//定义生产者实例
@Autowired
private RedissonDelayQueuePublisher redissonDelayQueuePublisher;
/** 发送 Redisson 延迟消息
 * @return
 */
@RequestMapping(value = prefix+"/redisson/msg/delay/send",method = RequestMethod.GET)
public BaseResponse sendRedissonDelayMsg(){
    BaseResponse response=new BaseResponse(StatusCode.Success);
    try {
    //创建3个不同的实体对象用于充当3条不同的消息，同时指定不同的 TTL
        DeadDto msgA=new DeadDto(1,"A");
        final Long ttlA=8000L;
        DeadDto msgB=new DeadDto(2,"B");
        final Long ttlB=2000L;
```

```
        DeadDto msgC=new DeadDto(3,"C");
        final Long ttlC=4000L;
    //将消息发送至延迟队列中
        redissonDelayQueuePublisher.sendDelayMsg(msgA,ttlA);
        redissonDelayQueuePublisher.sendDelayMsg(msgB,ttlB);
        redissonDelayQueuePublisher.sendDelayMsg(msgC,ttlC);
    }catch (Exception e){
        response=new BaseResponse(StatusCode.Fail.getCode(),e.getMessage());
    }
    return response;
}
```

（4）运行项目，观察控制台的输出信息，如果没有相应的报错信息，即代表上述代码没有相应的语法错误。打开 Postman 测试工具，选择请求方法为 GET，在地址栏输入 http://127.0.0.1:8087/middleware/queue/redisson/msg/delay/send 并单击"Send"按钮，即可发起相应的请求。稍等即可在控制台看到的相应输出结果，如图 8.27 所示。

图 8.27　Redisson 延迟队列控制台输出结果

对于这样的输出结果，相信各位读者应该是很满意的。由此可见，Redisson 的延迟队列不仅可以实现延迟发送、接收消息的作用，还可以根据不同的 TTL 决定消息被真正消费的先后顺序，而这一点也正好弥补了 RabbitMQ 死信队列在处理不同 TTL 的消息时产生的缺陷。

值得一提的是，虽然 RabbitMQ 的死信队列有这样的缺陷，但也不能因为这一点瑕疵而否决了 RabbitMQ 死信队列的作用。在实际的生产环境中，读者只需要根据实际的业务来决定是采用 Redisson 的延迟队列还是 RabbitMQ 的死信队列，做到"专业的组件干专业的事情"。

8.3 分布式锁实战

在微服务、分布式系统时代，许多服务实例或者系统是分开部署的，它们将拥有自己独立的 Host（主机）和独立的 JDK，导致应用系统在分布式部署的情况下，传统单体应用出现的"并发线程访问共享资源"的场景演变为"跨 JVM 进程之间的访问共享资源"。故而为了控制"分布式系统架构"下并发线程访问共享资源时出现数据不一致等现象，"分布式锁"诞生了。

在前面的篇章中，我们已经知晓了多种实现分布式锁的方式，包括基于数据库级别的乐观锁、悲观锁，基于 Redis 的原子操作以及基于 ZooKeeper 的有序临时节点和 Watcher 机制等方式。每种实现方式的优缺点各不相同，适应的应用场景也是不一样的。本节将介绍另外一种高可用、高性能的实现方式，即采用 Redisson 的分布式锁这一功能组件进行实现。

8.3.1 重温分布式锁

传统的 Java 单体应用一般是通过 JDK 自身提供的 Synchronized 关键字、Lock 类等工具控制并发线程对共享资源的访问，这种方式在很长一段时间内确实可以起到很好的"保护"共享资源的作用，在早期许多 Java 应用系统中都可以看到其踪影。

然而，此种方式对服务、系统所在 Host 的 JDK 是有很强的依赖性的。即一般情况下，一台主机 Host 将部署一个服务实例或者子系统，而另外的主机将部署同样具有相同服务的不同实例。在分布式或者集群部署的环境下，服务、系统是独立、分开部署的，每个服务实例将拥有自己独立的 Host、独立的 JDK，而这也导致传统的、通过 JDK 自身提供的工具控制多线程并发访问共享资源的方式显得捉襟见肘。

为此，"分布式锁"出现了。分布式锁，顾名思义，它也是一种锁机制，只不过是专门应对"分布式"的环境而设计的。它并不是一种全新的中间件或者组件，而是一种机制，一种实现方式，甚至可以说是一种解决方案。它指的是在分布式部署的环境下，通过锁机制让多个客户端或者多个服务进程、线程互斥地对共享资源进行访问，从而避免出现并发安全、数据不一致等问题。

在前面的章节中，我们已经对分布式锁相关的知识要点有所了解，包括其基本的概念、执行流程、各种实现方式的优缺点和应用场景及其相应的代码实战。本节笔者将介绍另外一种高可用、高性能的实现方式，即基于 Redisson 的分布式锁，同时将以实际生产环境中的典型的业务场景为案例，配以实际的代码进行实战。

众所周知，开源中间件 Redisson 是在 Redis 的基础上设计的一款 Java 驻内存网格，可以说是一款新型的、操作更为便捷的、具有更高性能的综合中间件。虽然它是基于缓存中间件 Redis 而设计的，但是却拥有比 Redis 更为高效的性能。特别是在"分布式锁"的实现方式上，Redisson 的"分布式锁"功能组件弥补了采用基于 Redis 的原子操作实现分布式锁的方式的缺陷，下面介绍其中一个典型的缺陷。

当采用基于 Redis 的原子操作实现分布式锁时，如果负责储存这个分布式锁的 Redis 节点发生了宕机等情况，而该"锁"又正好处于被锁住的状态，那么这个"锁"很大可能进入被锁死的状态，即传说中的"死锁"。为了避免这种情况的发生，Redisson 内部提供了一个监控锁的"看门狗"，其作用是在 Redisson 实例被关闭之前，不断地延长分布式锁的有效期。在默认情况下，"看门狗"检查锁的超时时间是 30s。当然，在实际业务场景下也可以通过修改 Config.lockWatchdogTimeout 进行设置。

值得一提的是，开源中间件 Redisson 的设计者考虑到实际生产环境中，控制多线程"并发访问共享资源"的情况可以有许多种，故而设计了多种针对不同应用场景下的分布式锁。按照功能特性的不同，主要包含了可重入锁（Reentrant Lock）、公平锁（Fair Lock）、联锁（MultiLock）、红锁（RedLock）、读写锁（ReadWriteLock）、信号量（Semaphore）以及闭锁（CountDownLatch）等。

不同的分布式锁功能组件实现方式、作用以及适应的应用场景是不一样的，本节将重点介绍 Redisson 提供的"可重入锁"这一功能组件，包括其基本概念以及实现方式。图 8.28 为 Redisson 的分布式锁（以"可重入锁"为例）在实际业务场景中的执行流程。

值得一提的是，Redisson 提供的"分布式锁"这一功能组件又有"一次性"与"可重入"两种实现方式。"一次性"，顾名思义，指的是当前线程如果可以获取分布式锁，则成功获取之，否则，将永远失败，即所谓"永不翻身"；而"可重入"，指的是如果当前线程不能获取分布式锁，它并不会立即失败，而是会等待一定的时间，重新获取分布式锁，这种方式也可以简单理解为"虽为'咸鱼',却仍有'翻身'的机会"。

图 8.28　Redisson 分布式锁的执行流程

8.3.2　分布式锁之一次性实战

正如前文所述,分布式锁的"一次性",指的是高并发产生多线程时,如果当前线程可以获取到分布式锁,则成功获取之,如果获取不到,当前线程将永远被"抛弃"。这对于该线程而言,相当于有一道天然的屏障一样,永远地阻隔了该线程与共享资源"见面"。

此种方式适用于那些在同一时刻、而且是在很长的一段时间内仍然只允许只有一个线程访问共享资源的场景,如"用户注册""重复提交""抢红包"等业务场景。在开源中间件 Redisson 这里,主要是通过 lock.lock() 方法实现。

下面以前面章节介绍过的典型应用场景"用户重复提交注册信息"为案例,采用 Redisson 的分布式锁之"一次性锁"进行实战,这一业务场景的执行流程如图 8.29 所示。

■ 图8.29 "用户重复提交注册信息"业务流程

经过分析,可以得知该业务场景的整体流程在高并发的环境下是存在"并发安全"问题的。而这个问题的产生是因为没有将"判断用户名是否已注册"和"插入用户信息入数据库"这两个操作视为一个"整体性的操作",导致高并发产生多线程请求时,程序来不及判断,最终出现"同时有多个相同的用户名注册成功"的现象。

因此,需要在执行这一整体性的操作之前加分布式锁,为实际的、访问共享资源的操作赢得充分的时间,从而避免出现"数据不一致"的情况。

(1)在用户注册服务类UserRegService中开发"控制多线程请求提交用户注册信息"的方法逻辑,其完整的代码如下。

```
// 定义Redisson的客户端操作实例
@Autowired
private RedissonClient redissonClient;
/**
 * 处理用户提交注册的请求,加Redisson分布式锁
 * @param dto
 * @throws Exception
```

```java
     */
    public void userRegRedisson(UserRegDto dto) throws Exception{
        //定义锁的名称
        final String lockName="redissonOneLock-"+dto.getUserName();
        //获取分布式锁实例
        RLock lock=redissonClient.getLock(lockName);
        try {
            //操作共享资源之前上锁
            //在这里可以通过lock.lock()方法也可以通过调用如下的方法
            //即上锁之后，不管何种状况，10s后会自动释放
            lock.lock(10,TimeUnit.SECONDS);
            //TODO：以下为真正的核心处理逻辑
            //根据用户名查询用户实体信息
            UserReg reg=userRegMapper.selectByUserName(dto.getUserName());
            //如果当前用户名还未被注册，则将当前用户信息注册入数据库中
            if (reg==null){
                log.info("---加了Redisson分布式锁之一次性锁---,当前用户名为:{} ",dto.getUserName());
                //创建用户注册实体信息
                UserReg entity=new UserReg();
                //从提交的用户注册请求实体信息中对应的字段取值
                //复制到新创建的用户注册实体的相应字段中
                BeanUtils.copyProperties(dto,entity);
                //设置注册时间
                entity.setCreateTime(new Date());
                //插入用户注册信息
                userRegMapper.insertSelective(entity);
            }else {
                //如果用户名已被注册，则抛出异常
                throw new Exception("用户信息已经存在!");
```

```java
        }
    }catch (Exception e){
        log.error("---获取Redisson的分布式锁失败!---");
        throw e;
    }finally {
        //TODO: 不管发生何种情况,在处理完核心业务逻辑之后,需要释放该分布式锁
        if (lock!=null){
        // 释放锁
            lock.unlock();
            // 在某些严格的业务场景下,也可以调用强制释放分布式锁的方法
            //lock.forceUnlock();
        }
    }
```

从上述代码可以看出,可以通过调用 lock.lock() 或者 lock.lock(ttl,timeUnit) 方法为共享资源上锁。在实际项目中,笔者更偏向于使用后者为共享资源加"一次性锁"。因为该方法提供了一种"到时间便自动释放"的机制,可以很好地避免出现"死锁"的情况。

(2) 紧接着是在 UserRegController 类的"提交用户注册信息"方法中调用上述开发好的服务处理逻辑,该方法的完整代码如下。

```java
/**
 * 提交用户注册信息
 * @param dto
 * @return
 */
@RequestMapping(value = prefix+"/submit",method = RequestMethod.GET)
public BaseResponse reg(UserRegDto dto){
    // 校验提交的用户名、密码等信息
```

```
            if (Strings.isNullOrEmpty(dto.getUserName()) || Strings.isNullOr
Empty(dto.getPassword())){
                return new BaseResponse(StatusCode.InvalidParams);
            }
            //定义返回信息实例
            BaseResponse response=new BaseResponse(StatusCode.Success);
            try {
                //处理用户提交请求，加Redisson分布式锁
                userRegService.userRegRedisson(dto);
            }catch (Exception e){
                //发生异常情况的处理
                response=new BaseResponse(StatusCode.Fail.getCode(),e.getMessage());
            }
            //返回响应信息
            return response;
        }
```

（3）直接采用在前面章节已经建立好的 JMeter 测试计划，对上述代码逻辑进行压力测试。需要注意的是，该测试计划相应的参数都保持不变，包括并发的线程数、请求的链接、端口号、请求参数、请求方法等。而只需要变更该测试计划需要读取的 CSV 数据文件的内容即可，即将该 CSV 数据文件的内容调整为 userA、userB、userC、userD 4 个取值，用于并发产生多线程请求时，作为每个请求携带的 userName 参数随机读取的值，如图 8.30 所示。

■ 图 8.30 "用户重复提交注册信息"测试计划对应的 CSV 数据文件

单击 IDEA 的运行按钮，将整个项目运行起来，此时可以观察控制台的输出结果，如果没有相应的报错信息，则代表上述的代码逻辑没有语法错误。

之后再单击 JMeter 主界面的启动按钮，即可发起 1 秒内并发 1000 个线程的请求。每个请求将携带两个参数，一个是密码参数 password，取值固定为 123456；另一个是用户名参数 userName，该参数的取值将从上述的 CSV 数据文件中随机获取。

此时再观察控制台的输出结果，可以看到纵然高并发产生了 1000 个线程请求，但是在 Redisson 的分布式锁面前，却始终只有 4 个线程请求（因为 CSV 数据文件中最多也就只有 4 个用户）可以获取分布式锁，成功将用户信息插入数据库。控制台的输出结果如图 8.31 所示。

```
INFO [http-nio-8087-exec-122] --- DispatcherServlet: FrameworkServlet 'dispatcherServlet': initialization
INFO [http-nio-8087-exec-122] --- DispatcherServlet: FrameworkServlet 'dispatcherServlet': initialization
INFO [http-nio-8087-exec-15]  --- UserRegService: ---加了Redisson分布式锁之一次性锁---,当前用户名为：userC
INFO [http-nio-8087-exec-120] --- UserRegService: ---加了Redisson分布式锁之一次性锁---,当前用户名为：userA
INFO [http-nio-8087-exec-161] --- UserRegService: ---加了Redisson分布式锁之一次性锁---,当前用户名为：userB
INFO [http-nio-8087-exec-7]   --- UserRegService: ---加了Redisson分布式锁之一次性锁---,当前用户名为：userD
```

（只有这4个线程请求获取到了分布式锁!）

图 8.31 "用户重复提交注册信息"控制台的输出结果

与此同时，还可以打开数据库相应的数据表 user_reg 中查看相应的数据记录，可以看到数据表中最终确实只有 4 个用户信息可以成功插入，如图 8.32 所示。

id	user_name	password	create_time
1	77 userB	123456	2019-05-03 15:37:37
2	76 userA	123456	2019-05-03 15:37:37
3	75 userD	123456	2019-05-03 15:37:37
4	74 userC	123456	2019-05-03 15:37:37
5	73 zhongwenjie	123456	2019-04-21 21:51:05
6	72 lixiaolong	123456	2019-04-21 21:51:05
7	71 luohou	123456	2019-04-21 21:51:05
8	66 redis	123456	2019-04-20 23:59:41
9	65 java	123456	2019-04-20 23:59:41
10	64 lock	123456	2019-04-20 23:59:41
11	63 rabbitmq	123456	2019-04-20 23:59:41
12	62 database	123456	2019-04-20 23:59:41
13	61 sam	123456	2019-04-20 23:36:42
14	60 sam	123456	2019-04-20 23:36:42
15	59 jack	123456	2019-04-20 23:36:42
16	58 jack	123456	2019-04-20 23:36:42
17	57 sam	123456	2019-04-20 23:36:42
18	56 jack	123456	2019-04-20 23:36:42
19	55 debug	123456	2019-04-20 23:36:42
20	54 debug	123456	2019-04-20 23:36:42
21	53 linsen	123456	2019-04-20 23:01:08

（用户注册信息表）

图 8.32 "用户重复提交注册信息"数据表的记录结果

至此，关于 Redisson 分布式锁的"一次性锁"在实际生产环境中的代码实战与自测完成。笔者强烈建议各位读者一定要按照书中提供的样例代码，亲自动手进行编写，只有真正实战过了，才会发现 Redisson 这种实现分布式锁相对于基于 Redis 的原子操作实现的分布式锁，实现起来更为便捷。

8.3.3　分布式锁之可重入实战

分布式锁的"可重入"，指的是当高并发产生多线程时，如果当前线程不能获取分布式锁，它并不会立即被抛弃，而是会等待一定的时间，重新尝试去获取分布式锁。如果可以获取成功，则执行后续操作共享资源的步骤；如果不能获取到锁而且重试的时间达到了上限，则意味着该线程将被抛弃。对于该线程而言，这一过程相当于"虽彼时为'咸鱼'，但经过多次努力奋斗与尝试，终有可能可以成为'鲨鱼'"。

此种方式适用于那些在同一时刻并发产生多线程时，虽然在某一时刻不能获取到分布式锁，但是却允许隔一定的时间重新获取到"分布式锁"并操作共享资源的场景。典型的应用场景当属商城高并发抢购商品的业务场景。

众所周知，商城平台在举办热卖商品的营销活动时，对外一般会宣称商品"库存有限"，提醒用户希望可以尽快抢购下单。然而在一般情况下，该热卖商品的实际库存是"永远"充足的，所以哪怕是在某一时刻出现了超卖的现象，商家也会尽快采购商品发货，将库存补足（试想一下，哪个商家不想多赚点？而这个过程的变化对于用户来说却是透明的）。对于这种现象，读者也可以简单地理解为"饥饿营销"。

简单地理解，就是商城平台允许当前不同用户并发的线程请求数大于商品当前的库存（来的用户越多越好）。当然，同一用户并发的多个线程请求除外。因为这种情况有点类似"用户刷单"。故而在商城平台的商品抢购流程中，虽然需要保证某一时刻只能有一个用户对应的一个线程"抢购下单"，但是却允许在某一时刻获取不到锁的其他用户线程重新尝试进行获取。

在采用基于缓存中间件 Redis 的原子操作实现分布式锁时，如果需要设置线程"可重入"，一般是通过 while(true){} 的方式进行实现。很明显，此种实现方式不但不够"优雅"，还很有可能会加重应用系统整体的负担。

而在开源中间件 Redisson 里，可重入锁主要是通过 lock.tryLock() 方法实现。该方法有 3 个参数，表示当前线程在某一时刻如果能获取到锁，则会在 10 秒后自动释放，如果不能获取到锁，则会进入一直尝试的状态，直到尝试的时间达到了一个上限，在下面这段代码中这个上限指的是 100 秒。该方法相应参数的设置读者可以视具体的应用、具体的业务场景而定。

```
// 获取 Redisson 分布式锁实例
RLock lock = redisson.getLock("anyLock");
// 尝试加锁，最多等待 100 秒，上锁以后 10 秒自动解锁
boolean res = lock.tryLock(100, 10, TimeUnit.SECONDS);
```

下面以前面章节介绍过的实际生产环境中典型的应用场景"商城高并发抢购"为案例，采用 Redisson 的分布式锁之"可重入锁"进行代码实战，帮助读者认识、巩固并掌握如何采用 Redisson 的"可重入锁"实现商城高并发抢购的业务。同时，笔者将会分享介绍一种如何允许"商品超卖"的方式，并在商品出现超卖的情况时采用定时检测的机制通知商家。该应用场景整体的业务流程如图 8.33 所示。

图 8.33 "商城高并发抢购"场景的业务流程

接下来进入代码实战环节。

（1）在书籍抢购服务 BookRobService 类中添加"用 Redisson 的分布式锁处理并发抢购逻辑"的方法，其完整的代码如下。

```java
// 定义Redisson的客户端操作实例
@Autowired
private RedissonClient redissonClient;
/**
 * 处理书籍抢购逻辑，加Redisson分布式锁
 * @param dto 并发线程的请求信息
 */
@Transactional(rollbackFor = Exception.class)
public void robWithRedisson(BookRobDto dto) throws Exception{
    // 定义分布式锁的名称
    final String lockName="redissonTryLock-"+dto.getBookNo()+"-"+dto.getUserId();
    // 获取Redisson的分布式锁实例
    RLock lock=redissonClient.getLock(lockName);
    try {
        // 尝试获取分布式锁，如果返回true，即代表成功获取了分布式锁
        Boolean result=lock.tryLock(100,10,TimeUnit.SECONDS);
        if (result){
            //TODO: 真正的核心处理逻辑
            // 根据书籍编号查询记录
            BookStock stock=bookStockMapper.selectByBookNo(dto.getBookNo());
            // 统计每个用户每本书的抢购数量
            int total=bookRobMapper.countByBookNoUserId(dto.getUserId(),dto.getBookNo());
            // 商品记录存在、库存充足，而且用户还没抢购过本书，则代表当前用户可以抢购
            if (stock!=null && stock.getStock()>0 && total<=0){
                // 当前用户抢购到书籍，库存减1
                int res=bookStockMapper.updateStockWithLock(dto.
```

```java
            getBookNo());
                    // 如果允许商品超卖,达成饥饿营销的目的,则可以调用下面的方法
                    //int res=bookStockMapper.updateStock(dto.getBookNo());
                    // 更新库存成功后,需要添加抢购记录
                    if (res>0){
                        // 创建书籍抢购记录实体信息
                        BookRob entity=new BookRob();
                        // 将提交的用户抢购请求实体信息中对应的字段取值
                        // 复制到新创建的书籍抢购记录实体的相应字段中
                        entity.setBookNo(dto.getBookNo());
                        entity.setUserId(dto.getUserId());
                        // 设置抢购时间
                        entity.setRobTime(new Date());
                        // 插入用户注册信息
                        bookRobMapper.insertSelective(entity);
                        log.info("--- 处理书籍抢购逻辑 - 加 Redisson 分布式锁 ---,
当前线程成功抢到书籍: {} ",dto);}
                    }else {
                        // 如果不满足上述的任意一个 if 条件,则抛出异常
                        throw new Exception("该书籍库存不足!");
                    }
                }else{
                    throw new Exception("---- 获取 Redisson 分布式锁失败!----");
                }
        }catch (Exception e){
            throw e;
        }finally {
            //TODO:不管发生何种情况,在处理完核心业务逻辑之后,需要释放该分布式锁
            if (lock!=null){
                lock.unlock();
```

```
            // 在某些严格的业务场景下，也可以调用强制释放分布式锁的方法
            //lock.forceUnlock();
        }
    }}
```

其中，在该服务处理逻辑中，如果商城平台商家允许"商品超卖"的情况出现（为了实现业绩），则只需要调整为下面这段代码即可。

```
// 当前用户抢购到书籍，库存减1（将下面这段代码注释起来）
//int res=bookStockMapper.updateStockWithLock(dto.getBookNo());
// 如果允许商品超卖，达成饥饿营销的目的，则可以调用下面的方法（将下面这段代码的
// 注释去掉）
int res=bookStockMapper.updateStock(dto.getBookNo());
```

（2）在处理书籍抢购请求的 BookRobController 中调用上述服务类提供的方法，该请求对应的完整代码如下。

```
/**
 * 用户抢购书籍请求
 * @param dto 请求体
 */
@RequestMapping(value = prefix+"/request",method = RequestMethod.GET)
public BaseResponse takeMoney(BookRobDto dto){
    // 判断参数的合法性
    if (Strings.isNullOrEmpty(dto.getBookNo()) || dto.getUserId()==
null || dto.getUserId()<=0){
        return new BaseResponse(StatusCode.InvalidParams);
    }
    // 定义响应结果实例
```

```
    BaseResponse response=new BaseResponse(StatusCode.Success);
    try {
        //加 Redisson 分布式锁的情况
        bookRobService.robWithRedisson(dto);
    }catch (Exception e){
        response=new BaseResponse(StatusCode.Fail.getCode(),e.getMessage());
    }
    //返回响应结果
    return response;
}
```

（3）直接采用在前面章节已经建立好的 JMeter 测试计划，对上述代码逻辑进行压力测试。需要注意的是，该测试计划相应的参数都保持不变，包括并发的线程数、请求的链接、端口号、请求参数、请求方法等。而只需要变更该测试计划需要读取的 CSV 数据文件的内容即可，即将该 CSV 数据文件的内容调整为 20001 至 20009 等 9 个取值。用于并发产生多线程请求时，作为每个请求携带的 userName 参数随机读取的值，如图 8.34 所示。

■ 图 8.34 "商城高并发抢购"测试计划对应的 CSV 数据文件

单击 IDEA 的运行按钮，将整个项目运行起来，此时可以观察控制台的输出结果，如果没有相应的报错信息，则代表上述的代码逻辑没有语法错误。在单击 JMeter 的启动按钮之前，需要在数据表 book_stock 中设置当前待抢购的书籍的初始库存，如图 8.35 所示，表示当前待抢购的书籍编号为 BS20190421001，库存为 5 本的记录（当然，实际生产环境中肯定不止5本）。

■ 图 8.35 "商城高并发抢购"设置数据表的书籍初始库存

理论上，由于设置的并发用户有9个，而书籍的库存只有5本，故而不管并发多少个线程，最终也将只有5个用户可以成功抢购到该书籍。

单击 JMeter 主界面的启动按钮，即可发起1秒内并发1000个线程的请求。每个请求将携带两个参数，一个是书籍编号参数 bookNo，取值固定为 BS20190421001；另一个是用户 id 参数 userId，该参数的取值将从上述的 CSV 数据文件中随机获取。

启动成功之后，观察控制台的输出结果，可以看到纵然高并发产生了1000个线程请求，但是在 Redisson 的分布式锁面前，却始终只有5个线程请求（因为该书籍的库存最多只有5本）可以获取分布式锁。控制台的输出结果如图 8.36 所示。

■ 图 8.36 "商城高并发抢购"控制台的输出结果

与此同时，还可以打开数据库相应的数据表，即书籍库存记录表 book_stock 和书籍抢购用户记录表 book_rob 中查看相应的数据记录，可以看到数据表中最终确实只有5个用户可以成功抢购到该书籍，如图 8.37 所示。

至此，关于 Redisson 分布式锁的"可重入锁"在实际生产环境中的代码实战与自测完成。从该控制台的运行结果与数据表的记录结果，可以得知 Redisson 的"可重入锁"确实可以很好地控制高并发产生的多线程对共享资源的并发访问，从而避免出现数据不一致的现象。

■ 图 8.37 "商城高并发抢购"数据表的记录结果

在上面实现"书籍抢购服务"的代码逻辑中，笔者也提供了如何允许书籍抢购出现"超卖"现象的方法，即只需要在更新商品库存时允许商品的库存出现负数即可。

除此之外，还需要编写一个定时检测商品库存出现负数的定时器，用于检测库存出现"超卖"的商品。当商品的库存出现负数时，需要在代码逻辑中以发送短信或发送邮箱的方式告知商家，当前抢购的商品已经出现了"超卖"的现象，需要及时调整该商品记录"库存字段"的取值为正数，并在线下及时采购商品，从而才能正常发货。

这一机制对应的代码逻辑在这里笔者就不进行编写了，读者可以自行尝试进行实现。如果有相应的问题，可以联系笔者进行交流。当然，在这里需要提醒的是，正常情况下，商城平台为了持续保持用户流量，一般是不会允许商品出现"超卖"的现象。读者也需要根据实际的业务情况自行斟酌，选择合适的方式进行处理。

8.4 总结

在互联网、移动互联网时代，企业自身为了适应业务规模、用户数据量的增长，一般情况下会对其相应的应用系统不断地进行改进、优化、升级以及迭代更新，在"企业级 Java 应用时代"便经历了集中式的单体 Java 应用系统架构到分布式系统架构的演进。而在分布式系统架构演进的过程中，分布式中间件起到了至关重要的作用，尤其是高性能的中间件，更是起到了不可磨灭的作用。本章主要分享介绍的便是这样的一款高性能分布式中间件 Redisson，它可以让实践者将更多的精力集中在处理业务逻辑上，从而更好地拆分应用整体的系统架构。

除此之外，本章还介绍了 Redisson 的基本概念、作用、功能特性以及典型的应用场景，介绍了如何基于 Spring Boot 搭建的项目整合 Redisson，包括添加 Redisson 的相关依赖包、整合核心配置文件以及自定义注入 Bean 相关操作组件。与此同时，本章还以实际的代码实战了 Redisson 常见的典型数据组件，包括布隆过滤器、基于发布-订阅式的主题、数据类型之映射 Map、集合 Set 以及队列 Queue 和延迟队列 Delayed Queue 等功能组件。

在本章的最后，还重点介绍了 Redisson 的分布式锁这一强大的功能组件。其中主要介绍了"可重入锁"和"一次性锁"这两大分布锁的实现方式，并以实际生产环境中典型的应用场景为案例，配以实际的代码进行实战，进一步帮助读者加深理解 Redisson 分布式锁的实现方式。

对于本章涉及的相关代码实战，笔者依旧强烈建议各位读者一定要根据书中提供的样例代码亲自"上阵"，按照提供的思路进行代码的编写。只有经过"真枪实战"，才能真正地掌握其中的精髓以及相应的理论知识，才能进一步地深入底层掌握其底层的实现逻辑。

第9章 Redisson 典型应用场景实战之高性能点赞

在前面章节中,我们主要介绍了综合中间件 Redisson 的相关理论知识要点。本章我们将乘胜追击,以实际生产环境中典型的应用场景"点赞"业务作为案例,深入介绍"点赞"业务在实际项目中的实现流程以及常见的问题,之后将对其进行深入的剖析,并针对这些问题提出相应的解决方案。在此期间将采用实际的代码进行实战,从而进一步帮助读者加深对 Redisson 相关知识要点的理解与掌握,巩固 Redisson 在实际生产环境中的应用。

本章涉及的知识点如下。

- 对"点赞"业务场景进行整体的介绍、分析、模块划分,并根据划分好的业务模块进行数据库设计。
- 对"点赞"与"取消点赞"操作模块进行介绍与分析,并采用 MVCM 的开发模式,以实际的代码进行实战。
- 对"点赞排行榜"业务模块进行介绍与分析,并采用 Redis + 数据库的 Group By 和 Order By 关键字进行代码实现。
- 对整体的开发流程做一个回顾与总结。

9.1 整体业务流程介绍与分析

作为一名技术开发者,笔者经常在各大平台发表各种类型的技术文章,时而是为了记录学习心得,时而是为了分享"踩坑"经历。但不管是出于何种目的,作为互联网时代的一名成员,相信各位读者或多或少都"点赞"或者"取消点赞"过他人分享的文章。

对于一些并发用户量并不高的平台,正常情况下,"点赞"这一操作并不会对系统后端造成多大的压力,此时的后端只需要按照正常的逻辑进行处理即可。然而,对于一些热点的新闻、文章或者博客（如"微博App"的热搜，特别是一些具有爆炸性的娱乐新闻），每次出现时都会有巨大数量的用户进行点赞、评论、转发以及收藏等操作，这对于系统后端而言，可以说是一种高并发的用户请求。

本节将以实际生产环境中"微博App"中热搜的"点赞"业务为案例，介绍并分析该应用场景的整体业务流程，并对该应用场景进行模块划分以及数据库设计，为后续相应的代码实战做准备。

9.1.1 业务背景介绍

在互联网时代，许多新型的企业如雨后春笋般涌现。这些企业为了抓住用户流量、实现自身业绩的增长，常常会设计并推广自身研发的产品，通过产品以及提供的服务吸引用户群体，从而间接地实现企业的盈利。

尤其是在如今智能手机普及的移动互联网时代，更是涌现出了许多实用、优秀、吸引用户的产品。这些产品凭借自身操作的便捷性、贴近用户生活习惯以及极佳的用户体验等优势，在各自的领域称霸一方。

如今，不同领域里涌现出诸多产品，如读者熟悉的微信和QQ（社交领域）、支付宝（第三方支付领域）、淘宝（电商领域）、美团（用户生活与美食领域）、滴滴出行（用户出行领域）、微博（娱乐以及新闻热点领域）等移动端App，几乎已经成为广大用户日常必备的产品。

这些产品拥有巨大的用户流量，可以称之为优秀的产品。之所以这些产品可以吸引用户、保持着巨大的用户流量，除了本身具有极佳的用户体验、人性化操作之外，还得归功于起到顶梁柱作用的后端系统架构。

试想一下，如果在某一时刻用户量突增，高并发产生的多线程请求到达后端系统后，系统后端却由于支撑不住，导致前端迟迟得不到响应，最终出现"404页面不存在"或者"502 Bad GateWay"等错误提示信息，相信用户或多或少会感到失望。

为了应对此种场景，企业一般会对产品相应的后端系统架构进行不断的改进、升级、更新与优化。分布式应用系统架构便是由此诞生，它凭借高吞吐、强扩展、高并发、低延迟以及灵活部署等特点，直接促进了产品的迭代发展，也间接地给企业带来了可观的收益。

而作为分布式系统中关键的组件，分布式中间件在分布式系统架构的演进、部署与实施中也起到了重要的作用。在正常情况下，一个正规的分布式系统架构一般不止由一个分布式中间件组成，而是由多个中间件协同合作、提供一系列的服务，共同完成项目中某些业务模块或者服务的处理等。

本章要介绍的便是综合中间件 Redisson 在实际生产环境中典型业务场景的使用，将前面章节介绍过的 Redisson 分布式集合、分布式锁等功能组件应用到实际项目中，进一步帮助读者加深、巩固对 Redisson 相关技术要点的理解与掌握。其中，要介绍的典型业务场景为模仿"微博 App"中"热搜"的"点赞"业务场景。

对于"微博 App"中的"热搜"，相信各位读者都不陌生。尤其是近几年"微博"的盛行，致使许许多多的用户几乎每天都会"刷一刷"微博，偶尔还会进行"点赞""收藏""评论""转发"等操作。如果用户是在正常的时间段内执行这样的操作，应用系统一般不会出现太多的问题。

然而，对于一些"热搜"，难免会有某一瞬间出现高并发用户的"点赞"等操作，对于这种情况，如果系统后端不采取相应的措施，很有可能在瞬间出现高并发时，出现数据库服务器宕机或者系统响应变慢等问题。故而为了控制前端用户高并发的请求操作，一般应用系统架构会采取相应的对策。在本章我们将主要从缓存的层面入手，着手解决在某一瞬间用户出现高并发的"点赞"操作时出现的诸多问题，其中，将主要借助综合中间件 Redisson 进行实现。

9.1.2　业务流程介绍与分析

接下来便以"微博 App"应用中的"热搜"为案例，介绍该业务场景的整体业务流程。在这里需要注意的是，为了方便称呼，在下文将统一称呼"热搜"为"博客"。

一般情况下，一个完整的"点赞"业务模块一般包含两大核心操作，即"点赞"与"取消点赞"。当用户执行"点赞"操作时，系统后端首先会查询当前用户是否已经点赞过该博客了。如果已经点赞过了，则直接返回成功；如果没有点赞过，则系统后端会记录一条该文章的点赞记录入数据库，并设置该记录当前的状态为 1，表示当前用户已点赞该博客了。图 9.1 为用户"点赞"操作的总体流程。

而当用户执行"取消点赞"操作时，系统后端接口将首先判断当前用户是否已经点赞过该文章了。如果已经点赞过了，则直接失效该点赞记录，即将该记录的状态设置为 0，表示当前用户已经取消点赞该文章了；如果当前用户没有点赞过该博客，则直接返回取消点赞成功的提醒信息。图 9.2 为用户"取消点赞"操作的总体流程。

■ 图 9.1　用户"点赞"操作的总体流程　　　■ 图 9.2　用户"取消点赞"操作的总体流程

从图 9.1 和图 9.2 可以看出，其实"点赞"跟"取消点赞"操作涉及的业务逻辑并不复杂，执行比较多的操作莫过于"查询是否有点赞记录"以及"插入或更新点赞记录"，即所谓的先查询后插入的操作。

而对于这样的操作，在前面介绍"分布式锁""Redisson 分布式锁"等时就已经分析过了。先查询后插入的操作需要被看作一个不可分割的、整体的操作，即所谓的"共享资源"。否则在高并发产生多线程请求时，系统后端接口将很有可能由于"来不及处理"，而导致出现并发安全的问题，即"数据不一致"的现象。这种现象在"点赞"业务场景里将体现为"出现同一个用户对文章执行多条相同的点赞记录"。

为了控制这种现象的发生，后端接口一般会在执行这一整体的操作之前加"分布式锁"，即控制高并发产生的多线程请求对共享资源的并发访问，避免出现数据不一致的现象。

在"点赞"业务模块里，除了"点赞"操作和"取消点赞"操作之外，一般应用系统会开发专门的"排行榜"，即根据点赞的数量从大到小对博客进行排序，排得越靠前，即代表该博客越热门。图 9.3 为"点赞"业务场景中产生排行榜的总体流程。

图 9.3 "点赞"业务场景中产生排行榜的总体流程

"排行榜"的实现在实际项目中可以有多种方式，有的是直接借助缓存中间件的相关组件进行实现，有的是直接借助数据库如 MySQL 的 Group By 和 Order By 关键字实现。不同的实现方式性能其实是不一样的，适用的业务场景也不尽相同。

而图 9.3 可以得知，对于高并发的"点赞"业务场景，笔者采用的是综合中间件 Redisson 中的相关组件，并结合数据库如 MySQL 的 Group By 和 Order By 关键字综合进行实现，此种方式只需要保证以下两点。

第 1 点是需要保证排行榜对应 SQL 的正确性。因为该 SQL 将直接用于产生"排行榜"，即已经排好序的实体对象列表，其中每个实体对象主要包含"博客 id""点赞总数"等字段，如果 SQL 的执行结果不正确，那其他执行的操作将是在做无用功。

第 2 点是提供一种触发机制。用户在前端执行某些操作时，将实时触发缓存中排行榜的更新，而这主要是通过触发这样的一段代码逻辑：重新获取排好序的实体对象列表，并更新缓存中的排行榜。这一操作可以通过异步的方式进行触发。

而在一些对实时性要求不高的业务模块，也可以只通过定时的方式主动触发缓存中的排行榜。

对于"点赞"这一业务场景，其实应用系统更关注的是用户触发"点赞"和"取消点赞"操作后在数据库中产生的相关记录，因此只需要控制并保证用户在触发相应的操作时，数据库及时更新相应的记录，那么应用系统中其他的业务模块都可以基于此实现相应的操作，而这种控制对于系统后端而言再简单不过了。

之所以上述这种方式在高并发的业务场景下具有可行性，则主要是基于这样的假设，即数据库服务器宕机的概率要小于缓存服务器宕机的概率。这一假设在云时代几乎是成立的，即如今的企业，特别是大型的互联网企业，其数据库几乎是采用云端的数据库，如阿里云数据库 RDS 等。

对于一些预算充足且实力雄厚的企业，一般会对数据库服务器采取 Master/Slave 即主从备份的部署模式，并对"读实例"的数据库服务器采取"集群"部署的模式（即所谓的多台主机部署模式），最终提高前端用户高并发访问排行榜的性能。

9.1.3 业务模块划分与数据库设计

从上述对"点赞"应用场景的介绍与分析中，可以得知该业务场景主要由 4 大操作模块构成，即"点赞""取消点赞""缓存""点赞排行榜"等，如图 9.4 所示。

■ 图 9.4 "点赞"业务场景的模块划分

- 点赞模块：主要是用于接收前端用户的点赞请求，处理并存储用户的点赞记录，最终将该点赞记录存储至数据库中，并设置其状态为 1，即代表当前用户已经点赞当前博客了。
- 取消点赞模块：同理，该操作模块主要用于接收前端用户取消点赞的请求，处理并更新用户取消点赞的记录，即主要是将数据库中该用户对该博客的点赞记录的状态置为 0，即代表当前用户已经取消点赞当前博客了。
- 缓存模块：指的是用于缓存用户点赞、取消点赞的相关记录，在这里将主要采用 Redisson 作为中间件进行辅助，并负责设计、构造缓存中存储格式为"Key= 博客 id : 用户 id"。

- 点赞排行榜模块：主要是根据数据库中点赞的总数对文章/博客进行排序（从大到小或者从小到大都可以）。

在实现上述各大操作模块时，将仍然采用 MVCM 的开发模式对相应的操作模块进行代码实战。

基于上述对"点赞"业务场景的分析以及业务模块的划分，接下来进入数据库设计环节。对于"点赞"这一业务场景，其实核心操作主要是"点赞"以及"取消点赞"，故而主要的数据表包含"用户点赞记录表"，其 DDL 如下。

```sql
CREATE TABLE 'praise' (
  'id' int(11) NOT NULL AUTO_INCREMENT COMMENT '主键',
  'blog_id' int(11) NOT NULL COMMENT '博客id',
  'user_id' int(11) NOT NULL COMMENT '点赞人',
  'praise_time' datetime DEFAULT NULL COMMENT '点赞时间',
  'status' int(11) DEFAULT '1' COMMENT '状态(1=正常;0=取消点赞)',
  'is_active' int(11) DEFAULT '1' COMMENT '是否有效(1=是;0=否)',
  'create_time' datetime DEFAULT NULL COMMENT '创建时间',
  'update_time' timestamp NULL DEFAULT NULL COMMENT '更新时间',
  PRIMARY KEY ('id')
) ENGINE=InnoDB DEFAULT CHARSET=utf8mb4 COMMENT='用户点赞记录表';
```

当然，在这里笔者省略了"用户信息""博客信息""博客类型"等数据表，因为对于"点赞"业务而言，这些数据表只起到辅助作用（当然，在整个应用系统中，这些数据表也是属于核心的部分）。

最后，采用 MyBatis 的逆向工程生成该数据表的实体类 Entity、Mapper 操作接口以及对应的动态 SQL 配置文件 Mapper.xml。

（1）开发实体类 Praise，其完整的代码如下。

```java
// 实体类所在的包路径
package com.debug.middleware.model.entity;
// 导入依赖包
```

```java
import lombok.Data;
import lombok.ToString;
import java.util.Date;
/**
 * 点赞信息实体类
 */
@Data
@ToString
public class Praise {
    private Integer id;              //主键id
    private Integer blogId;          //博客id
    private Integer userId;          //用户id
    private Date praiseTime;         //点赞时间
    private Integer status;          //点赞的状态
    private Integer isActive;        //是否有效
    private Date createTime;         //创建时间
    private Date updateTime;         //更新时间
}
```

（2）开发该实体类对应的 Mapper 操作接口 PraiseMapper。在该操作接口中，笔者除了保留"插入用户点赞记录"的操作方法外，还开发了"取消点赞""点赞排行榜"业务场景相关的方法，其完整的代码如下。

```java
//所在的包路径
package com.debug.middleware.model.mapper;
//导入依赖包
import com.debug.middleware.model.dto.PraiseRankDto;
import com.debug.middleware.model.entity.Praise;
import org.apache.ibatis.annotations.Param;
import java.util.List;
```

```java
/**
 * 点赞实体操作接口 Mapper
 */
public interface PraiseMapper {
    // 插入点赞记录
    int insertSelective(Praise record);
    // 根据博客 id 和用户 id 查询点赞记录
    Praise selectByBlogUserId(@Param("blogId") Integer blogId, @Param("uId") Integer uId);
    // 根据博客 id 查询总的点赞数
    int countByBlogId(@Param("blogId") Integer blogId);
    // 取消点赞博客
    int cancelPraiseBlog(@Param("blogId") Integer blogId, @Param("uId") Integer uId);
    // 获取博客点赞总数排行榜
    List<PraiseRankDto> getPraiseRank();
}
```

其中，PraiseRankDto 实体类指的是"博客点赞排行榜"中的实体对象，主要包含两个核心字段，即"博客 id"和"点赞总数"，其完整的代码如下。

```java
// 所在的包路径
package com.debug.middleware.model.dto;
// 导入依赖包
import lombok.Data;
import lombok.ToString;
import java.io.Serializable;
/**
 * 博客点赞总数排行
 * @Author:debug (SteadyJack)
```

```java
**/
@Data
@ToString
public class PraiseRankDto implements Serializable{
    private Integer blogId;  //博客id
    private Long total;      // 点赞总数
    //空的构造器
    public PraiseRankDto() {
    }
    //包含所有字段的构造器
    public PraiseRankDto(Integer blogId, Long total) {
        this.blogId = blogId;
        this.total = total;
    }
}
```

（3）开发该 Mapper 操作接口对应的动态 SQL 配置文件 PraiseMapper.xml，其核心代码如下。

```xml
<!-- 点赞实体操作 Mapper 所在的命名空间 -->
<mapper namespace="com.debug.middleware.model.mapper.PraiseMapper" >
    <!-- 查询结果集映射 -->
    <resultMap id="BaseResultMap" type="com.debug.middleware.model.entity.Praise" >
        <id column="id" property="id" jdbcType="INTEGER" />
        <result column="blog_id" property="blogId" jdbcType="INTEGER" />
        <result column="user_id" property="userId" jdbcType="INTEGER" />
        <result column="praise_time" property="praiseTime" jdbcType="TIMESTAMP" />
        <result column="status" property="status" jdbcType="INTEGER" />
```

```xml
        <result column="is_active" property="isActive" jdbcType="INTEGER" />
        <result column="create_time" property="createTime" jdbcType="TIMESTAMP" />
        <result column="update_time" property="updateTime" jdbcType="TIMESTAMP" />
    </resultMap>
    <!--SQL 查询片段 -->
    <sql id="Base_Column_List" >
        id, blog_id, user_id, praise_time, status, is_active, create_time, update_time
    </sql>
    <!-- 插入用户点赞记录 -->
    <insert id="insertSelective" useGeneratedKeys="true" keyProperty="id" parameterType="com.debug.middleware.model.entity.Praise" >
        insert into praise
        <trim prefix="(" suffix=")" suffixOverrides="," >
            <if test="id != null" >
                id,
            </if>
            <if test="blogId != null" >
                blog_id,
            </if>
            <if test="userId != null" >
                user_id,
            </if>
            <if test="praiseTime != null" >
                praise_time,
            </if>
            <if test="status != null" >
                status,
```

```xml
      </if>
      <if test="isActive != null" >
        is_active,
      </if>
      <if test="createTime != null" >
        create_time,
      </if>
      <if test="updateTime != null" >
        update_time,
      </if>
    </trim>
    <trim prefix="values (" suffix=")" suffixOverrides="," >
      <if test="id != null" >
        #{id,jdbcType=INTEGER},
      </if>
      <if test="blogId != null" >
        #{blogId,jdbcType=INTEGER},
      </if>
      <if test="userId != null" >
        #{userId,jdbcType=INTEGER},
      </if>
      <if test="praiseTime != null" >
        #{praiseTime,jdbcType=TIMESTAMP},
      </if>
      <if test="status != null" >
        #{status,jdbcType=INTEGER},
      </if>
      <if test="isActive != null" >
        #{isActive,jdbcType=INTEGER},
      </if>
```

```xml
        <if test="createTime != null" >
          #{createTime,jdbcType=TIMESTAMP},
        </if>
        <if test="updateTime != null" >
          #{updateTime,jdbcType=TIMESTAMP},
        </if>
      </trim>
    </insert>
    <!-- 根据博客id和用户id查询点赞记录 -->
    <select id="selectByBlogUserId" resultType="com.debug.middleware.model.entity.Praise">
        SELECT <include refid="Base_Column_List"/>
        FROM praise
        WHERE is_active = 1 AND status = 1 AND blog_id=#{blogId} AND user_id = #{uId}
    </select>
    <!-- 根据博客id查询点赞数 -->
    <select id="countByBlogId" resultType="java.lang.Integer">
        SELECT COUNT(id) AS total
        FROM praise
        WHERE is_active = 1 AND status = 1 AND blog_id=#{blogId}
    </select>
    <!-- 取消点赞博客 -->
    <update id="cancelPraiseBlog">
        UPDATE praise SET status=0 WHERE is_active = 1 AND status = 1
        AND blog_id=#{blogId} AND user_id = #{uId}
    </update>
    <!-- 获取博客点赞总数排行榜 -->
    <select id="getPraiseRank" resultType="com.debug.middleware.model.dto.PraiseRankDto">
```

```
    SELECT
      blog_id    AS blogId,
      count(id)  AS total
    FROM praise
    WHERE is_active = 1 AND status = 1
    GROUP BY blog_id
    ORDER BY total DESC
  </select>
</mapper>
```

至此，关于"点赞"业务场景的代码实战完成了一小步，即该业务场景的 DAO（数据访问对象）层开发完毕。在后续分享介绍并实战相应操作模块的篇章中，笔者将会再次对相应的 SQL 语句进行重点剖析。

9.2 "点赞"与"取消点赞"操作模块实战

对于"点赞"业务场景中的"点赞"与"取消点赞"操作模块，其核心操作对象其实在于博客这一实体。即不管用户发起的是"点赞"操作还是"取消点赞"操作，最终都是以"博客"这样的实体执行相应的业务逻辑。

本节将首先从这两个操作模块的业务流程入手，对其相应的执行流程进行剖析，之后将以 MVCM 的开发模式进行代码实战，最后对相应的代码进行自测。

9.2.1 "点赞"与"取消点赞"业务流程分析

对于"点赞"操作，正常情况下，用户在界面上点击"点赞"按钮时，会将当前用户 id、博客 id 等请求信息提交到系统后端相应的接口，并等待后端的响应结果，图 9.5 为该业务场景中"点赞"操作模块完整的执行流程。

从图 9.5 中可以看出，"点赞"操作模块对应的系统后端在接收到相应的请求信息后，首先会进行"例行检查"，即校验数据的合法性。如果校验通过，会继续查询当前用户是否已经"点赞"当前博客了，即查询数据库中是否有相应的"点赞记录"，如果没有相应的记录，则代表当前用户还没有"点赞"该博客。

此时可以将相应的请求信息插入数据库，同时，还需要将相应的数据记录存入缓存中，即将相应的点赞记录的"点赞状态（1=已点赞；0=取消点赞）"更新为1，最终将相应的响应结果返回给前端。

而在实际生产环境中，返回给前端的"响应结果"可以有许多种，如最简单的提示信息"点赞成功！"，也有当前博客的点赞总数等。在"点赞"这一业务场景中，笔者是将"当前博客的点赞总数"作为响应结果返回给前端。

而对于"取消点赞"操作模块，可以说是"点赞"操作模块的相反操作。图9.6为"点赞"业务场景中"取消点赞"操作模块的执行流程。

■ 图9.5 "点赞"操作模块的执行流程　　■ 图9.6 "取消点赞"操作模块的执行流程

从图9.6中可以看出，"取消点赞"操作模块对应的系统后端接口在接收到相应的请求信息后，首先同样会进行例行检查，即校验数据的合法性。如果校验通过，会继续查询当前数据库中是否有相应的"点赞记录"，如果存在相应的记录，则代表当前用户已经"点赞"该博客，此时可以将相应记录的"点赞状态（1=已点赞；0=取消点赞）"更新为 0，代表当前用户已经"取消点赞"当前博客了，与此同时，还需要将相应的数据记录更新至缓存中，最终将相应的响应结果返回给前端。

从图 9.5 和图 9.6 中可以看出，"点赞"和"取消点赞"操作模块都需要将"博客 id"和"用户 id"以字符"："进行拼接，用于充当缓存中的 Key，并将相应的 Value 设置为 1 或者 0。其中，Value=1 代表"当前用户点赞了当前博客"，Value=0 则代表"当前用户已经取消点赞当前博客"。可以基于此种缓存逻辑计算并统计博客的"点赞总数"，执行流程如图 9.7 所示。

■ 图 9.7 "统计博客点赞总数"模块的执行流程

从图 9.7 中可以看出，对于"博客点赞总数"的统计，其实主要是根据缓存中 Key 的构造，通过对字符"："进行拆分（当然，在实际项目中，读者可以根据自己的编码习惯进行构造，如还可以用字符"-"进行构造等），拆分完成之后将得到两个数组。

其中，第1个数组代表"博客id"，表示当前缓存中存储的所有"博客id"信息；第2个数组存储的是触发"点赞"操作时的"用户id"信息。之后便可以循环遍历第1个数组，找到等于当前"博客id"的元素，如果找到了，则"博客点赞总数"加1。当遍历完成时，即代表成功获取了当前博客的"点赞总数"（当然，在实际生产环境中，也可以通过异步触发的方式预先在缓存中生成所有"博客id"对应的"点赞总数 total"映射，而不需要实时进行计算、统计获取）。

9.2.2 Controller 层接收请求信息

接下来，进入代码实战环节，以实际的代码实战上一小节介绍的"点赞"和"取消点赞"操作模块。首先是开发用于接收前端用户提交的"点赞"和"取消点赞"请求的 Controller，在这里命名为 PraiseController 类，其完整的代码如下。

```java
// 所在包路径
package com.debug.middleware.server.controller.redisson;
// 导入部分依赖包
import com.debug.middleware.api.enums.StatusCode;
/**
 * 博客点赞业务 Controller
 * @author: zhonglinsen
 */
@RestController
public class PraiseController {
    // 定义日志
    private static final Logger log= LoggerFactory.getLogger(PraiseController.class);
    // 定义请求前缀
    private static final String prefix="blog/praise";
    // 定义点赞服务处理实例
```

```java
@Autowired
private IPraiseService praiseService;
/** 点赞 */
@RequestMapping(value = prefix+"/add",method = RequestMethod.POST,consumes = MediaType.APPLICATION_JSON_UTF8_VALUE)
public BaseResponse addPraise(@RequestBody @Validated PraiseDto dto, BindingResult result){
    // 校验参数的合法性
    if (result.hasErrors()){
        // 如果有参数不合法,则直接返回错误的响应信息
        return new BaseResponse(StatusCode.InvalidParams);
    }
    // 定义响应结果实例
    BaseResponse response=new BaseResponse(StatusCode.Success);
    // 定义返回的响应数据
    Map<String,Object> resMap= Maps.newHashMap();
    try {
        // 调用点赞博客处理方法,方式一:传统的处理方式
        //praiseService.addPraise(dto);
        // 调用点赞博客处理方法,方式二:加了分布式锁的处理方式
        praiseService.addPraiseLock(dto);

        // 获取博客的点赞总数
        Long total=praiseService.getBlogPraiseTotal(dto.getBlogId());
        // 将结果塞入响应数据中
        resMap.put("praiseTotal",total);
    }catch (Exception e){
        log.error("点赞博客-发生异常:{} ",dto,e.fillInStackTrace());
        response=new BaseResponse(StatusCode.Fail.getCode(),e.getMessage());
```

```java
        }
        response.setData(resMap);
        return response;
    }
    /**取消点赞*/
    @RequestMapping(value = prefix+"/cancel",method = RequestMethod.POST,consumes = MediaType.APPLICATION_JSON_UTF8_VALUE)
    public BaseResponse cancelPraise(@RequestBody @Validated PraiseDto dto, BindingResult result){
        //校验参数的合法性
        if (result.hasErrors()){
            //如果有参数不合法，则直接返回错误的响应信息
            return new BaseResponse(StatusCode.InvalidParams);
        }
        //定义响应结果实例
        BaseResponse response=new BaseResponse(StatusCode.Success);
        //定义返回的响应数据
        Map<String,Object> resMap= Maps.newHashMap();
        try {
            //调用取消点赞博客处理方法
            praiseService.cancelPraise(dto);

            //获取博客的总点赞数
            Long total=praiseService.getBlogPraiseTotal(dto.getBlogId());
            //将结果塞入响应数据中
            resMap.put("praiseTotal",total);
        }catch (Exception e){
            log.error("取消点赞博客 发生异常：{} ",dto,e.fillInStackTrace());
            response=new BaseResponse(StatusCode.Fail.getCode(),e.getMessage());
```

```
        }
        // 将处理结果返回给前端
        response.setData(resMap);
        return response;
    }
}
```

其中,实体类 PraiseDto 封装了前端用户提交的请求信息,主要包含两个核心字段,即"博客 id"和"用户 id",其完整的代码如下。

```
// 实体类所在的包路径
package com.debug.middleware.server.dto;
// 导入依赖包
import lombok.Data;
import lombok.ToString;
import javax.validation.constraints.NotNull;
import java.io.Serializable;
/**
 * 接收前端用户点赞博客的信息的实体对象
 * @author: zhonglinsen
 */
@Data
@ToString
public class PraiseDto implements Serializable {
    @NotNull
    private Integer blogId;      // 博客 id,必填
    @NotNull
    private Integer userId;      // 点赞/取消点赞的用户 id,必填
}
```

在该控制器 PraiseController 类的"点赞方法"中,笔者提供了两种不同的实现方式。

一种是采用传统的,即不加"分布式锁"的方式;另外一种是针对高并发产生多线程的情况下加"分布式锁"的处理方式。这两种方式相应的代码处理逻辑是存放在"点赞服务处理"接口 IPraiseService 及其实现类 PraiseService 中,其相应的代码将在下一小节逐一列出。

9.2.3　Service 层插入、更新并缓存记录信息

"点赞"业务场景涉及的相应服务的处理主要由 IPraiseService 接口及其相应的实现类 PraiseService 完成,其中,IPraiseService 接口的完整代码如下。

```java
//所在包路径
package com.debug.middleware.server.service;
//导入依赖包
import com.debug.middleware.server.dto.PraiseDto;
import com.debug.middleware.model.dto.PraiseRankDto;
import java.util.Collection;
/**
 * 点赞业务处理接口
 * @author: zhonglinsen
 */
public interface IPraiseService {
    //点赞博客,无锁
    void addPraise(PraiseDto dto) throws Exception;
    //点赞博客,加分布式锁
    void addPraiseLock(PraiseDto dto) throws Exception;
    //取消点赞博客
    void cancelPraise(PraiseDto dto) throws Exception;
    //获取博客的点赞总数
    Long getBlogPraiseTotal(Integer blogId) throws Exception;

    //获取博客点赞总数排行榜,不采用缓存
```

```
    Collection<PraiseRankDto> getRankNoRedisson() throws Exception;
    // 获取博客点赞总数排行榜，采用缓存
    Collection<PraiseRankDto> getRankWithRedisson() throws Exception;
}
```

其中，该接口定义了"点赞"业务涉及的所有操作模块所对应的服务处理，包括"点赞""取消点赞""获取博客点赞总数"以及"获取点赞排行榜"等操作，这些操作模块对应的真正服务处理类为 PraiseService。

首先是"点赞"操作模块的实现，其完整的代码如下。

```
// 所在包路径
package com.debug.middleware.server.service.redisson.praise;
/** 点赞处理接口对应的实现类
 * @author: zhonglinsen*/
@Service
public class PraiseService implements IPraiseService {
    // 定义日志
    private static final Logger log= LoggerFactory.getLogger(PraiseService.class);
    // 定义点赞博客时加分布式锁对应的 Key
    private static final String keyAddBlogLock="RedisBlogPraiseAddLock";
    // 定义读取环境变量的实体 env
    @Autowired
    private Environment env;
    // 点赞信息实体操作接口 Mapper
    @Autowired
    private PraiseMapper praiseMapper;
    // 定义缓存博客点赞 Redis 服务
    @Autowired
    private IRedisPraise redisPraise;
```

```java
// 创建Redisson前端操作实例
@Autowired
private RedissonClient redissonClient;
/** 点赞博客，无锁
 * @param dto
 * @throws Exception
 */
@Override
@Transactional(rollbackFor = Exception.class)
public void addPraise(PraiseDto dto) throws Exception {
    // 根据博客id和用户id查询当前用户的点赞记录
    Praise p=praiseMapper.selectByBlogUserId(dto.getBlogId(),dto.getUserId());
    // 判断是否有点赞记录
    if (p==null){
        // 如果没有点赞记录，则创建博客点赞实体信息
        p=new Praise();
        // 将前端提交的点赞请求相应的字段取值复制到新创建的点赞实体相应的字段取值中
        BeanUtils.copyProperties(dto,p);
        // 定义点赞时间
        Date praiseTime=new Date();
        p.setPraiseTime(praiseTime);
        // 设置点赞记录的状态，status=1为已点赞
        p.setStatus(1);
        // 插入用户点赞记录
        int total=praiseMapper.insertSelective(p);
        // 判断是否成功插入
        if (total>0){
            // 如果成功插入博客点赞记录，则输出相应的信息，并将用户点赞记录
```

添加至缓存中

```java
                    log.info("---点赞博客-{}-无锁-插入点赞记录成功---",dto.getBlogId());
                    redisPraise.cachePraiseBlog(dto.getBlogId(),dto.getUserId(),1);

                    // 触发排行榜，这在下一节中将进行代码实现
                    //this.cachePraiseTotal();
                }
            }
        }
        /**
         * 点赞博客，加分布式锁（针对同一用户高并发重复点赞的情况）
         * @param dto 请求信息
         */
        @Override
        @Transactional(rollbackFor = Exception.class)
        public void addPraiseLock(PraiseDto dto) throws Exception {
            // 定义用于获取分布式锁的 Redis 的 Key
            final String lockName=keyAddBlogLock+dto.getBlogId()+"-"+dto.getUserId();
            // 获取一次性锁对象
            RLock lock=redissonClient.getLock(lockName);
            // 上锁并在10s后自动释放，可用于避免Redis节点宕机时出现死锁
            lock.lock(10L, TimeUnit.SECONDS);
            try {
                //TODO:
                // 根据博客id和用户id查询当前用户的点赞记录
                Praise p=praiseMapper.selectByBlogUserId(dto.getBlogId(),dto.getUserId());
```

```java
                    // 判断是否有点赞记录
                    if (p==null){
                        // 如果没有点赞记录，则创建博客点赞实体信息
                        p=new Praise();
                        // 将前端提交的点赞请求相应的参数值复制到新创建的点赞实体相应的字段取值中
                        BeanUtils.copyProperties(dto,p);
                        // 定义点赞时间
                        Date praiseTime=new Date();
                        p.setPraiseTime(praiseTime);
                        // 设置点赞记录的状态，status=1 为已点赞
                        p.setStatus(1);
                        // 插入用户点赞记录
                        int total=praiseMapper.insertSelective(p);
                        // 判断是否成功插入
                        if (total>0){
                            // 如果成功插入博客点赞记录，则输出相应的信息，并将用户点赞记录添加至缓存中
                            log.info("---点赞博客-{}-加分布式锁-插入点赞记录成功---",dto.getBlogId());
                            redisPraise.cachePraiseBlog(dto.getBlogId(),dto.getUserId(),1);
                            // 触发排行榜，这在下一节中将进行代码实现
                            //this.cachePraiseTotal();
                        }
                    }
                }catch (Exception e){
                    // 如果出现异常，则直接抛出
                    throw e;
                }finally {
```

```
            if (lock!=null){
                //操作完成,主动释放锁
                lock.unlock();
            }
        }
    }
}
```

从上述代码中可以得知,"点赞"操作在这里是首先保证"点赞信息"可以成功插入数据库,只有成功插入了,才能将其相对应的记录存入缓存,缓存的实现逻辑主要是由IRedisPraise 接口及其实现类 RedisPraise 实现。

首先是 IRedisPraise 接口,它主要用于定义缓存"点赞"和"取消点赞"操作时产生的记录信息以及"触发排行榜"和"获取排行榜"等操作方法,其完整的代码如下。

```
//包路径
package com.debug.middleware.server.service;
//导入依赖包
import com.debug.middleware.model.dto.PraiseRankDto;
import java.util.List;
/**
 * 博客点赞 Redis 处理服务
 * @author: zhonglinsen
 */
public interface IRedisPraise {
    //缓存当前用户点赞博客的记录,包括已点赞、取消点赞
    void cachePraiseBlog(Integer blogId, Integer uId, Integer status) throws Exception;
    //获取当前博客的点赞总数
    Long getCacheTotalBlog(Integer blogId) throws Exception;
```

```java
// 触发博客点赞总数排行榜
void rankBlogPraise() throws Exception;
// 获得博客点赞总数排行榜
List<PraiseRankDto> getBlogPraiseRank() throws Exception;
}
```

该接口相应的实现类为 RedisPraise，在这里首先贴出缓存"点赞"和"取消点赞"操作时产生的记录信息，以及"获取博客的点赞总数"的实现逻辑。至于"触发排行榜"和"获取缓存中的排行榜"等实现逻辑在下一节再重点进行开发（为了避免代码报错，读者可以在实现类中对应的方法返回空），其源代码如下。

```java
// 所在包路径
package com.debug.middleware.server.service.redisson.praise;
// 导入依赖包
import com.debug.middleware.model.dto.PraiseRankDto;
import com.debug.middleware.model.mapper.PraiseMapper;
import com.debug.middleware.server.service.IRedisPraise;
import org.assertj.core.util.Strings;
import org.redisson.api.*;
import org.slf4j.Logger;
import org.slf4j.LoggerFactory;
import org.springframework.beans.factory.annotation.Autowired;
import org.springframework.stereotype.Component;
import java.util.Collection;
import java.util.List;
import java.util.Map;
import java.util.Set;
import java.util.concurrent.TimeUnit;
/**
```

```java
 * 博客点赞处理服务
 * @author: zhonglinsen
 */
@Component
public class RedisPraise implements IRedisPraise {
    //定义日志
    private static final Logger log= LoggerFactory.getLogger(RedisPraise.class);
    //定义点赞博客时缓存存储时Key
    private static final String keyBlog= "RedisBlogPraiseMap";
    //创建Redisson前端操作实例
    @Autowired
    private RedissonClient redissonClient;

    /**
     * 缓存当前用户点赞博客的记录
     * @param blogId 博客id
     * @param uId 用户id
     * @param status 点赞状态(1=已点赞；0=取消点赞)
     */
    @Override
    public void cachePraiseBlog(Integer blogId, Integer uId, Integer status) throws Exception {
        //创建用于获取分布式锁的Key
        final String lockName=new StringBuffer("blogRedissonPraiseLock").append(blogId).append(uId).append(status).toString();
        //获取分布式锁实例
        RLock rLock=redissonClient.getLock(lockName);
        //尝试获取分布式锁(可重入锁)
        Boolean res=rLock.tryLock(100,10, TimeUnit.SECONDS);
```

```java
            try {
                //res 为 true 代表已经获取锁
                if (res){
                    //判断参数的合法性
                    if (blogId!=null && uId!=null && status!=null){
                        //精心设计并构造存储至缓存中的 key,为了具有唯一性,这里
                        //采用"博客 id+用户 id"的拼接作为 key
                        final String key=blogId+":"+uId;
                        //定义 Redisson 的 RMap 映射数据类型实例
                        RMap<String,Integer> praiseMap=redissonClient.getMap(keyBlog);
                        //如果 status=1,则代表当前用户执行点赞操作;
                        //如果 status=0,则代表当前用户执行取消点赞操作
                        if (1==status){
                            //点赞操作需要将对应的信息(这里是用户的 id)添加进
                            //RMap 中
                            praiseMap.putIfAbsent(key,uId);
                        }else if (0==status){
                            //取消点赞操作需要将对应的信息(这里是唯一的那个
                            //key)从 RMap 中进行移除
                            praiseMap.remove(key);
                        }
                    }
                }
            }catch (Exception e){
                throw e;
            }finally {
                //操作完毕,直接释放该锁
                if (rLock!=null){
                    rLock.forceUnlock();
```

```
            }
        }
}
/**
 * 获取博客总的点赞数
 * @param blogId 博客id
 */
@Override
public Long getCacheTotalBlog(Integer blogId) throws Exception {
    //定义最终的返回值,初始时为0
    Long result=0L;
    //判断参数的合法性
    if (blogId!=null){
        //定义Redisson的RMap映射数据类型实例
        RMap<String,Integer> praiseMap=redissonClient.getMap(keyBlog);
        //获取RMap中所有的Key-Value,即键值对列表
        Map<String,Integer> dataMap=praiseMap.readAllMap();
        //判断取出来的键值对列表是否有值
        if (dataMap!=null && dataMap.keySet()!=null){
            //获取该RMap所有的键值对列表,每个键值对列表是由"博客id:
            //用户id"这样的格式构成
            Set<String> set=dataMap.keySet();
            Integer bId;
            //循环遍历其中所有的键值对列表,查看是否有以当前博客id开头的
            //数据记录
            for (String key:set){
                if (!Strings.isNullOrEmpty(key)){
                    //由于每个键值对列表是由"博客id:用户id"的格式构成,
                    //故而可以通过分隔符得到博客id和用户id参数的值
                    String[] arr=key.split(":");
```

```
                        if (arr!=null && arr.length>0){
                            bId=Integer.valueOf(arr[0]);
                            //判断当前取出的键对应的"博客id"是否与当前
                            //待比较的"博客id"相等,
                            //如果是,代表有一条点赞记录,则该博客点赞总数
                            //需要加1
                            if (blogId.equals(bId)){
                                result += 1;
                            }
                        }
                    }
                }
            }
        }
        //返回最终的统计结果
        return result;
    }
}
```

"点赞"服务类 PraiseService 除了提供"点赞"操作模块的实现逻辑之外,还提供了"取消点赞"以及"获取点赞总数"操作模块的实现逻辑,其代码如下。

```
    /**
     * 取消点赞博客
     * @param dto
     * @throws Exception
     */
    @Override
    @Transactional(rollbackFor = Exception.class)
    public void cancelPraise(PraiseDto dto) throws Exception {
```

```java
        // 判断当前参数的合法性
        if (dto.getBlogId()!=null && dto.getUserId()!=null){
            // 当前用户取消点赞博客，更新相应的记录信息
            int result=praiseMapper.cancelPraiseBlog(dto.getBlogId(),dto.getUserId());
            // 判断是否更新成功
            if (result>0){
                //result>0 表示更新成功，则同时更新缓存中相应博客的用户点赞记录
                log.info("---取消点赞博客-{}-更新点赞记录成功---",dto.getBlogId());
                redisPraise.cachePraiseBlog(dto.getBlogId(),dto.getUserId(),0);

                // 触发排行榜，在下一节中将进行开发
                //this.cachePraiseTotal();
            }
        }
    }
    /**
     * 获取博客的点赞总数
     * @param blogId 博客id
     * @throws Exception
     */
    @Override
    public Long getBlogPraiseTotal(Integer blogId) throws Exception {
        // 直接调用Redis服务封装好的"获取博客点赞总数"的方法即可
        return redisPraise.getCacheTotalBlog(blogId);
    }
```

至此，"点赞"业务场景中对应的"点赞"操作、"取消点赞"操作以及"获取点赞总数"的操作逻辑对应的代码开发完毕。在这里需要注意的是，有一些接口的方法是在下一

节进行实现的，故而为了避免报错，在这一节可以对相应未实现的方法直接返回 Null。

9.2.4 业务模块自测

开发完毕，进行代码自测，是每个优秀的程序员应该具备的习惯。接下来，便进入"点赞"业务场景中"点赞"和"取消点赞"操作模块的测试。

首先，需要将整个项目运行起来，如果 IDEA 控制台没有出现相应的错误信息，即代表上述的代码逻辑没有语法的错误。

接着，是打开 Postman 测试工具，选择请求方法为 POST，并在地址栏输入 http://127.0.0.1:8087/middleware/blog/praise/add，在请求体中选择提交的数据格式为 JSON（application/json），并在请求体中输入以下的请求信息，该请求信息表示当前"用户 id"为 101 的用户对博客 id 为 100 的博客发起了"点赞"操作。

```
{
    "blogId":100,
    "userId":101
}
```

单击"Send"按钮，即可发起相应的请求。稍等即可看到 Postman 得到了相应的返回结果，如图 9.8 所示。

为了"制造"更多的数据，读者可以不断在 Postman 对同一个博客 id 采用不同的用户 id 发起"点赞"请求。在这里，笔者便额外发起了用户 id 为 102~109 对博客 id 为 100 的博客的"点赞"请求。此时观察数据表

■ 图 9.8 Postman "点赞"操作的返回结果

的记录信息，可以看到相应用户的"点赞"信息已经成功记录在数据表 praise 中了，如图 9.9 所示。

同时，还可以从 Postman 的响应结果中得知当前博客 id 为 100 的"点赞总数"为 9 个，如图 9.10 所示。

以上是关于"点赞"操作模块的整体测试。从该测试结果可以得出，"点赞"操作对应的代码逻辑是没有太大的问题。当然，读者也可以采用压力测试工具 JMeter 对该操作

模块进行高并发压力测试，在这里，笔者就不列出详细步骤了（毕竟在前面章节已经讲了很多遍了）。

■ 图 9.9 "点赞"操作的数据库记录　　■ 图 9.10 Postman 发起"点赞"请求后得到的响应结果

接下来是关于"取消点赞"操作模块的测试。同样的道理，首先需要在 Postman 的地址栏输入 http://127.0.0.1:8087/middleware/blog/praise/cancel，选择请求方法为 POST，在请求体中选择提交的数据格式为 JSON（application/json），并在请求体中输入以下的请求信息，该请求信息表示当前用户 id 为 101 的用户对博客 id 为 100 的博客发起了"取消点赞"的操作。

```
{
    "blogId":100,
    "userId":101
}
```

单击"Send"按钮，即可发起相应的请求。稍等即可看到 Postman 得到了相应的响应结果，如图 9.11 所示。

■ 图 9.11 Postman 发起"取消点赞"请求后得到的响应结果

同样的道理，读者可以不断在 Postman 对同一个博客 id 采用不同的用户 id 发起"取消点赞"请求。在这里，笔者便额外发起了用户 id 为 102~107（即最终只保留了 128 和 129 的用户）的"取消点赞"请求，此时观察数据表的记录信息，可以看到相应用户的"取消点赞"信息已经成功记录在数据表 praise 中了，如图 9.12 所示。

■ 图 9.12　Postman 发起"取消点赞"请求后数据表的记录结果

与此同时，还可以从 Postman 得到的响应结果中得知当前"博客 id"为 100 的当前的"点赞总数"为 2 个，如图 9.13 所示。

至此，关于"点赞"业务场景中的"点赞""取消点赞"以及"获取点赞总数"操作的代码开发并测试完毕。读者可以不断地进行测试，即可以变换着不同的博客 id"用户 id"轮番进行测试，并在测试的过程中，不断地观察 Postman 的返回结果以及数据表的记录结果。

■ 图 9.13　Postman 发起"取消点赞"请求后得到的响应结果

9.3　"点赞排行榜"业务模块实战

对于"点赞"业务场景中的"点赞排行榜"模块，简单地理解，其实就是按照"点赞总数"从大到小或者从小到大的顺序对相应的"博客"进行排序。

本节同样是属于代码实战环节，将介绍如何结合数据库 MySQL 的 Group By + Order By 关键字和 Redisson 分布式集合中的功能组件列表 RList 综合实现这一业务场景，最终以代码的形式进行实战，并对相应的代码进行自测。

9.3.1 "点赞排行榜"业务流程分析

对于"点赞排行榜",其在实际项目中可以有多种实现方式。有的是直接借助缓存中间件的相关组件进行实现,有的是采用数据库如 MySQL 的 Group By 和 Order By 关键字进行实现。不同的实现方式,其性能是不一样的,适用的业务场景也不尽相同。图 9.14 为"点赞"这一业务场景中"点赞排行榜"模块的整体实现流程。

图 9.14 "点赞排行榜"模块的整体实现流程

从图 9.14 中可以看出,笔者采用的是借助综合中间件 Redisson 中的功能组件,即列表 RList,并结合数据库 MySQL 的 Group By 和 Order By 关键字综合进行实现。下面代码为实现"按照点赞的数量从大到小的顺序对博客进行排序"的动态 SQL 配置文件。

```
<!-- 获取博客点赞总数排行榜 -->
<select id="getPraiseRank" resultType="com.debug.middleware.model.
dto.PraiseRankDto">
    SELECT
        blog_id    AS blogId,
```

```
        count(id) AS total
    FROM praise
    WHERE is_active = 1 AND status = 1
    GROUP BY blog_id
    ORDER BY total DESC
</select>
```

需要注意的一点是，为了保证"点赞排行榜"模块最终输出结果的正确性与高效性，此种实现方式需要保证以下两点。

第1点是需要保证点赞排行榜对应的 SQL 的正确性，因为该 SQL 将直接用于产生"点赞排行榜"，即包含"博客 id""点赞总数 total"等字段、已经排好序的实体对象列表。如果该 SQL 的执行结果不正确，那其他的操作流程将是在"做无用功"。

第2点是需要提供一种触发机制。即用户在前端执行某些操作时，将实时触发缓存中点赞排行榜的更新，而这主要是通过触发这样的一段代码逻辑：重新获取排好序的实体对象列表，并更新缓存中的排行榜。当然，这一段代码逻辑也可以通过异步的方式进行触发。

而在一些对实时性要求不高的业务模块，也可以只通过定时器的方式主动触发缓存中的点赞排行榜。

在"点赞"这一业务场景中，其实应用系统更关注的是用户触发"点赞"和"取消点赞"操作后在数据库中产生的相关记录，故而只要控制并保证用户在触发相应的操作时，数据库及时地更新相应的记录，那么应用系统中其他的业务模块都可以基于此实现相应的操作（而这种控制，对于系统后端很简单）。

9.3.2 接收前端请求并触发缓存点赞排行榜

接下来，进入"点赞排行榜"模块的代码实战环节。同样的道理，首先是需要在控制器 PraiseController 类中开发"获取博客点赞排行榜"的请求方法，其相应的代码如下。

```
/**
 * 获取博客点赞排行榜
```

```
 * @return
 */
@RequestMapping(value = prefix+"/total/rank",method = RequestMethod.GET)
public BaseResponse rankPraise(){
    //定义响应结果实例
    BaseResponse response=new BaseResponse(StatusCode.Success);
    try {
        response.setData(praiseService.getRankWithRedisson());
    }catch (Exception e){
        log.error("获取博客点赞排行榜-发生异常：",e.fillInStackTrace());
        response=new BaseResponse(StatusCode.Fail.getCode(),e.getMessage());
    }
    return response;
}
```

其中，点赞服务处理类 PraiseService 中 getRankWithRedisson() 方法主要用于通过缓存的方式获取"点赞排行榜"，其代码如下。

```
/**获取博客点赞排行榜（采用缓存）
 * @return 返回排行榜
 */
@Override
public Collection<PraiseRankDto> getRankWithRedisson() throws Exception {
    return redisPraise.getBlogPraiseRank();
}
```

除此之外，在点赞服务处理类 PraiseService 中还提供了不采用缓存的方式获取"点赞排行榜"的方式，以及通用的、用于触发"缓存中点赞排行榜的更新"的处理逻辑，其代码如下。

```java
/** 获取博客点赞排行榜，不采用缓存
 * @return 返回排行榜
 */
@Override
public Collection<PraiseRankDto> getRankNoRedisson() throws Exception {
    return praiseMapper.getPraiseRank();
}
/** 将当前博客id对应的点赞总数构造为实体，并添加进RList中，构造排行榜
 * 记录当前博客id和点赞总数，构造实体排行榜 */
private void cachePraiseTotal(){
    try {
        redisPraise.rankBlogPraise();
    }catch (Exception e){
        e.printStackTrace();
    }
}
```

最后，是缓存服务处理接口中"触发博客点赞排行榜"方法以及"获取博客点赞排行榜"方法的实现逻辑，相应的处理逻辑是在 RedisPraise 类中进行实现，代码如下。

```java
// 点赞实体Mapper操作接口实例
@Autowired
private PraiseMapper praiseMapper;
/**
 * 博客点赞排行榜
 * @throws Exception
 */
@Override
public void rankBlogPraise() throws Exception {
```

```java
        // 定义用于缓存排行榜的 Key
        final String key="praiseRankListKey";
        // 根据数据库查询语句得到已经排好序的博客实体对象列表
        List<PraiseRankDto> list=praiseMapper.getPraiseRank();
        // 判断列表中是否有数据
        if (list!=null && list.size()>0){
            // 获取 Redisson 的列表组件 RList 实例
            RList<PraiseRankDto> rList=redissonClient.getList(key);
            // 先清空缓存中的列表数据
            rList.clear();
            // 将得到的最新的排行榜更新至缓存中
            rList.addAll(list);
        }
    }
    /**
     * 获取博客点赞排行榜
     * @throws Exception
     */
    @Override
    public List<PraiseRankDto> getBlogPraiseRank() throws Exception {
        // 定义用于缓存排行榜的 Key
        final String key="praiseRankListKey";
        // 获取 Redisson 的列表组件 RList 实例
        RList<PraiseRankDto> rList=redissonClient.getList(key);
        // 获取缓存中最新的排行榜
        return rList.readAll();
    }
```

至此，"点赞"业务场景中"点赞排行榜"模块的代码开发完毕。当然，对于"触发以及获取点赞排行榜"的代码实现逻辑也可以有不同于笔者的实现逻辑，如对于实时性要求不高的业务场景，读者可以尝试采用定时器的方式（如每隔10秒执行一次操作）主动从数据库中获取最新的点赞排行榜，并将其更新至缓存中。

9.3.3 业务模块自测

在进入"点赞排行榜"业务模块的测试之前，需要将"触发排行榜的获取以及更新缓存"的方法调用加入点赞服务处理类 RedisPraise 中的"点赞"和"取消点赞"操作方法中，下面代码为在 RedisPraise 类的"取消点赞"方法中调用"触发更新缓存中排行榜"的方法。

```java
/** 取消点赞 */
@Override
@Transactional(rollbackFor = Exception.class)
public void cancelPraise(PraiseDto dto) throws Exception {
    // 判断当前参数的合法性
    if (dto.getBlogId()!=null && dto.getUserId()!=null){
        // 当前用户取消点赞博客，更新相应的记录信息
        int result=praiseMapper.cancelPraiseBlog(dto.getBlogId(),dto.getUserId());
        // 判断是否更新成功
        if (result>0){
            //result>0 表示更新成功，则同时更新缓存中相应博客的用户点赞记录
            log.info("--- 取消点赞博客 -{}- 更新点赞记录成功 ---",dto.getBlogId());
            redisPraise.cachePraiseBlog(dto.getBlogId(),dto.getUserId(),0);
            // 触发更新缓存中的排行榜
            this.cachePraiseTotal();
        }
    }
}
```

同样的道理，也需要在"点赞"的方法 addPraiseLock() 和 addPraise() 中加入"触发更新缓存中的排行榜"的方法调用，下面代码为 addPraiseLock() 方法的完整源代码。

```java
/** 点赞，加分布式锁，针对同一用户高并发重复点赞的情况 */
@Override
@Transactional(rollbackFor = Exception.class)
public void addPraiseLock(PraiseDto dto) throws Exception {
    // 定义用于获取分布式锁的 Redis 的 Key
    final String lockName=keyAddBlogLock+dto.getBlogId()+"-"+dto.getUserId();
    // 获取一次性锁对象
    RLock lock=redissonClient.getLock(lockName);
    // 上锁，并在 10 秒后自动释放，可用于避免 Redis 节点宕机时出现死锁
    lock.lock(10L, TimeUnit.SECONDS);
    try {
        //TODO:
        // 根据博客 id 和用户 id 查询当前用户的点赞记录
        Praise p=praiseMapper.selectByBlogUserId(dto.getBlogId(),dto.getUserId());
        // 判断是否有点赞记录
        if (p==null){
            // 如果没有点赞记录，则创建博客点赞实体信息
            p=new Praise();
            // 将前端提交的博客点赞请求相应的字段取值复制到新创建的点赞实体相
            // 应的字段取值中
            BeanUtils.copyProperties(dto,p);
            // 定义点赞时间
            Date praiseTime=new Date();
            p.setPraiseTime(praiseTime);
```

```
            //设置点赞记录的状态,1为已点赞
            p.setStatus(1);
            //插入用户点赞记录
            int total=praiseMapper.insertSelective(p);
            //判断是否成功插入
            if (total>0){
                //如果成功插入博客点赞记录,则输出相应的信息,并将用户点赞记
                //录添加至缓存中
                log.info("---点赞博客-{}-加分布式锁-插入点赞记录成功---
",dto.getBlogId());
                redisPraise.cachePraiseBlog(dto.getBlogId(),dto.get
UserId(),1);

                //触发更新缓存中的排行榜
                this.cachePraiseTotal();
            }
        }
    }catch (Exception e){
        //如果出现异常,则直接抛出
        throw e;
    }finally {
        if (lock!=null){
            //操作完成,主动释放锁
            lock.unlock();
        }
    }
}
```

接下来,进入"点赞"业务场景中"点赞排行榜"模块的测试。首先需要打开测试工具 Postman,并在地址栏输入 http://127.0.0.1:8087/middleware/blog/praise/total/

rank，选择请求方法为 GET，最后单击"Send"按钮，即可发起"获取当前博客排行榜"的请求。稍等即可得到后端的响应结果，如图 9.15 所示。

为了检验 Postman 得到的响应结果的正确性，可以打开数据库管理工具 Navicat Premium，并将下面这段用于"获取排行榜"的 SQL 置于查询界面中，运行后即可得到相应的输出结果，如图 9.16 所示。

■ 图 9.15　Postman 发起"获取排行榜"请求得到的响应结果

■ 图 9.16　Navicat Premium 执行"获取排行榜"的 SQL 得到的结果

对比运行 SQL 得到的输出结果以及 Postman 得到的响应结果，可以得知"点赞排行榜"业务模块的触发以及更新缓存的代码逻辑并没有问题。

除此之外，对于"点赞排行榜"业务模块的测试，读者还可以结合"点赞"操作模块以及"取消点赞"操作模块进行综合测试。图 9.17 为笔者对"点赞"操作发起的"博客 id"为 100，"用户 id"为 201~204 的请求后的数据库记录。

■ 图 9.17　Postman 发起"点赞请求"后的数据库记录

此时，博客 id 为 100 的"博客点赞总数"为 6 个，超过了博客 id 为 2 的"博客点赞总数"，故而将触发新的排行榜的诞生。图 9.18 为 Postman 发起新的"获取排行榜"的请求后得到的响应结果。

```
{
    "code": 0,
    "msg": "成功",
    "data":                    新的排行榜
    [
        {
            "blogId": 100,
            "total": 6
        },
        {
            "blogId": 2,
            "total": 5
        },
        {
            "blogId": 1,
            "total": 4
        },
        {
            "blogId": 3,
            "total": 3
        },
        {
            "blogId": 4,
            "total": 1
        },
        {
            "blogId": 5,
            "total": 1
        }
    ]
}
```

■ 图 9.18　Postman 发起新的"获取排行榜"请求后得到的响应结果

至此，关于"点赞"应用场景"排行榜"业务模块的代码实战以及测试可以告一段落了。在这里笔者仍然强烈建议读者一定要多动手进行代码的编写，多进行测试，特别是进行各业务模块之间的交叉测试，如此才能直观地、更好地理解相应模块的代码实现逻辑以及相应的业务执行流程。

9.4　总结

在互联网时代，高性能的分布式系统架构对于一个企业的应用、产品而言是至关重要的，而高性能、高可用的中间件对于分布式系统架构而言同样也是很重要的。特别是在一些高并发的应用场景，中间件将可以起到很好的辅助作用，这些作用在实际生产环境中包括"业务模块解耦""接口限流""热点缓存""服务统一协调管理""控制高并发多线程的并发访问"等。

本章主要是基于前面章节介绍的综合中间件 Redisson 的相关技术要点，将 Redisson

的相关功能组件应用于实际生产环境典型的应用场景中，即高性能的"点赞"业务中。其中，主要介绍了该应用场景的整体业务流程，对该业务流程进行了整体分析以及模块划分，并基于划分好的操作模块进行数据库设计，最终采用 MyBatis 逆向工程生成相应数据表的实体类 Entity、Mapper 操作接口以及对应的动态 SQL 配置文件 Mapper.xml。

紧接着，本章还重点介绍了"点赞"业务场景出现的背景以及整体的业务流程，对该业务的整体实现流程进行了深入的剖析，并基于分析得到的结果对整体业务场景进行了模块划分以及数据库设计，从中可以得知"点赞"应用场景主要包含"点赞""取消点赞""缓存"模块以及"点赞排行榜"模块，最后对相应的操作模块以实际的代码进行实战。

虽然每个操作模块的业务流程几乎是固定的，但是，对于该应用场景中每个操作模块的代码实战却可以有不同的实现方式。所谓"一千个读者，就有一千个哈姆雷特"，指的便是一种业务流程可以有多种不同的代码实现方式。但不管怎么实现，最终都应该保证每个操作模块的输入、输出结果不仅是正确的，而且还应该尽量保证是高性能的，即应当减少代码对数据库的 I/O（输入输出）操作。

第10章 总结与回顾

通过前面章节的分享与介绍，想必各位读者已经知晓了本书所介绍的相关分布式中间件的知识要点，包括其基本的概念、典型的应用场景以及在实际项目中典型业务模块的代码实战。本章将主要对前面篇章介绍的相关 Java 中间件进行整体总结与回顾，并针对其中的代码实战环节与分布式中间件在实际项目中的使用提出几点建议。

本书开篇主要分享、介绍了当今盛行的分布式系统架构的演进过程，介绍了分布式系统架构在演进的各个阶段所关注的核心要点。其中，本书重点介绍了该演进过程中的几个核心阶段。

首先是传统的"单体应用时代"。这一时代的 Java 企业级应用，其关注的重点在于项目的可用性，即交付给客户的项目只需要最大程度地保证项目可以运行、业务流程可以正常开展，即说明该项目的开发是可以称之为"成功的"。而在此期间，不管投入了多大的人力层面、成本层面、网络层面以及服务器等硬件层面的开销，可以说，在这一阶段开发的项目大部分面向的对象是高校、企业、政府甚至是小型的生产商个体。

之后便是按照业务或者模块拆分的"系统架构时代"。这一时代的 Java 企业级应用，其关注的核心重点在于分库分表以及服务的划分，服务与服务之间独立部署，单兵作战，主要用于提供自身业务服务相关的逻辑。除此之外，服务与服务虽然是独立部署，但是却允许通过网络或者某种协商一致的协议进行通信，共同完成某项任务，可以说这一时代的 Java 企业级应用其实有点接近微服务、分布式系统的架构。

最后，便是将分布式中间件运用得淋漓尽致的"分布式系统架构"时代。这一时代的 Java 企业级应用，其关注的不仅仅是系统架构的规模以及可扩展性，更关注的是业务以及用户量在突发增长时系统架构的可用性以及高效性。在这一时代的 Java 企业级应用系统架构中，中间件的引入可以说是起到了至关重要的作用。如果说分布式系统架构在 Java 企业级应用中相当于三军统帅的话，那么分布式中间件就相当于大将的角色。为此，本书开启了分布式中间件的实战历程。

首当其冲的是分布式缓存中间件 Redis。本书重点介绍了 Redis 的基本概念以及典型的应用场景。除此之外，还介绍了 Redis 在本地开发环境如 Windows 的安装与使用，并基于 Spring Boot 整合搭建的项目对 Redis 的常见数据类型进行代码实战。最后，还以实际生产环境中典型的应用场景"抢红包系统的设计与开发"为案例，配备实际的代码进行实战，帮助读者进一步巩固、加深对分布式缓存中间件 Redis 在实际项目中的应用的理解。

紧接着是分布式消息中间件 RabbitMQ。本书主要介绍了 RabbitMQ 的基本概念、典型的应用场景以及在实际生产环境中的作用，重点介绍了 RabbitMQ 的几种消息模型，包括基于 FanoutExchange 的消息模型、基于 DirectExchange 的消息模型以及基于 TopicExchange 的消息模型。除此之外，还介绍了 RabbitMQ 的"多实例消费者"消费机制以及几种典型的确认消费模式，以及如何采用 RabbitTemplate 操作组件和 @RabbitListener 注解实现消息的发送和接收。

在有关 RabbitMQ 的篇章中，本书专门将"死信队列"抽出来单独进行介绍，主要是为了强调死信队列在如今微服务、分布系统架构的应用越来越广泛，故而可以将其当作独立的组件进行对待。其中，主要介绍了死信队列的基本概念及其典型的应用场景。最后，还以实际生产环境中典型的应用场景"用户下单支付超时"为案例，配以实际的代码进行实战。

然后是"分布式锁"的登场。分布式锁，是一种可以在分布式环境下控制多线程对共享资源访问的机制，它并不是一种全新的组件或者中间件，而是一种解决方案，然而该解决方案却需要相关的中间件进行实现。本书主要介绍了 4 种"分布式锁"的实现方法，分别为基于数据库的乐观锁、悲观锁，基于缓存中间件 Redis 的原子操作实现分布式锁，基于服务协调中间件 ZooKeeper 的有序临时节点和 Watcher 机制实现分布式锁，以及基于综合中间件 Redisson 实现分布式锁。其中，主要介绍了中间件 ZooKeeper 的相关基本概念及其底层基础架构的实现原理。

而对于综合中间件 Redisson，它可以说是 Redis 的升级版，拥有比 Redis 功能更为强大、性能更为高效的特性。本书主要介绍了 Redisson 的基本概念、典型的应用场景及其常见的功能组件，在最后还以实际生产环境中典型的业务场景"高性能点赞"为案例，配以实际的代码进行实战，进一步帮助读者巩固、加深对 Redisson 的相关技术要点的理解。

读者在阅读、实战本书介绍的相关中间件时，千万不要眼高手低，而应当贯彻"实战为主、理论为辅"的理念，结合相应的业务流程图，多动手进行代码的编写。而"一千个读者，便会有一千个哈姆雷特"，在介绍并实战实际生产环境中典型的应用场景时，读者也可以自行根据笔者提供的业务流程，动手实现不一样的解决方案，甚至会得到比笔者提供的更为高效解决方案。

总之，实践出真知。只有经历了真正的代码实战，读者才能对本书介绍的相应理论知识要点有所理解与掌握。